SQL Server 2016从入门到实战

孙亚男 郝军 编著

清華大學出版社
北京

内 容 简 介

SQL Server 数据库是 Microsoft 公司推出的数据库管理系统，2016 版本在性能和人机交互等方面均有显著提高。本书是一本帮助用户踏入 SQL Server 数据库之门的教程，配套示例源码、PPT 课件、同步教学视频。

本书共分为 4 部分 20 章。第 1 部分（第 1~7 章）是基础知识篇，包括数据库入门简介、SQL Server 2016 的安装和卸载、创建数据库、操作数据表和视图，还有 SQL Server 2016 的管理以及数据维护。第 2 部分（第 8~12 章）是核心技术篇，包括 T-SQL 语言基本语法、SQL 数据查询、SQL 数据操作、存储过程以及触发器的使用。第 3 部分（第 13~18 章）是高级使用篇，包括索引、游标、SQL 函数的使用，事务、性能优化以及云计算、大数据与云数据库。第 4 部分（第 19 和 20 章）是数据库实战篇，选取两个实际的商业化应用程序进行分析，使读者能够真正掌握商业化应用程序开发的精髓。

本书内容精练、重点突出、实例丰富，适合作为软件开发入门者的自学用书，也适合作为高等院校相关专业的教学参考书，还可供开发人员查阅、参考。

图书在版编目（CIP）数据

SQL Server 2016 从入门到实战：视频教学版/孙亚南，郝军编著. —北京：清华大学出版社，2018（2022.9 重印）

（数据库技术丛书）

ISBN 978-7-302-49113-2

I. ①S… II. ①孙… ②郝… III. ①关系数据库系统－教材 IV. ①TP311.138

中国版本图书馆 CIP 数据核字（2017）第 313225 号

责任编辑：夏毓彦
封面设计：王　翔
责任校对：闫秀华
责任印制：曹婉颖

出版发行：清华大学出版社
网　　址：http://www.tup.com.cn，http://www.wqbook.com
地　　址：北京清华大学学研大厦 A 座　　邮　　编：100084
社 总 机：010-83470000　　邮　　购：010-62786544
投稿与读者服务：010-62776969，c-service@tup.tsinghua.edu.cn
质量反馈：010-62772015，zhiliang@tup.tsinghua.edu.cn

印 装 者：三河市龙大印装有限公司
经　　销：全国新华书店
开　　本：190mm×260mm　　印　　张：25　　字　　数：640 千字
版　　次：2018 年 2 月第 1 版　　印　　次：2022 年 9 月第 6 次印刷
定　　价：69.00 元

产品编号：074004-01

前　言

数据库是计算机技术中的一个重要发展方向，目前关系数据库还是数据库系统的主流。如今的世界已经是一个大数据的世界，伴随数据量爆发式增长的还有硬件的计算能力、不断增强的 CPU 计算能力和单位吉字节内存价格的不断下降，更好地利用这些强大的资源是大势所趋。随着云计算的普及和海量数据的发展，SQL Server 2016 数据库也进行了大篇幅的升级改造，比如提供了新的事务处理功能和数据仓库增强功能，可以为现有的数据仓库和分析技术提供补充。本书从关系数据库的基础开始介绍，详细讲解 SQL Server2016 数据库的基本概念和使用方法，同时对大数据和性能提升问题进行讲解，目的是使读者通过本书的学习可以较为全面地掌握 SQL Server 2016 数据库的管理和开发方法。

本书特点

1. 内容全面、结构清晰

本书全面介绍 SQL 的相关知识，从关系数据库基础引入 SQL，根据 SQL 的语句要素介绍 SQL 基础、数据查询、数据定义、数据控制、数据安全、事务控制以及高级 SQL 应用等内容。

2. 对比讲解，理解深刻

在涉及不同数据库软件使用的SQL差异时，本书给出了对于当前主流的数据库软件（SQL Server 和 Oracle）使用的 SQL 的对比讲解，使得读者在学习 SQL 标准语言的同时能够具体地熟悉这两种数据库软件。

3. 案例精讲，深入剖析

为了使读者更好地理解 SQL 复杂语句中相关参数的作用，本书使用了非常多的示例来讲解这些参数的作用。在对每一个示例进行分析后给出了具体的实现语句，并给出返回结果和深入分析，使读者更快理解。

4．轻松入门，过目不忘

本书用朴实轻松的语句来介绍 SQL 的相关概念，然后用简单易懂的例子让读者加深印象，讲述方式轻松，相信读者看完就能学到技术的精髓。

5．注重类比，举一反三

鉴于 SQL Server 2016 中图形化界面和 T-SQL 语言的两种支持方式，本书许多例子都采用这两种方法来实现，便于读者进行类比，并学习不同的实现手法。

6．辅助面试题，攻克难点

本书每章的最后都给出了与本章技术相关的面试题，读者可通过自己解题的方式来回顾全章技术点。

本书内容

本书按照先易后难、循序渐进的原则，分为 4 部分。

第 1 部分是基础知识篇，包括数据库入门简介、SQL Server 2016 的安装和卸载、创建数据库、操作数据表和视图，还有 SQL Server 2016 的管理以及数据维护。该篇主要介绍数据库的发展、SQL Server 2016 的基本使用，如安装、卸载、创建数据库、操作数据表和视图以及如何进行管理和维护，为以后的学习打下基础。

第 2 部分是核心技术篇，包括 T-SQL 语言基本语法、SQL 数据查询、SQL 数据操作、存储过程以及触发器的使用。该篇主要介绍 T-SQL 语言的相关语法知识，使读者熟练使用 T-SQL 语言进行数据库的各种操作。

第 3 部分是高级使用篇，包括索引、游标、SQL 函数的使用，事务、性能优化，以及云计算、大数据与云数据库相关的内容。学完该部分之后，不仅可以使用索引、游标和 SQL 函数，还能进行优化查询，加快查询速度，增加查询效率，给查询带来很多方便。

第 4 部分是数据库实战篇，选取两个实际的商业化应用程序进行分析，使读者能够真正掌握商业化应用程序开发的精髓。本书着眼于数据库方面的操作，按照需求分析→数据库设计→数据库实施→数据库维护进行讲解，使读者全身心地投入数据库的实战当中。

本书读者

- 做毕业设计的学生
- 数据库爱好者
- 数据分析人员
- 初学编程的自学者
- 编程爱好者
- 大中专院校的老师和学生
- 相关培训机构的老师和学员
- 程序测试及维护人员

代码、课件与教学视频

本书代码、课件与教学视频下载地址（注意数字与字母大小写）如下：

https://pan.baidu.com/s/1c1BYKtq（密码：pjeb）

如果下载有问题，请联系电子邮箱 booksaga@163.com，邮件主题为“SQL Server 2016 从入门到实战”。

本书第 1~12 章主要由平顶山学院的孙亚南编写，第 13~20 章主要由郝军编写，其他参与编写的人员还有陈晓珺、陈云香、王晓华、刘泽楷、薛燚、吴贵文、薛福辉、管书香、王云云和支传华。

编 者

2017 年 11 月

目 录

第 1 章 数据库入门

数据库是依照某种数据模型组织起来并存放在二级存储器中的数据集合，可以将其视为电子化的文件柜。数据库具有不重复、以最优方式提供多种应用服务、数据结构独立于应用程序、对数据的操作由统一软件进行管理和控制等特点。从数据管理技术的发展历程来看，数据库是由文件管理系统发展起来的，是数据管理的高级阶段。

本章重点内容：

- 了解数据库的发展与组成
- 掌握数据库体系结构
- 掌握数据库的数据模型
- 了解常见的数据库

1.1 数据库系统概述

数据库（DataBase，DB）是按照数据结构来组织、存储和管理数据的仓库，产生于距今60 多年前。随着信息技术和市场的发展，特别是 20 世纪 90 年代以后，数据管理不再仅仅用于存储和管理数据，出现了用户所需要的各种数据管理的方式。从简单的存储各种数据的表格到能够进行海量数据存储的大型数据库系统都属于数据库的范畴，并在各个方面得到了广泛的应用。

在信息化社会充分有效地管理和利用各类信息资源是进行科学研究和决策管理的前提条件。数据库技术是管理信息系统、办公自动化系统、决策支持系统等各类信息系统的核心部分，是进行科学研究和决策管理的重要技术手段。

1.1.1 数据库技术的发展

使用计算机后，随着数据处理量的增长，产生了数据管理技术。数据管理技术的发展与计算机硬件（主要是外部存储器）、系统软件及计算机应用的范围有着密切的联系。数据管理技术的发展经历了 4 个阶段：人工管理阶段、文件系统阶段、数据库阶段和高级数据库技术阶段。其中，数据库阶段和高级数据库技术阶段可以统称为系统阶段，即由数据库系统进行管理数据的阶段。

1. 人工管理

20 世纪 50 年代中期之前，计算机的软硬件均不完善。硬件存储设备只有磁带、卡片和纸带，软件方面还没有操作系统，当时的计算机主要用于科学计算。人工管理阶段由于还没有软件系统对数据进行管理，程序员在程序中不仅要规定数据的逻辑结构，还要设计其物理结构，包括存储结构、存取方法、输入输出方式等。当数据的物理组织或存储设备改变时，用户程序就必须重新编制。由于数据的组织面向应用，不同的计算程序之间不能共享数据，使得不同的应用之间存在大量的重复数据，很难维护应用程序之间数据的一致性。这一阶段的主要特征可归纳为如下几点：

- 计算机中没有支持数据管理的软件。
- 数据组织面向应用，数据不能共享，数据重复。
- 在程序中要规定数据的逻辑结构和物理结构，数据与程序不独立。
- 数据处理方式——批处理。

2. 文件系统

这一阶段处于20世纪50年代中期到60年代中期，其主要标志是计算机中有了专门管理数据库的软件——操作系统。操作系统文件管理功能的出现标志着数据管理步入一个新的阶段。

在文件系统阶段，数据以文件为单位存储在外存，由操作系统统一管理，而操作系统为用户使用文件提供友好界面。该阶段中的文件逻辑结构与物理结构脱钩，程序和数据分离，使数据与程序有了一定的独立性。用户的程序与数据可分别存放在外存储器上，各个应用程序可以共享一组数据，实现了以文件为单位的数据共享。

由于数据的组织仍然是面向程序的，因此仍存在大量的数据冗余。同时，由于数据的逻辑结构不能方便地修改和扩充，因此数据逻辑结构的每一点微小改变都会影响应用程序。此外，由于文件之间互相独立，因此不能反映现实世界中事物之间的联系，而操作系统不负责维护文件之间的联系信息。如果文件之间有内容上的联系，那么只能由应用程序去处理，这加大了程序设计人员的工作量。

3. 系统阶段

20世纪60年代后，随着计算机在数据管理领域的普遍应用，人们对数据管理技术提出了更高的要求：希望面向企业或部门，以数据为中心组织数据，减少数据的冗余，提供更高的数据共享能力，同时要求程序和数据具有较高的独立性，当数据的逻辑结构改变时，不涉及数据的物理结构，也不影响应用程序，以降低应用程序研制与维护的费用。数据库技术正是在这样的应用需求基础上发展起来的。

数据管理技术经历了人工管理阶段和文件阶段后，获得了大量的技术积累，这为数据库的诞生奠定了基础。具体来说，数据库技术有如下特点：

（1）面向企业或部门。数据库以数据为中心进行数据的组织，形成综合性的数据库，从而为各应用共享。

（2）采用一定的数据模型。数据模型不仅描述了数据本身的特点，而且描述了数据之间的联系。

（3）数据冗余小，易修改、易扩充。数据库技术阶段中，不同的应用程序根据处理要求从数据库中获取需要的数据，这样就减少了数据的重复存储，也便于增加新的数据结构，便于维护数据的一致性。

（4）程序和数据有较高的独立性。

（5）具有良好的用户接口，用户可方便地开发和使用数据库。

（6）对数据进行统一管理和控制，提供了数据的安全性、完整性以及并发控制。

数据管理技术从文件系统发展到数据库系统，这在信息领域中具有里程碑的意义。在文件系统阶段，人们在信息处理中关注的中心问题是系统功能的设计，因此程序设计占主导地位；而在数据库阶段，数据开始占据了中心位置，数据的结构设计成为信息系统首先关心的问题，而应用程序则以既定的数据结构为基础进行设计。

4. 发展趋势

随着信息管理内容的不断扩展，出现了丰富多样的数据模型（层次模型、网状模型、关系模型、面向对象模型、半结构化模型等），新技术也层出不穷（数据流、Web 数据管理、数据挖掘等）。每隔几年，国际上一些资深的数据库专家就会聚集一堂，探讨数据库现状、研究存在的问题和未来需要关注的新技术焦点。

数据库与学科技术的结合将会建立一系列新数据库，如分布式数据库、并行数据库、知识库、多媒体数据库等，这将是数据库技术重要的发展方向。未来数据库技术及市场发展的两大方向是数据仓库和电子商务，数据管理技术将在数据仓库技术以及与之相关的数据挖掘和知识发现领域持续发展。

1.1.2　数据库系统组成

数据库系统（Database System，DBS）是指一个具体的数据库管理系统软件和用它建立起来的数据库，通常由系统软件、数据库和数据管理员组成。系统软件主要包括操作系统、各种宿主语言、实用程序以及数据库管理系统（DBMS）；数据库由数据库管理系统统一管理，数据的插入、修改和检索均要通过数据库管理系统进行；数据管理员（DBA）负责创建、监控和维护整个数据库，使数据能被任何有权使用的人有效使用，数据库管理员一般由业务水平较高、资历较深的人员担任。

数据库系统是软件研究领域的一个重要分支，常称为数据库领域。数据库系统是为适应数据处理的需要而发展起来的一种较为理想的数据处理的核心机构，具体来说由如下部分组成。

（1）数据库：长期存储在计算机内，有组织、可共享的数据集合。数据库中的数据按一定的数学模型组织、描述和存储，具有较小的冗余、较高的数据独立性和易扩展性，并可为各种用户共享。

（2）硬件：构成计算机系统的各种物理设备，包括存储所需的外部设备，如物理硬盘、光盘等媒介。

硬件的配置应满足整个数据库系统的需要。

（3）系统软件：包括操作系统、数据库管理系统及应用程序。数据库管理系统（DataBase Management System，DBMS）是数据库系统的核心软件，在操作系统的支持下工作，是科学地组织和存储数据、高效获取和维护数据的系统软件。其主要功能包括数据定义、数据操纵、数据库的运行管理和数据库的建立与维护。

（4）人员：主要包括如下 4 类。

- 第一类为系统分析员和数据库设计人员。系统分析员负责应用系统的需求分析和规范说明，他们和用户及数据库管理员一起确定系统的硬件配置，并参与数据库系统的概要设计。数据库设计人员负责数据库中数据的确定、数据库各级模式的设计。
- 第二类为应用程序员，负责编写使用数据库的应用程序。这些应用程序可对数据进行检索、建立、删除或修改。
- 第三类为最终用户，他们利用系统的接口或查询语言访问数据库。
- 第四类是数据库管理员（Data Base Administrator，DBA），负责数据库的总体信息控制。DBA 的具体职责包括确定数据库中的信息内容和结构，决定数据库的存储结构和存取策略，定义数据库的安全性要求和完整性约束条件，监控数据库的使用和运行，负责数据库的性能改进、数据库的重组和重构，以提高系统的性能。

1.2 数据库体系结构

人们为数据库设计了一个严谨的体系结构，数据库领域公认的标准结构是三级模式结构，包括外模式、概念模式和内模式。数据库体系结构能够有效组织、管理数据，提高数据库的逻辑独立性和物理独立性。

1.2.1 什么是模式

虽然实际的数据库管理系统产品种类很多，支持不同的数据模式，使用不同的数据库语言，建立在不同的操作系统之上，数据的存储结构也各不相同，但它们在体系结构上通常具有相同的特征，即采用三级模式结构并提供两级映像功能。

模式是数据库中全体数据的逻辑结构和特征的描述，仅仅涉及型的描述，不涉及具体的值。模式的一个具体值称为一个实例，同一个模式可以有很多实例。模式是相对稳定的，而实例是相对变动的，因为数据库中的数据是在不断更新的。模式反映的是数据的结构及其联系，而实例反映的是数据库某一时刻的状态。

1.2.2　三级模式结构

美国国家标准协会（American National Standard Institute，ANSI）的数据库管理系统研究小组于 1978 年提出了标准化的建议，将数据库结构分为 3 级：面向用户或应用程序员的用户级、面向建立和维护数据库人员的概念级、面向系统程序员的物理级。

其中，用户级对应外模式，概念级对应概念模式，物理级对应内模式，不同级别的用户对数据库形成不同的视图。所谓视图，就是指观察、认识和理解数据的范围、角度和方法，是数据库在用户眼中的反映。很显然，不同层次（级别）的用户所看到的数据库是不同的。数据库系统结构层次如图 1.1 所示。

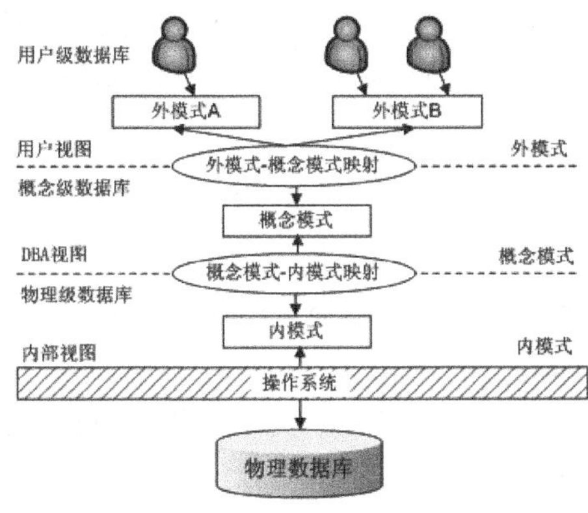

图 1.1　数据库系统结构层次图

1. 分类

（1）外模式

外模式又称子模式或用户模式，对应用户级。它是某个或某几个用户所看到的数据库的数据视图，是与某一应用有关的数据的逻辑表示。外模式是从模式导出的一个子集，包含模式中允许特定用户使用的那部分数据。用户可以通过外模式描述语言来描述、定义对应用户的数据记录（外模式），也可以利用数据操纵语言（Data Manipulation Language，DML）对这些数据记录进行操作。总的来说，外模式反映了数据库的用户观。

外模式规定了数据的添加、删除、显示、维护、打印、查找、选择、排序和更新等操作。

（2）概念模式

模式又称概念模式或逻辑模式，对应概念级。它是由数据库设计者综合所有用户的数据，按照统一的观点构造的全局逻辑结构，是对数据库中全部数据的逻辑结构和特征的总体描述，是所有用户的公共数据视图（全局视图）。它是由数据库管理系统提供的数据模式描述语言（Data Description Language，DDL）来描述、定义的，体现、反映了数据库系统的整体观。

（3）内模式

内模式又称存储模式，对应物理级。它是数据库中全体数据的内部表示或底层描述，是数据库最低一级的逻辑描述，它描述了数据在存储介质上的存储方式和物理结构，对应着实际存储在外存储介质上的数据库。

在一个数据库系统中只有唯一的数据库，因而作为定义、描述数据库存储结构的内模式和定义、描述数据库逻辑结构的模式也是唯一的，但建立在数据库系统之上的应用则是非常广泛、多样的，所以对应的外模式不是唯一的，也不可能是唯一的。

2. 工作原理

数据库的三级模式是数据库在 3 个级别（层次）上的抽象，使用户能够逻辑地、抽象地处理数据而不必关心数据在计算机中的物理表示和存储。实际上，对于一个数据库系统而言，物理级数据库是客观存在的，是进行数据库操作的基础；概念级数据库不过是物理数据库的一种逻辑、抽象的描述（模式）；用户级数据库则是用户与数据库的接口，是概念级数据库的一个子集（外模式）。

用户应用程序根据外模式进行数据操作，通过外模式—模式映射定义和建立某个外模式与模式间的对应关系，将外模式与模式联系起来，当模式发生改变时，只要改变其映射，就可以使外模式保持不变，对应的应用程序也保持不变；另一方面，通过模式—内模式映射定义建立数据的逻辑结构（模式）与存储结构（内模式）间的对应关系，当数据的存储结构发生变化时，只需改变模式—内模式映射，就能保持模式不变，因此应用程序也可以保持不变。

1.3 数据模型

数据模型（Data Model）是数据特征的抽象，是数据库管理的教学形式框架，也是数据库系统中用以提供信息表示和操作手段的形式架构。数据模型包括数据库数据的结构部分、数据库数据的操作部分和数据库数据的约束条件。数据模型描述了在数据库中结构化和操纵数据的方法，模型的结构部分规定了数据如何被描述。

1.3.1 数据模型的分类

1. 组成部分

数据模型所描述的内容包括 3 部分：数据结构、数据操作和数据约束。

（1）数据结构：数据模型中的数据结构主要描述数据的类型、内容、性质以及数据间的联系等。数据结构是数据模型的基础，数据操作和约束都基本建立在数据结构上。

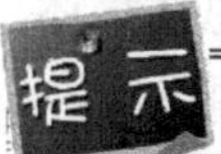

不同的数据结构具有不同的操作和约束。

（2）数据操作：数据模型中的数据操作主要描述在相应数据结构上的操作类型和操作方式。

（3）数据约束：数据模型中的数据约束主要描述数据结构内数据间的语法、词义联系、它们之间的制约和依存关系以及数据动态变化的规则，以保证数据的正确、有效和相容。

2. 分类

数据模型的研究包括以下 3 方面：

（1）概念数据模型

这是面向数据库用户的现实世界的数据模型，主要用来描述世界的概念化结构，可以使数据库的设计人员在设计的初始阶段摆脱计算机系统及数据库管理系统的具体技术问题，集中精力分析数据以及数据之间的联系等。概念数据模型与具体的数据库管理系统无关。需要注意的是，概念数据模型必须换成逻辑数据模型才能在数据库管理系统中实现。

（2）逻辑数据模型

这是用户在数据库中看到的数据模型，是具体的数据库管理系统所支持的数据模型，主要有网状数据模型、层次数据模型和关系数据模型 3 种类型。此模型既要面向用户，又要面向系统，主要用于数据库管理系统的实现。

（3）物理数据模型

这是描述数据在存储介质上的组织结构的数据模型，不仅与具体的数据库管理系统有关，还与操作系统和硬件有关。每一种逻辑数据模型在实现时都有与其相对应的物理数据模型。数据库管理系统为了保证其独立性与可移植性，将大部分物理数据模型的实现工作交由系统自动完成，而设计者只设计索引、聚集等特殊结构。

数据库的类型是根据数据模型来划分的，而任何一个 DBMS 也是根据数据模型有针对性地设计出来的，这就意味着必须把数据库组织成符合 DBMS 规定的数据模型。目前成熟地应用在数据库系统中的数据模型有层次模型、网状模型和关系模型。它们之间的根本区别在于数据之间联系的表示方式不同（记录型之间的联系方式不同）。层次模型以“树结构”表示数据之间的联系。网状模型以“图结构”来表示数据之间的联系。关系模型是用“二维表”（或称为关系）来表示数据之间的联系的。

1.3.2　E-R 模型

E-R 方法是“实体-联系方法”（Entity-Relationship Approach）的简称，是描述现实世界概念结构模型的有效方法。E-R 方法是表示概念模型的一种方式，用矩形表示实体型，在矩形框内写明实体名；用椭圆表示实体的属性，并用无向边将其与相应的实体型连接起来；用菱形表示实体型之间的联系，在菱形框内写明联系名，并用无向边分别与有关实体型连接起来，同时在无向边旁标上联系的类型（1:1、1:*n* 或 *m*:*n*）。用 E-R 方法描述的数据模型即为 E-R 模型，也称为 E-R 图。图 1.2 所示为一个简单学生管理系统的数据库 E-R 模型图。

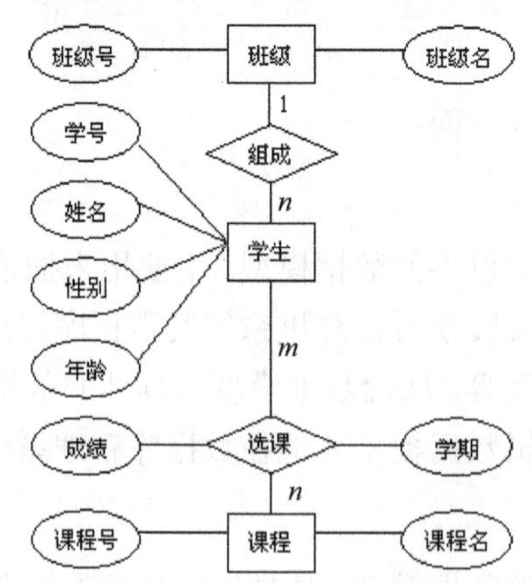

图 1.2　简单学生管理系统的数据库 E-R 图

1. E-R 图成分

在 E-R 图中，有如下 4 个成分。

- 矩形框：表示实体，在框中记入实体名。
- 菱形框：表示联系，在框中记入联系名。
- 椭圆形框：表示实体或联系的属性，将属性名记入框中。对于主属性名，则在其名称下加一下划线。
- 连线：实体与属性之间、实体与联系之间、联系与属性之间用直线相连，并在直线上标注联系的类型。

2. 构图要素

构成 E-R 图的基本要素是实体型、属性和联系，其表示方法如下。

（1）实体型（Entity）：有相同属性的实体具有相同的特征和性质，用实体名及其属性名集合来抽象和刻画同类实体，在 E-R 图中用矩形表示，在矩形框内写明实体名。例如，学生张三丰、学生李寻欢都是实体。

（2）属性（Attribute）：实体所具有的某一特性，一个实体可由若干个属性来刻画。属性在 E-R 图中用椭圆形表示，并用无向边将其与相应的实体连接起来。例如，学生的姓名、学号、性别都是属性。

如果是多值属性，就在椭圆形外面再套实线椭圆。如果是派生属性，就用虚线椭圆表示。

（3）联系（Relationship）：也称关系，用于在信息世界中反映实体内部或实体之间的联系。联系包括实体内的联系和实体间的联系两种，实体内部的联系通常是指组成实体的各属性之间的联系，实体之间的联系通常是指不同实体集之间的联系。联系在 E-R 图中用菱形表示，在菱形框内写明联系名，并用无向边分别与有关实体连接起来，同时在无向边旁标上联系的类型（1:1、1:n 或 m:n）。例如，老师给学生授课存在授课关系，学生选课存在选课关系。

需要注意的是，联系也可能有属性。例如，学生“学”某门课程所取得的成绩，既不是学生的属性也不是课程的属性。由于“成绩”既依赖于某名特定的学生又依赖于某门特定的课程，因此它是学生与课程之间的联系“学”的属性。一般来说，联系可分为以下 3 种类型：

（1）一对一联系（1 : 1）

例如，一个部门有一个经理，而每个经理只在一个部门任职，则部门与经理的联系是一对一的。

（2）一对多联系（1 : n）

例如，某校教师与课程之间存在一对多的联系“教”，即每个教师可以教多门课程，但是每门课程只能由一个教师来教。

（3）多对多联系（m : n）

例如，图 1.2 表示学生与课程间的联系（“学”）是多对多的，即一个学生可以学多门课程，每门课程也可以有多个学生来学。

3. 设计步骤

一般来说，用户在设计数据库之前需要先设计 E-R 模型，而 E-R 模型用 E-R 图来表示，其设计分为 3 个步骤：调查分析、合并生成和修改重构。

（1）调查分析

在需求分析阶段，通过对应用环境和要求进行详尽的调查分析，用多层数据流图和数据字典描述整个系统，逐一设计分 E-R 图每个局部应用对应的数据流图，同时将局部应用涉及的数据都收集在数据字典中。

（2）合并生成

由于实体之间的联系在不同局部视图中呈现不同的类型，因此用户需要设计多个针对局部应用的 E-R 图。合并生成步骤是将多个局部 E-R 图的实体、属性和联系合并，从而生成整体的 E-R 图。

（3）修改重构

经合并生成后的基本 E-R 图可能存在冗余的数据和冗余的实体间联系，即存在可由基本数据导出的数据和由其他联系导出的联系。冗余数据和冗余联系容易破坏数据库的完整性，给数据库维护增加困难。

因此，得到基本 E-R 图后，还应当进一步检查 E-R 图中是否存在冗余，如果存在，应设法予以消除。修改重构步骤主要采用分析方法来消除基本 E-R 图中的冗余，也可以用规范化理论来消除冗余。

1.3.3　层次模型

当前数据库领域常用的数据模型主要有 3 种：层次模型、网状模型和关系模型。其中，层次模型和网状模型统称非关系模型，如图 1.3 所示。

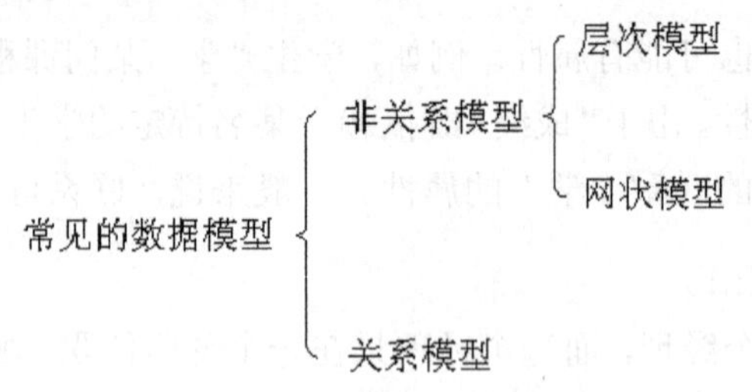

图 1.3　常见的 3 种数据模型

1. 层次模型定义

现实世界中许多实体之间的联系本来就呈现出一种很自然的层次关系，如家族关系、军队编制、行政机构等，这就需要用层次结构来描述。层次模型是按照层次结构的形式组织数据库数据的数据模型，用树形结构来表示各类实体以及实体间的联系。层次模型是在数据结构中满足下面两个条件的基本层次联系的集合：

- 有且仅有一个节点且没有双亲节点，这个节点称为根节点。
- 除根节点之外的其他节点有且只有一个双亲节点。

在层次模型中，使用节点表示记录。记录之间的联系用节点之间的连线表示，这种联系是父子之间的一对多的实体联系。层次模型中的同一双亲的子女节点称为兄弟节点，没有子女节点的节点称为叶节点。层次模型示例如图 1.4 所示。

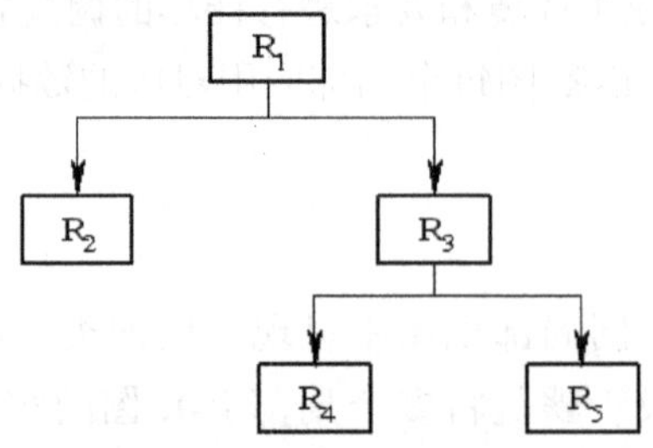

图 1.4　层次模型的示例

层次模型像一棵倒立的树，只有一个根节点，有若干个叶节点，节点的双亲是唯一的。图 1.5 是一个教学院系的数据结构，图 1.6 是教学院系数据库的一个实例，该层次数据结构中有 4 个记录。

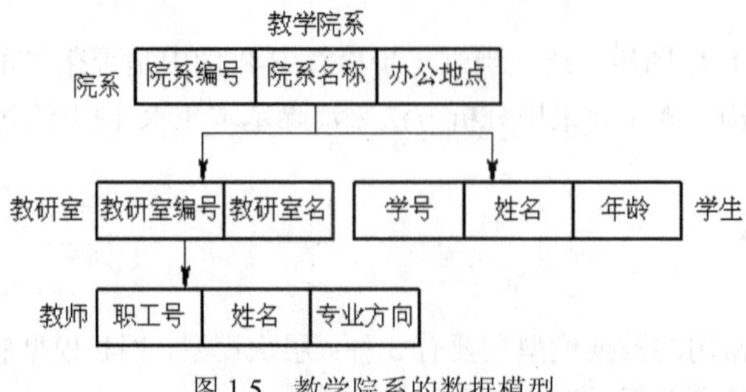

图 1.5　教学院系的数据模型

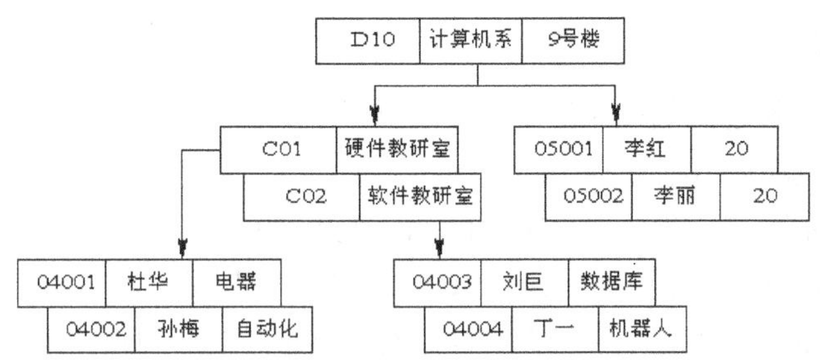

图 1.6　教学院系数据库的一个实例

2. 层次模型的数据操作与完整性约束

层次模型的数据操作主要有查询、插入、删除和更新。需要注意的是，进行插入、删除、更新操作时要满足层次模型的完整性约束条件。层次模型必须满足的完整性约束条件如下：

（1）在进行插入记录值操作时，如果没有指明相应的双亲记录值，就不能插入子女记录值。

（2）进行删除记录操作时，如果删除双亲记录值，相应的子女节点值也同时被删除。

（3）进行修改记录操作时，应修改所有相应记录，以保证数据的一致性。

3. 层次模型的优缺点

层次模型能够描述自然界的一些基本关系，是其他数据模型所不能代替的，其主要优点如下：

- 层次模型的数据结构比较简单。
- 对于实体间联系是固定的且预先定义好的应用系统，采用层次模型实现，其性能优于关系模型，不低于网状模型。
- 层次数据模型提供了良好的完整性支持。

需要注意的是，层次模型中的任何一个给定的记录值只有按其路径查看时才能显示它的全部意义，没有一个子记录值能够脱离其双亲记录值而独立存在。因此，层次模型对具有一对多的层次关系的描述非常直观、自然、容易理解。

同样地，由于层次模型是较为单一的模型，因此能描述的基本关系较少。该模型存在的主要缺点如下：

（1）现实世界中很多联系是非层次性的，如多对多联系、一个节点具有多个双亲等。

（2）对插入和删除操作的限制比较多。

（3）查询子节点必须通过双亲节点。

（4）由于结构严密，层次命令趋于程序化。

层次模型表示这类联系的方法很不灵活，只能通过引入冗余数据（易产生不一致性）或创建非自然的数据组织来解决。

1.3.4 网状模型

在现实世界中，事物之间的联系更多是非层次关系，用层次模型表示非树形结构很不直接，而网状模型则可以克服这一缺点。

网状数据模型的典型代表是 DBTG 系统，这是 20 世纪 70 年代数据系统语言研究会（Conference On Data System Language，CODASYL）下属的数据库任务组（Data Base Task Group，DBTG）提出的一个系统方案。DBTG 系统虽然不是实际的软件系统，但是它提出的基本概念、方法和技术具有普遍意义，对于网状数据库系统的研制和发展起了重大的影响。后来许多系统都采用 DBTG 模型或者简化的 DBTG 模型，如 CuUinetSoftware 公司的 IDMS 等。

1. 网状模型的数据结构

网状模型是指满足下面两个条件的基本层次联系的集合：

- 有一个以上的节点没有双亲。
- 节点可以有多于一个的双亲。

如图 1.7 所示，（a）、（b）和（c）图都是网状模型的示例。

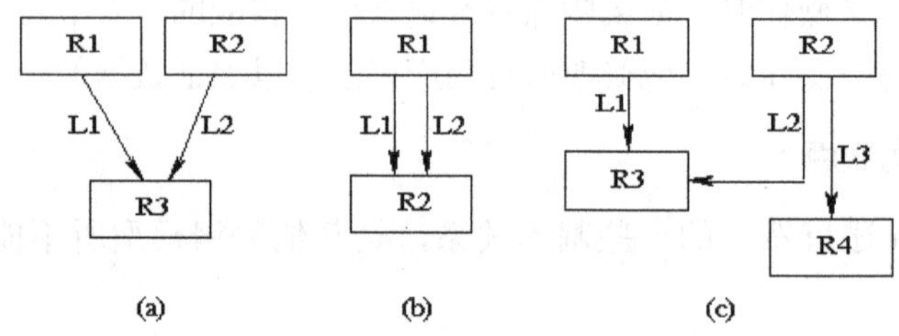

图 1.7 网状模型的示例

网状模型是一种比层次模型更具普遍性的结构，去掉了层次模型的两个限制，允许多个节点没有双亲节点，允许节点有多个双亲节点，此外还允许两个节点之间有多种联系。因此，网状模型可以更直接地去描述现实世界，而层次模型实际上是网状模型的一个特例。

与层次模型一样，网状模型也使用记录和记录值表示实体集和实体，每个节点也表示一个记录，每个记录可包含若干个字段。

2. 网状模型的数据操作与完整性约束

与层次模型相似，网状模型的数据操作主要包括查询、插入、删除和更新。进行插入操作时，允许插入尚未确定双亲节点值的子节点值。进行删除操作时，只允许删除双亲节点值。进行更新操作时，只需更新指定记录即可。

因此，一般来说，网状模型没有层次模型那样严格的完整性约束条件，但具体的网状数据库系统（如 DBTG）对数据操作都加了一些限制，提供了一定的完整性约束。DBTG 在模式 DDL 中提供了定义 DBTG 数据库完整性的若干概念和语句，主要有以下几种。

（1）支持记录码的概念。码是唯一标识记录的数据项的集合。在数据库中不允许出现重复值。

（2）保证一个联系中双亲记录和子记录之间是一对多的联系。

（3）可以支持双亲记录和子记录之间的某些约束条件。例如，有些子记录要求双亲记录存在才能插入，双亲记录删除时也连同删除。

3. 网状数据模型的优缺点

相对于层次模型，网状数据模型所能描述的自然关系更多，主要优点如下：

- 能够更为直接地描述现实世界。例如，一个节点可以有多个双亲，节点之间可以有多种联系。
- 具有良好的性能，存取效率较高。

网状数据模型也存在不少缺点，主要表现在：结构比较复杂，而且应用环境越大，数据库的结构就变得越复杂，不利于最终用户掌握；模型的数据定义语言（DDL）、数据操作语言（DML）复杂，用户不容易使用。

此外，网状模型中由于记录之间的联系是通过存取路径实现的，因此应用程序在访问数据时必须选择适当的存取路径。因此，用户必须了解系统结构的细节，加重了编写应用程序的负担。

1.3.5　关系模型

关系模型是当前最重要的、应用最广泛的一种数据模型。目前，主流的数据库系统大部分都是基于关系模型的关系数据库系统（Relational DataBase System，RDBS）的。1970 年，美国 IBM 公司 San Jose 研究室的研究员 E.F.Codd 首次提出数据库系统的关系模型，开创了数据库关系方法和关系数据理论的研究，为数据库技术的发展奠定了理论基础。20 世纪 80 年代以来，计算机厂商新推出的 DBMS 几乎都支持关系模型，非关系模型的产品也大都添加了关系接口，数据库领域当前的研究工作也都是以关系方法为基础的。

1. 关系模型的数据结构

关系数据模型是建立在严格的数学概念基础上的。在关系模型中，数据的逻辑结构是一张二维表，由行和列组成。关系模型中的主要术语如下。

（1）关系：一个关系对应通常所说的一张二维表。

（2）元组：表中的一行称为一个元组，许多系统中把元组称为记录。

（3）属性：表中的一列称为一个属性。一个表中往往会有多个属性，为了区分属性，要给每一列起一个属性名。

> **提示**　同一个表中的属性应具有不同的属性名。

（4）码：表中的某个属性或属性组的值可以唯一地确定一个元组，且属性组中不含多余的属性，这样的属性或属性组称为关系的码。

（5）域：属性的取值范围。例如，大学生年龄属性的域是（18～30），性别的域是（男，女）。

（6）分量：元组中的属性值。

（7）关系模式：关系的型称为关系模式，是对关系的描述。关系模式的一般表示如下：

```
关系名（属性 1，属性 2，…，属性 n）
```

在关系模型中，实体集以及实体间的联系都是用关系来表示的。关系模型要求关系必须是规范化的，即要求关系必须满足一定的规范条件，这些规范条件中最基本的一条就是：关系的每一个分量必须是一个不可分的数据项，也就是说，不允许表中还有表。关系模型示例如图 1.8 所示。

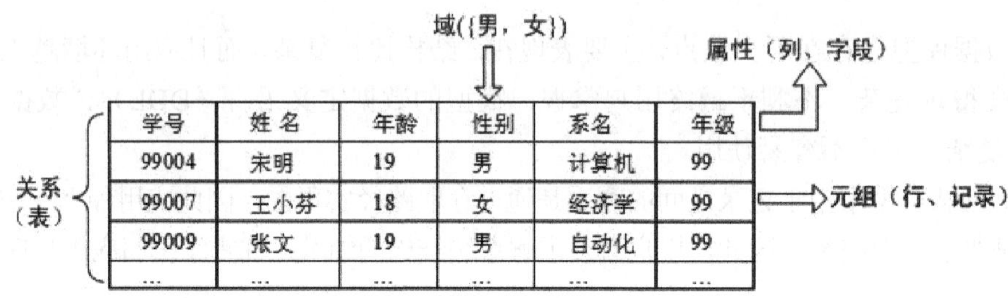

图 1.8　关系模型的示例

2. 关系模型的数据操作与完整性约束

关系数据模型的操作主要包括查询、插入、删除和修改数据，这些操作必须满足关系的完整性约束条件。关系模型中数据操作的特点是集合操作方式，即操作对象和操作结果都是集合，这种操作方式也称为一次一集合的方式。相应地，非关系数据模型的操作方式是一次一记录的方式。

关系的完整性约束条件包括三大类：实体完整性、参照完整性和用户定义的完整性。实体完整性定义数据库中每一个基本关系的主码应满足的条件，能够保证元组的唯一性。参照完整性定义表之间的引用关系，即参照与被参照关系。用户定义完整性是用户针对具体的应用环境制定的数据规则，反映某一具体应用所涉及的数据必须满足的语义要求。

3. 关系模型的优缺点

关系模型是当前使用最为广泛的一类模型，目前的主流数据库系统如 Oracle、SQL Server 等都采用关系模型。关系数据模型的优点主要体现在以下几点：

- 关系模型与非关系模型不同，它是建立在严格的数学理论基础上的。
- 关系模型的概念单一，实体与实体间的联系都用关系表示，对数据的检索结果也是关系（即表），所以其数据结构简单、清晰，用户易懂易用。
- 关系模型的物理存储和存取路径对用户透明，从而具有更高的数据独立性、更好的安全保密性，简化了程序员的数据库开发工作。

需要注意的是，虽然关系模型是现在的主流，但该模型也存在一定的缺陷，主要表现在如下两方面：

- 由于存取路径对用户透明，查询效率往往不如非关系数据模型高，因此为了提高性能，必须对用户的查询请求进行优化，这就增加了开发数据库管理系统的难度和负担。
- 关系数据模型不能以自然的方式表示实体集间的联系，存在语义信息不足、数据类型过少等弱点。

1.4 常见数据库

目前，商品化的数据库管理系统以关系型数据库为主导产品，技术比较成熟。面向对象的数据库管理系统虽然技术先进，数据库易于开发、维护，但尚未有成熟的产品。目前主流关系型数据库管理系统有 Oracle、Access 和 SQL Server 等。本节根据选择数据库管理系统的依据比较分析这几种主流数据库管理系统的优势和不足。

1.4.1 Access

Microsoft Office Access 是由微软（Microsoft）公司发布的一款关系数据库管理系统。它结合了 Microsoft Jet Database Engine 和图形用户界面两项特点，是 Microsoft Office 的系统程序之一。

1. 优势

Microsoft Office Access 提供了一个丰富的开发环境。这个开发环境给了用户足够的灵活性和对 Microsoft Windows 应用程序接口的控制，同时保护用户免遭用高级或低级语言开发环境开发时所碰到的各种麻烦。图 1.9 所示为 Microsoft Office Access 数据库的主界面。

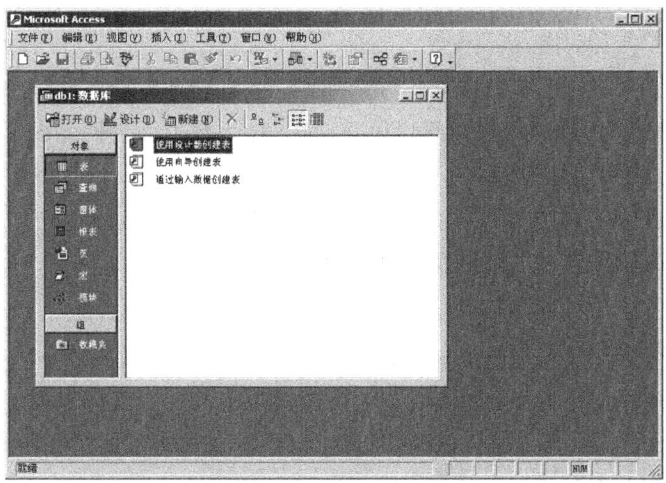

图 1.9　Microsoft Access 数据库

Microsoft Office Access 是一个把数据库引擎的图形用户界面和软件开发工具结合在一起的数据库管理系统，其主要优势表现在如下几个方面：

（1）存储方式单一。Access 管理的对象有表、查询、窗体、报表、页、宏和模块，以上对象都存放在后缀为（.mdb）的数据库文件中，便于用户的操作和管理。

（2）面向对象。Access 是一个面向对象的开发工具，利用面向对象的方式将数据库系统中的各种功能对象化，将数据库管理的各种功能封装在各类对象中。它将一个应用系统当作是由一系列对象组成的，对每个对象都定义一组方法和属性。通过对象的方法、属性完成数据库的操作和管理，极大地简化了用户的开发工作。同时，这种基于面向对象的开发方式，使得开发应用程序更为简便。

（3）界面友好、易操作。Access 是一个可视化工具，风格与 Windows 完全一样，用户想要生成对象并应用，只要使用鼠标进行拖放即可，非常直观方便。系统还提供了表生成器、查询生成器、报表设计器以及数据库向导、表向导、查询向导、窗体向导、报表向导等工具，使得操作简便，容易使用和掌握。

（4）集成环境、处理多种数据信息。Access 是基于 Windows 操作系统下的集成开发环境，该环境集成了各种向导和生成器工具，极大地提高了开发人员的工作效率，使得建立数据库、创建表、设计用户界面、设计数据查询、报表打印等可以方便有序地进行。

（5）Access 支持 ODBC（开放数据库连接，Open Database Connectivity），利用 Access 强大的 DDE（动态数据交换）和 OLE（对象的连接和嵌入）特性，可以在一个数据表中嵌入位图、声音、Excel 表格、Word 文档，还可以建立动态的数据库报表和窗体等。Access 还可以将程序应用于网络，并与网络上的动态数据相连接。利用数据库访问页对象生成 HTML 文件，轻松构建 Internet/Intranet 的应用。

2. 缺陷

尽管 Microsoft Office Access 具有许多的优点，但它毕竟是一个小型数据库，不可避免地存在一些缺陷，主要表现在：

（1）数据库过大时性能下降明显。一般来说，当 Access 数据库达到 100MB 左右的时候，数据库性能会显著下降。例如，当访问使用 Access 作为数据库的网站时，人数过多时容易造成 IIS 假死，过多消耗服务器资源。

（2）容易出现各种因数据库刷写频率过快而引起的数据库问题。

（3）Access 数据库安全性比不上其他类型的数据库。

1.4.2 SQL Server

SQL Server 也是 Microsoft 公司推出的关系型数据库管理系统，具有使用方便、可伸缩性好与相关软件集成程度高等优点，可跨越从运行 Microsoft Windows 98 的 PC 到运行 Microsoft Windows 2012 的服务器等多种平台使用。图 1.10 所示为 Microsoft SQL Server 数据库的 Management Studio 主界面。

图 1.10　Microsoft SQL Server 数据库

Microsoft SQL Server 是一个全面的数据库平台，使用集成的商业智能（BI）工具提供了企业级的数据管理。Microsoft SQL Server 数据库引擎为关系型数据和结构化数据提供了更安全可靠的存储功能，使用户可以构建和管理用于业务的高可用和高性能的数据应用程序。SQL Server 的主要特点如下：

（1）真正的客户机/服务器体系结构。

（2）图形化用户界面，使系统管理和数据库管理更加直观、简单。

（3）丰富的编程接口工具，为用户进行程序设计提供了更大的选择余地。

（4）SQL Server 与 Windows NT 完全集成，利用了 NT 的许多功能，如发送和接收消息、管理登录安全性等，SQL Server 也可以很好地与 Microsoft Office 产品集成。

（5）具有很好的伸缩性，可跨越多种平台使用。

（6）对 Web 技术的支持度高，使用户能够很容易地将数据库中的数据发布到 Web 页面上。

（7）SQL Server 新版本提供数据仓库功能，这个功能只在 Oracle 和其他更昂贵的 DBMS 中才有。

（8）内存在线事务处理（OLTP）引擎，内存 OLTP 整合到 SQL Server 的核心数据库管理组件中，它不需要特殊的硬件或软件就能够无缝整合现有的事务过程，允许将 SQL Server 内存缓冲池扩展到固态硬盘（SSD）或 SSD 阵列上。这一点对于支持繁重读负载的 OLTP 操作特别好，能够降低延迟、提高吞吐量和可靠性，消除 IO 瓶颈。

（9）云整合，引入了智能备份（Smart Backups）概念，能自动决定要执行完全备份还是差异备份，以及何时执行备份。还允许将本地数据库的数据和日志文件存储到 Azure 上。此外，SQL Server Management Studio 提供了一个部署向导，它可以帮助用户轻松地将现有本地数据库迁移到 Azure 虚拟机上。

1.4.3 Oracle

Oracle 数据库系统是美国甲骨文（Oracle）公司提供的以分布式数据库为核心的一组软件产品，是目前流行的客户/服务器（CLIENT/SERVER）或 B/S 体系结构的数据库之一。图 1.11 所示为 Oracle 10g 数据库的 Developer 主界面。

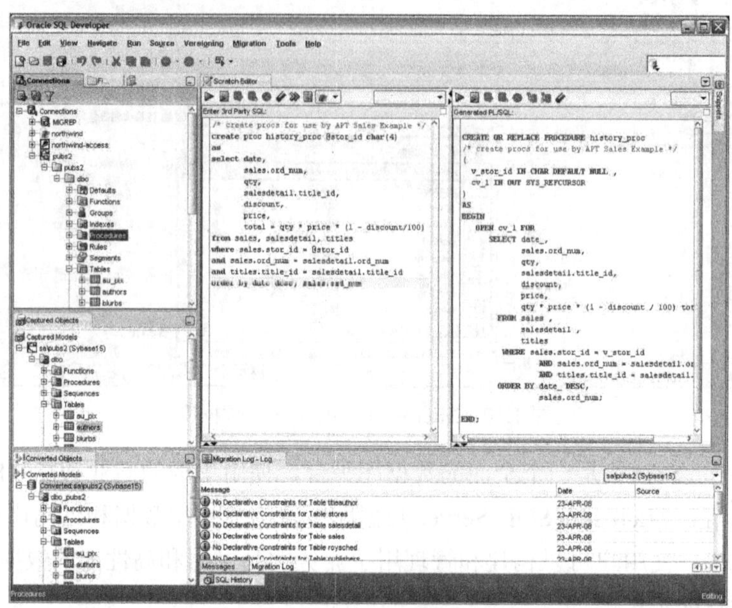

图 1.11　Oracle 数据库

Oracle 数据库是目前世界上使用最为广泛的数据库管理系统，作为一个通用的数据库系统，它具有完整的数据管理功能；作为一个关系数据库，它是一个完备关系的产品；作为分布式数据库，它实现了分布式处理功能。只要在一种机型上学习了 Oracle 知识，便能在各种类型的机器上使用。

编写本书时，Oracle 数据库的最新版本为 Oracle Database 12c。Oracle 12c 引入了一个新的多承租方架构，使用该架构可轻松部署和管理数据库云。此外，一些创新特性可最大限度地提高资源使用率和灵活性，如 Oracle Multitenant 可快速整合多个数据库，而 Automatic Data Optimization 和 Heat Map 能以更高的密度压缩数据和对数据分层。这些独一无二的技术进步再加上在可用性、安全性和大数据支持方面的增强，使得 Oracle 12c 成为私有云和公有云部署的理想平台。

Oracle 的特点如下。

（1）名副其实的大型数据库：由 Oracle 建立的数据库，最大数据量可达几百吉字节。

（2）共享 SQL 和多线索服务器体系结构：这两个特性的结合可减少 Oracle 的资源占用，增强处理能力，支持成百甚至上千用户。

（3）跨平台能力：Oracle 数据库管理系统可以运行在 100 多个硬件和软件平台上。这一点是其他 PC 平台上的数据库产品所不及的。

（4）分布式数据库：可以使物理分布不同的多个数据库上的数据被看成是一个完整的逻

辑数据库。尽管数据操纵的单个事务可能要运行于多处地点，但这对应用程序却是透明的，就好像所有的数据都是物理地存储在本地数据库中。

（5）卓越的安全机制：包括对数据库的存取控制、决定可以执行的命令、限制单一进程可用的资源数量以及定义数据库中数据的访问级别等。

（6）支持客户机/服务器方式，支持多种网络协议。

除上面讲解的 Microsoft Office Access、SQL Server 和 Oracle 三个典型数据库外，还有许多关系型数据库也较为常见，如 IBM DB2、Informix、Sybase、MySQL 等，有兴趣的读者可自行了解，此处不再赘述。

1.5 小结

本章是数据库的入门，掌握这些基础知识对后续理解有很大帮助。本章阐述了数据库的发展与组成、数据库体系结构、数据模型以及常见的数据库，并就层次模型、网状模型和关系模型 3 种数据模型做了详细讲解。本章的难点是需要掌握数据库的数据模型，它是数据库系统中用以提供信息表示和操作手段的形式架构。此外，针对当前主流的数据库，本章主要介绍了 Microsoft Office Access、SQL Server 和 Oracle，供读者参考。更加详细的内容请参照相关书籍。

1.6 经典习题与面试题

1. 简述数据库系统的组成。
2. 简述三级模式结构。
3. 简述关系模型。
4. 简述常见数据库的优缺点。

第 2 章 走进SQL Server 2016

SQL Server 2016 是目前 SQL Server 系列数据库管理系统的最新版本，是该系统家族中最重要的一代产品。本章主要介绍 SQL Server 2016 的特点、安装和卸载及使用 SQL Server 2016 帮助等相关内容。通过本章的学习，可以使读者对 SQL Server 2016 这款数据库管理系统有一个全方位的了解。

本章重点内容：

- 了解 SQL Server 数据库软件的特点
- 了解 SQL Server 2016 新的技术点
- 掌握 SQL Server 2016 的安装和卸载
- 了解如何使用 SQL Server 2016 帮助功能

2.1 SQL Server 2016 简介

SQL Server 是 Microsoft 公司推出的关系型数据库管理系统，是一个全面的数据平台，为企业提供可靠的数据支持。2016 年 7 月 1 日，微软发布了 SQL Server 数据库软件家族中最重要的一代产品，命名为 SQL Server 2016。从最早的 OS/2 版本到如今的 SQL Server 2016，SQL Server 的每一代产品都会在完善基本功能的前提下增加新的功能，微软 SQL Server 2016 正式版有着涉及数据库引擎、分析服务等多个方面的功能性增强和改进，同时也增加了很多全新的功能，如数据全程加密、支持 R 语言、延伸数据库、实时业务分析与内存 OLTP、原生 JSON 支持、行级安全等。

用户可以根据应用程序的需要安装不同版本的 SQL Server 2016 组件，不同版本的 SQL Server 2016 可以满足单位和个人独特的性能、运行时间以及价格要求。在具体安装过程中，选择哪些 SQL Server 组件主要还是根据用户的需求来指定。下面介绍 SQL Server 2016 中的一些常用版本。

微软 SQL Server 2016 正式版分为 4 个版本，分别是企业版（Enterprise）、标准版

（Standard）、速成版（Express）和开发人员版（Developer）。与 Visual Studio 一样，SQL Server 2016 也同样提供免费版本，其中 Express 速成版和 Developer 开发人员版就是免费的，大家可以随意下载使用。

每一个版本都分为 64 位和 32 位两种类型，主要区别如下。

- Enterprise（64 位和 32 位）：SQL Server 2016 Enterprise 是 SQL Server 2016 中的高级版本，此版本提供了全面的高端数据中心功能，性能快捷、虚拟化不受限制，同时还具有端到端的商业智能。
- Standard（64 位和 32 位）：SQL Server 2016 Standard 版提供了基本数据管理和商业智能数据库，使部门和小型组织能够顺利运行其应用程序并支持将常用开发工具用于内部部署和云部署。
- Developer（64 位和 32 位）：SQL Server 2016 Developer 版本可以支持程序开发人员构建任意符合 SQL Server 规则的应用程序。Developer 版包含 Enterprise 版中的所有功能，但这些功能只能用于开发和测试，不能用作服务器。
- Express（64 位和 32 位）：SQL Server 2016 Express 版本是一款入门级的免费 SQL Server 版本，此版本主要用于学习和构建小型的应用程序，Express 版包含 SQL Server 中最基本的数据管理功能。

SQL Server 2016 各版本的主要区别在于 SQL Server 数据库引擎实例的大小、最大关系数据库大小等。对于初学者而言，Express 免费版就能满足各功能的学习要求。

2.2 SQL Server 2016 的特点

SQL Server 作为目前程序开发中使用广泛的数据库软件之一，每一次版本的更新都会带来许多不同的变化。最新版本的 SQL Server 2016 数据库引擎引入了一些新功能和增强功能，这些功能可以提高设计、开发和维护数据存储系统的架构师、开发人员和管理员的能力和工作效率。本节将对 SQL Server 2016 中的版本特点进行讲述。

2.2.1 SQL Server 2016 中新的组件功能

相对于旧版本，SQL Server 2016 中新的组件增加了许多新的功能。

在性能上，SQL Server 2016 利用实时内存业务分析计算技术（Real-Time Operational Analytics & In-Memory OLTP）让 OLTP 事务处理速度提升了 30 倍，可升级的内存列存储技术（columnstore）让分析速度提升高达 100 倍，查询时间从几分钟降低到了几秒钟。

安全性上，SQL Server 2016 中也加入了一系列的新安全特性：

- 数据全程加密（Always Encrypted）能够保护传输中和存储后的数据安全。

- 透明数据加密（Transparent Data Encryption）只需消耗极少的系统资源即可实现所有用户数据加密。
- 层级安全性控管（Row Level Security）让客户基于用户特征控制数据访问。

除此之外，SQL Server 2016 还增加了许多新特性：

- 动态数据屏蔽（Dynamic Data Masking）。
- 原生 JSON 支持。
- 通过 PolyBase 简单高效地管理 T-SQL 数据。
- SQL Server 支持 R 语言。
- 多 TempDB 数据库文件。
- 延伸数据库（Stretch Database）。
- 历史表（Temporal Table）。
- 增强的 Azure 混合备份功能。

2.2.2 SQL Server 2016 混合云技术

考虑到企业级的应用程序将面临复杂的硬件配置、大量峰值需求等一系列的重要挑战，Microsoft 提出了混合云策略，为传统的私有云、公共云和混合云环境提供支持，从而克服这些重要挑战。

SQL Server 2016 直接支持将数据文件和日志部署到 Microsoft Azure 公有云存储，从而可以无缝打通公有云和私有云的边界，其架构如图 2.1 所示。

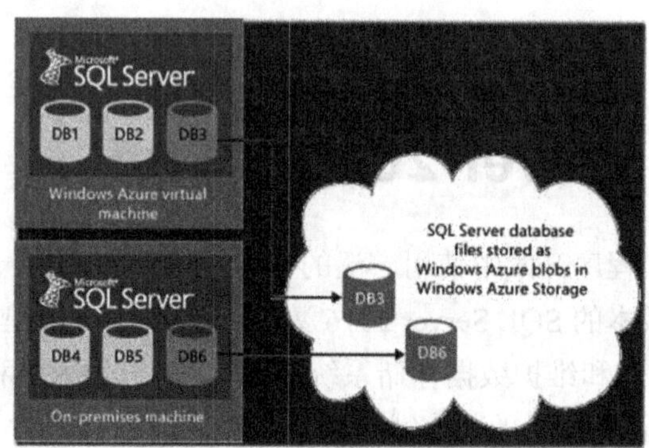

图 2.1　将数据库部署在 Windows Azure Blob

将数据库部署在 Azure Blob 中存储的优点在于可提高数据库性能、便于数据的迁移、提高数据库安全性、将数据虚拟化。此外，SQL Server 2016 的存储引擎中增加了对于 Azure Blob 的数据访问机制，如图 2.2 所示。

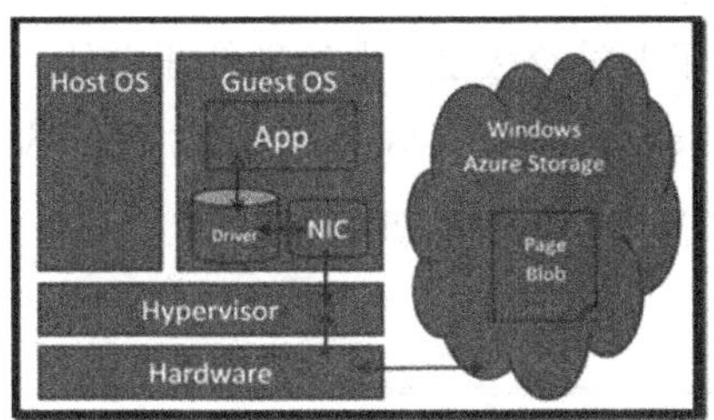

图 2.2　Azure Blob 上的访问机制

SQL Server 2016 与 Azure 有了更深程度的集成，用户可以通过将数据库文件分配在 Azure 上进行存储，为数据库带来性能、可维护、安全上的多重保障。

2.3 安装 SQL Server 2016

在对 SQL Server 2016 有了初步的了解后，本节将学习如何将 SQL Server 安装在计算机上。SQL Server 2016 的安装程序采用了简单直观的图形化界面，用户在安装过程中只需要根据系统提示选择或输入相关的配置信息即可。

2.3.1 SQL Server 2016 安装必备

在安装 SQL Server 2016 之前，首先需要对计算机的硬件和软件环境进行简单的评估。SQL Server 2016 是一款系统资源消耗相对较大的软件，如果硬件没有达到要求，就无法安装，系统要求最低硬件配置如表 2.1 所示。

表 2.1　安装 SQL Server 2016 硬件要求

组件	要求
硬盘	至少 6 GB 的可用硬盘空间
显示器	要求有 Super-VGA（800×600）或更高分辨率的显示器
内存	最低要求 Express Editions：512 MB 所有其他版本：1 GB 建议 Express Editions：1 GB 所有其他版本：至少 4 GB 并且应该随着数据库大小的增加而增加，以确保最佳性能
处理器速度	最低要求 x64 处理器：1.4 GHz 建议 ：2.0 GHz 或更快
处理器类型	x64 处理器：AMD Opteron、AMD Athlon 64、支持 Intel EM64T 的 Intel Xeon、支持 EM64T 的 Intel Pentium IV

安装 SQL Server 2016 除了要符合表 2.1 中的硬件要求外，在软件环境方面，首先建议在 NTFS 文件格式下运行 SQL Server 2016，因为 FAT32 格式没有文件安全系统；其次，NET Framework 3.5 SP1 是 SQL Server Management Studio 必需的，在安装 SQL Server 之前要确保有.NET Framework 环境。

在安装 SQL Server 2016 之前要确保计算机操作系统为 Windows 8 及以上版本，否则会因为缺少组件而导致无法正常安装，并且仅 x64 处理器支持 SQL Server 2016 的安装，x86 处理器不再支持此安装。

2.3.2 SQL Server 2016 的安装

本节主要介绍 SQL Server 2016 在 Windows 操作系统环境下的安装过程。SQL Server 2016 的安装步骤如下：

步骤 01 将安装盘放入光驱中，或在微软官方网站下载 SQL Server 2016 安装文件。

步骤 02 打开安装文件后，双击 setup 文件进入【SQL Server 安装中心】。单击左侧的【安装】选项，如图 2.3 所示。

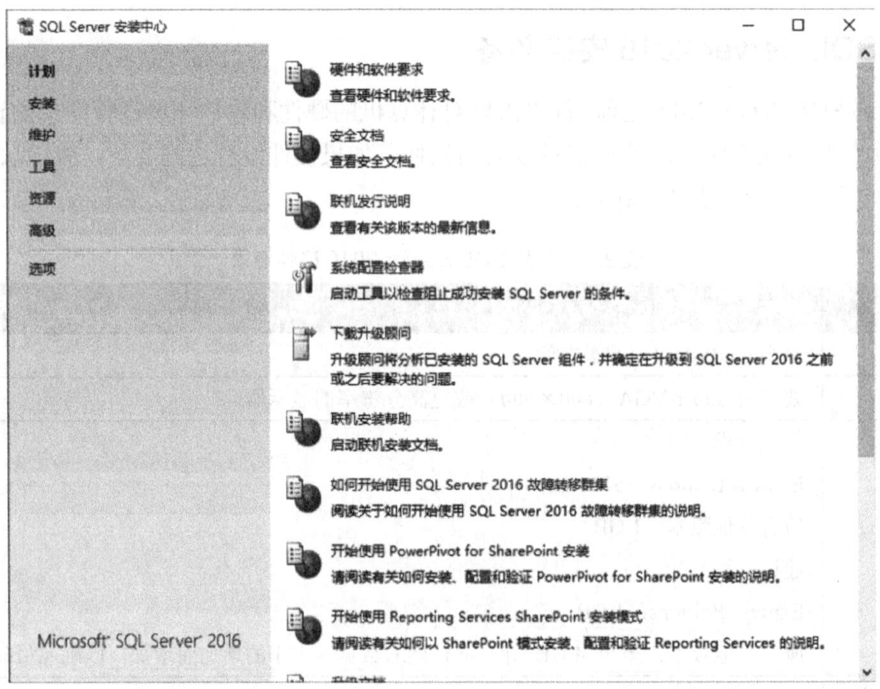

图 2.3 SQL Server 安装中心

在安装前，可以先查看【计划】项目中的各种提示信息，如安装 SQL Server 2016 对软硬件的要求、安装帮助文档等信息。

步骤 03 在安装选项中选择【全新 SQL Server 独立安装或向现有安装添加功能】，进入程序安装向导，如图 2.4 所示。

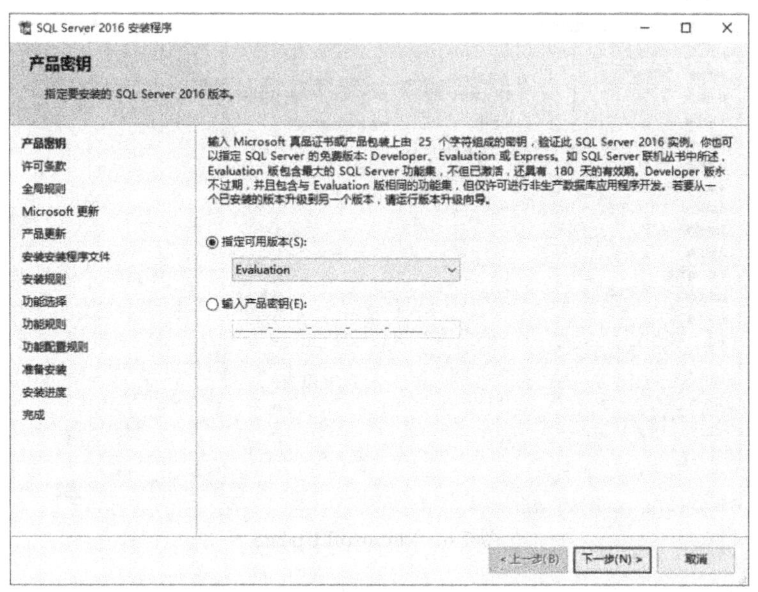

图 2.4　SQL Server 安装程序

步骤 04　在安装程序中指定安装版本或输入正版产品密钥，确认无误后单击【下一步】按钮。

步骤 05　在许可条款中选中【我接受许可条款】，如图 2.5 所示。客户体验改善计划为可选项，对安装进程不造成影响，完成后单击【下一步】按钮。

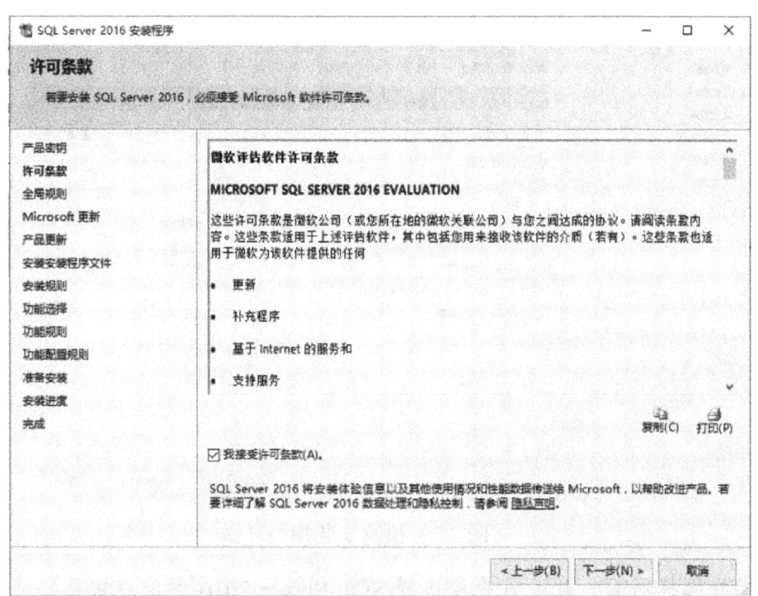

图 2.5　许可条款

步骤 06　进入 Microsoft 更新窗口后，可以选中【使用 Microsoft Update 检查更新（推荐）】，如图 2.6 所示，完成后单击【下一步】按钮。

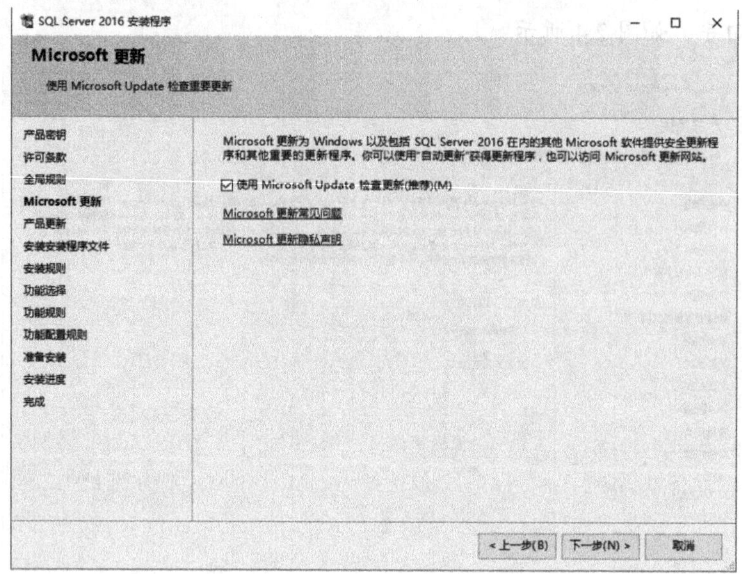

图 2.6　Microsoft Update

步骤 07　进入 SQL Server 2016 安装规则检测窗口，检测结果中的每一项都必须是已通过或警告，若出现失败，则无法进行下一步安装。检测通过后，单击【下一步】按钮，如图 2.7 所示。

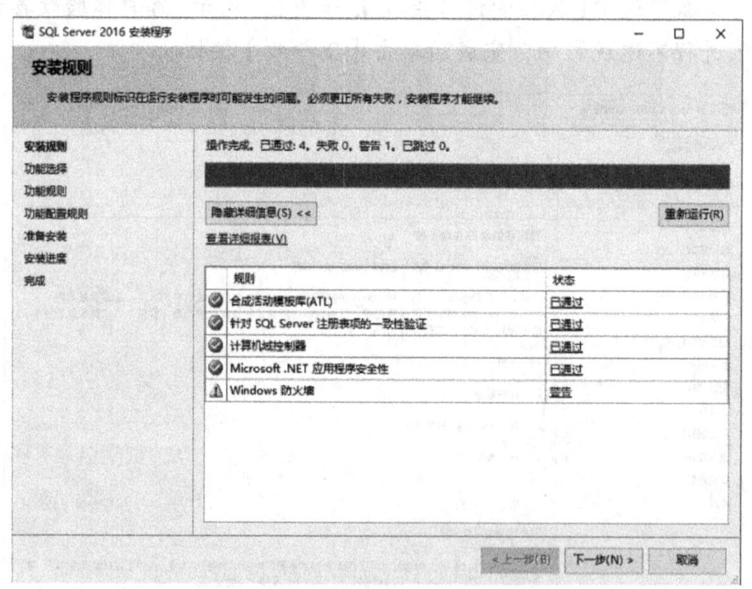

图 2.7　检测安装规则

步骤 08　进入功能选择界面，此处首先要选择 SQL Server 2016 中用户需要安装的组件和功能，对 SQL Server 2016 不太熟悉的用户可以直接单击【全选】按钮，右侧有每一个功能的详细说明和安装所需要的磁盘空间，在下方可以修改 SQL Server 2016 的安装实例根目录和共享目录，如图 2.8 所示。设置完毕后单击【下一步】按钮。

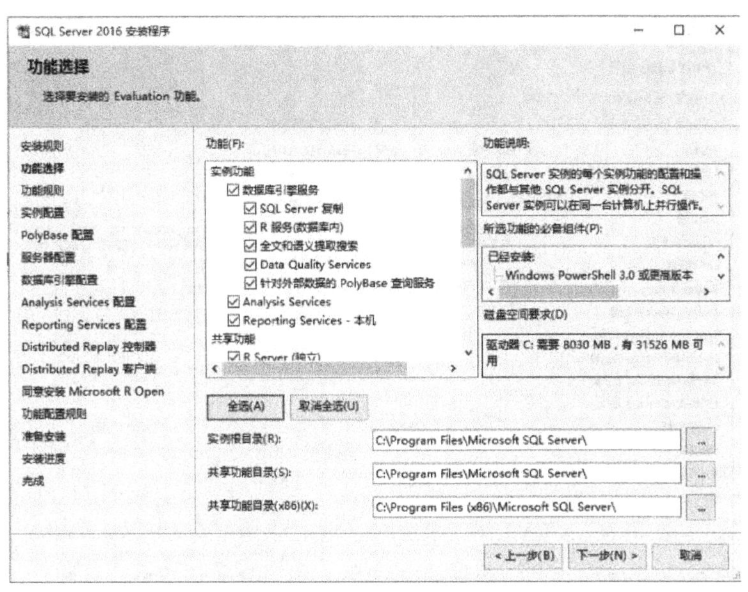

图 2.8　选择版本功能

步骤 09　进入功能规则界面，在这里需要检测安装程序正在运行规则，以确定是否要组织安装过程。检测结果中的每一项都必须是已通过或警告，若出现失败，则无法进行下一步安装。检测通过后，单击【下一步】按钮。

步骤 10　进入实例配置界面，在这里可以选择实例的类型和实例的 ID，如图 2.9 所示。设置完成后单击【下一步】按钮。

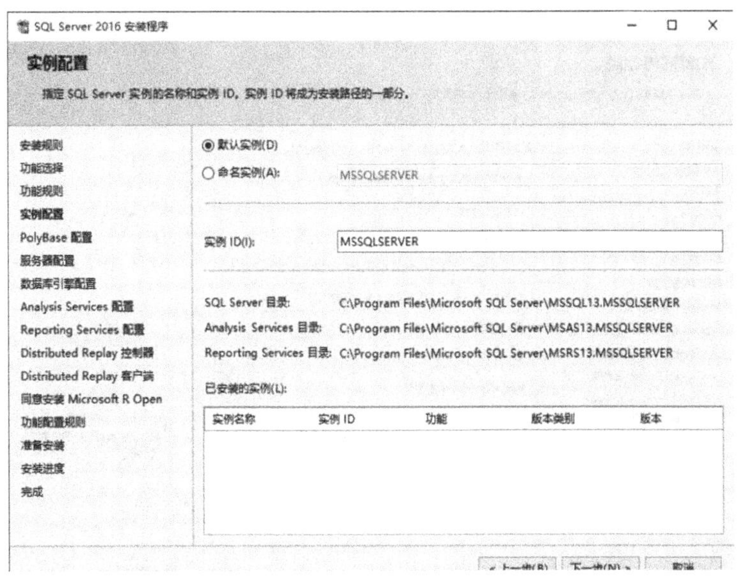

图 2.9　实例配置

步骤 11　进入 PolyBase 配置界面，此处可以指定 PolyBase 扩大选项和端口配置，一般选择默认配置，如图 2.10 所示。单击【下一步】按钮进入服务器配置界面。在该界面不需要进行任何设置，直接单击【下一步】按钮即可。

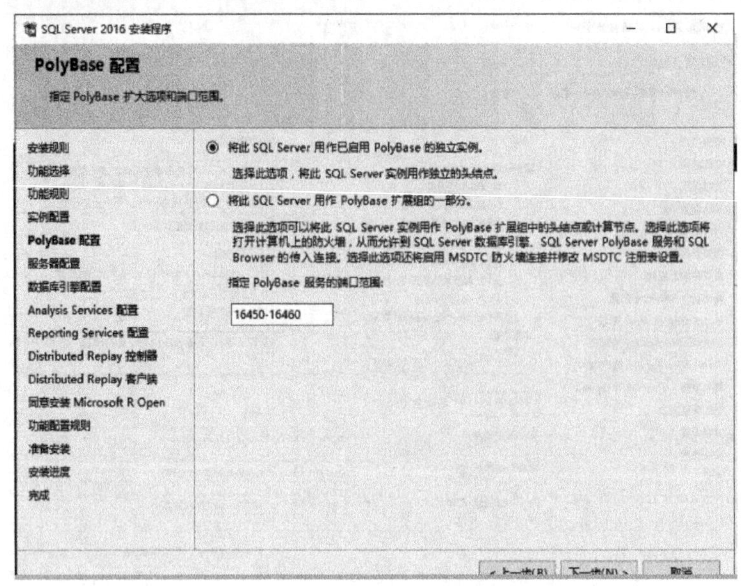

图 2.10　PolyBase 配置

步骤 12 进入数据库引擎配置界面，首先要设置 SQL Server 2016 的身份验证方式，用户有两种选择：一是使用【Windows 身份验证模式】，在这种模式下，SQL Server 服务器的登录用户依附于 Windows 的用户进行登录；二是使用【混合模式（SQL Server 身份验证和 Windows 身份验证）】，在混合模式下，需要对 SQL Server 系统管理员账户 sa 指定一个密码，如图 2.11 所示。配置完成后单击【下一步】按钮。

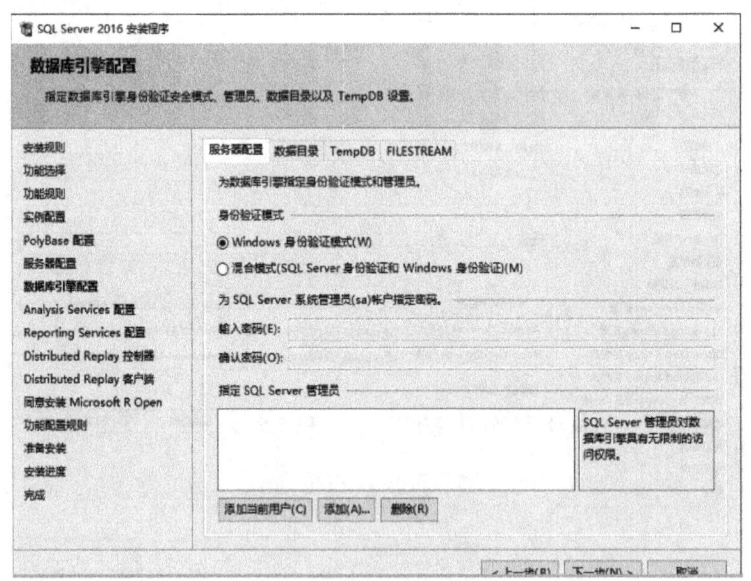

图 2.11　数据库引擎配置

步骤 13 进入 Analysis Services 配置界面，在该界面可以指定 Analysis Services 服务器模式、管理员和数据目录，如图 2.12 所示。此处不需要进行任何修改，在界面单击【下一步】按钮即可。

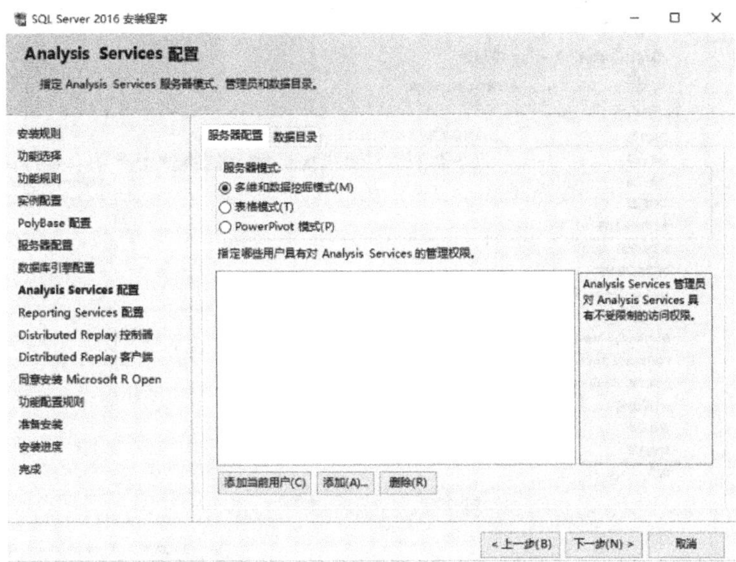

图 2.12　Analysis Services 配置

后面的 Reporting Services 配置、Distributed Replay 控制器配置、Distributed Replay 客户端配置、同意安装 Microsoft R Open 都使用默认配置即可，无须做过多的设置，如图 2.13~图 2.16 所示。

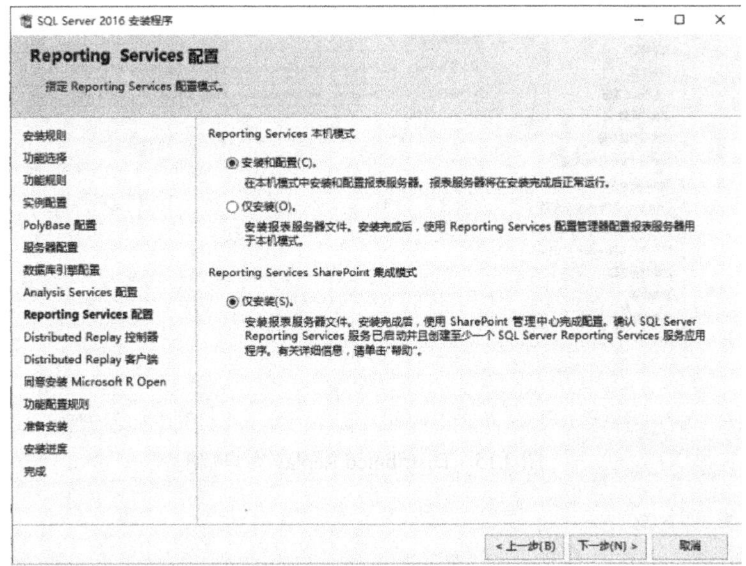

图 2.13　Reporting Services 配置

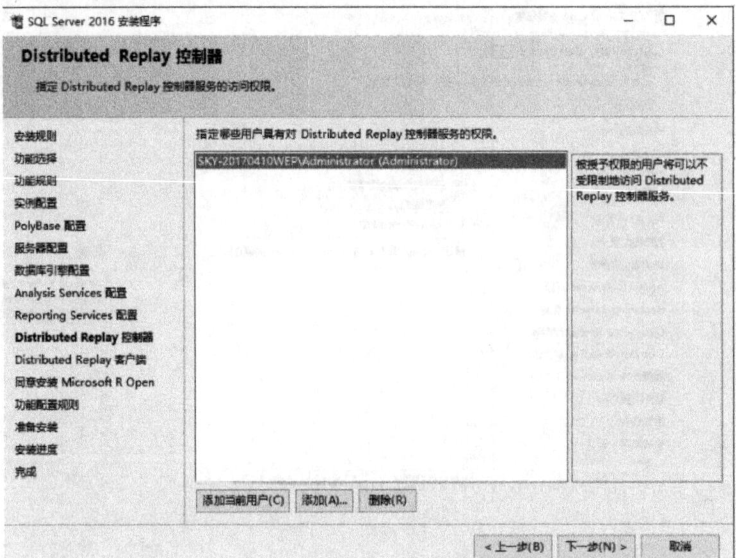

图 2.14　Distributed Replay 控制器配置

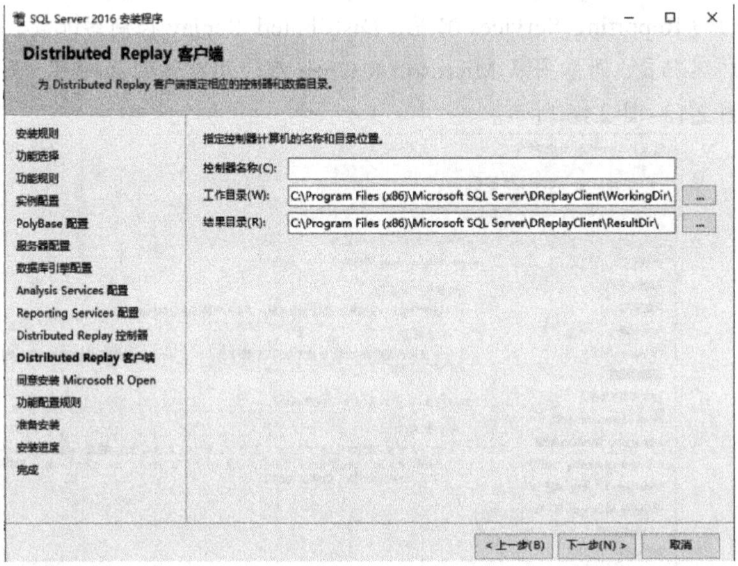

图 2.15　Distributed Replay 客户端配置

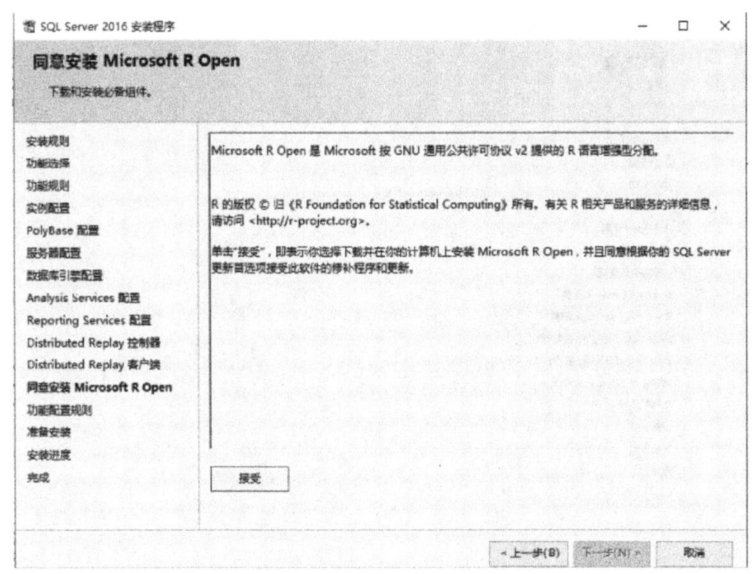

图 2.16　Microsoft R Open 配置

步骤 14　在所有配置信息都设置完成后，SQL Server 2016 会进行最后的功能配置规则检查，当所列项目状态都为【已通过】时，即提示可以安装。单击【下一步】按钮完成最后的操作，如图 2.17 所示。

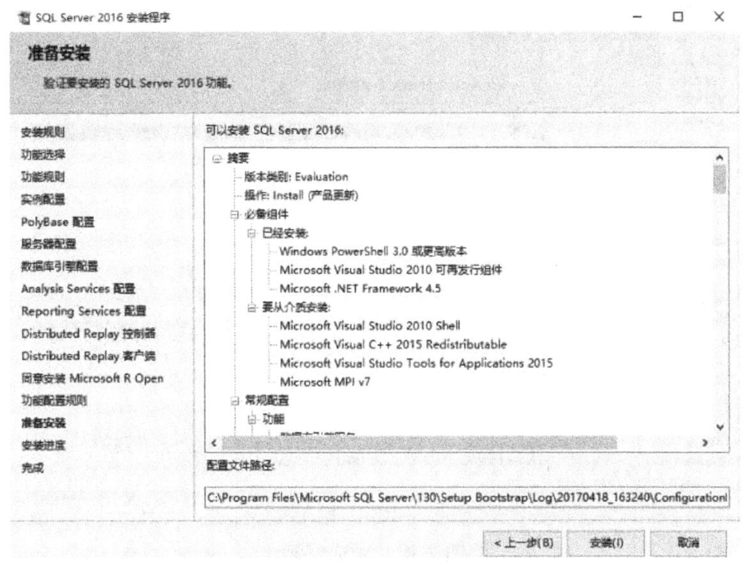

图 2.17　功能配置规则检测

单击【安装】按钮后，即可根据前面的配置进行安装。通过安装进度条和信息展示可以了解安装的进度，如图 2.18 所示。

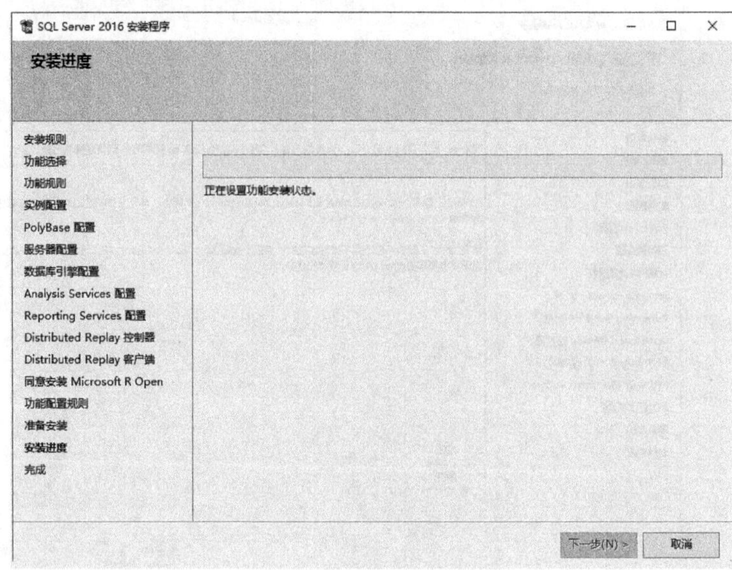

图 2.18　安装进度展示

安装完成后，用户可以查看 SQL Server 2016 的组件安装状态，同时可以查看 SQL Server 2016 的产品文档，如图 2.19 所示。

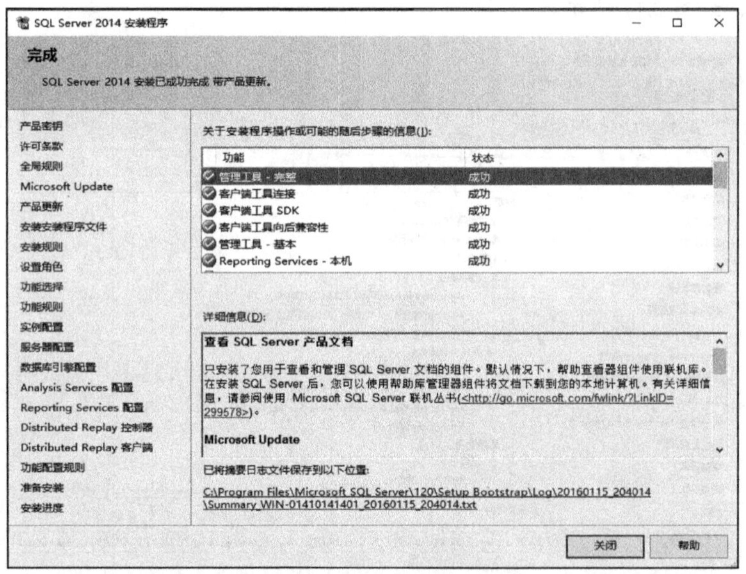

图 2.19　完成安装

在安装 SQL Server 2016 之前请确保机器安装了.Net Framework 3.5 sp1 和 JDK，这是 SQL Server 必要的环境，也是安装过程中最容易出错的地方。如果没有安装，就会在规则校验中出现错误，导致无法正常安装。

2.3.3 SQL Server 2016 的卸载

如果 SQL Server 2016 因为某些原因导致无法使用，可以通过卸载的方式将其从计算机中移除，卸载 SQL Server 2016 的操作步骤如下：

步骤 01 在“设置”界面中选择【应用和功能】选项来管理已经安装的程序。找到 SQL Server 2016 Setup，单击【卸载】按钮，如图 2.20 所示。

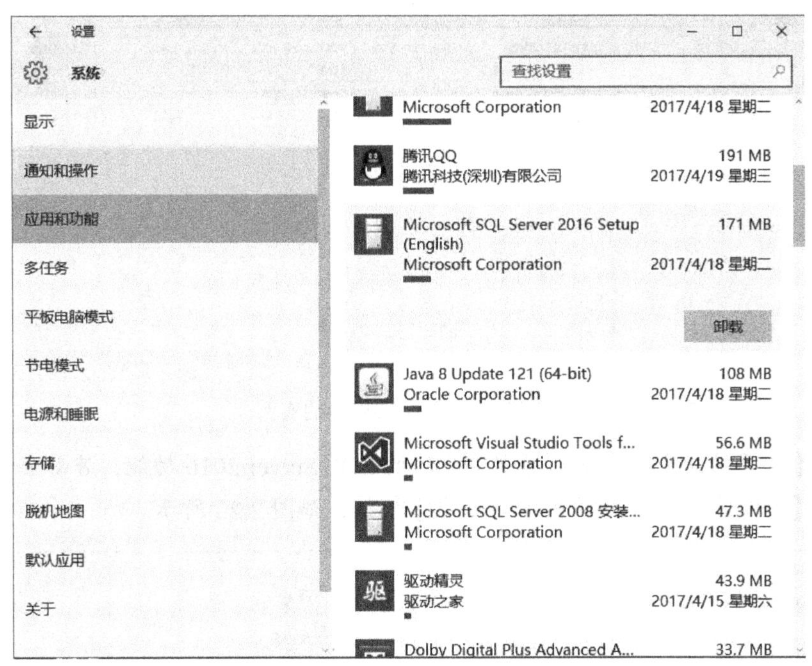

图 2.20 单击【卸载】按钮

步骤 02 单击【卸载】按钮后，弹出 SQL Server 2016 更改窗口，如图 2.21 所示。

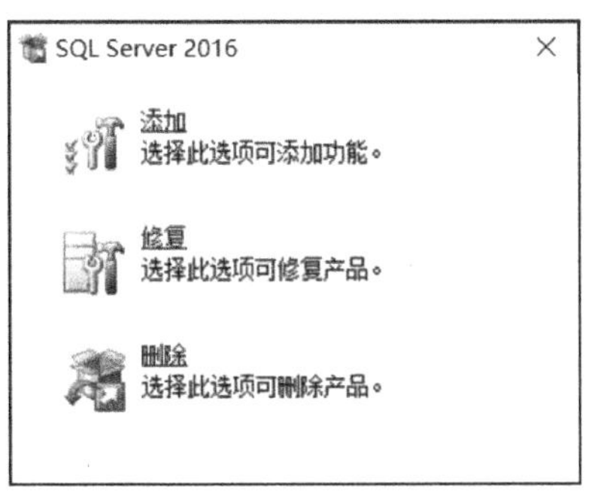

图 2.21 SQL Server 更改窗口

步骤 03 在窗体中选择【删除】，进入【删除 SQL Server 2016】界面中，此处选择需要删除的 SQL Server 2016 实例，如图 2.22 所示。选择完成后单击【下一步】按钮。

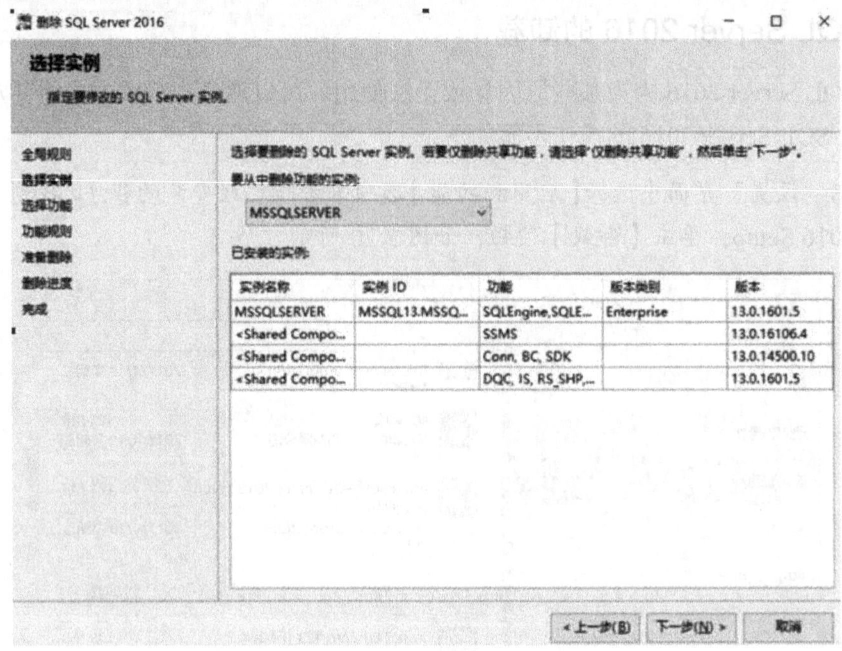

图 2.22　选择需要删除的实例

步骤 04　在【选择功能】界面中选择需要删除的 SQL Server 2016 功能，若需全部卸载，则单击【全选】按钮，并单击【下一步】按钮，如图 2.23 所示。

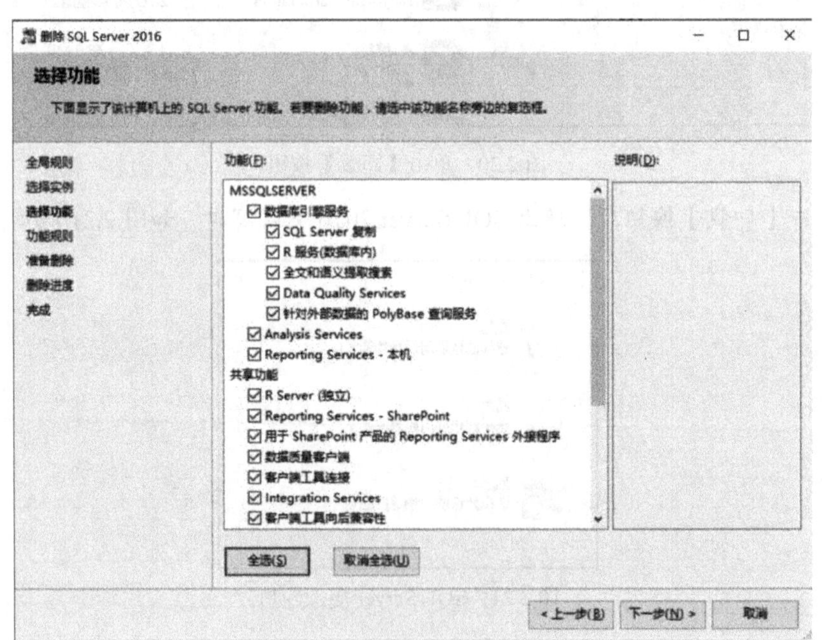

图 2.23　选择需要删除的功能

步骤 05　进入【准备删除】界面后，展示可以删除的 SQL Server 2016 的内容，如图 2.24 所示。单击【删除】按钮，即可开始删除程序，直到系统从计算机中全部删除。

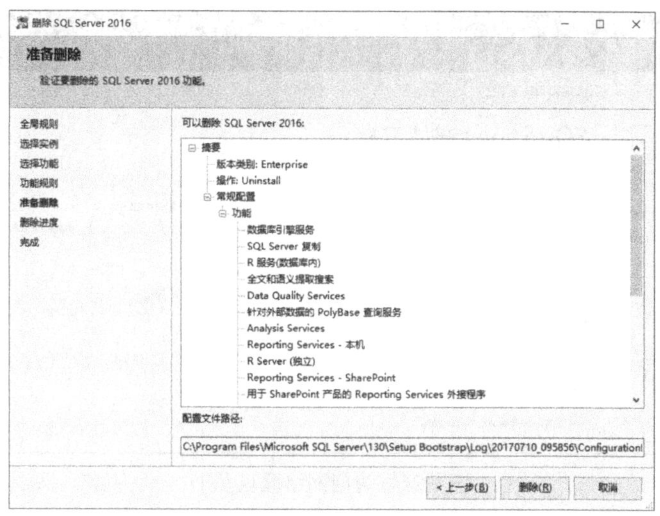

图 2.24　准备删除

在卸载 SQL Server 2016 时，需要将当时安装的相关组件全部卸载完毕，同时需要清理注册表，否则会造成系统内的软件残留，对后期的使用造成不便。

2.4 使用 SQL Server 2016 帮助

在安装 SQL Server 2016 时不仅安装了软件的服务功能，还安装了 SQL Server 2016 的帮助文档，用户可以通过帮助文档学习使用和管理 SQL Server 数据库。一般情况下，用户可以通过 Microsoft SQL Server Management Studio 中的帮助菜单下的【查看帮助】命令打开帮助文档，如图 2.25 所示。

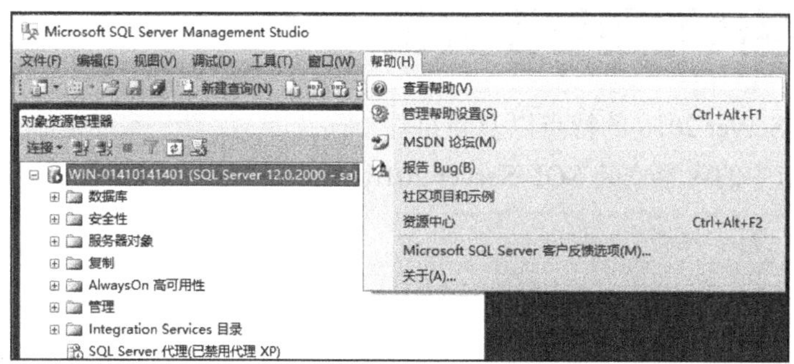

图 2.25　访问本地帮助文档

帮助文档可以在本地使用或在线使用，如果用户在本地无法查看帮助文档的内容，可以访问 Microsoft SQL Server 2016 在线联机丛书，即 SQL Server 2016 技术文档，如图 2.26 所示。

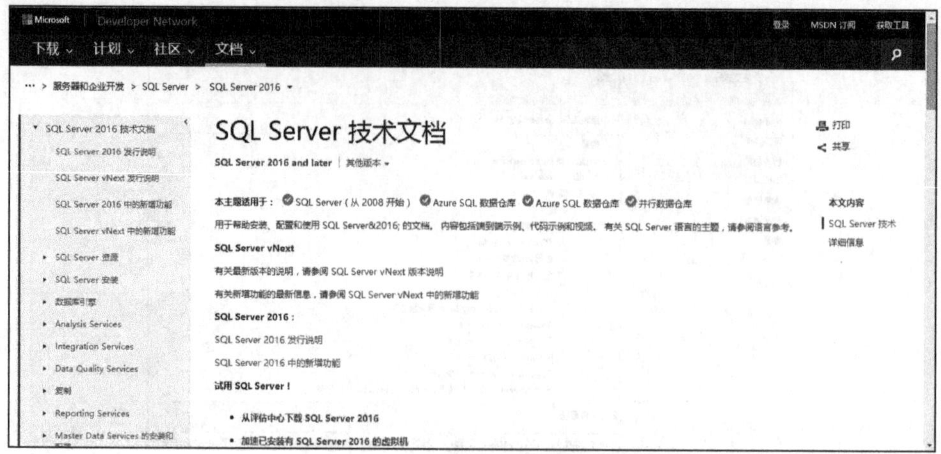

图 2.26　访问网络联机丛书

2.5 小结

本章主要对 SQL Server 2016 数据库软件的特点进行了讲解，并具体介绍了 SQL Server 2016 中的各个版本以及这些版本的区别。此外，为方便初学者更好地学习 SQL Server 2016，本章就安装和卸载 SQL Server 2016 的详细步骤进行了阐述，同时介绍了使用 SQL Server 2016 帮助和联机文档的方法，希望读者通过这一章的学习能够对 SQL Server 2016 的版本和安装有全面的认识。

2.6 经典习题与面试题

1. 了解 SQL Server 2016 的特点以及新组件。
2. 参考 2.3 节中的内容安装 SQL Server 2016。

第 3 章 创建数据库

在安装好 SQL Server 2016 后，用户首先需要做的工作就是创建一个数据库。SQL Server 2016 的数据库是指以一定方式存储在一起、能为多个用户共享、具有尽可能小的冗余度、与应用程序彼此独立的数据集合。在 SQL Server 2016 中创建数据库是每一个软件开发人员和数据库管理员的必备技能。

本章重点内容：

- 了解数据库的基本概念
- 掌握数据库常用对象和数据库的组成
- 掌握数据库的命名规则
- 会使用管理器创建和修改数据库

3.1 数据库简介

在具体介绍 SQL Server 2016 中如何创建数据库之前，读者需要对数据库的基本概念有初步了解。本节将为读者介绍一些数据库的专用术语，如数据库对象、系统数据库、表、记录、索引等。

3.1.1 数据库基本概念

简单地说，数据库是一个单位或一个应用领域的通用数据处理系统，存储的是属于企业和事业部门、团体和个人的有关数据的集合。数据库中的数据是从全局观点出发建立的，按一定的数据模型进行组织、描述和存储。数据库的结构基于数据间的自然联系，可提供一切必要的存取路径，且数据不针对某一应用，而是面向全组织的，具有整体的结构化特征。

数据库中的数据是为众多用户共享信息而建立的，已经摆脱了具体程序的限制和制约。不同的用户可以按各自的用法使用数据库中的数据，多个用户可以同时共享数据库中的数据资源，即不同的用户可以同时存取数据库中的同一个数据。数据共享性不仅满足了各用户对信息内容的要求，同时也满足了各用户之间信息通信的要求。

1. 基本结构

数据库的基本结构分 3 个层次，反映了观察数据库的 3 种不同角度。以内模式为框架所组成的数据库叫作物理数据库，以概念模式为框架所组成的数据库叫作概念数据库，以外模式为框架所组成的数据库叫作用户数据库。

（1）物理数据层

它是数据库的最内层，是物理存储设备上实际存储的数据的集合。这些数据是原始数据，是用户加工的对象，由内部模式描述的指令操作处理的位串、字符和字组成。

（2）概念数据层

它是数据库的中间一层，是数据库的整体逻辑表示。概念数据库指出了每个数据的逻辑定义及数据间的逻辑联系，是存储记录的集合，涉及的是数据库所有对象的逻辑关系，而不是它们的物理情况，是数据库管理员概念下的数据库。

（3）用户数据层

它是用户所看到和使用的数据库，表示了一个或一些特定用户使用的数据集合，即逻辑记录的集合。

数据库不同层次之间的联系是通过映射进行转换的。

2. 主要特点

数据库技术是数据管理技术发展到现在的最新产物，经历了人工管理阶段和文件系统阶段。数据库的主要特点是实现数据共享、减少数据冗余、实现数据集中控制，提高数据的可靠性和安全性，具体如下：

（1）实现数据共享

数据共享包括所有用户可同时存取数据库中的数据，也包括用户可以用各种方式通过接口使用数据库，并提供数据共享。

（2）减少数据的冗余度

与文件系统相比，由于数据库实现了数据共享，因此避免了用户各自建立应用文件，减少了大量重复数据，减少了数据冗余，维护了数据的一致性。

（3）数据的独立性

数据的独立性包括逻辑独立性和物理独立性，数据库实现了数据在逻辑和物理上的相对独立。

数据库中数据库的逻辑结构和应用程序相互独立，数据物理结构的变化不影响数据的逻辑结构。

（4）数据实现集中控制

在文件管理方式中，数据处于一种分散的状态，不同的用户或同一用户在不同处理中其文件之间毫无关系。利用数据库可对数据进行集中控制和管理，并通过数据模型表示各种数据的组织以及数据间的联系。

（5）数据的安全性和可靠性

数据库提供了相关技术保障数据具有一致性和可维护性，主要包括安全性控制、完整性控制和并发控制。其中，安全性控制用于防止数据丢失、错误更新和越权使用；完整性控制用于保证数据的正确性、有效性和相容性；并发控制使在同一时间周期内允许对数据实现多路存取，又能防止用户之间的不正常交互作用。

（6）故障恢复

故障恢复是由数据库管理系统提供的一套方法，可及时发现故障和修复故障，从而防止数据被破坏。数据库系统能尽快恢复数据库系统运行时出现的故障，可能是物理上或逻辑上的错误。例如，对系统的误操作造成的数据错误等。

3. 数据库种类

数据库通常分为层次式数据库、网络式数据库和关系式数据库 3 种。不同的数据库是按不同的数据结构来联系和组织的。在当今的互联网时代，最常见的数据库模型主要有两种，即关系型数据库和非关系型数据库。

（1）关系型数据库

关系型数据库模型是把复杂的数据结构归结为简单的二元关系（二维表格形式）。在关系型数据库中，对数据的操作几乎全部建立在一个或多个关系表格上，通过对这些关联的表格分类、合并、连接或选取等运算来实现数据库的管理。

关系型数据库诞生 40 多年了，从理论产生发展到现实产品。例如，Oracle、SQL Server 和 MySQL 等都是关系型数据库。其中，Oracle 在数据库领域处于霸主地位，形成每年高达数百亿美元的庞大产业市场。

（2）非关系型数据库

随着互联网 Web 2.0 网站的兴起，传统的关系数据库在应付 Web 2.0 网站，特别是超大规模和高并发的 SNS 类型的 Web 2.0 纯动态网站已经显得力不从心，暴露了很多难以克服的问题，而非关系型的数据库（Not Only SQL，NoSQL，不仅是 SQL）则由于其本身的特点得到了非常迅速的发展。NoSQL 数据库在特定的场景下可以发挥出难以想象的高效率和高性能，它是作为对传统关系型数据库的一个有效补充。

非关系型数据库是一项全新的数据库革命性运动。NoSQL 在早期就有人提出，发展至 2009 趋势越发高涨。NoSQL 的拥护者们提倡运用非关系型的数据存储，相对于铺天盖地的关系型数据库运用，这一概念是一种全新的思维的注入。

3.1.2 数据库常用对象

数据库对象是数据库的组成部分，常见的对象有表、索引、视图、图表、默认值、规则、触发器、存储过程、用户、序列等，本小节将简要介绍这些对象的概念，为后续学习打下基础。

（1）表（Table）

数据库中的表与日常生活中使用的表格类似，由行（Row）和列（Column）组成。其中，列由同类的信息组成，每列又称为一个字段，每列的标题称为字段名。行包括若干列的信息项。一行数据称为一个或一条记录，是有一定意义的信息组合。一个数据库表由一条或多条记录组成，没有记录的表称为空表。

每个表中通常都有一个主关键字，用于唯一地确定一条记录。

（2）索引（Index）

索引是根据指定的数据库表列建立起来的顺序。它提供了快速访问数据的途径，并且可监督表的数据，使其索引所指向的列中的数据不重复。

（3）视图（View）

视图看上去似乎与表一模一样，具有一组命名的字段和数据项，但它其实是一个虚拟的表，在数据库中并不实际存在。视图是由查询数据库表产生的，它限制了用户能看到和修改的数据。由此可见，视图可以用来控制用户对数据的访问，并能简化数据的显示，即通过视图只显示那些需要的数据信息。

（4）图表（Diagram）

图表其实就是数据库表之间的关系示意图，利用图表可以编辑表与表之间的关系。

（5）默认值（Default）

默认值是当在表中创建列或插入数据时，对没有指定其具体值的列或列数据项赋予事先设定好的值。

（6）规则（Rule）

规则是对数据库表中数据信息的限制，其限定的是表的列。

（7）触发器（Trigger）

触发器是一个用户定义的 SQL 事务命令的集合。当对一个表进行插入、更改、删除时，这组命令就会自动执行。

（8）存储过程（Stored Procedure）

存储过程是为完成特定的功能而汇集在一起的一组 SQL 程序语句，经编译后存储在数据库中的 SQL 程序。

（9）用户（User）

所谓用户，就是有权限访问数据库的人，同时需要自己登录账号和密码。一般来说，数据库用户分为管理员用户和普通用户，前者可对数据库进行修改删除，后者只能进行阅读、查看等操作。

除了如上列出的数据库对象之外，不同的数据库管理系统也有部分自定义的对象，将在具体学习中分别介绍，此处不再赘述。

3.1.3　数据库的组成

前面章节提到，数据库是相关数据的集合。一个数据库含有各种成分，包括数据表、记录、字段、索引等。从使用者的观点看，数据库主要由文档（Documents）、记录（Records）和字段（Fields）3 个层次构成。从开发者的角度看，数据库主要由数据表（Table）、记录（Record）、字段（Field）、索引（Index）、查询（Query）和视图（View）等部分组成，具体组成部分如下。

（1）数据库（Database）

SQL Server 2016 数据库是关系型数据库，一个数据库由一个或一组数据表组成。每个数据库都以文件的形式存放在磁盘上，即对应于一个物理文件。不同的数据库与物理文件对应的方式也不一样。

（2）数据表（Table）

数据表简称表，由一组数据记录组成，数据库中的数据是以表为单位进行组织的。一个表是一组相关的按行排列的数据，每个表中都含有相同类型的信息。事实上，数据表实际上是一个二维表格。例如，一个班所有学生的考试成绩可以存放在一个表中，表中的每一行对应一个学生，包括学生的学号、姓名及各门课程成绩。

（3）记录（Record）

表中的每一行称为一个记录，它由若干个字段组成。

（4）字段（Field）

表中的每一列称为一个字段，也称为域。每个字段都有相应的描述信息，如数据类型、数据宽度等。

（5）索引（Index）

为了提高访问数据库的效率，可以对数据库使用索引。当数据库较大时，为了查找指定的记录，使用索引和不使用索引的效率有很大差别。索引实际上是一种特殊类型的表，其中含有关键字段的值（由用户定义）和指向实际记录位置的指针，这些值和指针按照特定的顺序（也由用户定义）存储，从而可以以较快的速度查找到所需要的数据记录。

（6）查询（Query）

查询实质上是一条 SQL（结构化查询语言）命令，用来从一个或多个表中获取一组指定的记录，或者对某个表执行指定的操作。当从数据库中读取数据时，往往希望读出的数据符合某些条件，并且能按某个字段排序，使用查询可以使这一操作容易实现而且更加有效。

SQL 是非过程化语言（有人称为第 4 代语言），在用它查找指定的记录时，只需指出做什么，不必说明如何做。每个语句可以看作是一个查询（Query），根据这个查询可以得到需要的查询结果。

（7）过滤器（Filter）

过滤器是数据库的一个组成部分，它把索引和排序结合起来，用来设置条件，然后根据给定的条件输出所需要的数据。

（8）视图（View）

数据的视图指的是查找到（或者处理）的记录数和显示（或者进行处理）这些记录的顺序。在一般情况下，视图由过滤器和索引控制。

3.1.4 系统数据库

在 SQL Server 2016 系统运行时会用到的相关信息（如系统对象和组态设置等）都是以数据库的形式存在的，而存放这些系统信息的数据库称为系统数据库。

1. 系统数据库

当用户成功安装 SQL Server 2016 后，打开该数据库时会发现系统会自动建立 master、model、msdb、resource 和 tempdb 五个系统数据库。这些系统数据库有着各自不同的功能，具体如下：

（1）master

master 数据库是 SQL Server 2016 中最重要的数据库，记录了 SQL Server 2016 系统中所有的系统信息，包括登入账户、系统配置和设置、服务器中数据库的名称、相关信息和这些数据库文件的位置以及 SQL Server 2016 初始化信息等。由于 master 数据库记录了如此多且重要的信息，一旦数据库文件损失或损毁，将对整个 SQL Server 系统的运行造成重大的影响，甚至使得整个系统瘫痪，因此要经常对 master 数据库进行备份，以便在发生问题时对数据库进行恢复。

（2）tempdb

tempdb 数据库是存在于 SQL Server 2016 会话期间的一个临时性的数据库。一旦关闭 SQL Server 2016，tempdb 数据库保存的内容将自动消失。重新启动 SQL Server 2016 时，系统将重新创建新的且内容为空的 tempdb 数据库。

tempdb 保存的内容主要包括显示创建临时对象，例如表、存储过程、表变量或游标；所有版本的更新记录；SQL Server 创建的内部工作表；创建或重新生成索引时，临时排序的结果。

（3）model

model 系统数据库是一个模板数据库，可以用作建立数据库的模板。它包含建立新数据库时所需的基本对象，如系统表、查看表、登录信息等。在系统执行建立新数据库操作时，它会复制这个模板数据库的内容到新的数据库上。由于所有新建立的数据库都是继承这个 model 数据库而来的，因此，若更改 model 数据库中的内容，则稍后建立的数据库也都会包含该变动。

model 系统数据库是 tempdb 数据库的基础，由于每次启动 SQL Server 2016 时，系统都会创建 tempdb 数据库，因此 model 数据库必须始终存在于 SQL Server 系统中，用户不能删除该系统数据库。

（4）msdb

msdb 数据库是代理服务数据库，为其报警、任务调度和记录操作员的操作提供存储空间。

SQL Server 代理服务是 SQL Server 2016 中的一个 Windows 服务，用于运行任何已创建的计划作业。作业是指 SQL Server 中定义的能自动运行的一系列操作。例如，如果希望在每个工作日下班后备份公司所有服务器，就可以通过配置 SQL Server 代理服务使数据库备份任务在周一到周五的 22:00 之后自动运行。

（5）resource

resource 数据库是只读数据库，包含 SQL Server 中所有系统对象，如 sys.object 对象。SQL Server 系统对象在物理上持续存在于 resource 数据库中。

2. 修改系统数据

SQL Server 2016 不支持用户直接更新系统对象（如系统数据库、系统存储过程和目录视图）中的信息。但 SQL Server 2016 提供了一整套管理工具，用户可以使用这些工具充分管理他们的系统以及数据库中的所有用户和对象。其中包括：

（1）管理实用工具，如 SQL Server Management Studio，帮助用户管理所有 SQL Server 2016 的数据对象。

（2）SQL-SMO API，使程序员获得在其应用程序中管理 SQL Server 的全部功能。

（3）T-SQL 脚本和存储过程，这组工具允许用户使用系统存储过程和 T-SQL DDL 数据定义语句。

3. 查看系统数据库数据

同样，SQL Server 2016 允许用户通过使用以下方法获得系统数据库的目录和相关系统信息：

（1）系统目录视图。

（2）SQL-SMO。

（3）Windows Management Instrumentation（WMI）接口。

（4）应用程序中使用的数据 API（如 ADO、OLE DB 或 ODBC）的目录函数、方法、特性或属性。

（5）T-SQL 系统存储过程和内置函数。

3.2 SQL Server 的命名规则

为了提供完善的数据库管理机制，SQL Server 2016 设计了严格的命名规则。用户在创建或引用数据库实体（如表、索引、约束等）时，必须遵守 SQL Server 2016 的命名规则，否则有可能发生一些难以预料和检查的错误。本节将具体讲解标识符的分类和格式、数据库对象的命名规则与实例命名规则。

3.2.1 标识符

SQL Server 2016 的所有对象，包括服务器、数据库以及数据库对象，如表、视图、列、索引、触发器、存储过程、规则、默认值和约束等都可以有一个标识符。对绝大多数对象来说，标识符是必不可少的，但对某些对象（如约束）来说，是否规定标识符是可选的。对象的标识符一般在创建对象时定义，作为引用对象的工具使用。

例如下面的 SQL 语句：

```
CREATE TABLE student
(
id int primary key,
name varchar(20)
)
```

这个例子创建了一个表格，表格的名字是一个标识符：student。表格中定义了两列，列的名字分别是 id 和 name，它们都是合法的标识符。此外，上述语句还自动定义了另一个未命名的主键约束。

1. 标识符分类

具体来说，SQL Server 2016 共定义了两种类型的标识符：常规标识符（Regular Identifier）和分隔标识符（Delimited Identifier）。

（1）常规标识符：常规标识符严格遵守标识符有关格式的规定，在 T-SQL 语句中，凡是常规标识符都不必使用分隔符，如使用[]和‘ ’来进行分隔。例如，上述例子中使用的表名 student 就是一个常规标识符，在 student 上不必添加分隔符。

（2）分隔标识符：那些使用了分隔符号（如[]和‘ ’等）来进行位置限定的标识符。使用了分隔标识符，既可以遵守标识符命名规则，又可以不遵守标识符命名规则。需要注意的是，遵守了标识符命名规则的标识符，加分隔符与不加分隔符是等效的。例如，SELECT * FROM [student]语句从 student 表格中查询出所有数据，其功能与 SELECT * FROM student 语句等效。这是因为在“[]”中的标识符遵守标识符命名规则，“[]”被忽略不计。

如果是不遵守标识符命名规则的标识符，那么在 T-SQL 语句中就必须使用分隔符号加以限定，如：

```
SELECT * FROM [my table]
WHERE [order]=10
```

在这个例子中，必须使用分隔标识符，因为在 FROM 子句中的标识符 my table 中含有空格，而 where 子句中的标识符 order 是系统保留字。

这两个标识符都不遵守标识符命名规则，必须使用分隔符，否则无法通过代码编译。

2. 标识符格式

与程序设计语言类似，SQL Server 2016 中的标识符必须符合一定的格式规定，其具体内容如下：

（1）标识符必须是统一码（Unicode）2.0 标准中规定的字符，以及其他一些语言字符，如汉字等。

（2）标识符后的字符可以是“_”“@”“#”“$”及数字。

（3）标识符不允许是 T-SQL 的保留字。

（4）标识符内不允许有空格和特殊字符。

需要注意的是，标识符最多可以容纳 128 个字符。此外，某些以特殊符号开头的标识符在 SQL Server 中具有特定的含义。例如，以“@”开头的标识符表示这是一个局部变量或一个函数的参数，以“#”开头的标识符表示这是一个临时表或一个存储过程，以“##”开头的标识符表示这是一个全局的临时数据库对象。在 T-SQL 中，全局变量以“@@”开头。

3.2.2　对象命名规则

SQL Server 2016 使用 T-SQL 语言，该语言中使用的数据对象包括表、视图、存储过程、触发器等，这些对象的标识符也需符合如下命名规则。

（1）第一个字符必须是这些字符之一：字母 a~z 和 A~Z、来自其他语言的字母字符、下划线_、@或者数字符号#。

（2）后续字符可以是所有的字母、十进制数字、@符号、美元符号（$）、数字符号或下划线。

除非另外指定，否则所有对数据库对象名的 T-SQL 引用可以是由 4 部分组成的名称，格式如下：

```
[
    server_name.[database_name].[owner_name].
    | database_name.[owner_name].
    | owner_name.
    ]
]
```

```
object_name
```

具体的语法解释如下：

- server_name 指定链接服务器名称或远程服务器名称。
- 当对象驻留在 SQL Server 2016 数据库中时，database_name 指定该 SQL Server 2016 数据库的名称；当对象在链接服务器中时，则指定 OLE DB 目录。
- 如果对象在 SQL Server 2016 数据库中，owner_name 指定拥有该对象的用户；当对象在链接服务器中时，则指定 OLE DB 架构名称。
- object_name 是引用对象的名称。

引用对象名的格式如表 3.1 所示。

表 3.1　引用对象名的格式

引用对象名的格式	说明
server.database.schema.object	4 个部分的名称
server.database..object	省略架构名称
server..schema.object	省略数据库名称
server…object	省略数据库和架构名称
database.schema.object	省略服务器名称
database..object	省略服务器和架构名称
schema.object	省略服务器和数据库名称
object	省略服务器、数据库和架构名称

当引用某个特定对象时，不必总是为 SQL Server 指定标识该对象的服务器、数据库和所有者。可以省略中间级节点，而使用句点表示这些位置。对象名的有效格式是：

```
server.database.owner.object
server.database..object
server..owner.object
server...object
database.owner.object
database..object
owner.object
对象
```

3.2.3　实例命名规则

所谓 SQL 实例，即 SQL 服务器引擎。每个 SQL Server 2016 数据库引擎实例各有一套不为其他实例共享的系统及用户数据库，在一台计算机上可以安装多个 SQL Server 2016，每个 SQL Server 2016 就可以理解为一个实例。

实例又分为“默认实例”和“命名实例”，如果在一台计算机上安装第一个 SQL Server，命名设置保持默认，那么这个实例就是默认实例。在 SQL Server 2016 中，默认实例的名字采用计算机名，实例的名字一般由计算机名字和实例名字两部分组成。为更好地理解实例，读者可以从如下几个方面着手：

（1）实例名称是一个 SQL Server 服务的名称，可以为空或者任何名称（英文字符），实例名称不能重复。

（2）如果安装时一直提示写实例名称，说明已经存在一个默认名称的 SQL Server 实例，它使用了默认的空名称。

（3）一个实例就是一个单独的 SQL Server 服务。如果安装了指定的 SQL Server 实例，可以在 Windows 服务列表中看到该实例的服务名称。

（4）连接数据库时，必须指明数据库实例名称。例如，使用默认配置安装了一个 SQL Server 后，它的实例名称为空。

（5）再次执行 SQL Server 安装程序，并不会提示已经安装了 SQL Server，而是在设置实例名称时，让用户指定一个新的实例名称，才能进行下一步。

（6）卸载 SQL Server 时，可以选择卸载一个 SQL Server 实例。

正确掌握数据库的命名和引用方式是用好 SQL Server 的前提，也有助于用户理解 SQL Server 中的其他内容。

3.3 创建与管理数据库

SQL Server 2016 中有多种创建数据库的方式，用户可根据自身的喜好或不同的应用环境进行选择。同样地，SQL Server 2016 数据库的管理也有多种实现方式。本节将为读者做具体介绍。

3.3.1 使用管理器创建数据库

本小节主要讲解如何使用 SQL Server 2016 管理器直接创建数据库，从限制和局限、必备条件、建议及权限几方面开展讨论，并演示创建流程。

（1）限制和局限：在一个 SQL Server 的实例中最多可以指定 32 767 个数据库。

（2）必备条件：CREATE DATABASE 语句必须以自动提交模式（默认事务管理模式）运行，不允许在显式或隐式事务中使用。

（3）建议：创建、修改或删除用户数据库后，应备份 master 数据库。在创建数据库时，根据数据库中预期的最大数据量创建尽可能大的数据文件。

（4）权限：需要有对 master 数据库的 CREATE DATABASE 权限，或 CREATE ANY

DATABASE/ALTER ANY DATABASE 权限。为了控制对运行 SQL Server 实例的计算机上的磁盘使用，通常只有少数登录账户才有创建数据库的权限。

在 SQL Server 2016 中创建数据库一般有两种方法，一是使用管理器创建；二是通过 SQL 命令创建。其中，SQL Server 2016 的管理器是 SQL Server Management Studio Express 工具。下面演示使用管理器创建数据库的具体步骤。

步骤 01 启动 SQL Server 2016 Management Studio：从开始菜单中单击 Microsoft SQL Server Management Studio 即可启动服务器，如图 3.1 所示。

步骤 02 新建数据库：在 SQL Server 对象资源管理器中选择【数据库】，然后右击，选择【新建数据库】菜单命令，如图 3.2 所示。

图 3.1 启动 SQL Server Management Studio

图 3.2 选择【新建数据库】命令

步骤 03 填写数据库信息：在弹出的新建数据库窗口填写数据库基本信息，包括数据库名称、文件类型、初始大小、自动增长等，如图 3.3 所示。

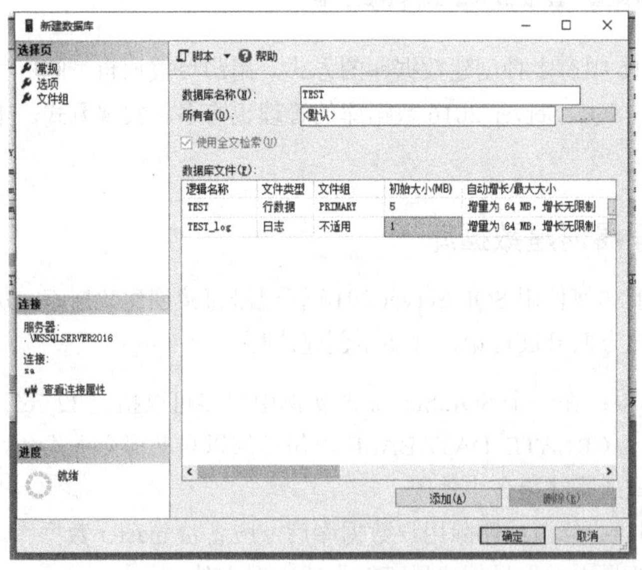

图 3.3 填写数据库信息

步骤04　创建完成：单击【确定】按钮后就可以生成一个数据库 TEST，此时里面是没有表的，如图 3.4 所示。

图 3.4　数据库 TEST

3.3.2　使用管理器修改数据库

本小节讲解如何使用管理器修改数据库，包括重命名数据库、更改数据库的选项设置、增加数据库的大小及显示数据库的数据和日志空间信息的设置。

1. 重命名数据库

重命名数据库是指针对已经创建的 SQL Server 2016 数据库改变其数据库名称，具体实现步骤如下：

步骤01　在对象资源管理器中，连接到 SQL Server 数据库引擎的实例，然后展开该实例。

步骤02　确保没有任何用户正在使用数据库，然后将数据库设置为单用户模式。

步骤03　展开【数据库】选项，右击要重命名的数据库，在弹出的快捷菜单中选择【重命名】命令，如图 3.5 所示。

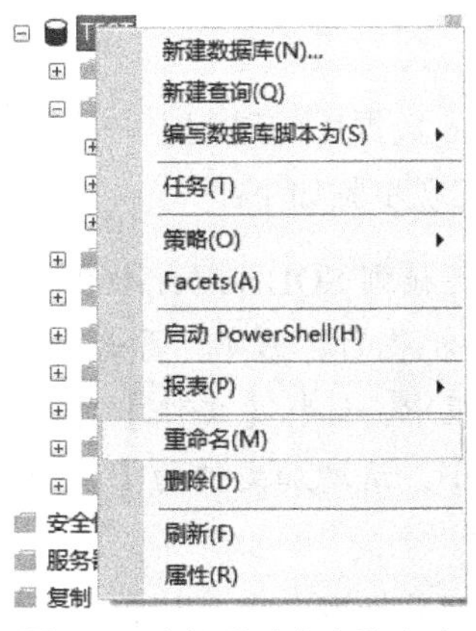

图 3.5　选择【重命名】命令

步骤04　输入新的数据库名称，然后单击【确定】按钮即可。

2. 更改数据库的选项设置

对于已经创建的 SQL Server 2016 数据库，用户还可以更改该数据库的属性，可以通过【选项】窗体来实现，具体步骤如下：

步骤 01 在对象资源管理器中，连接到数据库引擎实例，扩展该服务器，然后展开【数据库】项，右击需要更改的目标数据库，再单击【属性】按钮。

步骤 02 在【数据库属性】对话框中，单击【选项】访问大多数配置设置，文件和文件组配置、镜像和日志传送都在各自相应的页上，如图 3.6 所示。

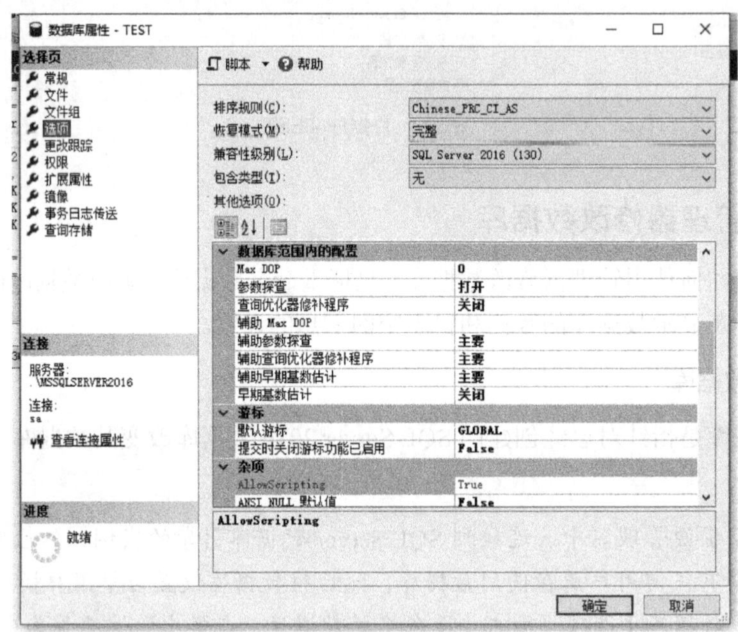

图 3.6　更改数据库的选项设置

3. 增加数据库的大小

当用户在使用 SQL Server 2016 数据库的过程中，因数据量的增大而导致数据库无法容纳时，可以增加数据库的大小，其实现步骤如下：

步骤 01 在对象资源管理器中，连接到 SQL Server 数据库引擎的实例，再展开该实例。

步骤 02 展开【数据库】，右击要扩展的数据库，再选择【属性】命令。

步骤 03 在【数据库属性】对话框中，选择【文件】页。

步骤 04 若要增加现有文件的大小，请增加文件的【初始大小（MB）】列中的值，数据库的大小必须至少增加 1MB。

步骤 05 若要通过添加新文件增加数据库大小，则单击【添加】按钮，然后输入新文件的值。

步骤 06 单击【确定】按钮完成操作，如图 3.7 所示。

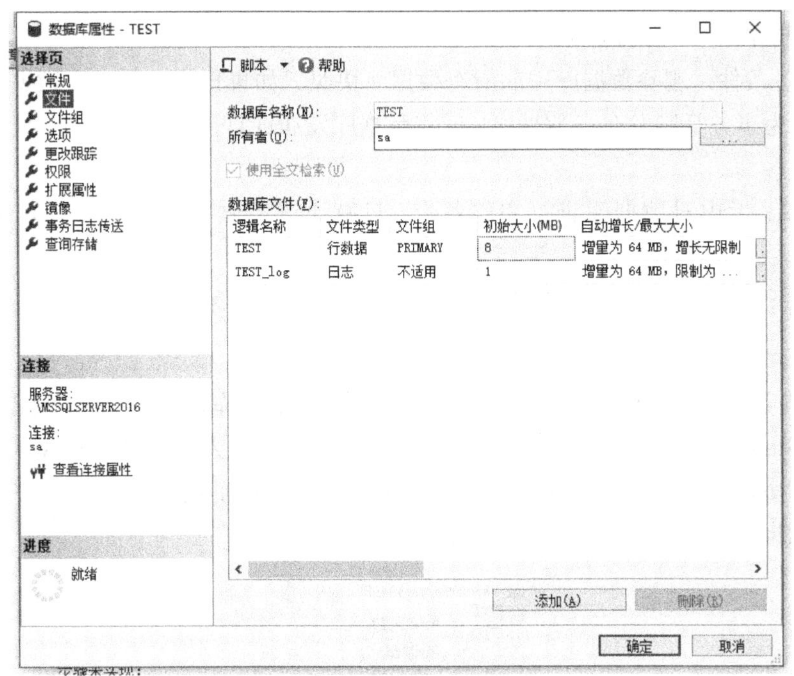

图 3.7　增加数据库的大小

4. 显示数据库的数据和日志空间信息

若要显示 SQL Server 2016 数据库的数据和日志空间信息，则可通过如下步骤来实现：

步骤 01　在对象资源管理器中，连接到 SQL Server 的实例，然后展开该实例。

步骤 02　展开【数据库】。

步骤 03　右击某数据库，依次选择【报表】|【标准报表】，然后单击【磁盘使用情况】菜单项，如图 3.8 所示。

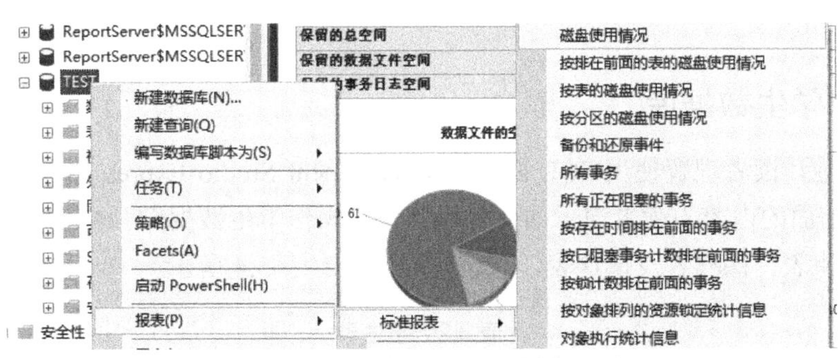

图 3.8　显示数据库的数据和日志空间信息

3.3.3　使用管理器删除数据库

本小节讲解如何使用企业管理器删除数据库，同样也从限制和局限、必备条件、建议及权限几方面开展讨论，并演示删除流程。

（1）限制和局限：不能删除系统数据库。

（2）必备条件：删除数据库中的所有数据库快照。如果日志传送涉及数据库，就删除日志传送。如果为事务复制发布了数据库，或将数据库发布或订阅到合并复制，就从数据库中删除复制。

（3）建议：考虑对数据库进行完整备份，只有通过还原备份才能重新创建已删除的数据库。

（4）权限：若要执行 DROP DATABASE 操作，则用户必须至少对数据库具有 CONTROL 权限。

当用户确认要删除 SQL Server 2016 中的某个数据库时，可以直接在 SQL Server Management Studio Express 管理器中删除该数据库，具体操作为：在 SQL Server 对象资源管理器中选择目标数据库，如 TEST 数据库，然后右击，选择【删除】命令，如图 3.9 所示，确认选择了正确数据库，然后单击【确定】按钮。

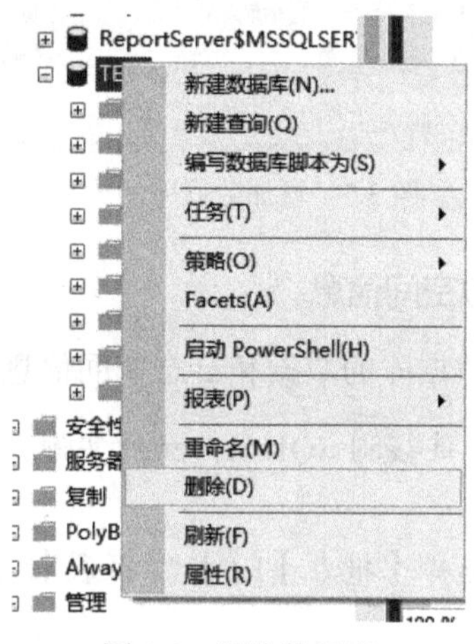

图 3.9　删除数据库

3.3.4　操作学生数据库

为了更好地让读者理解使用 SQL Server Management Studio Express 管理器对数据库的操作，此处根据前面的内容为读者演示如何使用管理器操作学生数据库。该数据库包含学生的基本信息，如学生表、课程表及选课表，表结构如表 3.2~表 3.4 所示。

表 3.2　学生表

字段名	数据类型	长度	是否可空	约束
学号	char	8	×	主键
姓名	char	8	×	
性别	char	2	√	“男”或“女”

（续表）

字段名	数据类型	长度	是否可空	约束
出生日期	date	默认值	√	
班级	char	10	√	
家庭住址	char	50	√	
总学分	tinyint	默认值	√	
备注	varchar	200	√	

表 3.3　课程表

字段名	数据类型	长度	是否可空	约束
课程号	char	4	×	主键
课程名	char	20	×	
学期	tinyint	默认值	√	>=1 and <=8
学时	tinyint	默认值	√	
学分	tinyint	默认值	×	

表 3.4　选课表

字段名	数据类型	长度	是否可空	约束
学号	char	8	×	外键，参照学生表的学号字段
课程号	char	4	×	外键，参照课程表的课程号字段
成绩	tinyint	默认值	×	

下面演示如何在 SQL Server 2016 中的学生数据库中操作数据表。

步骤 01　在数据库中新建表：选中表，然后右击，在弹出的快捷菜单中选择【新建】|【表】命令，依次新建 dbo.kc、dbo.xk、dbo.xs 三个数据表，如图 3.10 所示。

步骤 02　填写表信息：根据表 3.2、表 3.3、表 3.4 填写实际的字段名称，如图 3.11 所示。

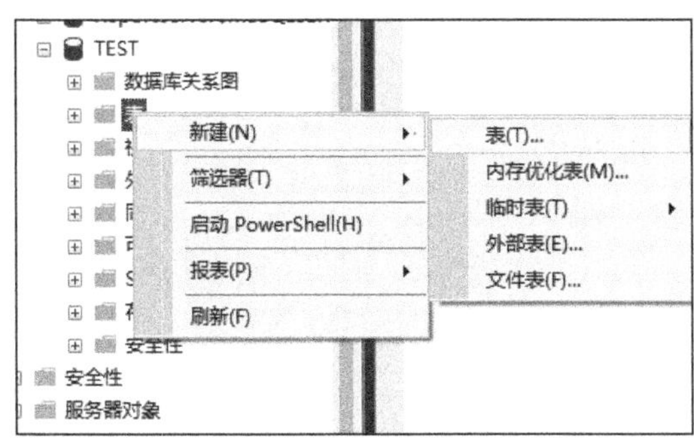

图 3.10　新建表

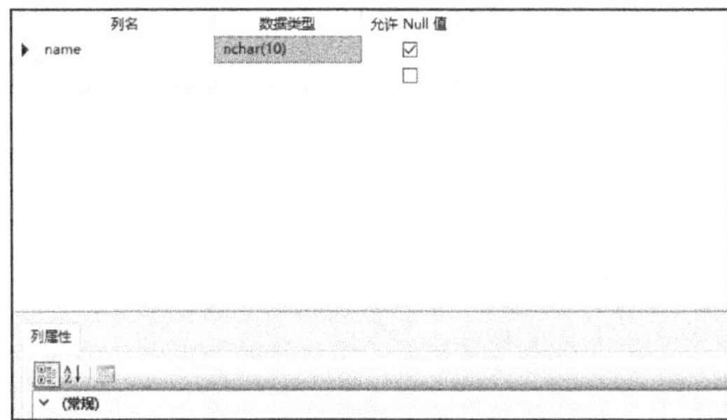

图 3.11　表信息

步骤 03　完成新建表：在数据库中生成新表 dbo.kc、dbo.xk、dbo.xs，查询表 dbo.kc，结果如

图 3.12 所示。

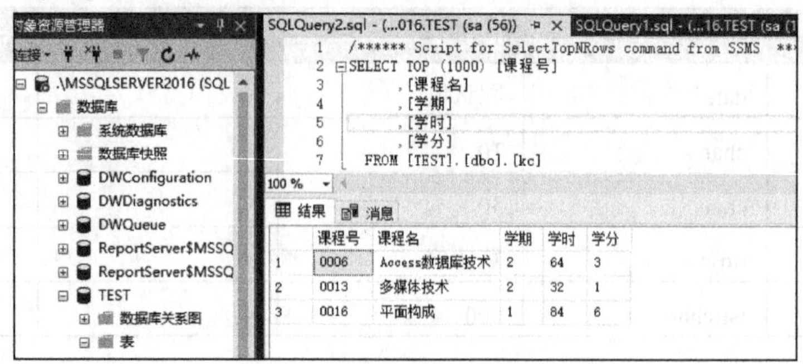

图 3.12　完成新建表

3.4 小结

数据库的创建和使用是用户学习 SQL Server 2016 的入门环节。本章阐述数据库的基本概念，首先介绍了数据库的常用对象、组成及系统数据库；然后简要描述 SQL Server 数据库的命名规则；最后展示使用 SQL Server 2016 管理器创建和管理数据库的详细步骤。本章的难点是需要掌握数据库领域大量的基本概念，虽然有些概念一开始接触会感到比较抽象，但随着学习的逐渐推进，在后续章节中就会逐渐变得清晰、具体起来。

3.5 经典习题与面试题

1. 了解数据库的基本概念以及基本组成。
2. 了解常见系统数据库及其作用。
3. 掌握 SQL Server 命名规则。
4. 创建数据库 User_Info。

第 4 章 数据表

本章主要介绍 SQL Server 2016 中的数据表对象，并对数据表的基本操作进行详细讲解，对 SQL Server 2016 中的基本数据类型、创建新的数据表、查看数据表结构、添加数据字段、修改数据类型、对数据表的约束操作等内容做阐述。通过本章的学习，用户可以对数据表有基本的认识和了解，掌握创建和修改数据表的基本方法，理解数据约束的作用和意义。

本章重点内容：

- 理解数据表和数据库之间的关系
- 掌握数据表中的基本数据类型
- 掌握使用管理器创建和维护数据表
- 数据的约束操作

4.1 数据表概述

数据表是数据库中最基本的操作对象，通常说的把数据存放在数据库中其实就是存放在数据库中的一张张数据表中。数据表中的数据按照行和列的规则来进行数据存储，每一行为一条数据记录，一条数据记录是由多个字段的描述信息组成的。每一列称为一个字段，列的标题称为字段名，它们都具有相同的描述信息，如数据类型、字段大小等。一系列行和列的合集称为域。

在具体的学习过程中，读者可以把数据库理解为一个记录本，数据表就是其中的每一页纸。一个数据库数据内容的多少其实并不是指这本记录本有多大多厚，而是指每一页纸张记录的内容有多少。

数据表的主要作用是存储各类数据信息，由行和列组成。例如，有一张记录了员工信息的 employee 表，每一个字段就是用来描述员工的一个特定类型信息，比如姓名，每一行则包含用于描述某一员工的所有信息：工号、姓名、性别、学历，这些信息的集合称为一条记录，如表 4.1 所示。

表 4.1　employee 表的结构

字段（列、属性）

工号	姓名	性别	学历
A001	张三	男	本科
A002	李四	女	本科
B001	王五	男	研究生

字段名　记录

4.1.1　SQL Server 2016 基本数据类型

数据虽然是用户存储数据的基本依据，用于设置保存数据的基本类型。SQL Server 2016 中支持多种数据类型的设置，包括字符型、数值型、日期型等。数据类型的作用在于规划每个字段所存储的数据内容类别和数据存储量的大小，合理地分配数据类型可以达到优化数据表和节省空间资源的效果。

SQL Server 2016 数据库管理系统中的数据类型分为两类：一类是系统提供给用户使用的默认数据类型，称为基本数据类型；另一类是用户自定义的数据类型。下面先介绍基本数据类型的内容。

1. 整数类型

整数类型是 SQL Server 2016 中常用的数据类型之一，主要用于存储整数值，如存放“年龄”“工龄”等信息，数值型的数据可以直接进行运算处理。具体来说，SQL Server 2016 的整数类型包含如下 4 种：

（1）INT（INTEGER）

INT（或 INTEGER）的存储容量为 4 个字节，其中一个二进制位表示正负符号，一个字节 8 位。根据字节大小，用户可以算出它所能存储的数据容量为 31 位，用于存储-2^{31}~2^{31}-1 内所有的整数。

（2）SMALLINT

SMALLINT 的存储量为 2 个字节，其中一个二进制位表示正负符号，剩余的 15 位用来存储数据内容，用于存储-2^{15}~2^{15}-1 内所有的整数。

（3）TINYINT

TINYINT 只占用一个字节存储空间，用于存储 0~255 的所有整数。

（4）BIGINT

BIGINT 是所有整数类型中存储量最大的，存储容量达到 8 个字节，用于存储-2^{63}~2^{63}-1 中所有的整数。

2. 浮点数据类型

浮点数据类型用于存储十进制的小数。浮点类型的数值在 SQL Server 2016 中使用了上舍入（或称只入不舍）的方法进行存储，当且仅当要舍入的是一个非零整数时，对其保留数字部分的最低有效位上的数值加 1，并进行必要的进位。SQL Server 2016 的浮点数据类型包含如下 3 种：

（1）REAL

REAL 类型的存储空间为 4 个字节，可精确到第 7 位小数，其范围为-3.4E+38~3.40E+38。

（2）FLOAT

FLOAT 数据类型是一种近似数值类型，供浮点数使用。浮点数是近似的，是因为在其范围内不是所有的数都能精确表示。浮点数可以是从-1.79E+308~1.79E+308 的任意数。

（3）DECIMAL

DECIMAL 数据类型提供浮点数所需要的实际存储空间，能用来存储从$-10^{38}-1\sim10^{38}-1$ 的固定精度和范围的数值型数据。使用这种数据类型时，必须指定范围和精度。范围是小数点左右所能存储的数字的总位数，精度是小数点右边存储的数字的位数。例如，DECIMAL(13 3)表示共有 13 位，其中整数 10 位、小数 3 位。

3. 字符类型

字符类型同样是 SQL Server 2016 中常用的数据类型，可用于存储汉字、符号、英文、标点符号等，数字同样可以作为字符类型来存储。SQL Server 2016 的字符类型包含如下 4 种：

（1）CHAR

CHAR 数据类型用来存储指定长度的定长非统一编码型的数据。当定义一列此类型的数据时，用户必须指定列长。当用户知道要存储的数据的长度时，此数据类型就较为适用。例如，当一个字段要用于存储手机号码时，需用到 11 个字符，CHAR 类型默认为存储一个字符，最多可存储 8000 个字符。

（2）VARCHAR

VARCHAR 数据类型与 CHAR 类型一样，用来存储非统一编码型字符数据。与 CHAR 型不一样的是，此数据类型为变长。当定义一列该数据类型的数据时，用户要指定该列的最大长度。它与 CHAR 数据类型最大的区别是，存储的长度不是列长，而是数据的长度。

（3）NCHAR

NCHAR 数据类型用来存储定长统一编码字符型数据。统一编码用双字节结构来存储每个字符，而不是用单字节（普通文本中的情况）。它允许大量地扩展字符。此数据类型能存储 4000 种字符，使用的字节空间上增加了一倍。

（4）NVARCHAR

NVARCHAR 数据类型是一种变长类型的字符型数据，具有统一的编码方式。此数据类型能存储 4000 种字符，使用的字节空间增加了一倍。

4. 日期和时间类型

（1）DATE

DATE 类型用于存储常用日期，该类型占 3 个字节的存储空间，数据的存储格式为 YYYY-MM-DD。

- YYYY：表示日期的年份，取值范围为 0001~9999。
- MM：表示日期中的月份，取值范围为 01~12。
- DD：表示日期中的某一天，取值范围为 01~31。

（2）TIME

TIME 类型用于存储一天当中的某一个时间，该类型占 5 个字节的存储空间，数据的存储格式为 HH:MM:SS[.NNNNNNN]。

- HH：表示存储时间的小时位，取值范围为 0~23。
- MM：表示存储时间的分钟位，取值范围为 0~59。
- SS：表示存储时间的秒位，取值范围为 0~59。
- N：表示存储时间秒的小数位，取值范围为 0~9999999。

（3）DATETIME

DATETIME 数据类型用来表示日期和时间。这种数据类型存储从 1753 年 1 月 1 日到 9999 年 12 月 3 1 日的所有日期和时间数据，精确到三百分之一秒或 3.33 毫秒，该类型占用 8 个字节的存储空间。

（4）DATETIME 2

DATETIME 2 是从 SQL Server 2008 版本以后支持的新日期类型，是 DATETIME 的扩展。相比于 DATETIME，DATETIME 2 所支持的日期从 0001 年 01 月 01 日到 9999 年 12 月 31 日，时间精度为 100 纳秒，占用 6~8 字节的存储空间。

（5）SMALLDATETIME

SMALLDATETIME 类型与 DATETIME 类型相似，只是它所支持的日期范围更小，从 1900 年 1 月 1 日到 2079 年 6 月 6 日，占用 4 字节的存储空间。

5. 文本和图形数据类型

（1）TEXT

TEXT 数据类型用于存储大容量的文本数据，它的理论容量为 $2^{31}-1$（2 147 483 674）个字节，在实际使用 TEXT 类型时需要注意硬盘容量。

（2）NTEXT

NTEXT 数据类型与 TEXT 类型相似，不同的是 NTEXT 类型采用 UNICODE 标准字符集（Character Set），因此其理论容量为 $2^{30}-1$（1 073 741 823）个字节。

（3）IMAGE

IMAGE 数据类型用于存储大量的二进制数据，理论容量为 $2^{31}-1$（2 147 483 647）个字节。其存储数据的模式与 TEXT 数据类型相同。通常用来存储图形等（OLE Object Linking and Embedding，对象连接和嵌入）对象。

在未来的 Microsoft SQL Server 版本中将不再使用 TEXT、NTEXT 和 IMAGE 数据类型，为了避免在开发过程中出现问题，最好不要使用，可以使用 nvarchar(max)、varchar(max) 和 varbinary(max)代替。

6. 货币数据类型

（1）MONEY

MONEY 数据类型用于存储货币值，存储范围是-922 337 203 685 477.5808 ~+922 337 203 685 477.5807，占用 8 个字节的存储空间。

（2）SMALLMONEY

SMALLMONEY 与 MONEY 数据类型的作用一致，只是取值范围更小，取范围是-214 748.3648 ~ 214 748.3647，占用 4 个字节的存储空间。

7. 位数据类型

bit 在 SQL Server 2016 中称为位数据类型，取值范围是 0 或 1。bit 类型常用于逻辑判断，TRUE 为 1，FALSE 为 0。

8. 二进制数据类型

（1）BINARY

BINARY(N)是一个固定长度为 N 字节的二进制数据类型，存储范围由 N 来决定，N 的取值范围为 1~8000，存储空间为 N 字节。为了表示二进制数据，在输入时需在数据前面加上 0X 作为二进制标识，例如输入 0XBB4 代表 BB4。

（2）VARBINARY

VARBINARY 数据类型用来存储可达 8000 字节长的变长的二进制数据。当输入表的内容大小可变时，应该使用这种数据类型。

9. 其他数据类型

（1）ROWVERSION

在 SQL Server 2016 中，每一次对数据表的更改，SQL Server 都会更新一个内部的序列数，这个序列数就保存在 ROWVERSION 字段中。所有 ROWVERSION 列的值在数据表中是唯一的，并且每张表中只能有一个包含 ROWVERSION 字段的列存在。

使用 ROWVERSION 作为数据类型的列，其字段本身的内容是无自身含义的，这种列主要是作为数据是否被修改过、更新是否成功的作用列。

（2）TIMESTAMP

TIMESTAMP 时间戳数据类型和 ROWVERSION 有一定的相似性，每次插入或更改包含 TIMESTAMP 的记录时，TIMESTAMP 的值就会更新，一张表中只能有一个 TIMESTAMP 列。在创建表时只需提供数据类型即可，不需要为 TIMESTAMP 所在的数据列提供列名：

```
CREATE TABLE TestTable1 (PriKey int PRIMARY KEY, timestamp)
```

使用 ROWVERSION 时不具备这种特性，如果要为某一列指定为 ROWVERSION 数据类型，需声明列名：

```
CREATE TABLE TestTable2 (PriKey int PRIMARY KEY, VeCol rowversion)
```

（3）UNIQUEIDENTIFIER

全局唯一标识符 GUID，一般用作主键的数据类型，是由硬件地址、CPU 标识、时钟频率所组成的随机数据，在理论上每次生成的 GUID 都是全球独一无二、不存在重复的。通常在并发性较强的环境下可以考虑使用。它的优点在于全球唯一性、可对 GUID 值随意修改，但是缺点也很明显，检索速度慢、编码阅读性差。

（4）CURSOR

游标数据类型，该类型的数据用来存放数据库中选中所包含的行和列，只是一个物理地址的引用，并不包含索引，用于建立数据集。

（5）SQL_VARIANT

用于存储 SQL Server 2016 支持的各种数据类型（不包括 TEXT、NTEXT、IMAGE、TIMESTAMP 和 SQL_VARIANT）的值。

在微软后续的 SQL 版本中将不再使用 TIMESTAMP 数据类型，请避免使用。已使用的请修改设计，避免出现问题。

4.1.2 用户自定义数据类型

在 SQL Server 2016 中，除了系统提供的基本数据类型外，用户还可以根据自己的需求自定义数据类型。这里要注意的是，用户自定义数据类型并不是完全按照自己的意愿凭空创造，而是建立在系统的基础数据类型之上。用户在自定义数据类型的时候需要指定该类型的名称、所基于的基础数据类型是否可以为空等。在 SQL Server 2016 中可以使用两种方法来创建自定义数据类型，下面分别对这两种方法进行介绍。

1. 使用资源管理器创建

首先连接 SQL Server 2016 服务器，创建一个用于测试的数据库 test，配置参数使用系统默认的即可。创建自定义数据类型的操作步骤如下：

步骤 01 数据库创建成功后，依次单击【test】|【可编程性】|【类型】节点，在【类型】节

点打开之后可以看到【用户定义数据类型】节点，右击此节点，在弹出的快捷菜单中选择【新建用户定义数据类型】命令，如图 4.1 所示。

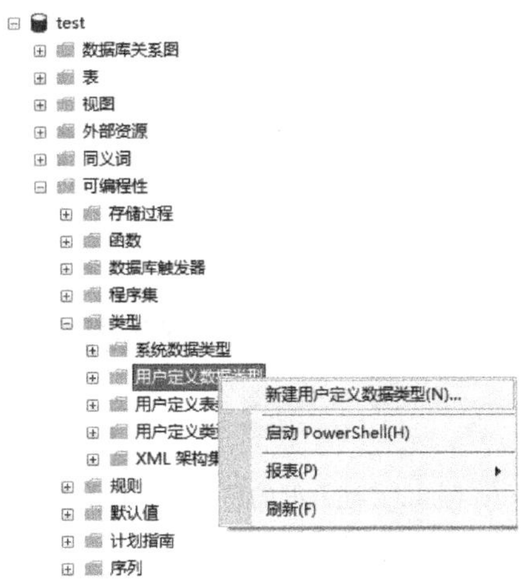

图 4.1　选择【新建用户定义数据类型】命令

步骤 02　在弹出的【新建用户定义数据类型】对话框中，可以对一些常用的参数进行设置：【名称】用于标识用户定义新数据类型的名字，在这里定义的新数据类型名为 MyNewType；在【数据类型】下拉列表中选择 nchar 类型；将【长度】设置为 4000；如果该字段能够为空，可以选中【允许 NULL 值】复选框，如图 4.2 所示。

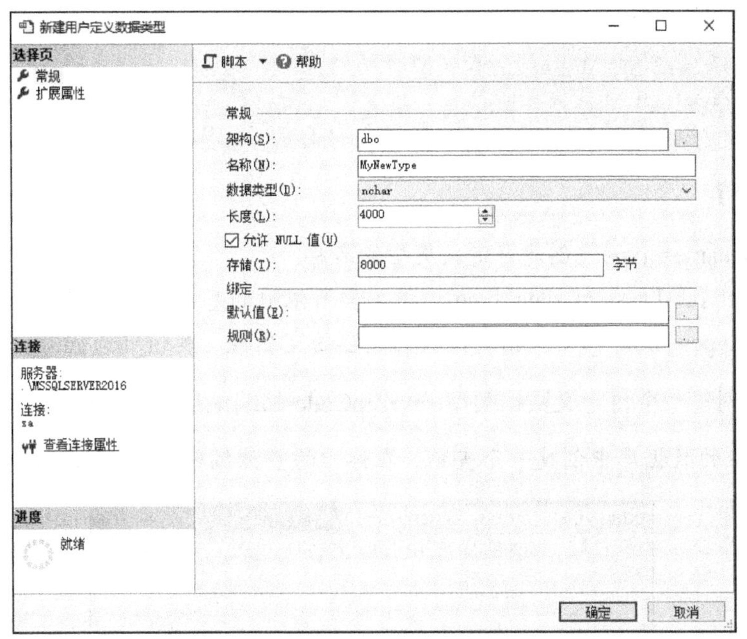

图 4.2　设置自定义数据类型

步骤 03　所需的参数都输入完成之后，单击【确定】按钮就完成了自定义数据类型的设置，可以通过展开【用户定义数据类型】节点看到，如图 4.3 所示。

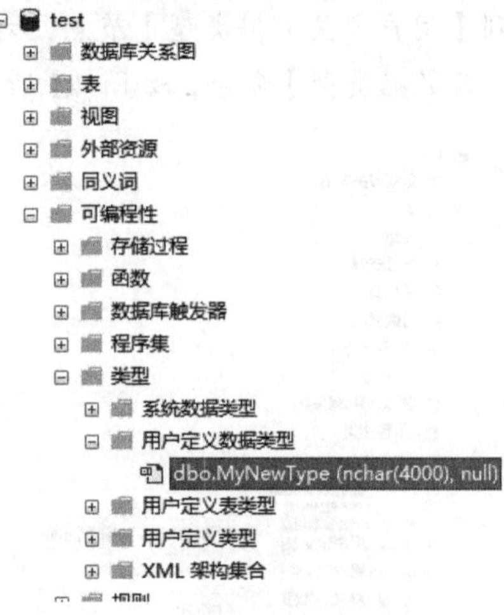

图 4.3　建立好的自定义数据类型

数据库正在使用的用户自定义数据类型不能被删除。

2. 使用 T-SQL 语句创建

在 SQL Server 2016 中除了能够使用管理器创建自定义类型之外，还可以通过存储过程提供的 sp_addtype 语句来创建，语法规则如下：

```
sp_addtype[@typename=] type,
[@phystype=] system_data_type
[, [@nulltype=]'null_type']
[, [@owner=]'owner_name']
```

【参数解释】

- [@typename=]type：创建自定义类型的名称。
- [@phystype=] system_data_type]：该类型所依附的基本数据类型。
- [@nulltype=]'null_type'：指定该数据类型的空属性，其值可为 null、not null、nonull。

【例 4-1】创建一个自定义数据类型——ZipCode 邮编地址类型，操作步骤如下。

步骤 01　在对应的数据库中创建一个查询，在弹出的查询编辑器中输入如图 4.4 所示的代码。

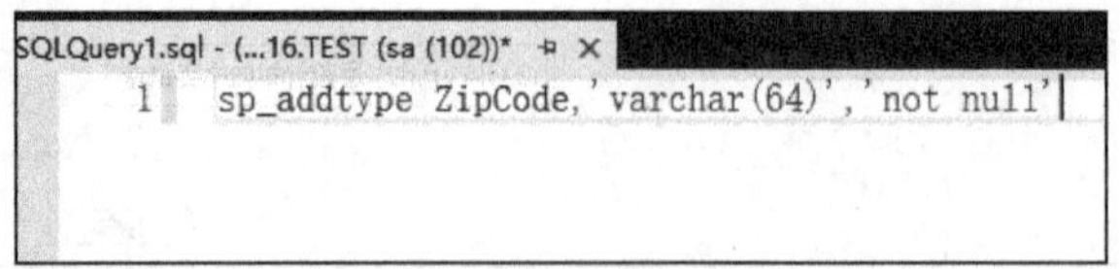

图 4.4　在查询编辑器中输入代码

步骤 02　代码编辑完成后，单击【执行】按钮。执行成功后，右击【用户定义数据类型】，在弹出的快捷菜单中选择【刷新】命令，可以看到数据类型已创建成功，如图 4.5 所示。

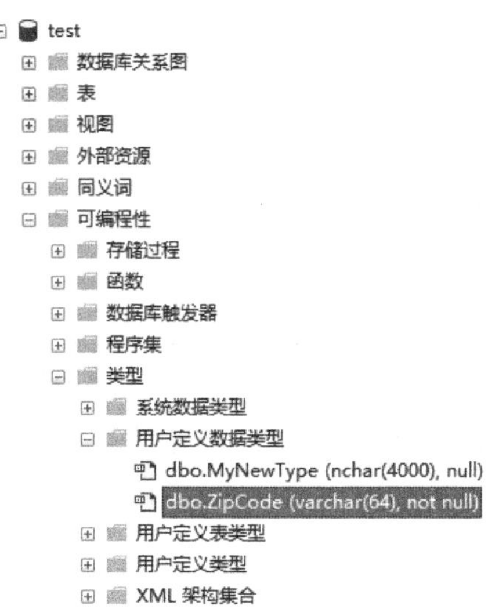

图 4.5　新建用户定义数据类型

用户定义的数据类型基于在 Microsoft SQL Server 中提供的数据类型。当几个表中必须存储同一种数据类型，并且为保证这些列有相同的数据类型、长度和可控性时，可以使用用户定义的数据类型。

4.2 使用管理器管理数据表

4.2.1　创建新数据表

在 SQL Server 2016 中，使用资源管理器的方法来创建数据表是非常简单有效的方法，现在我们要在 xsxk 数据库中创建一张新的数据表 dbo.xs，具体操作步骤如下。

步骤 01　展开 xsxk 数据库，右击【表】文件夹，在弹出的快捷菜单中选择【新建】|【表】菜单项，如图 4.6 所示。

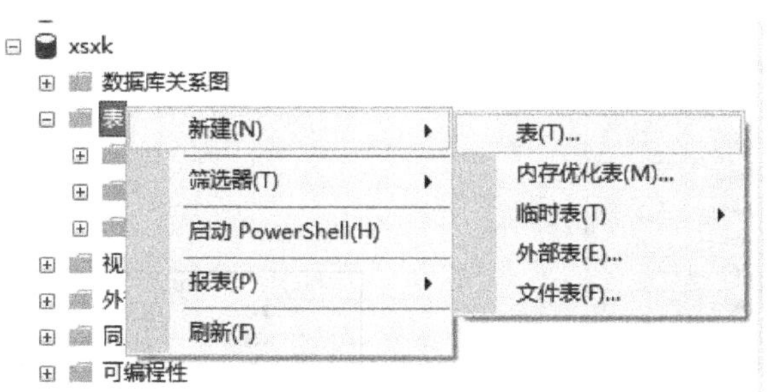

图 4.6　选择新建表

步骤 02　在弹出的新建表视图中输入表需要的【列名】，选择【数据类型】，然后选中【允许

Null 值】，如图 4.7 所示。

步骤 03 字段信息设置完成后，单击【保存】按钮，在弹出的对话款中输入表的名字，如图 4.8 所示。

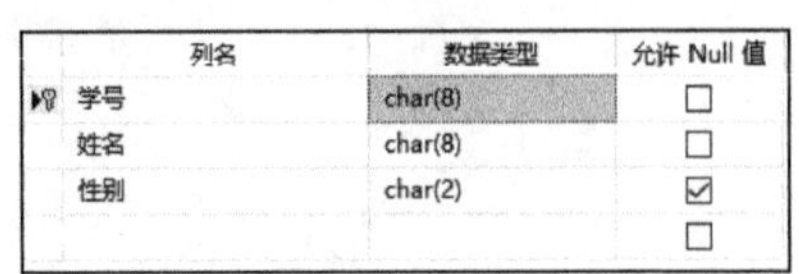

列名
数据类型
允许 Null 值
学号
char(8)
姓名
char(8)
性别
char(2)

图 4.7 输入表结构

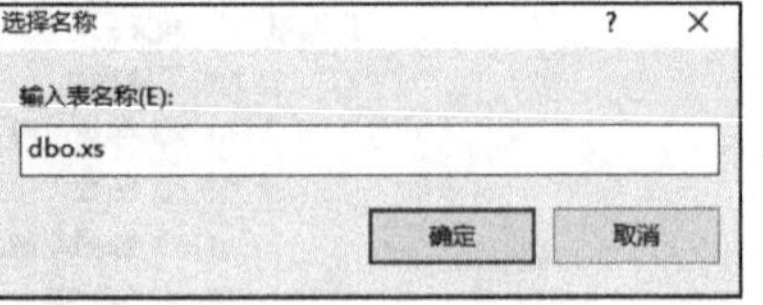

图 4.8 输入新表名称

步骤 04 新表建立完成后，可以在 xsxk 数据库下的表节点中找到新建的数据表，如图 4.9 所示。

图 4.9 新建的 dbo.xs 表

执行上述操作后，数据表 dbo.xs 创建成功，可以使用相同的方法在一个数据库中创建不同的多张表。

4.2.2 添加数据表字段

使用对象资源管理器对已建立好的表添加数据字段的操作非常简单，例如在 dbo.xs 表中增加一个新的字段，名称为【班级】，数据类型为 char(10)，允许空值。在 dbo.xs 表上右击，在弹出的快捷菜单中选择【设计】命令，如图 4.10 所示。

在弹出的表设计窗口中添加新的字段【班级】，并设置数据类型为 char(10)，允许为空值，如图 4.11 所示。

图 4.10 选择【设计】命令

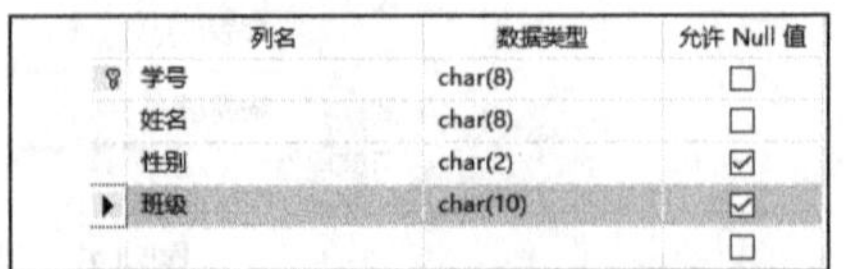

图 4.11 新增【班级】字段

执行上述操作后，【班级】字段添加成功。如果需要继续添加字段，只需在下一行继续输入字段信息即可。

4.2.3　修改字段数据类型

使用对象资源管理器可以随时修改已经设定好字段的数据类型。例如，将刚才增加的班级字段的数据类型更改为 nchar(10)，同样进入数据表的设计视图中，单击数据类型最右边的下拉箭头，选择 nchar(10)即可，或者直接输入数据类型名也可以达到相同效果，如图 4.12 所示。

在更改字段数据类型的时候必须要考虑到数据内容和数据类型匹配的关系，对于已有数据的表来说，更改数据类型时是有风险的，如果新的数据类型与已存储的数据内容出现不匹配的情况，很有可能造成数据丢失，所以在更换数据类型的时候需要先考虑表中的内容，例如将性别字段的数据类型从 char(2)更换为 int 会出现如图 4.13 所示的提示。

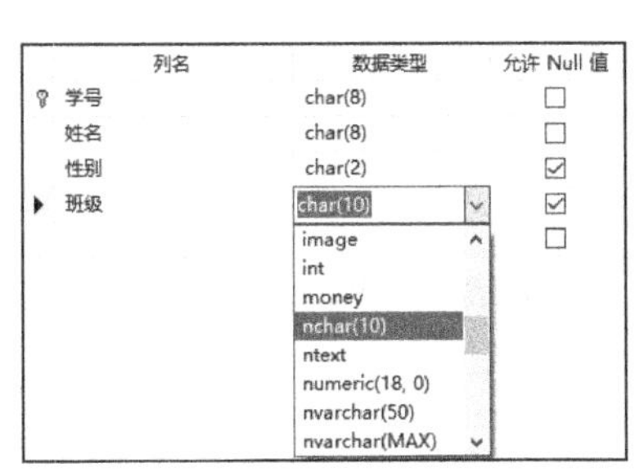

图 4.12　选择 nchar(10)数据类型

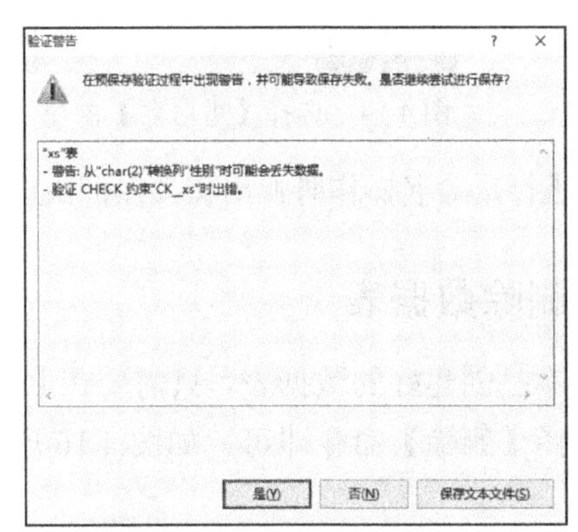

图 4.13　验证警告对话框

在对已有数据内容的字段进行数据类型修改时，应注意所修改的数据类型是否和已有数据相兼容。

4.2.4　重命名数据表

数据表建立完成后，可以随时对表的名称进行修改。展开表节点，对需要更改名称的数据表右击，在弹出的快捷菜单中选择【重命名】命令即可进入编辑状态，如图 4.14 所示。进入编辑状态后，输入新的名称即可，如图 4.15 所示。

图 4.14　选择【重命名】命令

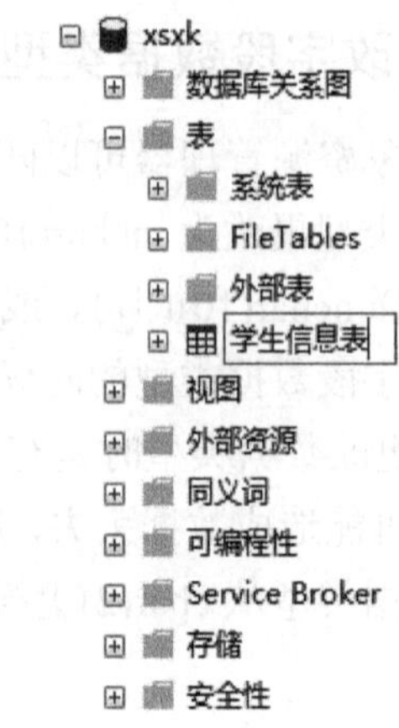

图 4.15　输入新的表名

如果进行重命名操作时弹出文件保护错误，就将已打开的数据表保存关闭后再执行操作。

4.2.5　删除数据表

要删除已创建好的数据表，只需要在【表】节点中右击需要删除的数据表，在弹出的快捷菜单中选择【删除】命令即可，如图 4.16 所示。

图 4.16　选择【删除】命令

执行删除操作后，数据表中所有的数据内容和数据结构将全部清除，在删除前确保选择了正确的文件。

当有对象依赖于该表时，无法对表进行删除，应该先在依赖关系中删除该关系，再对数据表进行删除操作。

4.3 操作数据约束

通常在设计一张数据表的时候不仅要对表中所用字段和内容进行考虑，还有一个更加重要的问题，就是对数据完整性的设计。数据完整性是指数据的精确性和可靠性，防止表中出现不符合既定设置的数据（非法数据）。这些数据可能是用户没有根据规则输入的数据，也可能是黑客对于数据库破解所做出的一些特定尝试，确保数据的完整性对于整个数据库系统而言是非常重要的。

在 SQL Server 2016 中，通常会通过约束的形式来对数据表进行完整性的设置，主要的约束方式分为 5 种，分别是：主键约束（primary key constraint）、唯一性约束（unique constraint）、检查约束（check constraint）、默认约束（default constraint）和外键约束（foreign key constraint）。

4.3.1 用主键约束防止无效数据

主键约束指的是可以在表中定义一个字段作为表的主要关键字，主键是表中记录的唯一性标识，每个表中只允许一个 PRIMARY KEY 约束，并且作为 PRIMARY KEY 约束的字段不允许空值。若在一个表中有多个列作为主键约束，则一列中的值可以是重复的，但是被主键约束列中的组合值一定要是唯一存在的。

在 SQL Server 2016 中添加约束的方法主要有两种，一种是通过对象资源管理器来创建，还有一种则是使用 T-SQL 语句来创建。

使用对象资源管理器对学生选课数据库（xsxk）中的学生表（dbo.xs）中的学号字段进行 PRIMARY KEY 的设定，具体操作如下：

步骤 01　在【资源管理器】中展开 xsxk 数据库，右击 dbo.xs 数据表，选择【设计】，在表设计窗口中右击【学号】字段，在弹出的快捷菜单中选择【设置主键】命令，如图 4.17 所示。

步骤 02　主键设置完成后，学号所在字段会有一把钥匙的小图标，表示该字段为表的主键列，如图 4.18 所示。

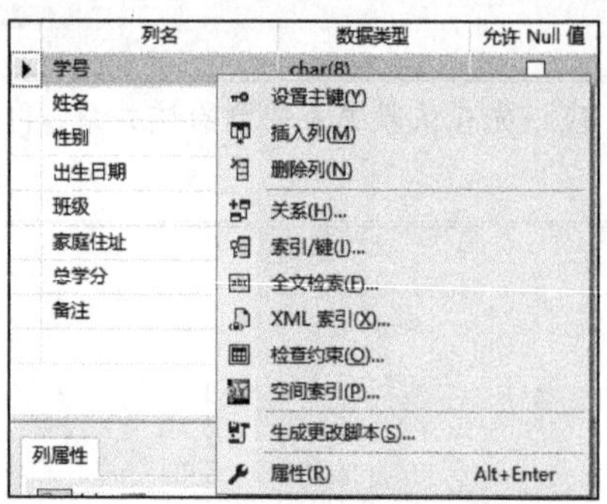

图 4.17　选择【设置主键】命令

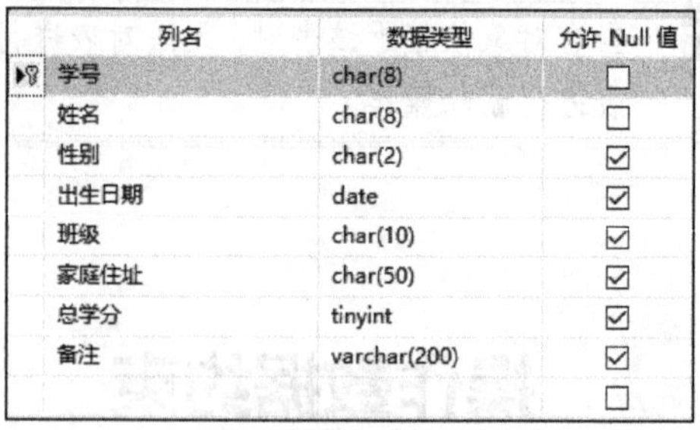

列名	数据类型	允许 Null 值
学号	char(8)	☐
姓名	char(8)	☐
性别	char(2)	☑
出生日期	date	☑
班级	char(10)	☑
家庭住址	char(50)	☑
总学分	tinyint	☑
备注	varchar(200)	☑
		☐

图 4.18　主键列【学号】

提示

当某列设置为主键时，不允许为空，也不能有重复值。

4.3.2　用唯一性约束防止重复数据

唯一性约束（UNIQUE）可以确保数据表在主键列中字段的唯一性。保证其中的数值只出现一次，而不会出现重复的现象。例如，在员工信息表中需要录入所有员工的手机号码，然而并不可能有两位员工的手机号码是相同的，此时我们可以对手机号码字段进行唯一性约束的设置。在 SQL Server 2016 中可以对一个表中的多个字段进行 UNIQUE 约束，在使用 UNIQUE 时需要注意以下几点要素：

- UNIQUE 约束是允许空值的。
- UNIQUE 约束可以在一个数据表中设立多个。
- 使用了 UNIQUE 约束的字段会建立唯一性索引。
- 在默认的情况下，UNIQUE 约束创建的是非聚集索引。

使用对象资源管理器对姓名字段进行 UNIQUE 约束操作的步骤如下：

步骤 01　在【资源管理器】中展开 xsxk 数据库，右击 dbo.xs 数据表，选择【设计】命令，在表设计窗口中右击【姓名】字段，在弹出的快捷菜单中选择【索引/键】命令，如图 4.19 所示。

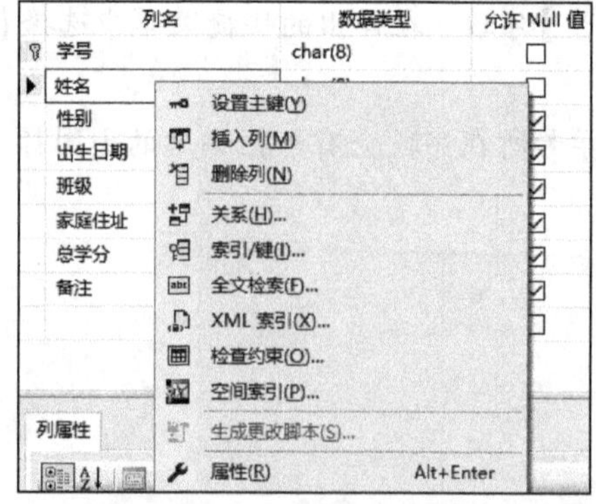

图 4.19　选择【索引/键】命令

步骤02 在【索引/键】对话框中，单击【添加】按钮，添加一个唯一性约束，如图 4.20 所示。

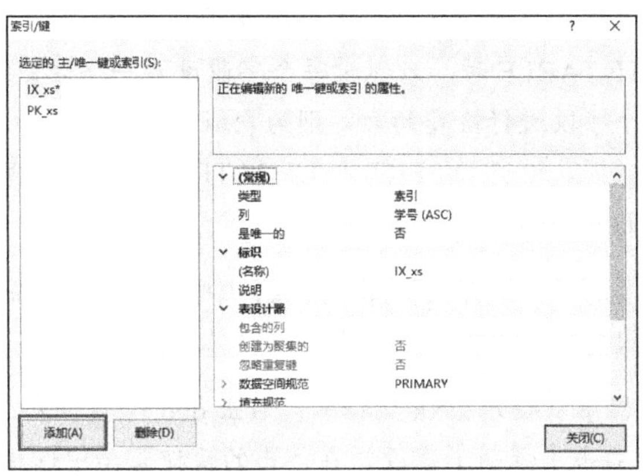

图 4.20 增加新索引

步骤03 选中新建的 IX_xs 索引，单击列边上的按钮，在弹出的下拉列表中选择【姓名】字段，如图 4.21 所示。

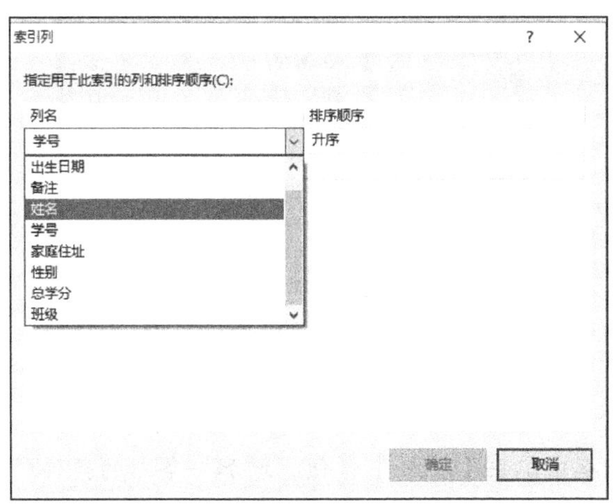

图 4.21 选择【姓名】字段

步骤04 设置完成后，单击【确定】按钮完成操作。

4.3.3 检查约束

检查约束是对录入到数据表中的数据所设置的检查条件，以限制输入值，用于保证数据库的完整性。通过逻辑表达式来对字段的值进行输入内容的限定，例如在员工表中定义了一个 age 字段，我们需要把这个字段所录入的内容限定在一个合理及合法的范围内，比如 18~70 岁，可以通过逻辑表达式 age>=18 AND age<=70 来进行判断，逻辑表达式会返回 TRUE 或 FALSE 两个值，用来表示符合约束条件和不符合约束条件两种情况。通常在使用检查约束时，需要注意以下几点：

- 在对列进行约束限制时，只能与字段有关；在对表进行约束限定时，只能与限制表中的字段有关。

- 在数据表中可以对多个列进行检查约束的设置。
- 在使用 CREATE TABLE 时，只能对每个字段设置一个检查约束。
- 若在表中对多个字段进行检查约束，则为表级约束。
- 检查约束将在数据表进行 INSERT 和 UPDATE 操作时对数据进行验证。
- 设置检查约束的时候不能包含子查询。

使用对象资源管理器对学生选课数据库（xsxk）中的学生表（dbo.xs）中的性别字段进行检查约束的设定，要求只能输入“男”或“女”，具体操作步骤如下：

步骤01 在【资源管理器】中展开 xsxk 数据库，右击 dbo.xs 数据表，选择【设计】命令，在表设计窗口中右击【性别】字段，在弹出的快捷菜单中选择【检查约束】命令，如图 4.22 所示。

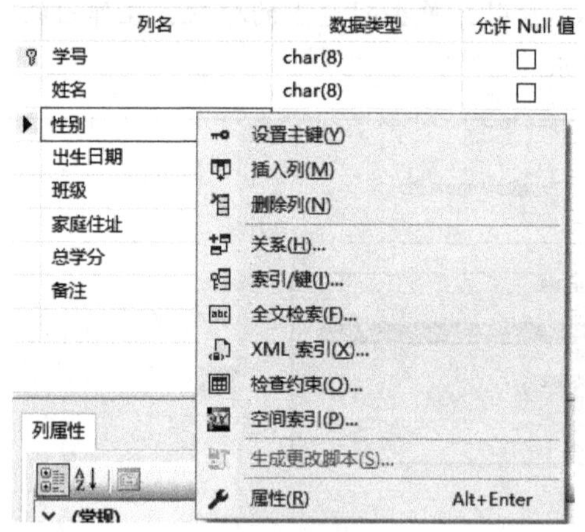

图 4.22　选择【检查约束】命令

步骤02 在弹出的对话框中单击【添加】按钮，增加一条新的条件约束，如图 4.23 所示。

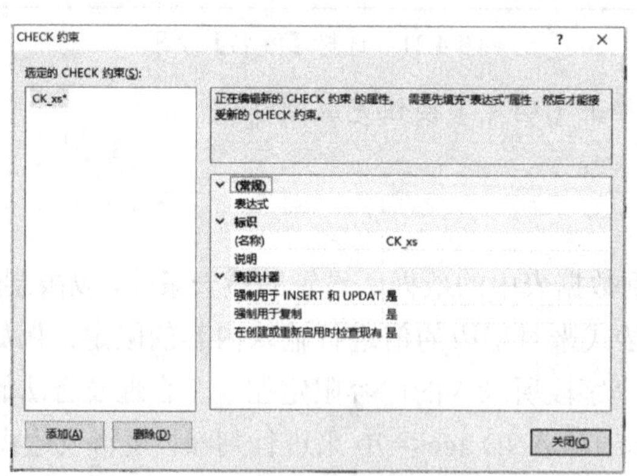

图 4.23　添加新的检查约束

步骤03 选中新建的约束，在【表达式】中输入条件表达式([性别]='男' OR [性别]='女')，如图 4.24 所示。

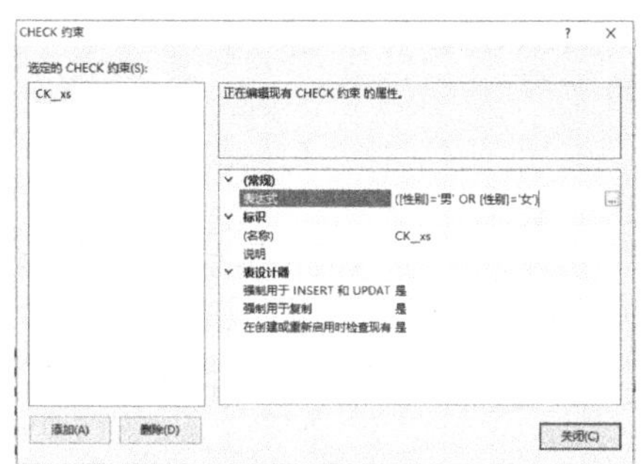

图 4.24　输入条件表达式

包括隐式或显式数据类型转换的约束可能会导致某些操作失败。例如，为表定义的作为分区切换的源的此类约束可能会导致 ALTER TABLE...SWITCH 操作失败。在约束定义中避免数据类型转换。

4.3.4　默认约束

默认约束是指当某一字段没有提供数据内容时，系统自动给该字段赋予一个设定好的值。当必须向表中加载一行数据但不知道某一字段值的值或该值不存在时，可以使用默认约束。默认约束可以使用常量、函数、空值作为默认值。使用默认约束时，需要注意以下几点：

- 每个字段只能有一个默认约束。
- 若默认约束设置的值大于字段所允许的长度，则截取到字段允许长度。
- 不能加入到带有 IDENTITY 属性或 TIMESTAMP 的字段上。
- 若字段的数据类型为用户自定义类型，而且已有默认值绑定在此数据类型上，则不允许再次使用默认值。

4.3.5　外键约束

外键约束是在两个表中的数据之间建立和加强链接的一列或多列的组合，可控制在外键表中存储的数据。在外键引用中，当包含一个表的主键值的一个或多个列被另一个表中的一个或多个列引用时，就在这两个表之间创建了链接。使用外键约束需要注意以下几点：

- 外键约束是对字段参照完整性的设置。
- 外键约束不支持自动创建索引，需要手动建立。
- 表中最多可以使用 31 个外键约束。
- 临时表中不能建立外键约束。
- 主键和外键的数据类型必须严格匹配。

4.4 小结

本章对 SQL Server 2016 中的基本数据类型和用户自定义数据类型进行了介绍，并对使用对象资源管理器进行创建数据表、添加表字段、修改表字段、重命名数据表、删除数据表等内容进行了重点讲解。读者在掌握了基本的表和数据字段的使用后，应该加强数据约束操作的练习。

4.5 经典习题与面试题

1. 熟悉基本数据类型，能根据实际需要定义适合的数据类型。
2. 根据 3.3.4 小节中的选课表的字段信息创建选课表，并设置外键。
3. 选择合适的方式为 User_Info 数据库添加数据表：用户表 user、客户表 customer、账户表 account。各表中的参考字段如下。

用户表

字段名	数据类型	长度	是否可空	约束
用户编号	char	16	×	主键
姓名	char	16	×	
性别	char	2	√	“男”或“女”
出生日期	date	默认值	√	
家庭住址	char	100	√	
备注	varchar	200	√	

客户表

字段名	数据类型	长度	是否可空	约束
客户编号	char	4	×	主键
客户名	char	20	×	
身份证号	char	18	×	
家庭住址	char	100	√	
备注	varchar	200	√	

账户表

字段名	数据类型	长度	是否可空	约束
账户编号	char	8	×	主键
账户名	char	4	×	
客户编号	char		×	外键，参照客户表的客户号字段
总金额	int	16	×	
剩余金额	int	16	×	
备注	varchar	200	√	

第 5 章 视 图

除在数据库关系表中定义基本表的结构和编排方式外，SQL 语言还提供了一种数据组织方法，可以按其他组织形式对原来表中的数据进行重新组织，这种方法就是视图。与表一样，视图包含一系列带有名称的列和行数据。视图在数据库中并不是以数据值存储集形式存在的，行和列数据来自于由定义视图的查询所引用的表，并且在引用视图时动态生成。

本章重点内容：

- 了解操作视图的基本概念及优缺点
- 掌握使用管理器创建、查看、删除视图
- 会使用视图操作数据

5.1 视图概述

视图是一个虚拟表，其内容由查询定义。对其中所引用的基础表来说，视图的作用类似于筛选。定义视图的筛选可以来自当前或其他数据库的一个或多个表，或者其他视图。分布式查询也可用于定义使用多个异类源数据的视图。例如，如果有多台不同的服务器分别存储不同地区的数据，而我们需要将这些服务器上结构相似的数据组合起来，这种方式就很有用。

视图的结构和内容是通过 SQL 查询获得的，也称之为视图名，可以永久地保存在数据库中。用户通过 SQL 查询语句，可以像其他普通关系表一样，对视图中的数据进行查询。视图可以被看成是虚拟表或存储查询，可通过视图访问的数据不作为独特的对象存储在数据库内。

视图在数据库内存储的是 SELECT 语句，即数据库内并没有存储视图这个表，而存储的是视图的定义。SELECT 语句的结果集构成视图所返回的虚拟表。用户可以用引用表时所使用的方法在 SQL 语句中通过引用视图名称来使用虚拟表。使用视图可以实现下列任一或所有功能：

（1）将用户限定在表中的特定行上。例如，只允许雇员看见工作跟踪表内记录其工作的行。

（2）将用户限定在特定列上。例如，对于那些不负责处理工资单的雇员，只允许其看见雇员表中的姓名列、办公室列、工作电话列和部门列，而不能看见任何包含工资信息或个人信息的列。

（3）将多个表中的列连接起来，使它们看起来像一个表。

（4）聚合信息而非提供详细信息。例如，显示一个列的和，或列的最大值和最小值。

当数据库管理系统 DBMS 在 SQL 语句中遇到视图引用时，会从数据库中找出所存储的相应视图的定义，然后把对视图的引用转换成对构成视图源表的等价请求，并且执行这个等价请求。利用这种方法，DBMS 在保持源表数据完整性的同时也保持了视图的“可见性”。

对于简单视图，DBMS 通过快速查询直接从源表中提取并构造出视图的每一行。而对于一些比较复杂的视图，DBMS 则要根据该视图定义中的查询语句进行查询操作，并将结果存储到一个临时表中。然后 DBMS 再从这个临时表中提取数据以满足对视图操作的需要，并在不需要的时候抛弃所生成的临时表。但不论 DBMS 如何操作，对用户来讲，其结果都是相同的，即这个视图能够在 SQL 语句中引用，就好像其是一张真正的关系表一样。

通过定义 SELECT 语句以检索将在视图中显示的数据来创建视图。SELECT 语句引用的数据表称为视图的基表。视图通常用来集中、简化和自定义每个用户对数据库的不同认识。视图可用作安全机制，方法是允许用户通过视图访问数据，而不授予用户直接访问视图基础表的权限。视图可用于提供向后兼容接口来模拟曾经存在但其架构已更改的表。还可以在向 SQL Server 复制数据和从其中复制数据时使用视图，以便提高性能并对数据进行分区。

5.1.1 视图的类型

除了基本用户定义视图的标准角色以外，SQL Server 2016 还提供了下列类型的视图，这些视图在数据库中起着特殊的作用。

（1）索引视图

索引视图是被具体化了的视图。这意味着已经对视图定义进行了计算并且生成的数据像表一样存储，用户可以为视图创建索引，即对视图创建一个唯一的聚集索引。索引视图可以显著提高某些类型查询的性能，尤其适于聚合许多行的查询，但不太适于经常更新的基本数据集。

（2）分区视图

分区视图在一台或多台服务器间水平连接一组成员表中的分区数据，使数据看上去如同来自于一个表。需要注意的是，连接同一个 SQL Server 2016 实例中成员表的视图就是一个本地分区视图。

（3）系统视图

系统视图包含目录元数据，可以使用系统视图返回与 SQL Server 实例或在该实例中定义的对象有关的信息。例如，可以查询 sys.databases 目录视图以便返回实例中提供的用户定义数据库有关的信息。

5.1.2 视图的优缺点

在数据库中使用视图有很多优点，尤其是在定义用户使用的数据库结构和增强数据库的安全保密性方面，视图起了准则作用。使用视图的主要优点是：

（1）安全保密性。通过视图，用户只能查询和修改他们所能见到的数据，数据库中的其他数据则既看不见也取不到。数据库授权命令可以使每个用户对数据库的检索限制到特定的数据库对象上，但不能授权到数据库特定行和特定的列上。通过视图，用户可以被限制在数据的不同子集上。

（2）查询简单性。视图能够从几个不同的关系表中提取数据，并且用一个单表表示出来，利用视图将多表查询转换成视图的单表查询。

（3）结构简单性。视图能够给用户一个“个人化”的数据库结构外观，用一组用户感兴趣的可见表来代表这个数据库的内容。

（4）隔离变化。视图能够代表一个个一致的、非变化的数据。即使是在作为视图基础的源表被分隔、重新构造或者重新命名的情况下，也是如此。

（5）数据完整性。如果数据被存取，并通过视图来输入，DBMS 就能够自动地校验这个数据，以便确保数据满足所规定的完整性约束。

（6）逻辑数据独立性。视图可以使应用程序和数据库表在一定程度上独立。如果没有视图，应用一定是建立在表上的。有了视图之后，程序可以建立在视图之上，从而使程序与数据库表被视图分隔开来。

虽然视图存在上述的优点，但是在定义数据库对象时不能不加选择地来定义视图，因为视图也存在一些缺点，主要如下：

（1）性能。数据库管理系统必须把视图的查询转化成对基本表的查询，如果这个视图是由一个复杂的多表查询所定义的，那么即使是对视图的一个简单查询，数据库管理系统也会将其变成一个复杂的结合体，需要花费一定的时间。

（2）修改限制。当用户试图修改视图的某些记录行时，数据库管理系统必须将其转化为对基本表的某些行的修改。对于简单视图来说，这是很方便的，但是对于比较复杂的视图，可能是不可修改的。

在实际应用中，应该根据实际情况权衡视图的优点和缺点，合理地定义视图。

5.2 使用管理器管理视图

用户可以使用 SQL Server Management Studio 或 T-SQL 在 SQL Server 2016 中创建视图，将视图用于以下用途：

（1）集中、简化和自定义每个用户对数据库的认识。

（2）用作安全机制，方法是允许用户通过视图访问数据，而不授予用户直接访问底层基表的权限。

（3）提供向后兼容接口来模拟架构已更改的表。

5.2.1 创建新视图

在数据库中创建了一个或者多个表之后，就可以创建视图了，可以使用视图这种数据库对象以指定的方式查询一个或者多个表中的数据。

（1）限制和局限：只能在当前数据库中创建视图，视图最多可以包含 1024 列。

（2）权限：要求在数据库中具有 CREATE VIEW 权限，并具有在其中创建视图的架构的 ALTER 权限。

使用查询和视图设计器创建视图的步骤如下：

步骤 01 在【对象资源管理器】中展开要创建新视图的数据库。

步骤 02 右击【视图】文件夹，然后单击【新建视图...】命令，如图 5.1 所示。

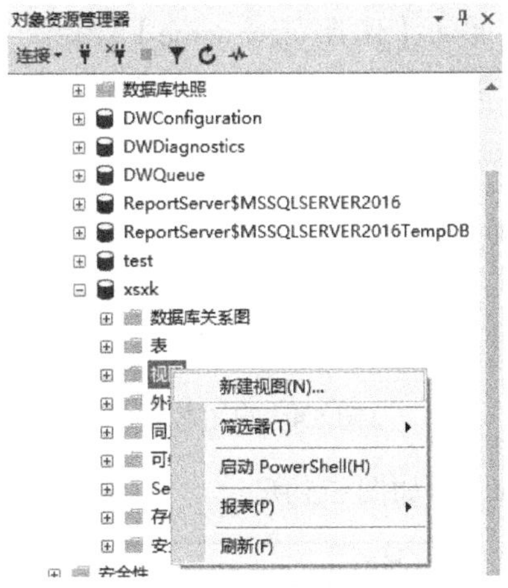

图 5.1 新建视图

步骤 03 在【添加表】对话框中，从图 5.2 所示的选项卡之一选择要在新视图中包含的元素："表""视图""函数""同义词"。

图 5.2 添加表

步骤 04 单击【添加】按钮，再单击【关闭】按钮。

步骤 05 在【关系图】窗格中，选择要在新视图中包含的列或其他元素，如图 5.3 所示。

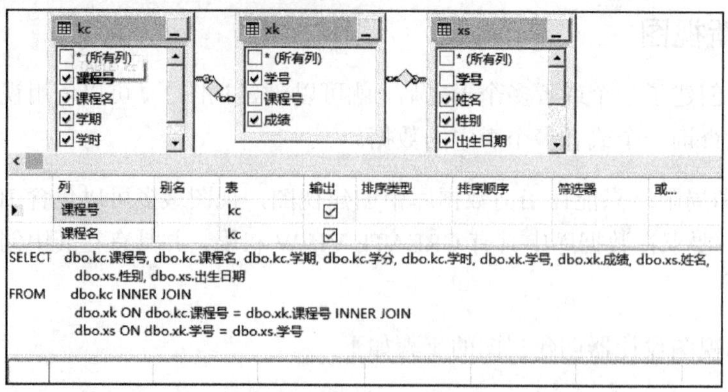

图 5.3　关系图窗格

步骤06　在【条件】窗格中，选择列的其他排序或筛选条件。

步骤07　在【文件】菜单上，单击【保存 view name】按钮。

步骤08　在【选择名称】对话框中，输入新视图的名称并单击【确定】按钮，如图 5.4 所示。

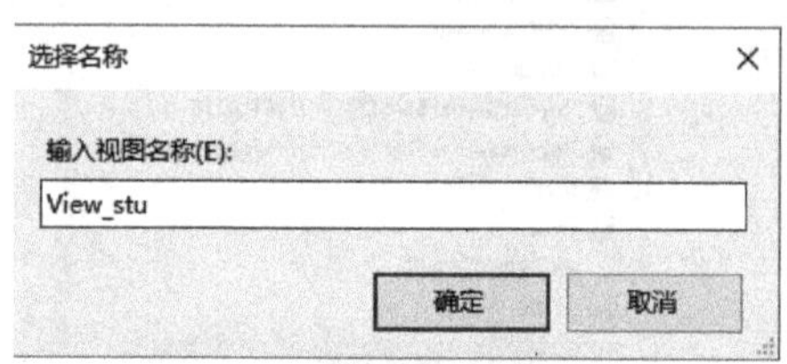

图 5.4　视图名称

完成后，创建的视图 View_stu 如图 5.5 所示。

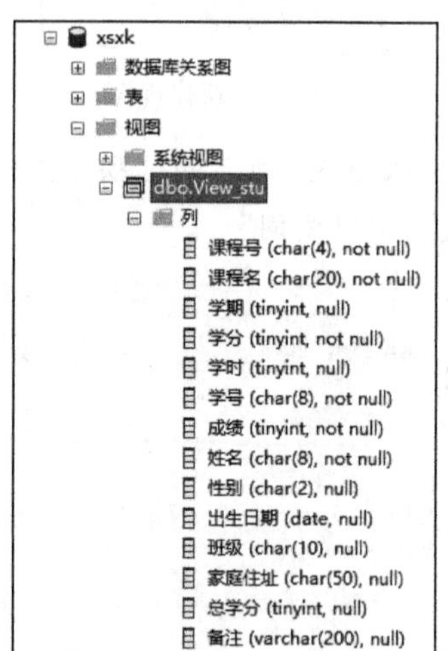

图 5.5　视图 View_stu

5.2.2　查看视图信息

1. 查询和视图设计器工具

当打开视图的定义、显示查询或视图的结果或者创建或打开查询时，查询和视图设计器将会打开。它由 4 个不同的窗格组成：

（1）【关系图】窗格以图形形式显示通过数据连接选择的表或表值对象，同时也会显示它们之间的连接关系。

（2）【条件】窗格用于指定查询选项（例如要显示哪些数据列、如何对结果进行排序以及选择哪些行等），可以通过将选择输入到一个类似电子表格的网格中来进行指定。

（3）用户可以使用 SQL 窗格创建自己的 SQL 语句，也可以使用【条件】窗格和【关系图】窗格创建语句，在后面这种情况下将在 SQL 窗格中相应地创建 SQL 语句。生成查询时，SQL 窗格将自动更新并重新设置格式以便于阅读。

（4）【结果】窗格显示最近执行的选择查询的结果。

这些窗格对于处理查询和视图非常有用。当用户打开一个视图或查询时，以上部分或全部窗格将随之打开。所打开的窗格取决于【选项】对话框中的设置以及用户所连接的数据库管理系统，默认设置是 4 个窗格全都打开。

在对象资源管理器中，右击要打开的视图，然后单击【设计】菜单项或【打开视图】菜单项即可打开视图，如图 5.6 所示。

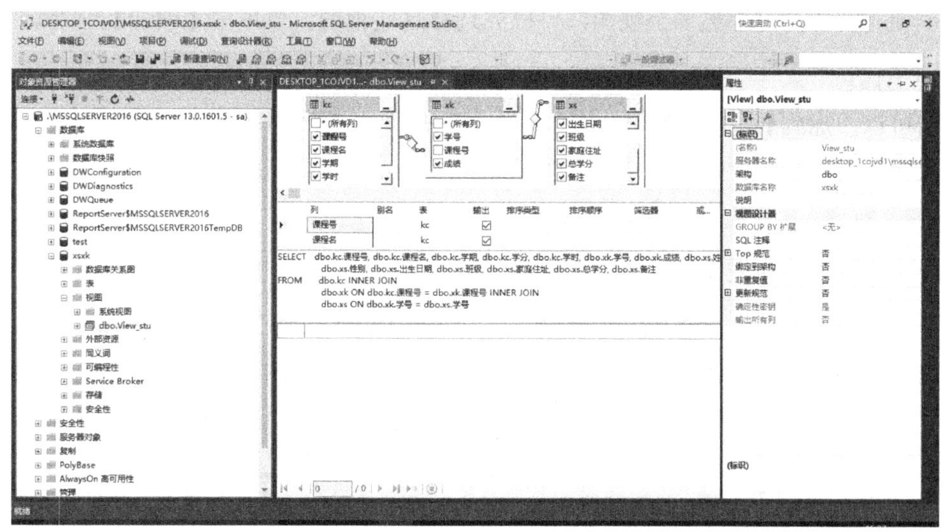

图 5.6　打开视图

2. 【关系图】窗格

【关系图】窗格以图形形式显示用户通过数据连接选择的表或表值对象，同时也会显示它们之间的连接关系。在【关系图】窗格中可以进行的操作包括添加或移除表和表值对象，并指定要输出的数据列和创建或修改表和表值对象之间的连接。

当在【关系图】窗格中进行更改时，【条件】窗格和 SQL 窗格会自动更新以反映所做的更改。例如，如果在【关系图】窗格内的表或表值对象窗口中选择某个要输出的列，查询和视图设计器会将该数据列添加到【条件】窗格中以及 SQL 窗格内的 SQL 语句中。

每个表或表值对象在【关系图】窗格中均作为单独的窗口出现。每个矩形的标题栏中的图标表示该矩形所代表的对象类型，如表 5.1 所示。

表 5.1　关系图对象类型

图标	对象类型
	表
	查询或视图
	被链接表
	用户定义的函数
	链接视图

（1）表

列出可以添加到【关系图】窗格中的表。若要添加某个表，则选择该表，再单击【添加】菜单项。若要同时添加多个表，可以先选择这些表，再单击【添加】菜单项。

（2）视图

列出可以添加到【关系图】窗格中的视图。若要添加某个视图，则选择该视图，再单击【添加】菜单项。若要同时添加多个视图，可以先选择这些视图，再单击【添加】命令。

（3）函数

列出可以添加到【关系图】窗格中的用户定义的函数。若要添加某个函数，则选择该函数，再单击【添加】命令。若要同时添加多个函数，可以先选定这些函数，再单击【添加】命令。

（4）本地表

列出由查询创建的表而不是数据库中的表。

（5）同义词

列出可以添加到【关系图】窗格中的同义词。若要添加某个同义词，则选择该同义词，再单击【添加】命令。若要同时添加多个同义词，可以先选择这些同义词，再单击【添加】命令。

如果查询涉及连接，在连接所涉及的数据列之间将显示一条连接线。若没有显示连接的数据列（例如，表或表值对象窗口已最小化或者此连接涉及表达式），则查询和视图设计器会将连接线放在表示表或表值对象的矩形的标题栏中。查询和视图设计器为每个连接条件显示一条连接线。

连接线中间的图标形状指示表或表结构对象的连接方式。若连接子句使用等于（=）以外的运算符，则该运算符将显示在连接线图标中。在连接线中显示的图标如表 5.2 所示。

表 5.2 连接线中显示的图标

连接线图标	说明
	内部连接（使用等号创建）
	基于"大于"运算符的内部连接（在连接线图标中显示的运算符反映了在连接中使用的运算符）
	外部连接，其中包括左侧表示的表中的所有行，即使它们在相关表中没有匹配行
	外部连接，其中包括右侧表示的表中的所有行，即使它们在相关表中没有匹配行
	完全外部连接，其中含有两个表中的所有行，即使它们在相关表中没有匹配行

连接线末端的图标表示连接的类型。连接的类型以及可在连接线末端显示的图标如表 5.3 所示。

表 5.3 连接线末端显示的图标

连接线末端的图标	说明
	一对一连接
	一对多连接
	查询和视图设计器无法确定连接类型

3. 【条件】窗格

【条件】窗格用于指定查询选项（例如要显示哪些数据列、如何对结果进行排序以及选择哪些行等），可以通过将选择输入到一个类似电子表格的网格中来进行指定。在【条件】窗格中，可以指定：

- 要显示的列以及列名别名。
- 列所属的表。
- 计算列的表达式。
- 查询的排序顺序。
- 搜索条件。
- 分组条件，包括用于摘要报告的聚合函数。
- UPDATE 或 INSERT INTO 查询的新值。
- INSERT FROM 查询的目标列名。

在【条件】窗格中所做的更改将自动反映到【关系图】窗格和 SQL 窗格中。同样，【条件】窗格也会自动更新以反映在其他窗格中所做的更改。

4. SQL 窗格

可以使用 SQL 窗格创建自己的 SQL 语句，也可以使用【条件】窗格和【关系图】窗格创建语句，在后面这种情况下将在 SQL 窗格中相应地创建 SQL 语句。生成查询时，SQL 窗格将自动更新并重新设置格式以便于阅读。

若要打开 SQL 窗格，可以首先打开查询和视图设计器（在服务器资源管理器中选择相应的数据库对象后，在【数据库】菜单中单击【新建查询】），然后在【查询设计器】菜单中指向【窗格】，再单击【SQL】。在 SQL 窗格中，可以进行以下操作：

（1）通过输入 SQL 语句创建新查询。

（2）根据在【关系图】窗格和【条件】窗格中进行的设置，对查询和视图设计器创建的 SQL 语句进行修改。

（3）输入语句以利用所使用数据库的特有功能。

5. 【结果】窗格

【结果】窗格显示最近执行的 SELECT 查询的结果（其他查询类型的结果在消息框中显示）。若要打开【结果】窗格，可以打开或创建一个查询或视图，或者返回某个表的数据。如果默认情况下不显示【结果】窗格，可以在【查询设计器】菜单中指向【窗格】，再单击【结果】命令。用户可以在【结果】窗格中执行的操作如下：

（1）在类似于电子表格的网格中查看最近执行的 SELECT 查询的结果集。

（2）对于显示单个表或视图中的数据的查询或视图，可以编辑结果集中各个列的值、添加新行以及删除现有的行。

6. SQL 编辑器

使用 SQL 编辑器可以编辑现有的存储过程、函数、触发器和 SQL 脚本。当用户打开上述任何对象时，此窗口将打开。若要创建要对数据源运行的新的 SQL 语句，可以使用查询设计器的 SQL 窗格。SQL 编辑器提供了许多有用的 SQL 文本编辑功能，包括：

（1）对 SQL 关键字进行颜色编码，以最大限度地减少语法和拼写错误。

（2）生成主干存储过程和触发器。

（3）提供有用的编辑功能，包括剪切、复制、粘贴和拖动操作。

（4）更改编辑器的行为（通过在【工具】菜单中选择【选项】）以修改虚空格、自动换行、行号和制表符大小。

（5）帮助管理调试断点。

7. 获取有关视图的信息

在 SQL Server 2016 中，通过使用 SQL Server Management Studio 或 T-SQL 可以获取有关视图的定义或属性的信息。

（1）使用对象资源管理器获取视图属性

使用对象资源管理器获取视图属性的步骤为：在【对象资源管理器】中，单击包含要查看属性的视图的数据库旁边的加号，单击加号以展开【视图】文件夹，然后右击要查看其属性的视图，选择【属性】菜单项，打开如图 5.7 所示的【视图属性】对话框。

图 5.7　对象资源管理器中视图的信息

【视图属性】对话框中显示以下属性。

- 服务器：当前服务器实例的名称。
- 数据库：包含此视图的数据库的名称。
- 用户：此连接的用户名。
- Schema：显示视图所属的架构。
- 创建日期：显示视图的创建日期。
- 名称：当前视图的名称。
- 系统对象：指示视图是否为系统对象，值为 True 和 False。
- ANSI NULL：指示创建对象时是否选择了 ANSI NULL 选项。
- 带引号的标识符：指示创建对象时是否选择了【带引号的标识符】选项。
- 架构已绑定：指示视图是否绑定到架构，值为 True 和 False。
- 已加密：指示视图是否已加密，值为 True 和 False。

（2）使用视图设计器工具获取视图属性

① 在【对象资源管理器】中，展开包含要查看属性的视图的数据库，然后展开【视图】文件夹。

② 右击要查看其属性的视图，然后选择【设计】菜单项。

③ 右击【关系图】窗格中的空白区域，再单击【属性】命令，出现如图 5.8 所示的【属性】窗格。

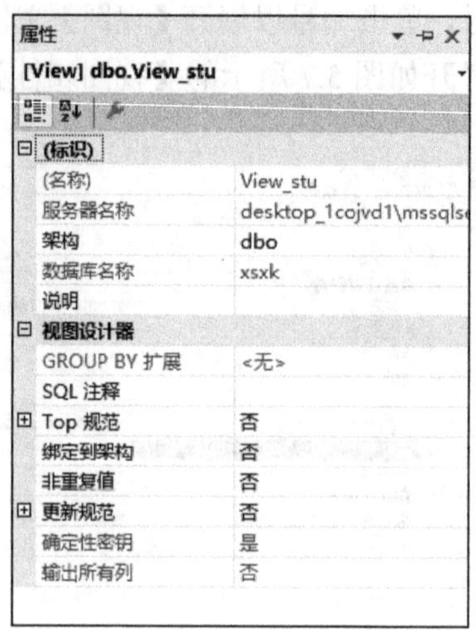

图 5.8　视图设计器中视图的信息

【属性】窗格中显示以下属性。

- (名称)：当前视图的名称。
- 服务器名称：当前服务器实例的名称。
- 架构：显示视图所属的架构。
- 数据库名称：包含此视图的数据库的名称。
- 说明：对当前视图的简短说明。
- GROUP BY 扩展：指定对于基于聚合查询的视图，附加选项可用。
- SQL 注释：显示 SQL 语句的说明。若要查看或编辑完整的说明，可以单击相应的说明，再单击属性右侧的省略号（...）。注释可以包含视图使用者和使用时间等信息。
- Top 规范：展开此项可显示 Top、“百分比”“表达式”和“等同值”属性。
  - Top：指定视图将包括 TOP 子句，该子句只返回结果集中的前 n 行或前百分之 n 行。默认情况下，视图将在结果集中返回前 10 行。使用此项可更改返回的行数或指定不同的百分比。
  - 表达式：显示视图将返回的百分比（如果“百分比”设置为“是”）或记录（如果“百分比”设置为“否”）。
  - 百分比：指定查询将包含一个 TOP 子句，仅返回结果集中前百分之 n 行。
  - 等同值：指定视图将包括 WITH TIES 子句。如果视图包含 ORDER BY 子句和基于百分比的 TOP 子句，WITH TIES 将非常有用。若设置了该选项，并且百分比截止位置在一组行的中间，且这些行在 ORDER BY 子句中具有相同的值，则视图将会扩展，以包含所有这样的行。
- 绑定到架构：防止用户以会使视图定义失效的任何方式修改影响此视图的基础对象。
- 非重复值：指定查询将在视图中筛选出重复值。当只使用表中的部分列并且这些列可能包含重复值时，或者当连接两个或更多表的过程会在结果集中产生重复行时，此选项非常有用。选择该选项等效于向 SQL 窗格内的语句中插入关键字 DISTINCT。

- 更新规范：展开此项可显示“使用视图规则更新”和“Check 选项”属性。
- 输出所有列：显示所有列是否都由所选视图返回。这是在创建视图时设置的。

5.2.3 创建基于视图的视图

SQL 支持创建基于视图的视图。例如，在上述示例中创建了 View_stu 视图，在该视图上还可以创建视图，如图 5.9 所示。

图 5.9　创建基于视图的视图

5.2.4 删除视图

当一个视图不再需要时，可以将其从数据库中删除，以回收当前使用的磁盘空间。这样数据库中的任何对象都可以使用此回收空间。

（1）限制和局限：删除视图时，将从系统目录中删除视图的定义和有关视图的其他信息。还将删除视图的所有权限。使用 DROP TABLE 删除的表上的任何视图都必须使用 DROP VIEW 显式删除。

（2）权限：需要有对 SCHEMA 的 ALTER 权限或对 OBJECT 的 CONTROL 权限。

从数据库中删除视图的步骤如下：

步骤 01 在【对象资源管理器】中展开包含要删除的视图的数据库，然后展开【视图】文件夹。

步骤 02 右击要删除的视图，然后单击【删除】命令，如图 5.10 所示。

步骤 03 在【删除对象】对话框中单击【确定】按钮。

图 5.10　删除视图

5.3 通过视图操作数据

由于视图是一张虚表，对视图的更新最终实际上是转换成对视图的基本表的更新，因此可以通过更新视图的方式实现对表中数据的更新。视图的更新操作包括插入、修改和删除数据，可以使用 SQL Server Management Studio 或 T-SQL 在 SQL Server 2016 中修改基础表的数据。

5.3.1 在视图中插入数据记录

在通过视图插入数据时，必须保证未显示的列有值，该值可以是默认值或 NULL 值。假设在 table1 上创建了一个视图，table1 有 c1、c2 和 c3 三列，视图创建在 c1 和 c2 上。那么，通过视图对 table1 插入数据时，必须保证 c3 有值（可以是默认值或 NULL 值），否则不能向视图中插入行。

具体来说，在视图中插入数据记录，其实质是向构成视图的基本表中插入数据，具体操作步骤如下：

步骤 01　在【对象资源管理器】中展开包含视图的数据库，然后展开【视图】。

步骤 02　右击该视图，然后选择【编辑前 200 行】菜单项。

步骤 03　可能需要在 SQL 窗格中修改 SELECT 语句以返回要修改的行。

步骤 04　在【结果】窗格中，向下滚动到行的结尾并插入新值。若视图引用多个基表，则不能插入行，如图 5.11 所示。

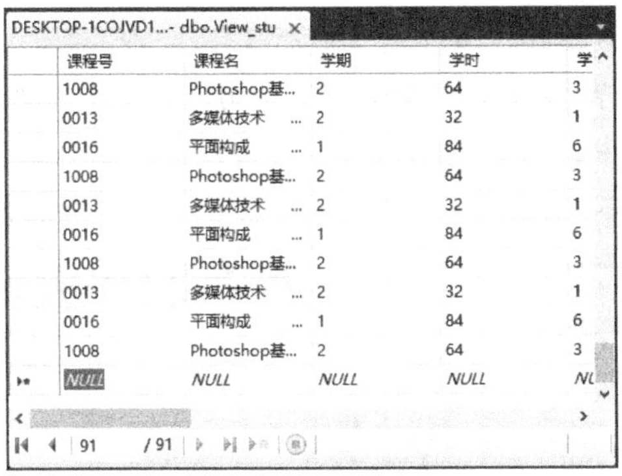

DESKTOP-1COJVD1...- dbo.View_stu

课程号	课程名	学期	学时	学
1008	Photoshop基...	2	64	3
0013	多媒体技术 ...	2	32	1
0016	平面构成 ...	1	84	6
1008	Photoshop基...	2	64	3
0013	多媒体技术 ...	2	32	1
0016	平面构成 ...	1	84	6
1008	Photoshop基...	2	64	3
0013	多媒体技术 ...	2	32	1
0016	平面构成 ...	1	84	6
1008	Photoshop基...	2	64	3
NULL	NULL	NULL	NULL	NU

91 / 91

图 5.11　插入数据记录

5.3.2　在视图中修改数据记录

与在视图中插入数据的操作类似，在视图中修改数据记录的实质也是针对基本表的操作，其具体操作步骤如下：

步骤 01　在【对象资源管理器】中展开包含视图的数据库，然后展开【视图】。

步骤 02　右击该视图，然后选择【编辑前 200 行】。

步骤 03　可能需要在 SQL 窗格中修改 SELECT 语句以返回要修改的行。

步骤 04　在【结果】窗格中找到要更改的行，若要更改一个或多个列中的数据，修改列中的数据即可，如图 5.12 所示。

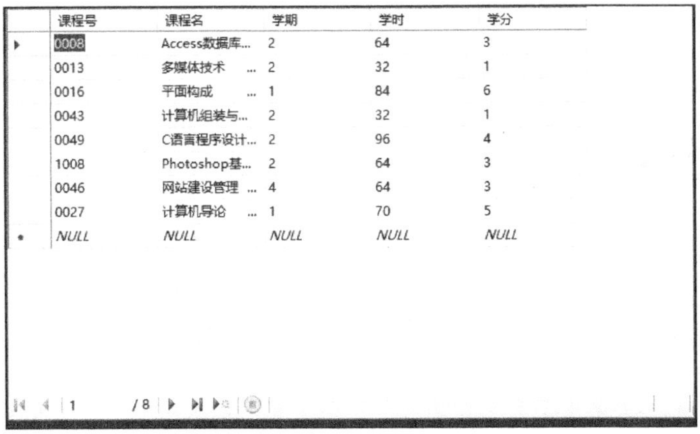

课程号	课程名	学期	学时	学分
0008	Access数据库...	2	64	3
0013	多媒体技术 ...	2	32	1
0016	平面构成 ...	1	84	6
0043	计算机组装与...	2	32	1
0049	C语言程序设计...	2	96	4
1008	Photoshop基...	2	64	3
0046	网站建设管理 ...	4	64	3
0027	计算机导论 ...	1	70	5
NULL	NULL	NULL	NULL	NULL

1 / 8

图 5.12　修改数据记录

5.3.3　在视图中删除数据记录

通过视图也可以从表中删除行，该视图不必显示底层表中的所有列。此处需要注意的是，该视图的数据必须来源于一个单表，即视图的 SELECT 语句必须只引用单个表，也就是删除目标基本表只能是单表，其具体操作步骤如下：

步骤 01　在【对象资源管理器】中展开包含视图的数据库，然后展开【视图】。

步骤02 右击该视图，然后选择【编辑前 200 行】。

步骤03 可能需要在 SQL 窗格中修改 SELECT 语句以返回要修改的行。

步骤04 在【结果】窗格中找到要删除的行，右击该行，然后选择【删除】命令。若视图引用多个基表，则不能删除行，只能更新属于单个基表的列，如图 5.13 所示。

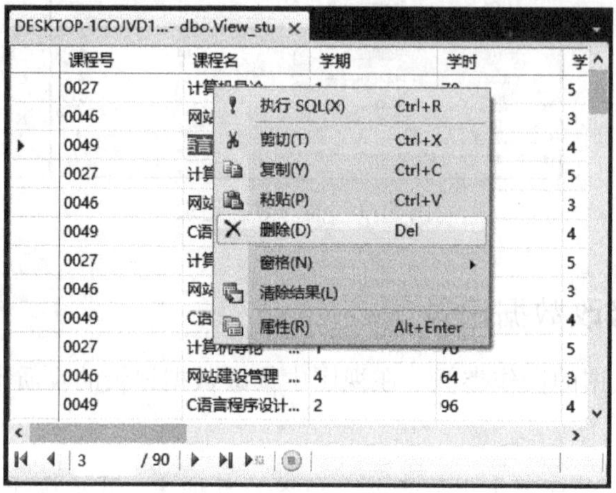

图 5.13 删除数据记录

视图的删除与普通关系表的删除是有一些区别的，删除基本表是不存在关联的。此外，删除视图与删除基本表最大的不同点是删除视图仅仅是删除了视图的组织结构，用户以后不能再用这个视图来进行操作，但组成视图内容的数据并没有被删除，仍然保存在原来的关系表中。同时，其处理方式与关系表的相应处理方式类似。

5.4 小结

本章就视图做了概要介绍，首先简要介绍了其基本概念、类型和优缺点，然后重点讲解了如何使用管理器管理视图，包括创建新视图、查看视图信息、创建基于视图的视图及删除视图，最后演示了在视图中插入、修改和删除表数据。学习本章要注意视图的操作与基本表的操作之间的相似和不同之处。

5.5 经典习题与面试题

1. 了解视图的优缺点。

2. 在 User_Info 数据库中创建视图 payrelation，关联 customer 和 account 表。视图中包括 payrelation_id、user_id、acct_id 和 update_time 字段 。

第 6 章 SQL Server 2016数据库管理

SQL Server 2016 数据库的管理主要包括脱机与联机数据库、分离和附加数据库、导入导出数据、备份和恢复数据库、收缩数据库和文件以及生成与执行 SQL 脚本等操作。这些操作都可以通过 SQL Server Management Studio 工具来完成。

Management Studio 工具有一个图形用户界面，用于创建数据库和数据库中的对象。Management Studio 还具有一个查询编辑器，用于通过编写 T-SQL 语句与数据库进行交互。Management Studio 可以从 SQL Server 安装磁盘进行安装，也可以从 MSDN 中下载。本章主要讲解如何使用 SQL Server Management Studio 维护管理数据库。

本章重点内容：

- 掌握脱机数据库和联机数据库
- 掌握分离数据库和附加数据库
- 会导入导出数据
- 会备份和恢复数据库
- 掌握收缩数据库和文件
- 掌握生成与执行 SQL 脚本

6.1 数据库联机

数据库总是处于一个特定的状态中，这些状态包括 ONLINE、OFFLINE 或 SUSPECT 等，如表 6.1 所示。若要确认数据库的当前状态，可以选择 sys.databases 目录视图中的 state_desc 列或 DATABASEPROPERTYEX 函数中的 Status 属性。

表 6.1 数据库状态

状态	定义
ONLINE	联机状态，可以对数据库进行访问。即使可能尚未完成恢复的撤销阶段，主文件组仍处于在线状态
OFFLINE	脱机状态，数据库无法使用。数据库由于显式的用户操作而处于离线状态，并保持离线状态，直至执行了其他的用户操作。例如，可能会让数据库离线以便将文件移至新的磁盘。然后，在完成移动操作后，使数据库恢复到在线状态

（续表）

状态	定义
RESTORING	正在还原主文件组的一个或多个文件，或正在脱机还原一个或多个辅助文件。数据库不可用
RECOVERING	正在恢复数据库。恢复进程是一个暂时性状态，恢复成功后数据库将自动处于在线状态。如果恢复失败，数据库将处于可疑状态。数据库不可用
RECOVERY PENDING	SQL Server 在恢复过程中遇到了与资源相关的错误。数据库未损坏，但是可能缺少文件，或系统资源限制可能导致无法启动数据库。数据库不可用。需要用户另外执行操作来解决问题，并让恢复进程完成
SUSPECT	至少主文件组可疑或可能已损坏。在 SQL Server 启动过程中无法恢复数据库。数据库不可用。需要用户另外执行操作来解决问题
EMERGENCY	用户更改了数据库，并将其状态设置为 EMERGENCY。数据库处于单用户模式，可以修复或还原。数据库标记为 READ_ONLY，禁用日志记录，并且仅限 sysadmin 固定服务器角色的成员访问。EMERGENCY 主要用于故障排除。例如，可以将标记为“可疑”的数据库设置为 EMERGENCY 状态。这样可以允许系统管理员对数据库进行只读访问。只有 sysadmin 固定服务器角色的成员才可以将数据库设置为 EMERGENCY 状态

6.1.1 脱机数据库

脱机与联机是针对数据库的当前状态来说的，当一个数据库处于可操作、可查询的状态时就是联机状态，而一个数据库尽管可以看到其名字出现在数据库节点中，但对其不能执行任何有效的数据库操作时就是脱机状态。

脱机和联机数据库到底有什么意义呢？在数据库管理及软件开发过程中经常会出现对当前数据库进行迁移的操作，而在联机状态下，SQL Server Management Studio 工具是不允许复制数据库文件的。例如，把当前开发版本的数据库同步到产品版本的数据库，就可以通过这种操作完成，而通过可视化命令则是非常便捷的方式之一。

当在数据库复制过程中需要暂停当前的联机数据库时，就可以通过右击，选择快捷菜单中的【任务】|【脱机】命令来完成，如图 6.1 所示。

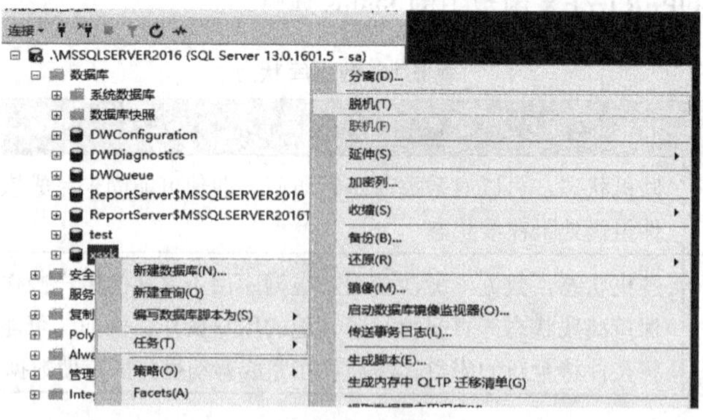

图 6.1　脱机数据库

6.1.2 联机数据库

完成对脱机状态的数据库复制后，要将其恢复为可用状态，可以右击，通过【任务】|【联机】命令来完成。图 6.2 展示如何使用【联机】命令来实现数据库联机。

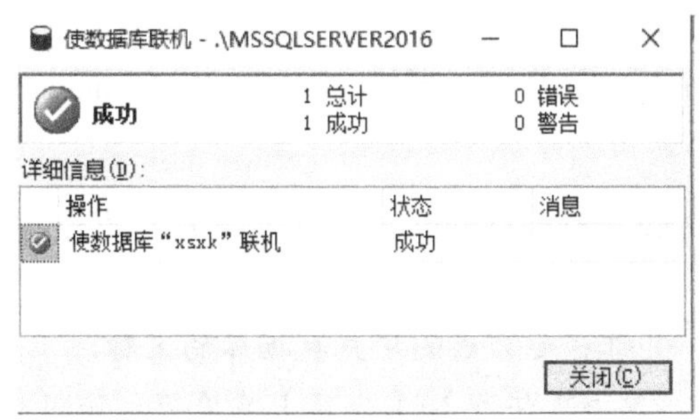

图 6.2 联机数据库

6.2 分离和附加数据库

如果要将数据库更改到同一计算机的不同 SQL Server 实例或要移动数据库，分离和附加数据库会很有用。用户可以分离数据库的数据和事务日志文件，然后将它们重新附加到同一或其他 SQL Server 实例。

在 64 位和 32 位环境中，SQL Server 磁盘存储格式均相同。因此，可以将 32 位环境中的数据库附加到 64 位环境中，反之亦然。从运行在某个环境中的服务器实例上分离的数据库可以附加到运行在另一个环境中的服务器实例。

建议不要从未知源或不可信源附加或还原数据库。此类数据库可能包含执行非预期 T-SQL 代码的恶意代码，或通过修改架构或物理数据库结构导致错误。在使用未知源或不可信源中的数据库之前，请在非生产服务器中对数据库运行 DBCC CHECKDB，同时检查数据库中的代码。

6.2.1 分离数据库

分离数据库是指将数据库从 SQL Server 实例中删除，但使数据库在其数据文件和事务日志文件中保持不变。之后，就可以使用这些文件将数据库附加到任何 SQL Server 实例，包括分离该数据库的服务器。如果存在下列任何情况，就不能分离数据库。

（1）已复制并发布的数据库。如果进行复制，数据库就必须是未发布的。必须通过运行 sp_replicationdboption 禁用发布后，才能分离数据库。

（2）数据库中存在数据库快照。必须首先删除所有数据库快照，然后才能分离数据库。

（3）该数据库正在某个数据库镜像会话中进行镜像。除非终止该会话，否则无法分离该数据库。

（4）数据库处于可疑状态。

（5）该数据库是系统数据库。

确定了能够分离数据库后，用户可以通过 SQL Server Management Studio 进行分离，其具体操作步骤如下。

步骤 01 在 SQL Server Management Studio 对象资源管理器中连接到 SQL Server 数据库引擎的实例，然后展开该实例。

步骤 02 展开【数据库】，并选择要分离的用户数据库的名称。

步骤 03 右击数据库名称，单击【任务】|【分离】菜单项，如图 6.3 所示。

图 6.3　分离数据库

步骤 04 将出现【分离数据库】对话框，如图 6.4 所示。

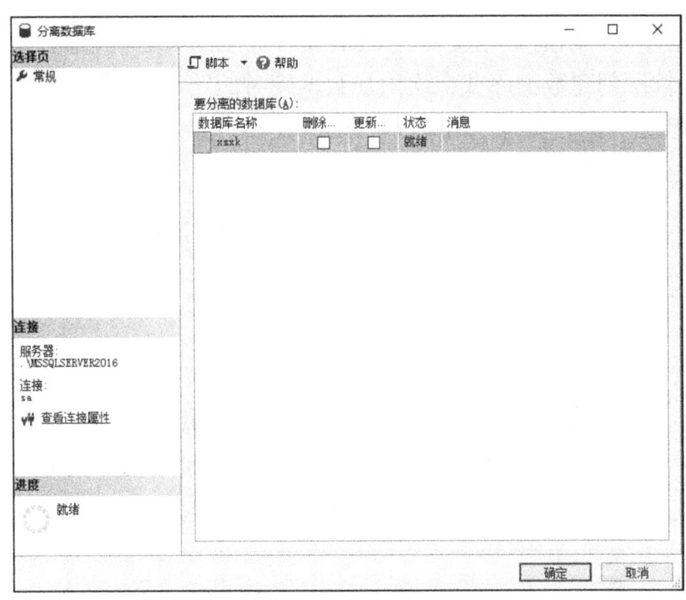

图 6.4　【分离数据库】对话框

步骤 05　分离数据库准备就绪后，单击【确定】按钮。

6.2.2　附加数据库

通过 SQL Server Management Studio，用户同样可以附加复制的或分离的 SQL Server 数据库。例如，当将包含全文目录文件的 SQL Server 2005 数据库附加到 SQL Server 2016 服务器实例上时，系统会将目录文件从其以前的位置与其他数据库文件一起附加，这与在 SQL Server 2005 中的情况相同。

附加数据库时，该数据库必须已分离且所有数据文件（MDF 文件和 NDF 文件）都必须可用。

附加日志文件的要求在某些方面取决于数据库是读写的还是只读的。如果读写数据库具有单个日志文件，并且没有为该日志文件指定新位置，附加操作将在旧位置中查找该文件。如果找到了旧日志文件，无论数据库上次是否完全关闭，都将使用该文件。但是，若未找到旧文件日志，数据库上次是完全关闭且现在没有活动日志链，则附加操作将尝试为数据库创建新的日志文件。

反之，若附加的主数据文件是只读的，则数据库引擎假定数据库也是只读的。对于只读数据库，日志文件在数据库主文件中指定的位置上必须可用。因为 SQL Server 2016 无法更新主文件中存储的日志位置，所以无法生成新的日志文件。

从上述内容可以看出，用户试图附加 SQL Server 2016 数据库前，必须具备一定的先决条件，具体如下：

（1）必须首先分离数据库。任何尝试附加未分离的数据库都将返回错误。

（2）附加数据库时，所有数据文件（MDF 文件和 LDF 文件）都必须可用。若任何数据文件的路径不同于首次创建数据库或上次附加数据库时的路径，则必须指定文件的当前路径。

（3）在附加数据库时，如果 MDF 和 LDF 文件位于不同目录并且其中一条路径包含 \\?\GlobalRoot，该操作将失败。

具备了如上先决条件后，用户就可以开始附加数据库到指定目标上了，其具体操作步骤如下：

步骤01 在 SQL Server Management Studio 对象资源管理器中连接到 SQL Server 数据库引擎的实例，然后展开该实例。

步骤02 右击【数据库】菜单，然后单击【附加】菜单项。

步骤03 在【附加数据库】对话框中，若要指定要附加的数据库，可以单击【添加】按钮，如图 6.5 所示，然后在【定位数据库文件】对话框中选择数据库所在的磁盘驱动器并展开目录树，以查找并选择数据库的.MDF 数据文件。

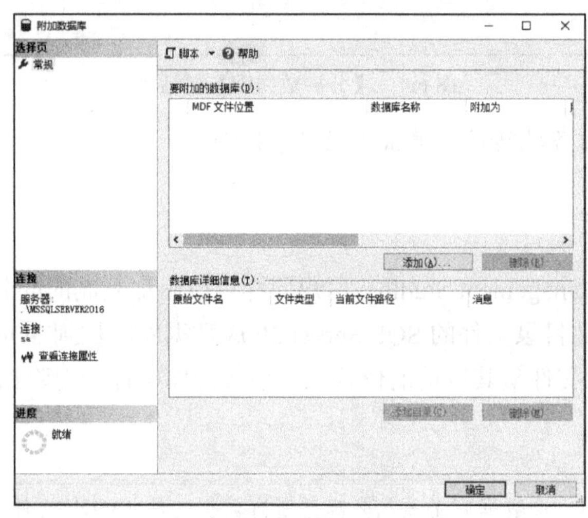

图 6.5　附加数据库

6.3 导入导出数据

导入导出数据也是数据库操作中使用频繁的功能。SQL Server 2016 的导入和导出向导可以将数据复制到提供托管.NET Framework 数据访问接口或本机 OLE DB 访问接口的任何数据源，也可以从这些数据源复制数据。

用户可以访问接口的列表，数据源包括 SQL Server、平面文件、Microsoft Office Access、Microsoft Office Excel。若要成功完成 SQL Server 导入和导出向导，则必须至少具有下列权限：

（1）连接到源数据库和目标数据库或文件共享的权限。该权限在 Integration Services 中，需要服务器和数据库的登录权限。

（2）从源数据库或文件中读取数据的权限。在 SQL Server 2016 中，这需要对源表和视图具有 SELECT 权限。

（3）向目标数据库或文件写入数据的权限。在 SQL Server 2016 中，这需要对目标表具有 INSERT 权限。

（4）如果希望创建新的目标数据库、表或文件，就需要具有创建新的数据库、表或文件的足够权限。在 SQL Server 2016 中，需要具有 CREATE DATABASE 或 CREATE TABLE 权限。

（5）如果希望保存向导创建的包，就需要具有向 msdb 系统或文件系统进行写入操作的足够权限。

6.3.1　导入 SQL Server 数据表

SQL Server 2016 的导入导出服务可以实现不同类型的数据库系统的数据转换。为了让用户可以更直观地使用导入导出服务，Microsoft 提供了导入导出向导。导入和导出向导提供了一种从源向目标复制数据的简便方法，可以在多种常用数据格式之间转换数据，还可以创建目标数据库和插入表。

用户可以向这些源中复制数据或从其中复制数据：SQL Server、文本文件、Access、Excel、其他 OLE DB 访问接口。这些数据源既可用作源，又可用作目标。还可将 ADO.NET 访问接口用作源。指定源和目标后，便可选择要导入或导出的数据，用户可以根据源和目标类型，设置不同的向导选项。

例如，若在 SQL Server 数据库之间复制数据，则指定要从中复制数据的表，或提供用来选择数据的 SQL 语句。具体来说，导入 SQL Server 数据表的操作步骤如下：

步骤 01　选中数据库，右击【数据库】菜单，然后单击【导入数据】菜单项，出现如图 6.6 所示的【SQL Server 导入和导出向导】界面，单击【下一步】按钮。

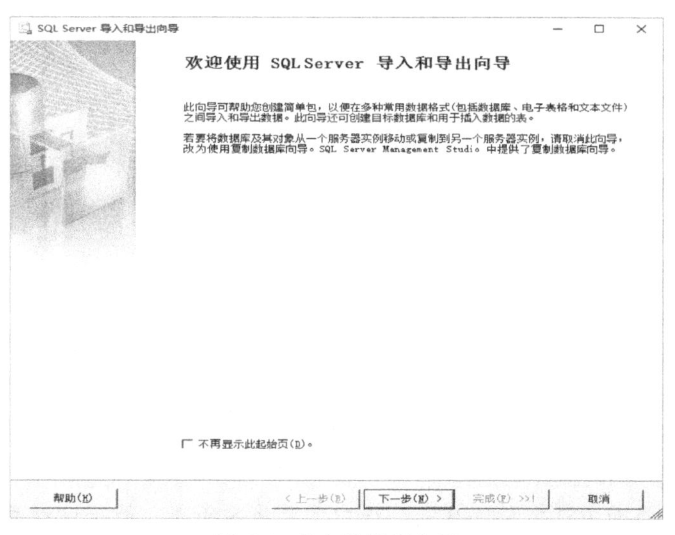

图 6.6　导入数据库向导

步骤 02 弹出【选择数据源】界面，在数据源下拉列表框中选择 SQL Server Native Client 11.0，单击【下一步】按钮，如图 6.7 所示。

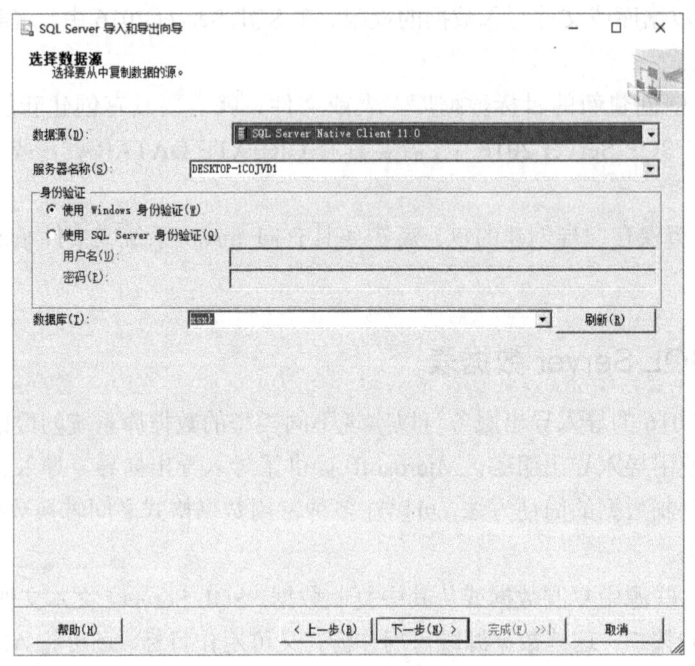

图 6.7　选择数据源

步骤 03 弹出【指定表复制或查询】界面，选择需要复制的数据源，指定表复制或查询，单击【下一步】按钮，如图 6.8 所示。

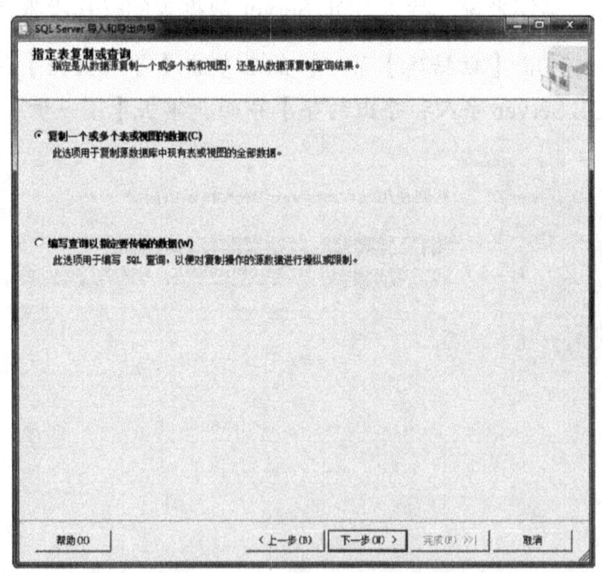

图 6.8　指定表复制或查询

步骤 04 在弹出的界面中选定数据库表，选中需要导入的表，最后保存并运行包，当执行完后单击【完成】按钮，如图 6.9 所示。

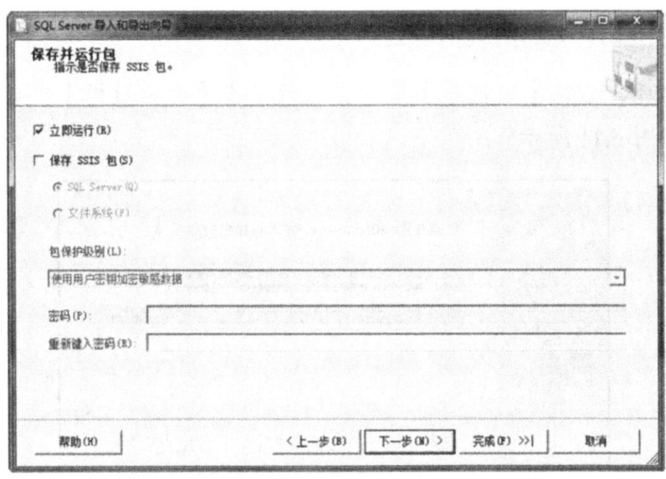

图 6.9　保存并运行

6.3.2　导入其他数据源的数据

导入其他数据源的数据与 6.3.1 节中的过程相似，在选择数据源的步骤中选择不同的数据源，比如导入 Excel 数据，就在数据源选项中选择 Microsoft Excel，如图 6.10 所示。其他数据源同样在数据源下拉列表中选择。

注意选择正确的 Excel 版本。

图 6.10　选择数据源 Microsoft Excel

6.3.3　导出 SQL Server 数据表

SQL Server 2016 中导出数据功能跟导入数据相似，该功能实现将 SQL Server 2016 中的数据导出为指定格式，其具体操作步骤如下：

步骤 01 选中数据库，右击【数据库】菜单，然后单击【导出数据】命令，向导界面和导入一样，如图 6.11 所示。

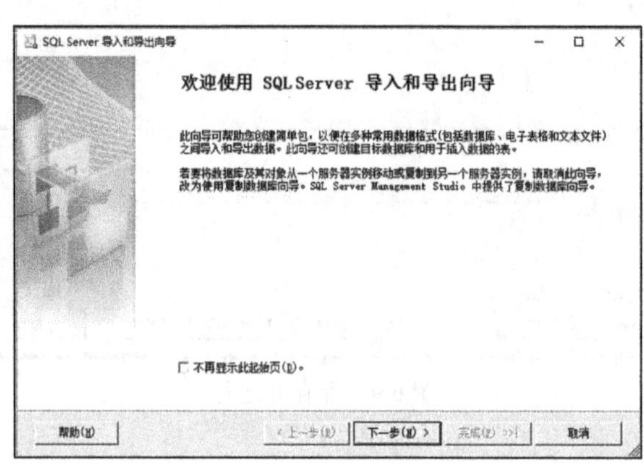

图 6.11　导出向导

步骤 02 数据源选择 SQL Server Native Client 11.0，单击【下一步】按钮，如图 6.12 所示。在弹出的界面中，目标选择 Microsoft Excel，先选择导出后的存储路径，再选择要导出的表。

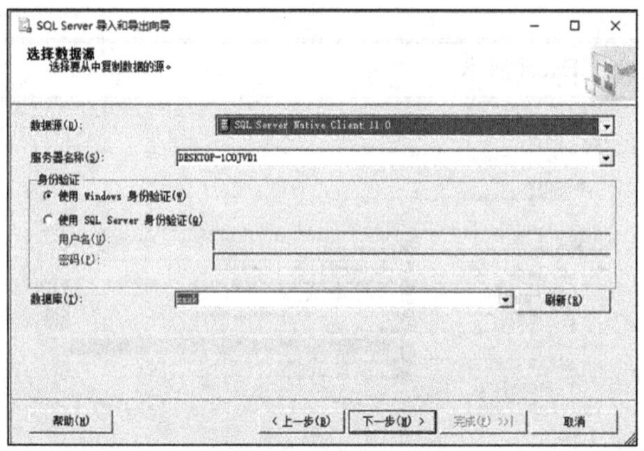

图 6.12　选择数据源

6.4 备份和恢复数据库

在一些对数据可靠性要求很高的行业（如银行、证券、电信等），如果发生意外停机或数据丢失，其损失会十分惨重。为此，数据库管理员应针对具体的业务要求制定详细的数据库备份与灾难恢复策略，并通过模拟故障对每种可能的情况进行严格测试，只有这样才能保证数据的高可用性。数据库的备份是一个长期的过程，而恢复只在发生事故后进行，恢复可以看作是备份的逆过程，恢复程度的好坏很大程度上依赖于备份的情况。此外，数据库管理员在恢复时采取的步骤正确与否也直接影响最终的恢复结果。

6.4.1 备份类型

备份数据库是指对数据库或事务日志进行复制，当系统、磁盘或数据库文件损坏时，可以使用备份文件进行恢复，防止数据丢失。SQL Server 数据库备份支持以下几种类型，分别应用于不同的场合，下面简要介绍。

（1）仅复制备份（Copy-Only Backup）

独立于正常 SQL Server 备份序列的特殊用途备份。

（2）数据备份（Data Backup）

完整数据库的数据备份（数据库备份）、部分数据库的数据备份（部分备份）或一组数据文件或文件组的备份（文件备份）。

（3）数据库备份（Database Backup）

数据库的备份。完整数据库备份表示备份完成时的整个数据库。差异数据库备份只包含自最近完整备份以来对数据库所做的更改。

（4）差异备份（Differential Backup）

基于完整数据库或部分数据库以及一组数据文件或文件组的最新完整备份的数据备份（“差异基准”），仅包含自差异基准以来发生了更改的数据区。部分差异备份仅记录自上一次部分备份（称为“差异基准”）以来文件组中发生更改的数据区。

（5）完整备份（Full Backup）

一种数据备份，包含特定数据库或者一组特定的文件组或文件中的所有数据，以及可以恢复这些数据的足够的日志。

（6）日志备份（Log Backup）

包括以前日志备份中未备份的所有日志记录的事务日志备份，完整恢复模式。

（7）文件备份（File Backup）

一个或多个数据库文件或文件组的备份。

（8）部分备份（Partial Backup）

仅包含数据库中部分文件组的数据（包含主要文件组、每个读/写文件组以及任何可选指定的只读文件中的数据）。

6.4.2 恢复模式

恢复模式旨在控制事务日志维护，提供给用户选择。SQL Server 2016 有 3 种恢复模式：简单恢复模式、完全恢复模式和大容量日志恢复模式。通常，数据库使用完全恢复模式或简单恢复模式。

（1）简单恢复模式

简单恢复模式可以最大限度地减少事务日志的管理开销，因为它不备份事务日志。若数据库损坏，则简单恢复模式将面临极大的工作丢失风险。数据只能恢复到已丢失数据的最新备份。因此，在简单恢复模式下，备份间隔应尽可能短，以防止大量丢失数据。但是，间隔的长度应该足以避免备份开销影响生产工作。在备份策略中加入差异备份可有助于减少开销。

通常，对于用户数据库，简单恢复模式用于测试和开发数据库，或用于主要包含只读数据的数据库（如数据仓库）。简单恢复模式并不适合生产系统，因为对生产系统而言，丢失最新的更改是无法接受的，在这种情况下建议使用完全恢复模式。

（2）完全恢复模式和大容量日志恢复模式

相对于简单恢复模式而言，完全恢复模式和大容量日志恢复模式提供了更强的数据保护功能。这些恢复模式基于备份事务日志来提供完整的可恢复性及在最大范围的故障情形内防止丢失工作。

① 完全恢复模式

完全恢复模式需要日志备份。此模式完整记录所有事务，并将事务日志记录保留到对其备份完毕为止。如果能够在出现故障后备份日志尾部，就可以使用完全恢复模式将数据库恢复到故障点。完全恢复模式也支持还原单个数据页。

② 大容量日志恢复模式

大容量日志记录大多数大容量操作，它只用作完全恢复模式的附加模式。对于某些大规模大容量操作（如大容量导入或索引创建），暂时切换到大容量日志恢复模式可提高性能并减少日志空间使用量。与完全恢复模式相同，大容量日志恢复模式也将事务日志记录保留到对其备份完毕为止。

由于大容量日志恢复模式不支持时点恢复，因此必须在增大日志备份与增加工作丢失风险之间进行权衡。

6.4.3 备份数据库

为方便用户，SQL Server 2016 支持用户在数据库在线并且正在使用时进行备份。但是，存在下列限制：

（1）无法备份脱机数据。隐式或显式引用脱机数据的任何备份操作都会失败。通常，即使一个或多个数据文件不可用，日志备份也会成功。

若某个文件包含大容量日志恢复模式下所做的大容量日志更改，则所有文件都必须处于联机状态才能成功备份。

（2）备份过程中的并发限制。数据库仍在使用时，SQL Server 可以使用联机备份过程来备份数据库。在备份过程中，可以进行多个操作。例如，在执行备份操作期间允许使用 INSERT、UPDATE 或 DELETE 语句。但是，若在正在创建或删除数据库文件时尝试启动备份操作，则备份操作将等待，直到创建或删除操作完成或者备份超时。

如果备份操作与文件管理操作或收缩操作重叠，就会产生冲突。无论哪个冲突操作首先开始，第二个操作总会等待第一个操作设置的锁超时（超时期限由会话超时设置控制）。如果在超时期限内释放锁，第二个操作将继续执行。若锁超时，则第二个操作失败。

一般来说，在 SQL Server 2016 中可以通过 SQL Server Management Studio 工具实现备份，其主要操作流程如下：

步骤 01　右击要备份的数据库，选择【任务】|【备份】菜单项，如图 6.13 所示。

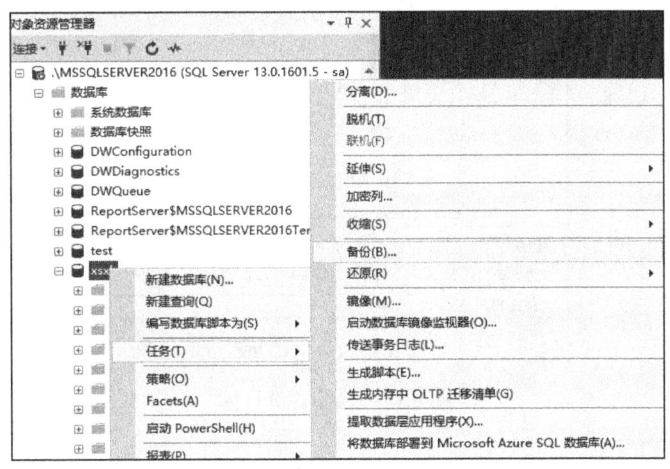

图 6.13　选择备份数据库

步骤 02　在打开的备份数据库对话框中，先单击【删除】按钮，然后单击【添加】按钮，如图 6.14 所示。

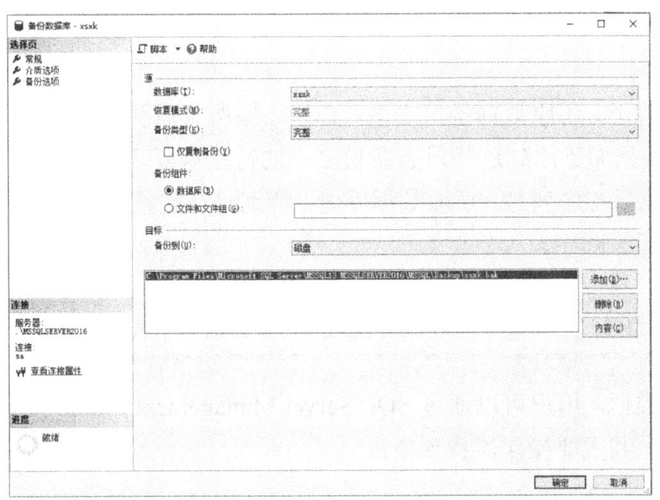

图 6.14　备份数据库

步骤03 在弹出的选择备份目标对话框中，选择好备份的路径。文件类型选择【备份文件】，【文件名】填写需要备份的数据库的名称，最好在备份的数据库的名称后面加上日期，以方便以后查找，之后连续单击【确定】按钮即可完成数据库的备份操作，如图 6.15 所示。

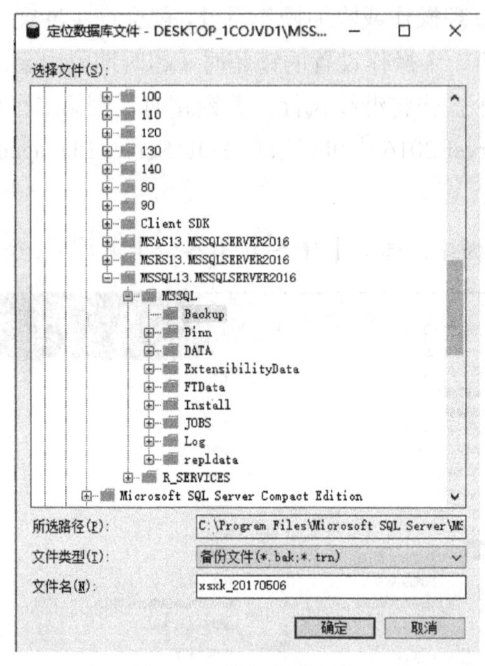

图 6.15 选择备份目标

6.4.4 恢复数据库

数据库完整还原的目的是还原整个数据库。整个数据库在还原期间处于脱机状态。在数据库的任何部分变为联机之前，必须将所有数据恢复到同一点，即数据库的所有部分都处于同一时间点并且不存在未提交的事务。在简单恢复模式下，数据库不能还原到特定备份中的特定时间点。

在完整恢复模式下，还原数据备份之后，必须还原所有后续的事务日志备份，然后恢复数据库。我们可以将数据库还原到这些日志备份之一的特定恢复点。恢复点可以是特定的日期和时间、标记的事务或日志序列号。还原数据库时，特别是在完整恢复模式或大容量日志恢复模式下，应使用一个还原顺序。

还原顺序由通过一个或多个还原阶段来移动数据的一个或多个还原操作组成。

与备份数据库类似，用户可以通过 SQL Server Management Studio 工具的对象资源管理器来实现恢复数据库，其主要操作流程如下：

步骤01 展开【数据库】。根据具体的数据库选择一个用户数据库，或展开【系统数据库】并选择一个系统数据库。右击【数据库】，单击【还原数据库】菜单，如图 6.16 所示。

步骤 02 在【常规】页上，使用【源】部分指定要还原的备份集的源和位置。在【目标】部分中，【数据库】文本框自动填充要还原的数据库的名称。若要更改数据库名称，可以在【数据库】（图 6.17 中记录的是最近一次备份的时间）文本框中输入新名称。在【还原到】框中，保留默认选项【至最近一次进行的备份】，或者单击【时间线】按钮访问【备份时间线】界面，以手动选择要停止恢复操作的时间点。

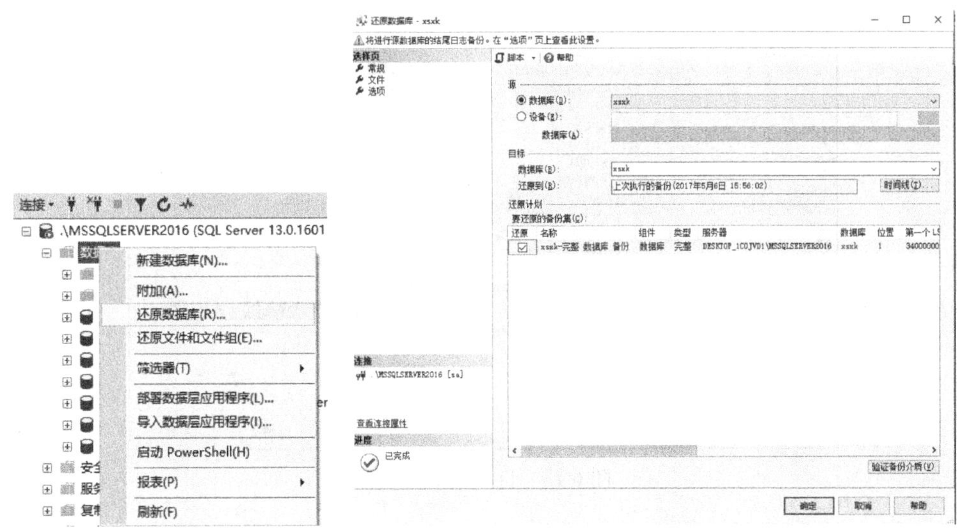

图 6.16　选择还原数据库　　　　图 6.17　还原数据库框图

6.5 收缩数据库和文件

当数据库随着使用时间而越来越大时，可以考虑对数据库进行收缩操作。收缩数据文件通过将数据页从文件末尾移动到更靠近文件开头的未占用的空间来恢复空间，在文件末尾创建足够的可用空间后，可以取消对文件末尾的数据页的分配并将它们返回给文件系统。

6.5.1 自动收缩数据库

SQL Server 2016 支持系统自动收缩数据库和用户手动收缩数据库这两种方式。为提高数据库的使用空间，SQL Server 2016 会寻找可用的数据库并找出第一个配置为自动收缩的数据库，它将检查该数据库，并在需要时收缩该数据库。

待一个数据库收缩完成后，系统会等待几分钟再检查下一个配置为自动收缩的数据库。换句话说，SQL Server 不会同时检查所有数据库，也不会同时收缩所有数据库。它将以循环方式处理各个数据库，以使负载在时间上错开。

如果用户需要 SQL Server 2016 系统自动对数据库进行收缩，只需为该数据库设置自动收

缩功能即可，其操作方式为：右击选择的数据库，选择【属性】|【选项】菜单项，在弹出的数据库属性界面中设置自动收缩为 True，如图 6.18 所示。

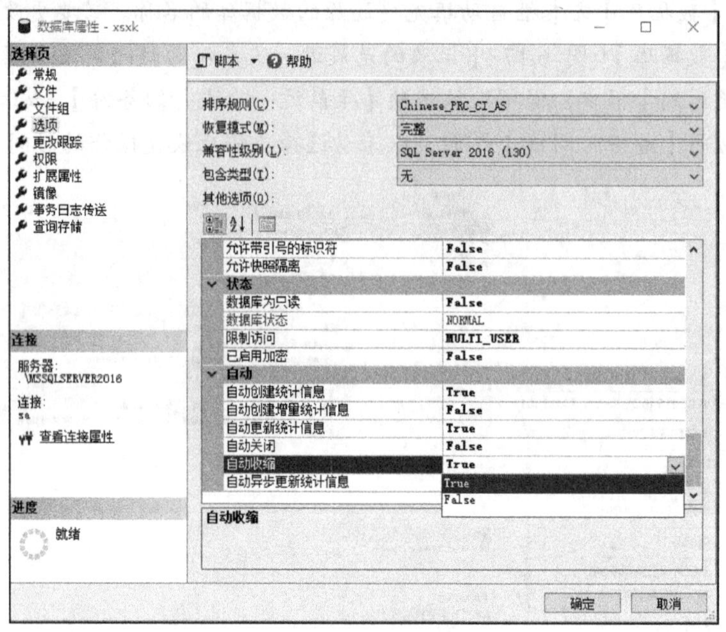

图 6.18　自动收缩数据库

6.5.2　手动收缩数据库

除了自动收缩外，用户也可以手动对指定的数据库进行收缩。但手动收缩数据库有一定的限制和局限，主要表现在如下几方面：

（1）收缩后的数据库不能小于数据库的最小大小。最小大小是在数据库最初创建时指定的大小，或者上一次使用文件大小更改操作（如 DBCC SHRINKFILE）设置的大小。例如，若数据库最初创建时的大小为 10MB，后来增长到 100 MB，则该数据库最小只能收缩到 10MB，即使已经删除数据库的所有数据也是如此。

（2）不能在备份数据库时收缩数据库。反之，也不能在数据库执行收缩操作时备份数据库。

（3）遇到内存优化的列存储索引时，DBCC SHRINKDATABASE 操作将会失败。遇到 columnstore 索引之前完成的工作将会成功，因此数据库可能会较小。若要完成 DBCC SHRINKDATABASE，则需要在执行 DBCC SHRINKDATABASE 前禁用所有列存储索引，然后重新生成列存储索引。

手动收缩数据库可以在 SQL Server Management Studio 工具的对象资源管理器中完成，其具体实现步骤如下：

步骤 01　在对象资源管理器中，连接到 SQL Server 数据库引擎的实例，然后展开该实例。

步骤 02　展开【数据库】，再右击要收缩的数据库。

步骤 03　指向【任务】|【收缩】，然后单击【数据库】菜单项，弹出如图 6.19 所示的收缩数据库界面。

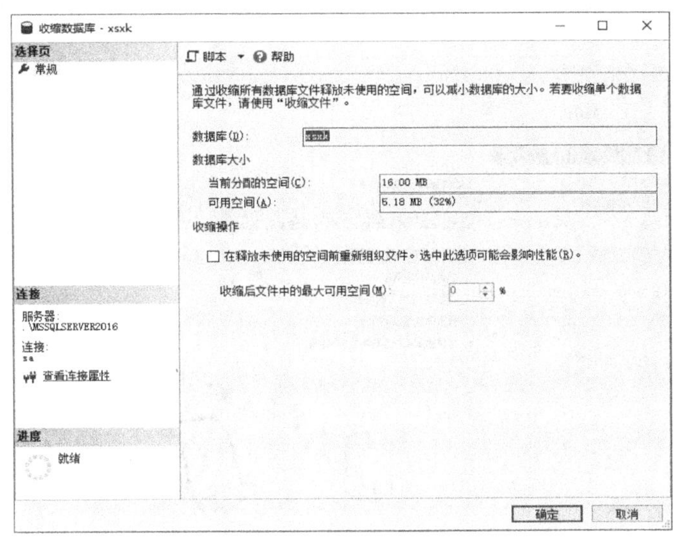

图 6.19　收缩数据库

在收缩数据库界面展示的是数据库 xsxk 的基本信息，如果需要进行收缩操作，需要首先选中【在释放未使用的空间前重新组织文件。选中此选项可能会影响性能(R)。】复选框，然后在【收缩后文件中的最大可用空间】中选择收缩后的空间。然后单击【确定】按钮即可。

6.6 生成与执行 SQL 脚本

本节主要讲解将数据库生成 SQL 脚本、将数据表生成 SQL 脚本及执行 SQL 脚本 3 方面的操作过程。

6.6.1 将数据库生成 SQL 脚本

使用对象资源管理器可以快速创建整个数据库的脚本，也可以使用默认选项创建单个数据库对象的脚本。用户可以在查询编辑器窗口中对文件或剪贴板创建脚本，脚本以 Unicode 格式创建。用户也可以创建用于创建或删除对象的脚本。有些对象类型具有其他脚本选项，如 ALTER、SELECT、INSERT、UPDATE、DELETE 和 EXECUTE 操作。

有时可能需要使用具有多个选项的脚本，如删除一个过程然后创建一个过程，或者创建一个表然后更改一个表。若要创建组合的脚本，可将第一个脚本保存到查询编辑器窗口中，并将第二个脚本保存到剪贴板上，这样就可以在窗口中将第二个脚本粘贴到第一个脚本之后。为某个对象编写脚本的步骤如下。

步骤 01 在对象资源管理器中，连接到 SQL Server 数据库引擎实例，然后展开该实例。

步骤 02 展开【数据库】，右击任意数据库，选择【任务】|【生成脚本】，然后按照生成脚本向导中的步骤进行操作，如图 6.20 所示。

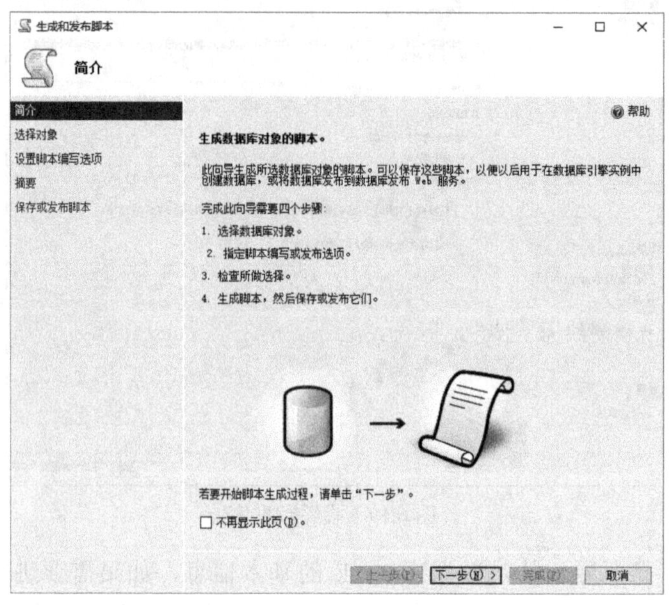

图 6.20　生成和发布脚本

步骤 03 设置脚本编写选项，如图 6.21 所示。

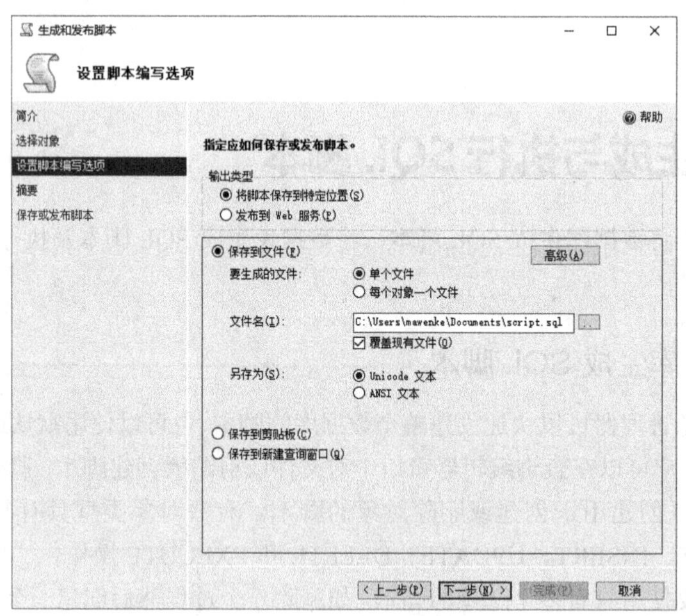

图 6.21　设置脚本编写选项

6.6.2　将数据表生成 SQL 脚本

SQL Server 同样也支持将数据表生成 SQL 脚本。在数据库中选择数据表并右击，选择【编写表脚本为】菜单项，有常用的 SQL 脚本，包括 CREATE、DROP、SELECT、INSERT、UPDATE 和 DELETE，并且可以将脚本直接生成到查询分析器、文件、剪贴板等，如图 6.22 所示。

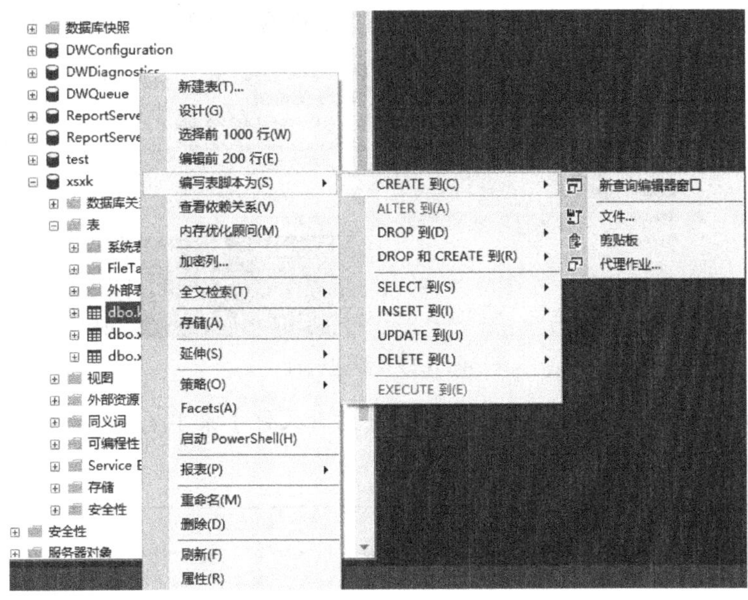

图 6.22　设置脚本编写选项

6.6.3　执行 SQL 脚本

SQL 脚本的执行一般需要在查询分析器中完成。查询分析器是一个图形化的数据库编程接口，是 SQL Server 客户端的重要组成部分。查询分析器以自由的文本格式编辑 SQL 代码，对语法中的保留字提供彩色显示，方便开发人员使用。

在 SQL Server 2016 中，查询分析器是一个功能非常强大的图形工具，可以进行以下操作：

（1）创建查询和其他 SQL 脚本，并针对 SQL Server 数据库执行它们。

（2）由预定义脚本快速创建常用数据库对象。

（3）快速复制现有数据库对象。

（4）在参数未知的情况下执行存储过程。

（5）调试存储过程。

（6）调试查询性能问题。

（7）在数据库内定位对象（对象搜索功能），或查看和使用对象。

（8）快速插入、更新或删除表中的行。

（9）为常用查询创建键盘快捷方式。

（10）向【工具】菜单添加常用命令。

以执行 SQL 脚本操作为例，使用查询分析器执行 SQL 脚本需要通过以下步骤来实现：

步骤 01 在菜单栏中，单击【文件】|【新建】|【数据库引擎查询】菜单项，如图 6.23 所示。

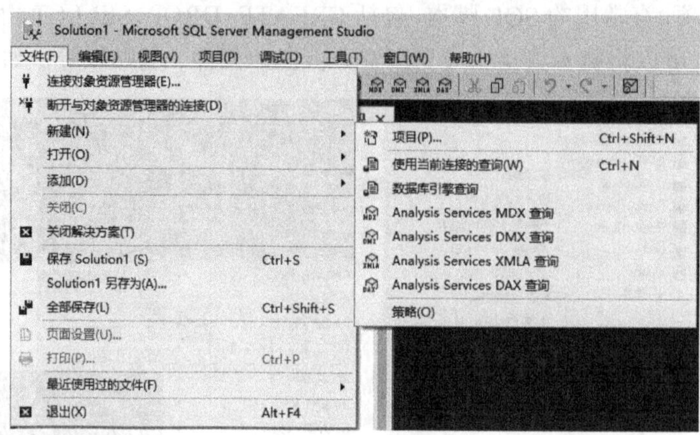

图 6.23 新建查询

步骤 02 在查询文件中执行 SQL 脚本，单击【打开文件】菜单项，选择需要执行的 SQL 脚本文件，如图 6.24 所示。

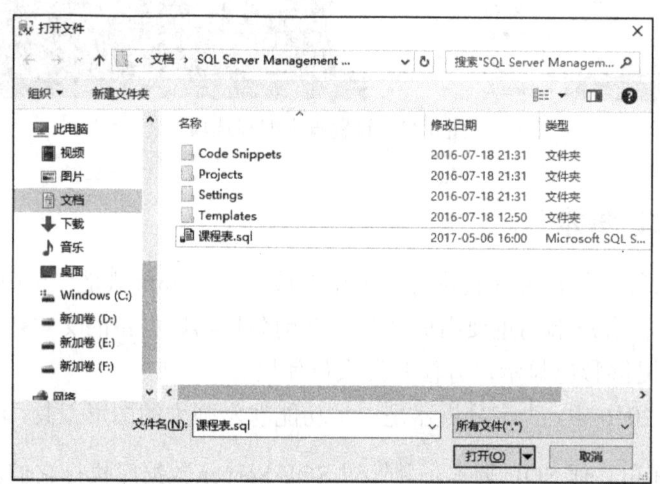

图 6.24 打开文件

步骤 03 执行 SQL 脚本，单击【执行】按钮或者按 F5 键，执行 SQL 脚本文件，如图 6.25 所示。

图 6.25 执行脚本

6.7 小结

数据库管理是数据库管理员和普通用户操作数据库的入门操作，需要重点掌握。该章主要介绍 SQL Server 2016 数据库的维护管理，包括脱机与联机数据库、分离和附加数据库、导入导出数据、备份和恢复数据库、收缩数据库和文件以及生成与执行 SQL 脚本。读者要特别注意这些操作的先决条件和限制。通过本章的学习，要能够对数据库和数据表有一个系统的维护概念，并能够实施维护策略。

6.8 经典习题与面试题

1. 将 User_Info 数据库分离后，再附加上。
2. 导出 User_Info 数据库中的记录，然后导入记录。
3. 对 User_Info 数据库进行备份操作。
4. 将 User_Info 数据库以及数据表生成 SQL 脚本。

第 7 章 SQL Server 2016系统维护

SQL Server 2016 是一个庞大的数据库系统，安装完成之后需要对数据库服务器做相应的设置来保证服务器能够正常安全地运行。很多读者安装完 SQL Server 2016 后，在使用过程中会遇到问题，为了更好地了解 SQL Server 2016，本章将介绍如何启动 SQL Server 服务、注册 SQL Server 服务器以及 SQL Server 数据库服务器的安全性设置。

本章重点内容：

- 了解启动 SQL Server 服务的多种方式
- 掌握注册 SQL Server 2016 的方法
- 了解数据库安全的相关概念
- 掌握 SQL Server 2016 安全策略

7.1 SQL Server 2016 维护须知

数据库的管理和维护主要是指为了使业务系统能够高效稳定地运行，对数据库系统进行可靠性、安全性、扩张性方面的设置。SQL Server 2016 数据库的管理和维护工作是一个复杂的过程，包含多种数据库的备份与恢复技术、服务器管理技术、高可用性技术等。通过使用规范、一致的数据库管理运维方案，能给系统带来以下优点：

- 减轻数据库管理人员（DBA）的工作复杂度，使他们可以很容易地从一个数据库系统的管理维护转移到新数据库系统的维护。
- 可以大幅加快数据库管理维护相关脚本或者设置的部署时间，尤其在维护庞大的数据库系统时。
- 可以有效地实现团队协作，在大规模的数据库系统环境中通常要有一个 DBA 团队进行数据库系统的管理维护，通过使用统一的标准，可以轻松实现协作工作。
- 可以有效地节省数据库系统排错时间，通过使用统一的数据库监控和恢复标准，可以迅速定位故障，并为处理错误节约时间，这在 24*7（24*7 表示不间断执行的数据库，即每周工作 7 天，每天工作 24 小时）的数据库系统中尤其有用。

7.2 启动 SQL Server 2016 服务

要使用 SQL Server 2016 数据库，首先要开启服务，如果服务不开启，即使安装了数据库软件也无法使用数据库，如图 7.1 所示。SQL Server 本身就是一个 Windows 服务，数据库中的每一个实例对应的就是一个 sqlserver.exe 进程，当启动的时候就调用这个可执行文件来开启数据库服务。本节将为读者介绍开启数据库服务的几种方法。

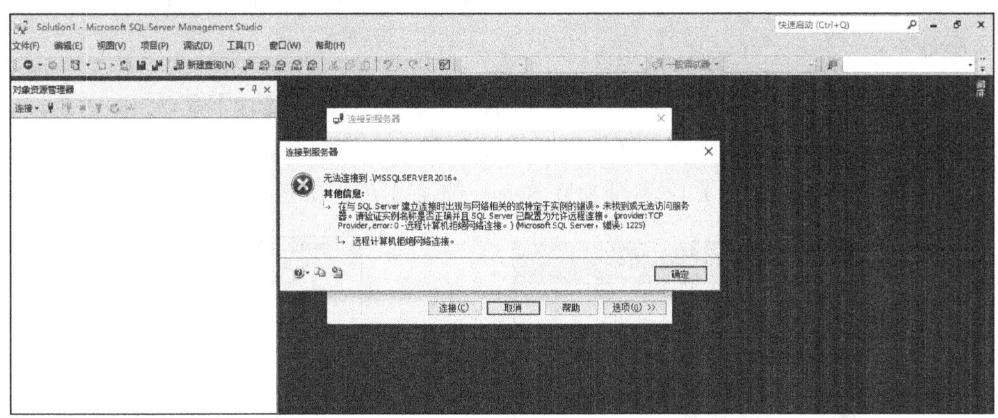

图 7.1　SQL Server 2016 启动失败

7.2.1　后台启动 SQL Server 2016

后台启动 SQL Server 服务是最常用也是最方便的一种方式，只需在 Windows 操作系统中找到【控制面板】|【服务】，在服务对话框找到名称为 SQL Server（MSSQLSERVER）的服务，右击，在弹出的快捷菜单中选择【启动】命令即可，如图 7.2 所示。

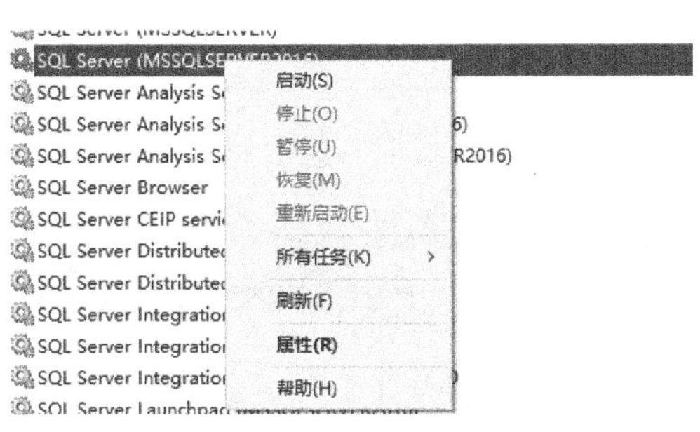

图 7.2　选择【启动】命令

执行【启动】命令后，SQL Server 服务被启用，可以使用 MS SQL Server 服务。读者还可以通过 cmd 命令行的方式来启动 MS SQL Server 的服务，操作步骤如下：

步骤 01　打开 CMD 命令行窗口。

步骤 02　在窗口中输入 net start mssqlserver 开启服务，如图 7.3 所示。

图 7.3　使用命令行启动服务

7.2.2　通过配置管理器启动 SQL Server 2016

除了通过服务方式启动外，SQL Server 2016 也支持通过配置管理器启动 SQL Server 服务，操作步骤如下：

步骤 01　右击【计算机】(【此电脑】)，在弹出的快捷菜单中选择【管理】命令，如图 7.4 所示。

步骤 02　在弹出的计算机资源管理器中找到【服务和应用程序】节点，展开后可以看到【SQL Server 配置管理器】，选择【SQL Server 服务】项，如图 7.5 所示。

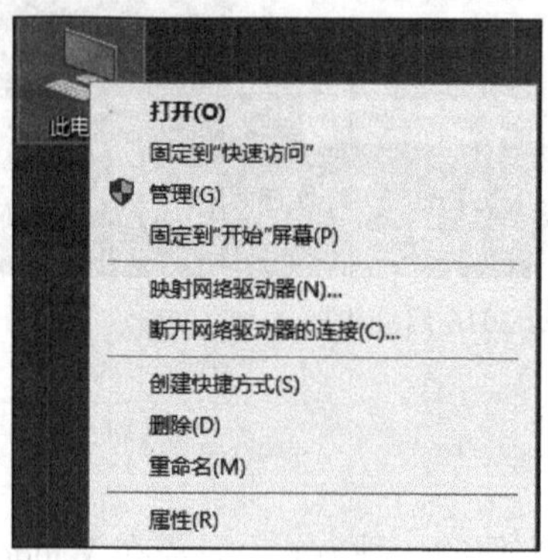

图 7.4　选择【管理】命令

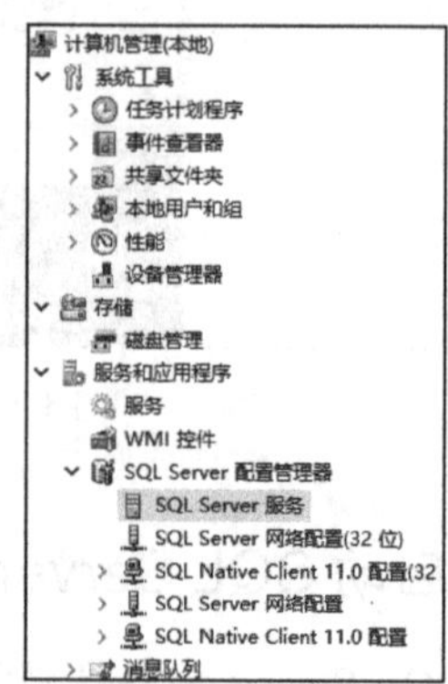

图 7.5　选择【SQL Server 服务】项

步骤 03　在右侧的服务列表中选择需要启动的 SQL Server 服务，右击，选择【启动】命令即可，如图 7.6 所示。

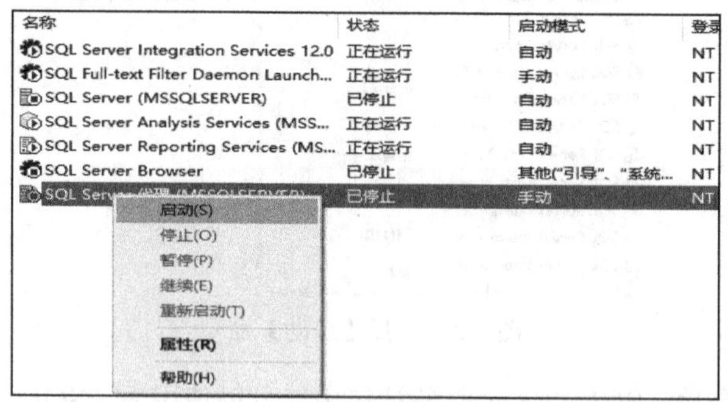

图 7.6　通过右击启动 SQL Server 服务

在正确安装 SQL Server 2016 后，默认状态下 SQL Server 服务是启动的，在一些特殊情况下，如使用了某些系统优化软件，为了释放内存会停止服务，这个时候才需要手动去开启。

7.3 注册 SQL Server 2016

SQL Server 2016 允许用户创建服务器组，将多个服务器放在组中进行统一的配置和管理。服务器组是一个逻辑上的概念，类似于将 QQ 中的好友进行分组。当服务器较多的时候，可以使用服务器组来进行组织管理。

7.3.1　服务器组的创建与删除

服务器组能够帮助用户更好地管理服务器，是 SQL Server 2016 的一个重要组件，创建服务器组的操作步骤如下：

步骤 01　进入资源管理器，选择【视图】|【已注册的服务器】命令，如图 7.7 所示。

步骤 02　单击后会在【对象资源管理器】上方出现一个【已注册的服务器】任务窗口，展开【数据库引擎】节点，在【本地服务器组】中右击，在弹出的快捷菜单中选择【新建服务器组】命令，如图 7.8 所示。

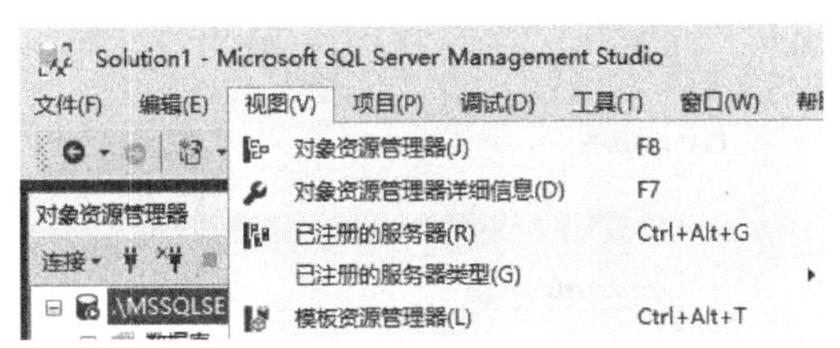

图 7.7　选择【已注册的服务器】命令

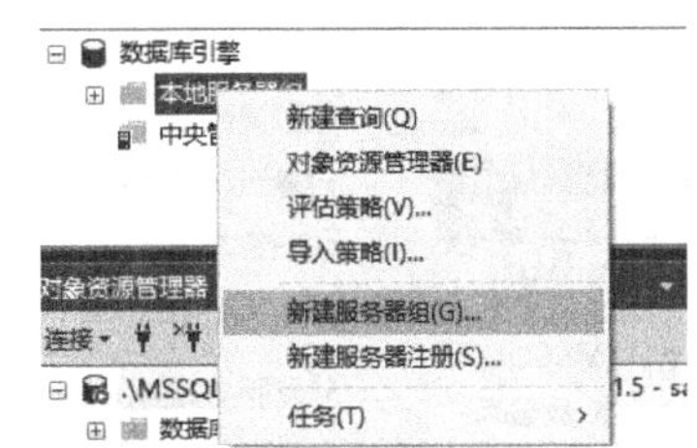

图 7.8　选择【新建服务器组】命令

步骤 03　单击后弹出【新建服务器组属性】对话框，在【组名】中输入新建组的名称，在【组说明】中可以对服务器组添加说明和备注信息，如图 7.9 所示。

步骤 04　单击【确定】按钮后，可以看到【本地服务器组】中多了一个刚才创建的 MyGroup 组，如图 7.10 所示。

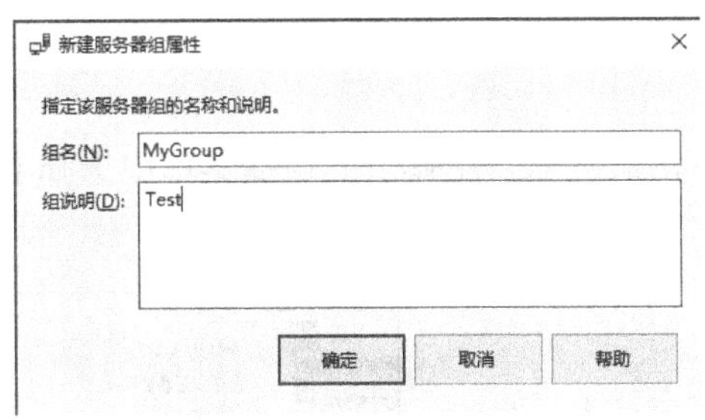

图 7.9　输入新建组属性

图 7.10　新建的 MyGroup 服务器组

在 SQL Server 2016 中可以创建多个服务器组，可以对建好的组进行添加服务器、删除服务器、删除组等操作，也可以在组中再创建子组。

7.3.2 服务器的注册与删除

在 SQL Server 2016 中可以注册多个数据库服务器，以供用户使用。下面介绍如何注册新的数据库服务器。

步骤 01 右击新建的服务器组【MyGroup】，在弹出的快捷菜单中选择【新建服务器注册】命令，如图 7.11 所示。

步骤 02 在弹出的【新建服务器注册】界面中的【服务器名称】文本框中输入新建服务器的名字，如果需要对服务器添加说明，可以在【已注册的服务器说明】中添加，如图 7.12 所示。

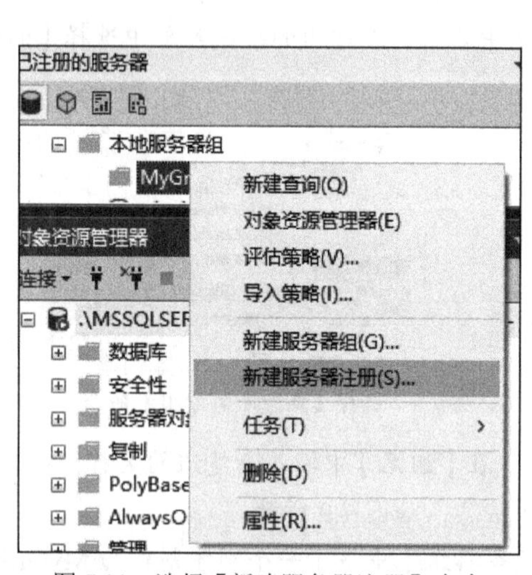

图 7.11 选择【新建服务器注册】命令

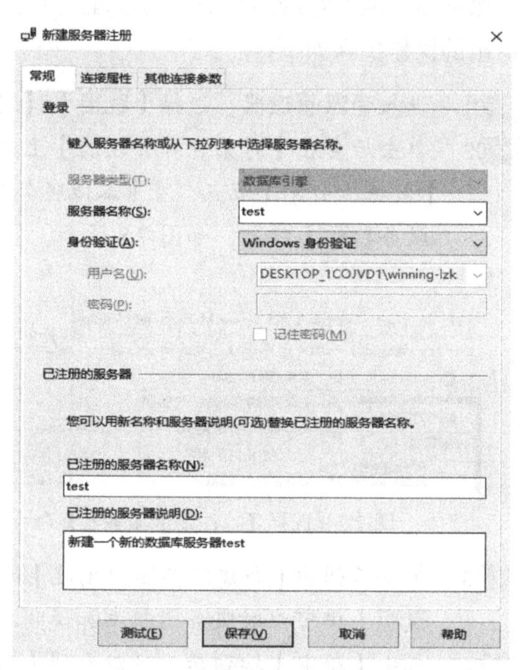

图 7.12 输入服务器的相关信息

步骤 03 单击【保存】按钮后，在 MyGroup 组中出现了一个新的数据库服务器 test，如图 7.13 所示。

如果需要删除不再使用的服务器，只需右击服务器，在弹出的快捷菜单中选择【删除】命令即可，如图 7.14 所示。

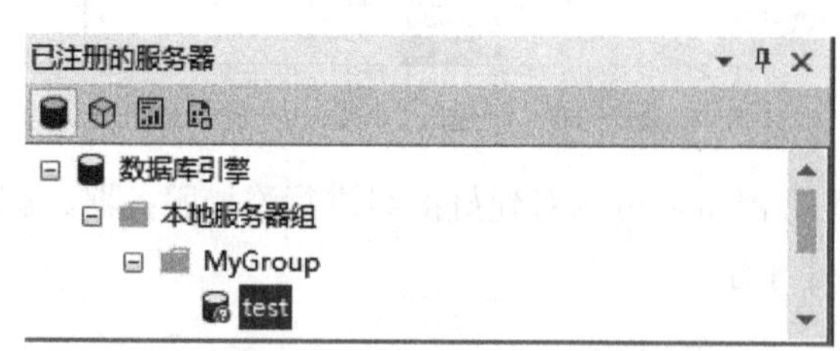

图 7.13 新建的数据库服务器 test

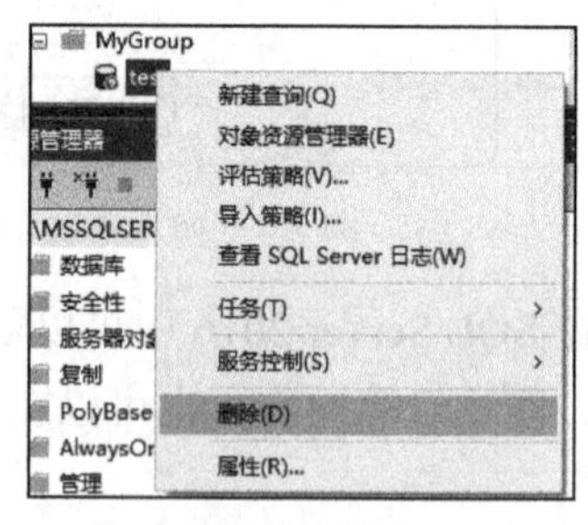

图 7.14 删除已注册的服务器 test

删除注册服务器后，在此服务器上的所有内容（包括数据表、查询、存储过程等）都会随着数据库服务器一起删除。

7.4　SQL Server 2016 数据库的安全设置

数据库服务器是所有应用的数据中转站，如果数据库服务器被恶意攻击，很有可能造成数据泄露、数据丢失、数据被恶意篡改等诸多无法挽回的损失。因此，对数据库进行安全性设置是每一个数据管理人员都应该掌握的知识。本节将从更改用户验证方式、设置权限、管理角色、密码策略等方面对数据库服务器进行设置。

7.4.1　更改登录用户验证方式

SQL Server 2016 登录模式分为“Windows 身份验证模式”和“SQL Server 和 Windows 身份验证模式”两种，若在安装 SQL Server 时选择的是“Windows 身份验证模式”，则 sa 登录账户被禁用；若想开启 sa 账户，则可以使用 ALTER LOGIN 语句。

sa 账户是 SQL Server 中一个广为人知的账户，也是经常被攻击的主要目标。若应用程序需要使用 sa 账户，则应在使用前为 sa 更换一个复杂的密码并按时更换密码，否则不推荐启用该账户。在 SQL Server 中更换登录用户验证方式的操作步骤如下：

步骤 01　在 SQL Server 对象资源管理器中，右击服务器，在弹出的快捷菜单中选择【属性】命令，如图 7.15 所示。

图 7.15　选择【属性】命令

步骤 02　在【安全性】页的【服务器身份验证】下选择新的服务器身份验证模式，再单击【确定】按钮，如图 7.16 所示。

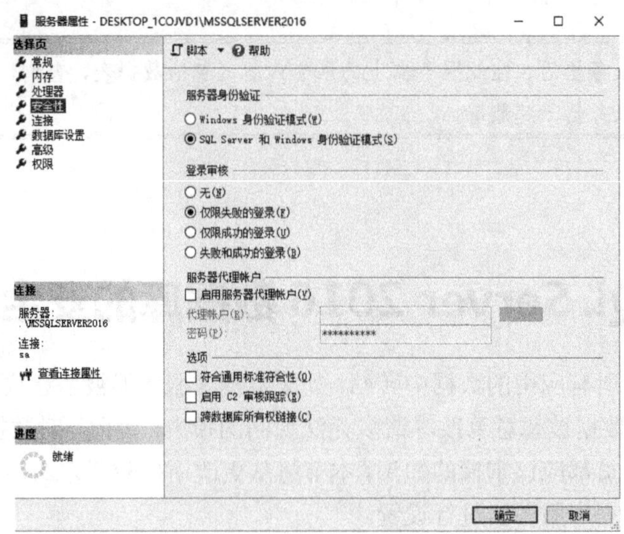

图 7.16　选择服务器身份验证方式

步骤 03　单击【确定】按钮后重启 SQL Server，新的验证方式被启用。

7.4.2　创建与删除登录用户

在 SQL Server 中可以创建多个登录用户来访问数据库服务器，SQL Server 可以对创建的登录用户做严格的设置来控制账户的访问权限、密码策略等。下面介绍如何在 SQL Server 2016 中创建新的登录用户。

步骤 01　在对象资源管理器中找到安全性节点，展开后右击【登录名】，在弹出的快捷菜单中选择【新建登录名】命令，如图 7.17 所示。

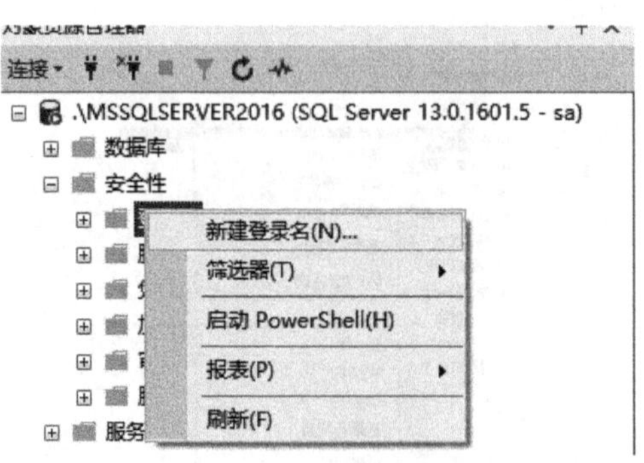

图 7.17　选择【新建登录名】命令

步骤 02　在弹出的【登录名-新建】对话框中选择【常规】页，首先输入新建账号的名字，接着选中【SQL Server 身份验证】，输入登录密码，如图 7.18 所示。

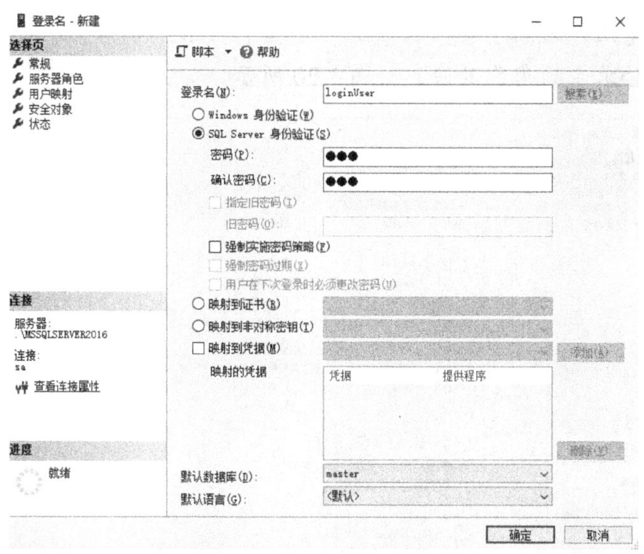

图 7.18　设置常规信息

如果用户在上述操作中选中了【强制实施密码策略】，系统就会对所设置密码的长度组合复杂度有一个强制性的要求，提高密码的安全性。

步骤 03　接着打开【服务器角色】页，对服务器角色用于向用户授予服务器范围内的安全特权方式进行设定，如图 7.19 所示。

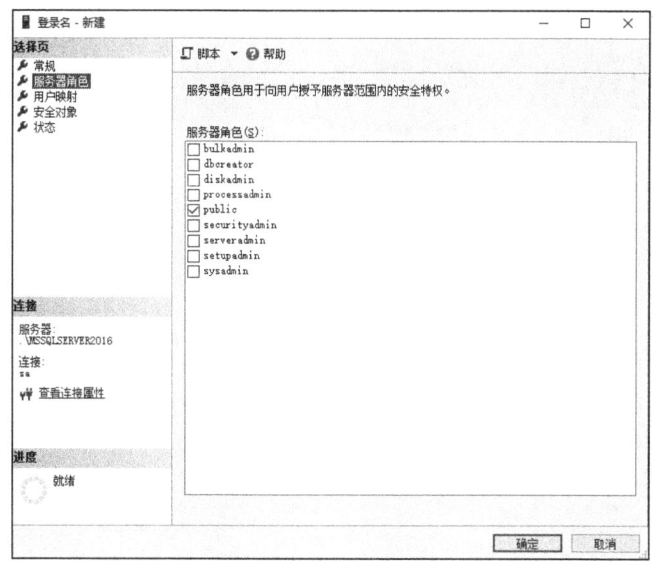

图 7.19　设置服务器角色

这里选中的是 public 特权，这是 SQL Server 中的一类默认角色，如果想让角色拥有服务器管理的最高权限，可以选择 sysadmin。

步骤 04　接着打开【用户映射】页，在右上部分选中此账户可以操作的数据库，在右下部分选中定义登录者的角色身份，如图 7.20 所示。

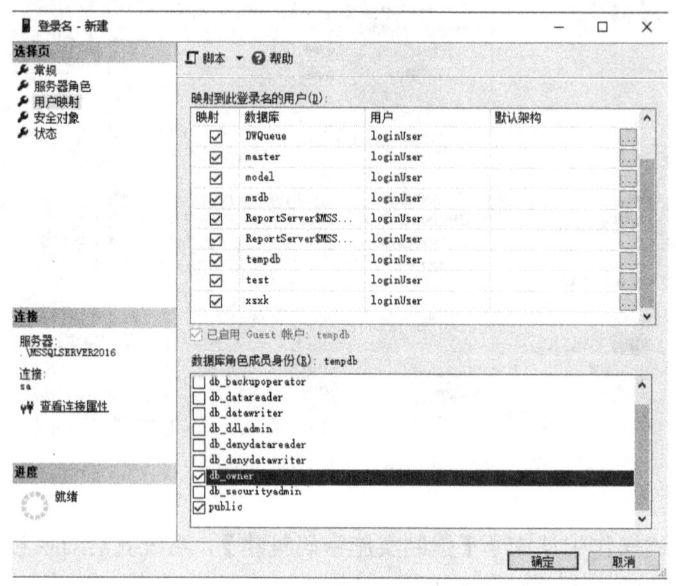

图 7.20　用户映射设置

步骤 05　最后选择【状态】页，在此页中选中授予允许连接到数据库引擎和已启用登录，如图 7.21 所示。

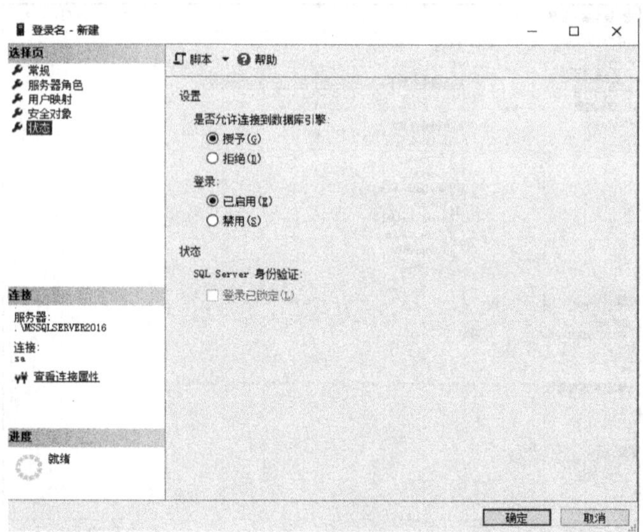

图 7.21　设置状态

步骤 06　设置完毕后单击【确定】按钮，新的登录账户创建完毕，可以在登录名节点下找到新建的登录账户 loginUser，如图 7.22 所示。

如果需要删除某个账户，只需右击登录名，在弹出的快捷菜单中选择【删除】命令即可，如图 7.23 所示。

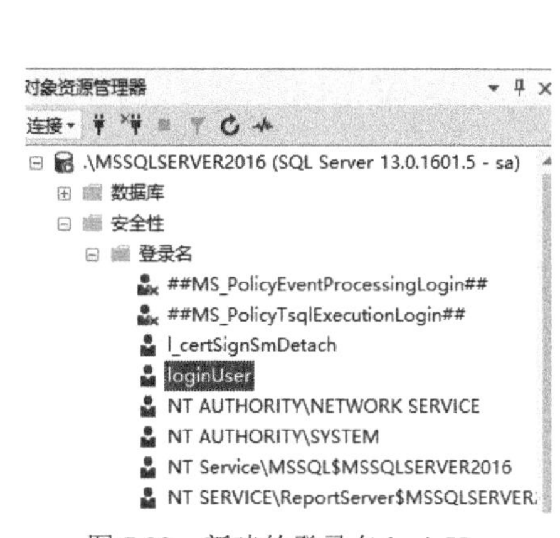

图 7.22 新建的登录名 loginUser

图 7.23 删除登录账户

7.4.3 创建与删除数据库用户

实际上，数据库用户是映射到登录账户上的。例如，用户需要查看刚才创建登录用户时创建的数据库用户，操作界面如图 7.24 所示。

在 SQL Server 2016 中可以为一个数据库创建多个数据库用户，创建数据库用户的操作步骤如下：

步骤 01 在数据库节点下找到【安全性】|【用户】，右击，在弹出的快捷菜单中选择【新建用户】命令，如图 7.25 所示。

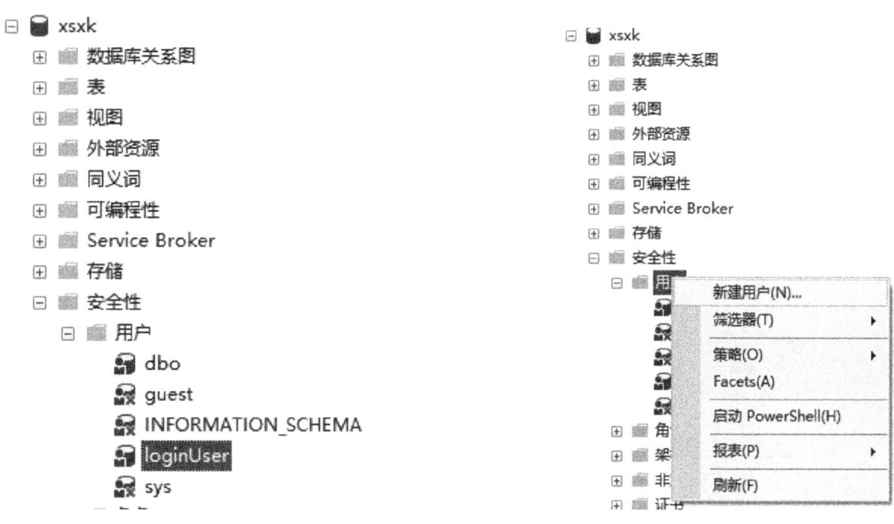

图 7.24 查看数据库用户　　图 7.25 选择【新建用户】命令

步骤 02 在弹出的对话框中选择【常规】页，在右侧的用户类型中选择【带登录名的 SQL 用户】，在下面的【用户名】和【登录名】中输入已注册的登录用户 loginTest，如图 7.26 所示。

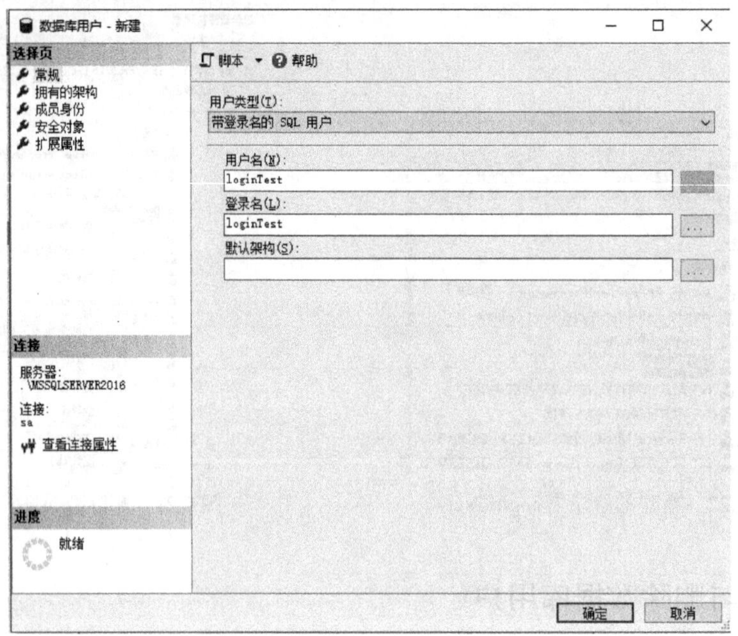

图 7.26　输入用户名和登录名

步骤 03　在【拥有的架构】页中选中 db_accessadmin，如图 7.27 所示。

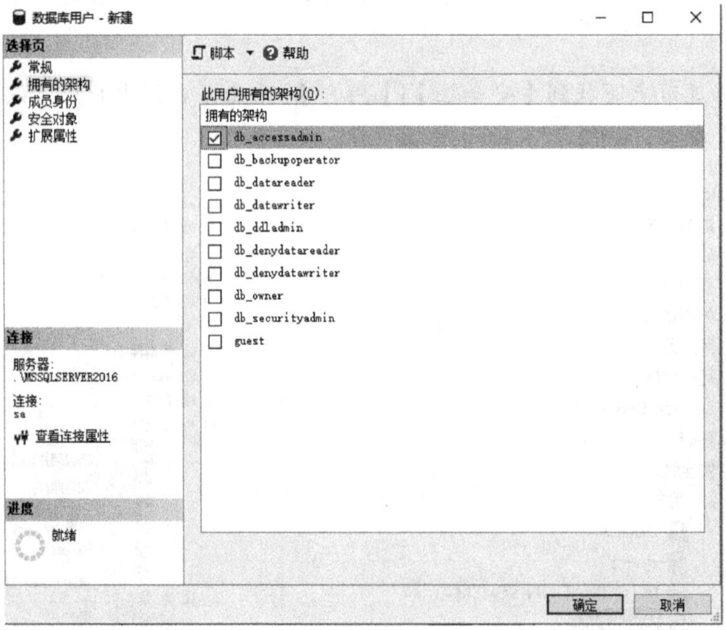

图 7.27　选择架构

步骤 04　在【成员身份】页中选中 db_accessadmin，如图 7.28 所示。

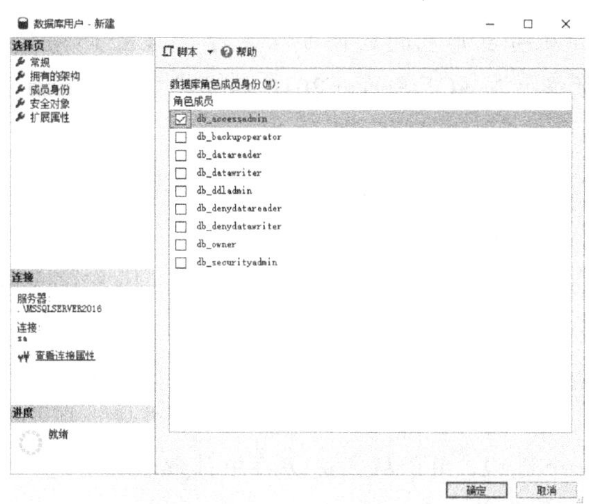

图 7.28　选择成员身份

单击【确定】按钮后完成数据库用户的添加。如果要删除数据库用户，只需右击用户名，选择【删除】命令即可。

除了使用用户资源管理器进行创建之外，用户还可以使用 T-SQL 语句 CREATE USER、CREATE LOGIN 语句来进行创建。

7.4.4　设置服务器角色权限

当几个用户需要在某个特定的数据库中执行类似的动作时（此处没有相应的 Windows 用户组），可以向该数据库中添加一个角色（role）。数据库角色指定了可以访问相同数据库对象的一组数据库用户。

固定服务器角色已经具备了执行指定操作的权限，可以把其他登录名作为成员添加到固定服务器角色中，这样该登录名就可以继承固定服务器角色的权限了。在 SQL Server 2016 中默认的服务器角色如图 7.29 所示。

图 7.29　服务器角色

这些角色有着不同的作用和权限，具体描述如下。

- bulkadmin：这个服务器角色的成员可以运行 BULK INSERT 语句。这条语句允许从文本文件中将数据导入 SQL Server 2016 数据库中，为需要执行大容量插入数据库的域账户而设计。
- dbcreator：这个服务器角色的成员可以创建、更改、删除和还原任何数据库。这既是适合助理 DBA 的角色，也可能是适合开发人员的角色。
- diskadmin：这个服务器角色用于管理磁盘文件，比如镜像数据库和添加备份设备。它适合助理 DBA。
- processadmin：SQL Server 2016 能够多任务化，也就是说可以通过执行多个进程做多个事件。例如，SQL Server 2016 可以生成一个进程，用于向高速缓存写数据，同时也可以生成另一个进程，用于从高速缓存中读取数据。这个角色的成员可以结束（在 SQL Server 2008 中称为删除）进程。
- securityadmin：这个服务器角色的成员将管理登录名及其属性。他们可以授权、拒绝和撤销服务器级权限，也可以授权、拒绝和撤销数据库级权限。另外，它们可以重置 SQL Server 2016 登录名的密码。
- serveradmin：这个服务器角色的成员可以更改服务器范围的配置选项和关闭服务器。例如，SQL Server 2016 可以使用多大内存或监视通过网络发送多少信息，或者关闭服务器，这个角色可以减轻管理员的一些管理负担。
- setupadmin：为需要管理链接服务器和控制启动的存储过程的用户而设计。这个角色的成员能添加到 setupadmin，能增加、删除和配置链接服务器，并能控制启动过程。
- sysadmin：这个服务器角色的成员有权在 SQL Server 2016 中执行任何任务。
- public:有两大特点，一是初始状态时没有权限，二是所有的数据库用户都是它的成员。

1. 查看角色属性

要查看服务器角色的属性，只需右击需要查看的角色名，在弹出的快捷菜单中选择【属性】命令即可（如查看 public 的属性），如图 7.30 所示。

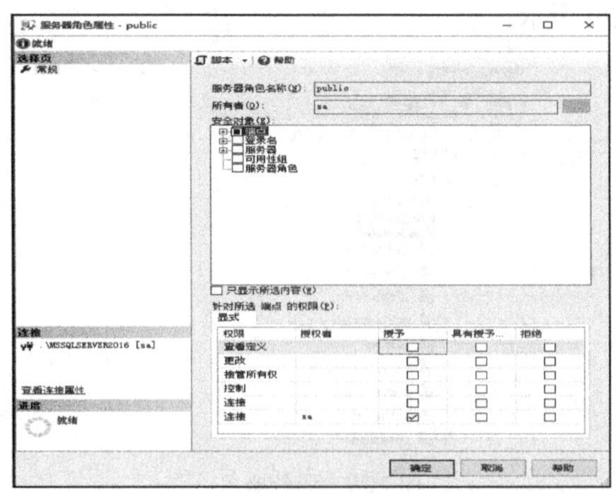

图 7.30　查看角色属性

2. 添加服务器角色的角色成员

在 SQL Server 2016 中默认有 9 种服务器成员，用户也可以根据自己的使用需求添加额外的服务器角色成员，并赋予其适当的权限。添加服务器角色成员的操作步骤如下。

步骤 01　右击【服务器角色】节点，在弹出的快捷菜单中选择【新服务器角色】命令，如图 7.31 所示。

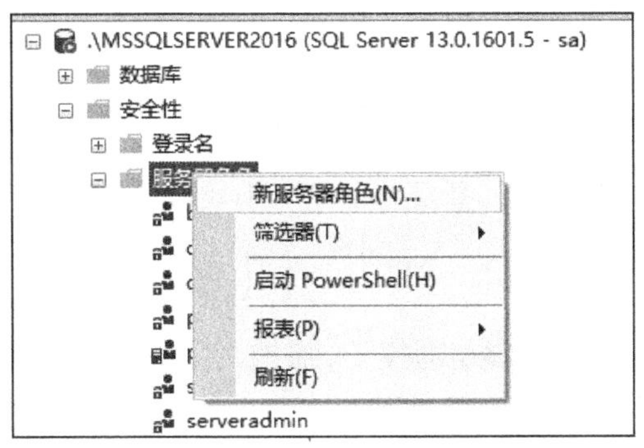

图 7.31　选择【新服务器角色】命令

步骤 02　在弹出的界面中可以依次对角色名、角色权限和成员身份等进行设置，如图 7.32 所示。

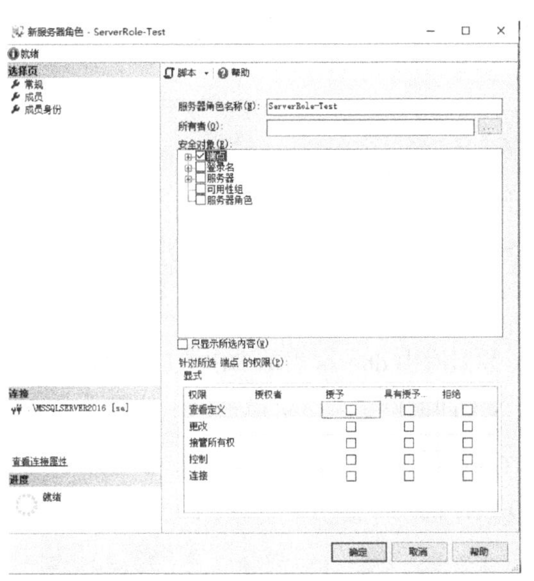

图 7.32　设置新建角色信息

步骤 03　新建的服务器角色可以在【服务器角色】节点下进行查看，如图 7.33 所示。

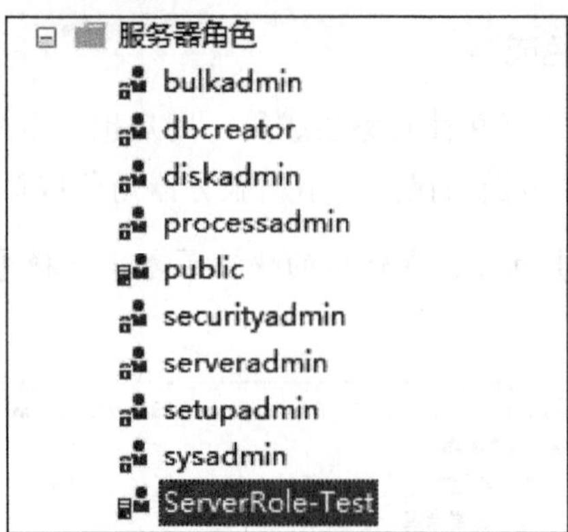

图 7.33　新建 ServerRole-Test 服务器角色

3. 操作权限

对角色权限的操作分为 3 种状态，即授予、撤销、拒绝，分别用 GRANT、REVOKE、DENY 语句来进行操作，授予权限基本语法格式如下：

```
GRANT
{ALL|statement[,..n] }
TO security_account[,..n]
```

【例 7.1】使用 GRANT 命令授予角色 ServerRole-Test 对 xsxk 数据库中 dbo.xs 表的 DELETE、INSERT、UPDATE 权限，输入语句如下：

```
USE xsxk
GO
GRANT DELETE, INSERT, UPDATE
ON dbo.xs
TO ServerRole-Test
GO
```

上述语句授予了 xsxk 数据库中 dbo.xs 表的 DELETE、INSERT、UPDATE 权限。对应地，撤销语法与授予类似，通过下面的例子来了解撤销权限的操作方法。

【例 7.2】使用 REVOKE 语句撤销角色 ServerRole-Test 对 xsxk 数据库中 dbo.xs 表的 DELETE、INSERT、UPDATE 权限，输入语句如下：

```
USE xsxk
GO
REVOKE  DELETE, INSERT, UPDATE
ON dbo.xs
FROM ServerRole-Test CASCADE
```

【例 7.3】在数据库 xsxk 的 xs 表中执行 INSERT 操作的权限授予了 public 角色，并拒绝用户 guest 拥有该权限，输入语句如下：

```
USE xsxk
GO
GRANT  INSERT
ON dbo.xs
TO public
GO
DENY  INSERT
ON dbo.xs
TO guest
```

将权限授予角色，而不是单独的登录名或用户。当某个用户由其他人取代时，可从角色中删除离开的用户，并向角色中添加新用户，与该角色关联的许多权限都将自动应用于新用户。

7.4.5 密码策略

在 Windows Server 2003 或更高版本中运行时，SQL Server 2016 可以使用 Windows 密码策略机制。SQL Server 2016 可以将在内部使用的密码应用在 Windows Server 2003 中，两者使用相同的复杂性策略和过期策略。此功能需要通过 NetValidatePasswordPolicy API 实现，该 API 只在 Windows Server 2003 和更高版本中提供。

1. 密码复杂性

密码复杂性策略通过增加可能密码的数量来阻止强力攻击。实施密码复杂性策略时，新密码必须符合密码不得包含全部或部分用户账户名的原则。部分账户名是指 3 个或 3 个以上两端用“空白”（空格、制表符、回车符等）或任何用以下字符分隔的连续字母数字字符：逗号（，）、句点（.）、连字符（-）、下划线（_）或数字符号（#）。密码的设置要注意：

- 密码长度至少为 8 个字符。
- 密码包含以下 4 类字符中的 3 类：拉丁文大写字母（A~Z）、拉丁文小写字母（a~z）、10 个基本数字（0~9）。
- 非字母数字字符，如感叹号（!）、美元符号（$）、数字符号（#）或百分号（%）。
- 密码最长可为 128 个字符。使用的密码应尽可能长、尽可能复杂。

2. 密码过期

密码过期策略用于管理密码的使用期限。若 SQL Server 2016 实施密码过期策略，则系统将提醒用户更改旧密码，并禁用带有过期密码的账户。

用户可为每个 SQL Server 登录名单独配置密码策略实施，通过使用 ALTER LOGIN（T-SQL）来配置 SQL Server 登录名的密码策略选项。配置密码策略实施时，适用以下规则。

（1）若 CHECK_POLICY 改为 ON，则将出现以下行为：

- 除非将 CHECK_EXPIRATION 显式地设置为 OFF，否则也会将其设置为 ON。
- 密码历史使用当前的密码哈希值初始化。

（2）若 CHECK_POLICY 改为 OFF，则将出现以下行为：

- CHECK_EXPIRATION 也设置为 OFF。
- 清除密码历史。
- lockout_time 的值被重置。

若指定 MUST_CHANGE，则 CHECK_EXPIRATION 和 CHECK_POLICY 必须设置为 ON；否则，该语句将失败。若 CHECK_POLICY 设置为 OFF，则 CHECK_EXPIRATION 不能设置为 ON，包含此选项组合的 ALTER LOGIN 语句将失败。

7.5 小结

本章主要对 SQL Server 2016 中关于数据库服务器的维护和管理进行了讲解，了解了 SQL Server 服务器启动的几种方式、服务组的创建、SQL Server 2016 中关于数据库的一些安全设置。SQL Server 2016 本身有很好的安全机制，用户在使用的时候应该注重安全性方面的设置，例如权限、密码策略。此外，本章还介绍了启动 SQL Server 服务、注册 SQL Server 服务器以及 SQL Server 数据库服务器的安全性设置。

7.6 经典习题与面试题

1. 查看 SQL Server 2016 服务状态。
2. 注册 SQL Server 2016。
3. 设置 SQL Server 2016 数据库的安全设置。

第 8 章

T-SQL 语言

T-SQL（简称 T-SQL）是 Microsoft 公司设计开发的一种结构化查询语言。其在关系数据库管理系统（Rational Database Management System，RDBMS）中实现数据的检索、操纵和添加功能，该语言在 SQL Server 中得到了实现。T-SQL 是 Microsoft 公司在关系型数据库管理系统 SQL Server 中的 SQL-3 标准的实现，是微软对 SQL 的扩展，具有 SQL 的主要特点，同时增加了变量、运算符、函数、流程控制和注释等语言元素，使得其功能更加强大。

本章重点内容：

- 了解 T-SQL 语言的组成、结构及常用语句
- 理解熟悉 T-SQL 语言的常量
- 理解熟悉 T-SQL 语言的变量
- 掌握 T-SQL 语言的流程控制语句
- 会使用 T-SQL 语言的一些常用命令

8.1 T-SQL 概述

T-SQL 对 SQL Server 十分重要，SQL Server 使用图形界面能够完成的所有功能都可以利用 T-SQL 来实现。使用 T-SQL 操作时，与 SQL Server 通信的所有应用程序都通过向服务器发送 T-SQL 语句来进行，而与应用程序的界面无关。简单地说，T-SQL 由多种应用程序生成，主要包括如下 9 个部分。

（1）通用办公生产应用程序。

（2）使用图形用户界面 GUI 的应用程序，使用户得以选择包含要查看的数据的表和列。

（3）使用通用语言语句确定用户所要查看数据的应用程序。

（4）将其数据存储于 SQL Server 数据库中的商用应用程序。这些应用程序既可以是来自其他厂商的应用程序，也可以是内部编写的应用程序。

（5）使用 osql 等实用工具运行的 T-SQL 脚本。

（6）由开发系统（如 Microsoft Visual C++、Microsoft Visual Basic 或 Microsoft Visual J++）

使用数据库应用程序接口（API，如 ADO、OLE DB 以及 ODBC）创建的应用程序。

（7）从 SQL Server 数据库提取数据的 Web 页。

（8）分布式数据库系统，在此系统中将数据从 SQL Server 复制到各个数据库或执行分布式查询。

（9）数据仓库，从联机事务处理（OLTP）系统中提取数据，以及对数据汇总以进行决策支持分析，均可在此仓库中进行。

8.1.1 T-SQL 语言的组成

T-SQL 作为一种过程型语言，其除了与数据库建立连接、处理数据外，还具有过程型语言的元素组成：批处理命令、标识符、系统函数、表达式、变量、数据类型、运算符、流程控制语句、注释、保留关键字等。下面简单介绍 T-SQL 支持的几种过程语言元素。

（1）注释

注释是程序代码中不执行的文本字符串（也称为注解）。在 SQL Server 中，可以使用两种类型的注释字符：一种是 ANSI 标准的注释符“--”，其用于单行注释；另一种是与 C 语言相同的程序注释符号，即“/* */”。

（2）变量

变量是一种语言中必不可少的组成部分。T-SQL 语言中有两种形式的变量，一种是用户自己定义的局部变量，局部变量是一个能够拥有特定数据类型的对象，其作用范围仅限制在程序内部。局部变量可以作为计数器来计算循环执行的次数，或者控制循环执行的次数。另外，利用局部变量还可以保存数据值，以供控制流语句测试以及保存由存储过程返回的数据值等，局部变量被引用时要在其名称前加上标志“@”，而且必须先用 DECLARE 命令定义后才可以使用。另一种是系统提供的全局变量，全局变量是 SQL Server 系统内部使用的变量，其作用范围并不仅仅局限于某一程序，而是任何程序均可以随时调用。全局变量通常存储一些 SQL Server 的配置设定值和统计数据。用户可以在程序中用全局变量来测试系统的设定值或者 T-SQL 命令执行后的状态值。

（3）运算符

运算符是一些符号，其能够用来执行算术运算、字符串连接、赋值以及在字段、常量和变量之间进行比较。在 SQL Server 中，运算符主要有六大类：算术运算符、赋值运算符、位运算符、比较运算符、逻辑运算符以及字符串串联运算符。

此外，流程控制语句也是 T-SQL 重要的组成部分之一，T-SQL 程序块都离不开流程控制，将在 8.4 节介绍 T-SQL 的流程控制。

8.1.2 T-SQL 语句结构

T-SQL 引用中的语法关系图使用如表 8.1 所示的规则。

表 8.1　T-SQL 语法规则

规范	规则用于
大写	T-SQL 关键字
斜体	T-SQL 语法中用户提供的参数
|（竖线）	分隔括号或大括号内的语法项目，只能选择一个项目
[ ]（方括号）	可选语法项目，不必键入方括号
{}（大括号）	必选语法项，不要键入大括号
[,...n]	表示前面的项可重复 n 次，每一项由逗号分隔
[...n]	表示前面的项可重复 n 次，每一项由空格分隔
加粗	数据库名、表名、列名、索引名、存储过程、实用工具、数据类型名以及必须按所显示的原样键入的文本
<标签>::=	语法块的名称，此规则用于对可在语句中的多个位置使用的过长语法或语法单元部分进行分组和标记，适合使用语法块的每个位置由括在尖括号内的标签表示：<标签>

8.1.3　T-SQL 语句

利用 T-SQL，用户可以创建数据库设备、数据库和其他数据对象，从数据库中提取数据、修改数据，也可以动态地改变 SQL Server 中的设置。因此，使用 T-SQL 大大地提高了应用程序的实用性。按照功能分类，SQL 语言主要包括：数据操作语句、数据定义语句和数据控制语句。

（1）数据操作语句（Data Manipulation Language，DML）：主要包括对数据库中数据的查询、插入、删除、修改操作。

（2）数据定义语句（Data Definition Language，DDL）：可用于定义所存放数据的结构和组织，以及数据项之间的关系，如表、视图、触发器和存储过程等。

（3）数据控制语句（Data Control Language，DCL）：主要包括数据的存储控制和完整性控制，以防止非法用户对数据的使用和破坏。

作为一种数据检索与集合操纵语言，T-SQL 是很优秀的。本小节根据 T-SQL 完成的具体功能列出了常用的 T-SQL 语句。

1. 数据定义语句（DDL）

数据定义语句用于执行数据库的任务，对数据库以及数据库中的各种对象进行创建、删除、修改等操作。DDL 包括的主要语句及功能如表 8.2 所示。

表 8.2　数据定义语句

语句	功能	说明
CREATE	创建数据库或数据库对象	不同数据库对象，CREATE 语句的语法形式不同
ALTER	修改数据库或数据库对象	不同数据库对象，ALTER 语句的语法形式不同
DROP	删除数据库或数据库对象	不同数据库对象，DROP 语句的语法形式不同

2. 数据操作语句（DML）

数据操作语句用于操纵数据库中各种对象、检索和修改数据。DML 包括的主要语句及功能如表 8.3 所示。

表 8.3 数据操作语句

语句	功能	说明
SELECT	从表或视图中检索数据	使用频繁的 SQL 语句之一
INSERT	将数据插入表或视图中	插入一条或多条
UPDATE	修改表或视图中的数据	修改表或视图的一行数据，或修改一组或全部数据
DELETE	从表或视图中删除数据	可根据条件删除指定的数据

3. 数据控制语句（DCL）

数据控制语句用于安全管理，确定哪些用户可以查看或修改数据库中的数据，DCL 包括的主要语句及功能如表 8.4 所示。

表 8.4 数据控制语句

语句	功能	说明
GRANT	授予权限	可把语句许可或对象许可的权限授予其他用户和角色
REVOKE	收回权限	与 GRANT 的功能相反，但不影响该用户或角色从其他角色中作为成员继承许可权限
DENY	收回权限，并禁止从其他角色继承许可权限	功能与 REVOKE 相似，不同之处：除收回权限外，还禁止从其他角色继承许可权限

8.2 常量

常量也称为文字值或标量值，是表示一个特定数据值的符号，常量在程序运行过程中是值不变的量，常量的格式取决于它所表示的值的数据类型。根据常量值的不同类型，T-SQL 的常量分为数字常量、字符串常量、日期和时间常量以及符号常量等。

8.2.1 数字常量

数字常量也就是数值型常量，其格式不需要任何其他的符号，只需要按照特定的数据类型进行赋值就可以。T-SQL 中的数字常量主要包括 bit 常量、integer 常量、decimal 常量、money 常量、float 和 real 常量。

（1）bit 常量

bit 常量使用数字 0 或 1 表示，并且不使用引号。如果使用一个大于 1 的数字，它将被转换为 1。

（2）integer 常量

integer 常量由没有用引号括起来且不含小数点的一串数字表示。integer 常量必须是整数，不能包含小数点，如 1894、2。

（3）decimal 常量

decimal 常量由没有用引号括起来且包含小数点的一串数字表示，如 1894.1204、2.0。

（4）float 和 real 常量

float 和 real 常量使用科学计数法表示，如 101.5E5、0.5E-2。

（5）money 常量

money 常量表示为以可选小数点和可选货币符号作为前缀的一串数字。这些常量不使用引号，如$12、$542023.14。

8.2.2　字符串常量

T-SQL 的字符串常量是括在单引号内并包含字母数字的字符（a~z、A~Z 和 0~9）以及特殊字符，如感叹号（!）、at 符（@）和数字号（#）。字符串常量分为 ASCII 字符串常量和 Unicode 字符串常量。

（1）ASCII 字符串常量：用单引号括起来，如‘China’‘How do you!’‘O’‘Bbaar’等。此外，空字符串用中间没有任何字符的两个单引号‘’表示。

（2）Unicode 字符串：格式与普通字符串相似，但它前面有一个 N 标识符（N 代表 SQL-92 标准中的国际语言（National Language）），N 前缀必须是大写字母。例如，'Michél'是字符串常量而 N'Michél'则是 Unicode 常量。Unicode 常量被解释为 Unicode 数据，并且不使用代码页进行计算。Unicode 常量确实有排序规则，主要用于控制比较和区分大小写。要为 Unicode 常量指派当前数据库的默认排序规则，除非使用 COLLATE 子句为其指定了排序规则。Unicode 数据中的每个字符都使用两个字节进行存储，而字符数据中的每个字符则都使用一个字节进行存储。

8.2.3　日期和时间常量

日期和时间常量是用单引号将表示日期时间的字符串括起来构成的。根据日期时间的不同表示格式，T-SQL 的日期时间常量可以有多种表示方式。

（1）字母日期格式：如'April 20, 2000'。

（2）数字日期格式：如'4/15/1998' '1998-04-15'。

（3）未分隔的字符串格式：如'20001207'。

（4）时间常量：如'14:30:24' '04:24:PM'。

（5）日期时间常量：如'April 20, 2000 14:30:24'。

日期和时间函数如表 8.5 所示，这些标量函数对日期和时间输入值执行操作，并返回一个字符串、数字值或日期和时间值。

表 8.5　日期和时间函数

函数	确定性
DATEADD	具有确定性
DATEDIFF	具有确定性
DATENAME	不具有确定性
DATEPART	除了用作 DATEPART (dw, date)外都具有确定性。dw 是工作日的日期部分，取决于由设置每周第一天的 SET DATEFIRST 所设置的值
DAY	具有确定性
GETDATE	不具有确定性
GETUTCDATE	不具有确定性
MONTH	具有确定性
YEAR	具有确定性

8.2.4　符号常量

uniqueidentifier 常量是表示全局唯一标识符（GUID）值的字符串，可以使用字符或二进制字符串格式指定。这两个示例指定相同的 GUID：

```
'6F9619FF-8B86-D011-B42D-00C04FC964FF'
0xff19966f868b11d0b42d00c04fc964ff。
```

8.3　变量

变量名是一个合法的标识符。T-SQL 语言包括两种形式的变量：用户自己定义的局部变量和系统提供的全局变量。

（1）常规标识符

以 ASCII 字母、Unicode 字母、下划线（_）、@或#开头，后续可跟一个或若干个 ASCII 字符、Unicode 字符、下划线（_）、美元符号（$）、@或#，但不能全为下划线（_）、@或#。

（2）分隔标识符

包含在双引号（"）或者方括号（[ ]）内的常规标识符或不符合常规标识符规则的标识符。

8.3.1　局部变量

局部变量是一个能够拥有特定数据类型的对象，它的作用范围仅限在程序内部。局部变量是用于保存特定类型的单个数据值的变量。在 T-SQL 语言中，局部变量必须先定义再使用。

1. 局部变量声明

在 T-SQL 语言中，用户可以使用 DECLARE 语句声明变量，包含局部变量。在声明变量时需要注意如下 3 个方面：

（1）为变量指定名称，且名称的第一个字符必须是@。
（2）指定该变量的数据类型和长度。
（3）默认情况下将该变量值设置为 NULL。

用户还可以在一个 DECLARE 语句中声明多个变量，多个变量之间使用逗号分开。语法格式如下：

```
DECLARE  { @local_variable data_type }  [ ,...n]
```

- @ local_variable 指定局部变量的名称。
- Data_type 设置局部变量的数据类型及大小。局部变量可以为除 text、ntext、image 类型以外的任何数据类型。
- 所有局部变量在声明后均初始化为 NULL，可以使用 SELECT 或 SET 设定相应的值。

【例 8.1】定义 3 个 varchar 类型变量和 1 个整型变量，定义可变长度字符型变量@name，长度为 8；可变长度的字符型变量@sex，长度为 2；小整型变量@age；可变长度的字符型变量@address，长度为 50。具体 SQL 语句内容如下：

```
DECLARE @name varchar(8),@sex varchar (2),@age smallint
DECLARE @address varchar(50)
```

2. 局部变量赋值

使用 SET 语句为变量赋值，并使用 SELECT 语句选择列表中当前所引用的值来为变量赋值。语法格式如下：

```
SET  @local_variable=expression
SELECT {@local_variable=expression} [,…n]
```

- SELECT 语句通常用于将单个值返回到变量中，若有多个值，则将返回的最后一个值赋给变量。
- 若无返回行，则变量将保留当前值。
- 若 expression 不返回值，则变量设为 NULL。
- 一个 SELECT 语句可以初始化多个局部变量。

3. 变量显示

使用 PRINT 语句显示变量值，语法格式如下：

```
PRINT  @local_variable
```

此外，SELECT 语句也可用于局部变量的查看，格式如下：

```
SELECT  @local_variable
```

【例 8.2】创建一个局部变量，并赋一个任意字符串作为局部变量的值，具体 SQL 语句内容如下：

```
DECLARE @char_var char(20)
SET @char_var='James Green'
SELECT @char_var  AS  'char_var的变量值为'
```

【运行效果】执行上面的 SQL 语句，其结果如图 8.1 所示。

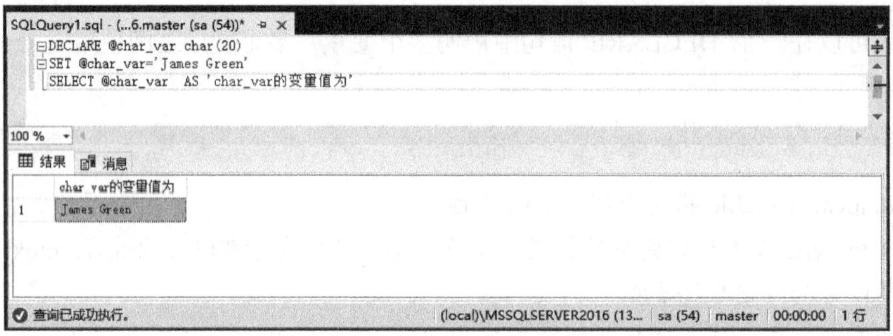

图 8.1　运行结果

【例 8.3】交换 a、b 两个字符型变量的值，具体 SQL 语句内容如下：

```
DECLARE @a char(3),@b char(3)          --声明@a、@b 两个变量
DECLARE @c char(3)                     --在交换过程中使用到的中间变量@c
SET @a='YES'                           --为变量@a 赋值
SET @b='NO'                            --为变量@b 赋值
PRINT '交换前：@a='+@a+'  @b='+@b
SET @c=@a                              --交换@a 和@b 的值
SET @a=@b
SET @b=@c
PRINT '交换后：@a='+@a+'  @b='+@b
```

【运行效果】执行上面的 SQL 语句，其结果如图 8.2 所示。

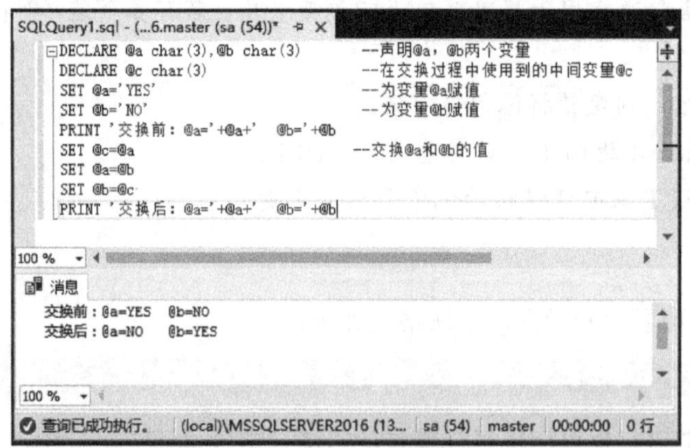

图 8.2　交换变量

8.3.2 全局变量

全局变量由系统提供且预先声明，是 SQL Server 系统内部使用的变量，其作用范围并不仅限于某一程序，而是任何程序均可以随时调用，通常存储 SQL Server 的配置设定值和统计数据。

全局变量是由系统定义和维护的变量，是用于记录服务器活动状态的一组数据。全局变量名由@@符号开始。用户不能建立全局变量，也不可能使用 SET 语句去修改全局变量的值。用户可以在程序中用全局变量来测试系统的设定值或者 T-SQL 命令执行后的状态值。全局变量的查看语句同局部变量：SELECT @@variable。

1. 全局变量注意事项

使用全局变量时应该注意：

（1）全局变量不是由用户的程序定义的，而是在服务器级定义的。

（2）用户只能使用预先定义的全局变量。

（3）引用全局变量时，必须以标记符“@@”开头。

（4）局部变量的名称不能与全局变量的名称相同，否则会在应用程序中出现不可预测的结果。

2. 常用的全局变量

SQL Server 支持的全局变量主要包括以下 6 个。

（1）@@CONNECTIONS：返回自最近一次启动 SQL Server 以来连接或试图连接的次数。

（2）@@ERROR：返回最后执行 SQL 语句的错误代码。

（3）@@ROWCOUNT：返回上一次语句影响的数据行的行数。

（4）@@SERVERNAME：返回运行 SQL Server 的本地服务器的名称。

（5）@@VERSION：返回 SQL Server 当前安装的日期、版本和处理器类型。

（6）@@LANGUAGE：返回当前 SQL Server 服务器的语言。

8.3.3 注释符

注释是程序代码中不执行的文本字符串，用于对代码进行说明或暂时仅用正在进行诊断的部分语句。在 Microsoft SQL Server 系统中支持两种注释方式，即双连字符（--）注释方式和正斜杠星号字符对（/*…*/）注释方式。

（1）双连字符（--）注释方式主要用于在一行中对代码进行解释和描述。

（2）在正斜杠星号字符对(/*…*/)注释方式中，既可以用于多行注释，又可以与执行的代码处在同一行，甚至还可以在可执行代码的内部。

（3）双连字符（--）注释和正斜杠星号字符对（/*…*/）注释都没有注释长度的限制。一般地，行内注释采用双连字符，多行注释采用正斜杠星号字符对。

8.3.4 运算符

运算符是一种符号，用来指定要在一个或多个表达式中执行的操作。SQL Server 使用的运算符有：算术运算符、赋值运算符、按位运算符、比较运算符、逻辑运算符、字符串串联运算符、一元运算符。

1. 算术运算符

算术运算符在两个表达式上执行数学运算，这两个表达式可以是数字数据类型分类的任何数据类型。算术运算符如表 8.6 所示。

表 8.6 算术运算符

运算符	含义
+（加）	加法
-（减）	减法
*（乘）	乘法
/（除）	除法
%（模）	返回一个除法的整数余数 例如，12 % 5 = 2，这是因为 12 除以 5 的余数为 2

加（+）和减（-）运算符也可用于对 datetime 及 smalldatetime 值执行算术运算。

2. 赋值运算符

T-SQL 语言有一个赋值运算符，即等号（=）。在下面的示例中创建了@MyCounter 变量，然后赋值运算符将@MyCounter 设置成一个由表达式返回的值。

```
DECLARE @MyCounter INT
SET @MyCounter = 1
```

用户也可以使用赋值运算符在列标题和为列定义值的表达式之间建立关系。下面的示例显示名为 FirstColumnHeading 和 SecondColumnHeading 的两个列标题。在 FirstColumnHeading 列标题中为所有的行都显示字符串 xyz。然后，在 SecondColumnHeading 列标题中列出来自 Products 表的每个产品 ID。

```
USE Northwind
GO
SELECT FirstColumnHeading = 'xyz',
      SecondColumnHeading = ProductID
FROM Products
GO
```

3. 按位运算符

按位运算符在两个表达式之间执行位操作，这两个表达式可以为整型数据类型分类中的任何数据类型。按位运算符如表 8.7 所示。

表 8.7　位运算符

运算符	含义
&（按位 AND）	按位 AND（两个操作数）
|（按位 OR）	按位 OR（两个操作数）
^（按位互斥 OR）	按位互斥 OR（两个操作数）

位运算符的操作数可以是整型或二进制字符串数据类型分类中的任何数据类型（但 image 数据类型除外）。此外，两个操作数不能同时是二进制字符串数据类型分类中的某种数据类型。表 8.8 显示所支持的操作数数据类型。

表 8.8　位运算符的操作数类型

左边操作数	右边操作数
binary	int、smallint 或 tinyint
bit	int、smallint、tinyint 或 bit
int	int、smallint、tinyint、binary 或 varbinary
smallint	int、smallint、tinyint、binary 或 varbinary
tinyint	int、smallint、tinyint、binary 或 varbinary
varbinary	int、smallint 或 tinyint

4. 比较运算符

比较运算符是 SQL 中常见的一类运算符，WHERE 子句后的大部分条件语句是由表达式和比较运算符组成的，其格式如下：

```
<表达式>比较运算符<表达式>
```

SQL 中常见的比较运算符如表 8.9 所示。

表 8.9　比较运算符

运算符	说明	应用举例
=	等于	Sno='990001'
<>	不等于	Sname<>'张三'
>	大于	a>b
<	小于	a<b
>=	大于等于	a>=b
<=	小于等于	a<=b

（1）比较运算符的结果有布尔数据类型，它有 3 种值：TRUE、FALSE 及 UNKNOWN。那些返回布尔数据类型的表达式被称为布尔表达式。

（2）与其他 SQL Server 数据类型不同，不能将布尔数据类型指定为表列或变量的数据类型，也不能在结果集中返回布尔数据类型。

（3）当 SET ANSI_NULLS 为 ON 时，带有一个或两个 NULL 表达式的运算符返回 UNKNOWN。当 SET ANSI_NULLS 为 OFF 时，上述规则同样适用，只不过如果两个表达式都为 NULL，那么等号运算符返回 TRUE。例如，如果 SET ANSI_NULLS 是 OFF，那么 NULL = NULL 就返回 TRUE。

在 WHERE 子句中使用带有布尔数据类型的表达式可以筛选出符合搜索条件的行，也可以在流控制语句（例如 IF 和 WHILE）中使用这种表达式，例如：

```
USE Northwind
GO
DECLARE @MyProduct int
SET @MyProduct = 10
IF (@MyProduct <> 0)
   SELECT *
   FROM Products
   WHERE ProductID = @MyProduct
GO
```

5. 字符串串联运算符

字符串串联运算符允许通过加号（+）进行字符串串联，这个加号也被称为字符串串联运算符。其他所有的字符串操作都可以通过字符串函数（例如 SUBSTRING）进行处理。

默认情况下，对于 varchar 数据类型的数据，在 INSERT 或赋值语句中，将空的字符串解释为空字符串。在串联 varchar、char 或 text 数据类型的数据中，空的字符串被解释为空字符串。例如，将'abc' + '' + 'def'存储为'abcdef'。

6. 一元运算符

一元运算符只对一个表达式执行操作，这个表达式可以是数字数据类型分类中的任何一种数据类型。+（正）和-（负）运算符可以用于数字数据类型分类的任何数据类型的表达式。~（按位 NOT）运算符只可以用于整型数据类型分类的任何数据类型的表达式。一元运算符如表 8.10 所示。

表 8.10　一元运算符

运算符	含义
+（正）	数值为正
-（负）	数值为负
~（按位 NOT）	返回数字的补数

7. 运算符优先级

当一个复杂的表达式有多个运算符时，运算符优先性决定执行运算的先后次序。执行的顺序为从上而下、从左到右。运算符优先级如表 8.11 所示。

表 8.11　运算符优先级

类型	运算符
一元运算	+（正）、-（负）、~（按位 NOT）
乘除模	*（乘）、/（除）、%（模）
加减串联	+（加）、（+串联）、-（减）
比较运算	=, >, <, >=, <=,<>
位运算	^（位异或）、&（位与）、|（位或）
逻辑非	NOT
逻辑与	AND
逻辑或等	ALL、ANY、BETWEEN、IN、LIKE、OR、SOME
赋值	=

8.3.5　通配符

在 SQL 中，字符串数据类型之间的比较通常使用 LIKE 关键字，而 LIKE 通常与通配符一起使用，可大大提高其使用效率。通配符是指字符串数据类型中可用于替代其他任意字符的字符。在 SQL 中，常用的通配符有：“_”“%”“[ ]”和“[^]”四种，其作用和说明如表 8.12 所示。

表 8.12　数据定义语句

通配符	描述	示例
%	包含零个或更多字符的任意字符串	WHERE title LIKE '%computer%' 将查找处于书名任意位置的包含单词 computer 的所有书名
_（下划线）	任何单个字符	WHERE au_fname LIKE '_ean' 将查找以 ean 结尾的所有 4 个字母的名字（Dean、Sean 等）
[ ]	指定范围（[a~f]）或集合（[abcdef]）中的任何单个字符	WHERE au_lname LIKE '[C-P]arsen' 将查找以 arsen 结尾且以介于 C 与 P 之间的任何单个字符开始的作者姓氏，例如 Carsen、Larsen、Karsen 等
[^]	不属于指定范围（[a-f]）或集合（[abcdef]）的任何单个字符	WHERE au_lname LIKE 'de[^l]%' 将查找以 de 开始且其后的字母不为 1 的所有作者的姓氏

例如，从表 test1 中取出所有姓“张”的学生信息。此处就可使用通配符“%”，其 SQL 语句如下：

```
SELECT * FROM test1 WHERE SNAME LIKE '张%'
```

由于此处不能确定姓张的同学的名字是一个字还是两个字，因此不能使用通配符“_”，“_”只能对一个字符进行匹配。

事实上，在 SQL 中，使用最频繁的通配符是“%”和“_”。其中，前者可代替后者的使用，但是在确定需匹配的字符为一个的情况下，应选择用“_”，因为通配符“_”的执行效率要高于通配符“%”。

8.4 流程控制

T-SQL 的流程控制命令与常见的程序设计语言类似，主要有条件、循环、等待等几种控制命令。表 8.13 显示 T-SQL 控制流关键字。

表 8.13 流程控制关键字

关键字	描述
BEGIN...END	定义语句块
BREAK	退出最内层的 WHILE 循环
CONTINUE	重新开始 WHILE 循环
GOTO label	从 label 所定义的 label 之后的语句处继续进行处理
IF...ELSE	定义条件以及当一个条件为 FALSE 时的操作
RETURN	无条件退出
WAITFOR	为语句的执行设置延迟
WHILE	当特定条件为 TRUE 时重复语句

8.4.1 BEGIN...END 块语句

BEGIN...END 用来设定一个程序块，将在 BEGIN...END 内的所有程序视为一个单元执行。BEGIN...END 经常在条件语句（如 IF...ELSE）中使用。在 BEGIN...END 中可嵌套另外的 BEGIN...END 来定义另一程序块。其语法如下：

```
BEGIN
    {
        sql_statement
        | statement_block
    }
END
```

{ sql_statement | statement_block }是任何有效的 T-SQL 语句或以语句块定义的语句分组。

BEGIN...END 语句块允许嵌套。虽然所有的 T-SQL 语句在 BEGIN...END 块内都有效，但有些 T-SQL 语句不应组合在同一个批处理（语句块）中。

8.4.2　IF 单分支语句

IF 单分支语句是用来判定所给定的条件是否满足的，根据判定的结果（真或假）决定执行给出的两种操作之一。其执行流程如图 8.3 所示。

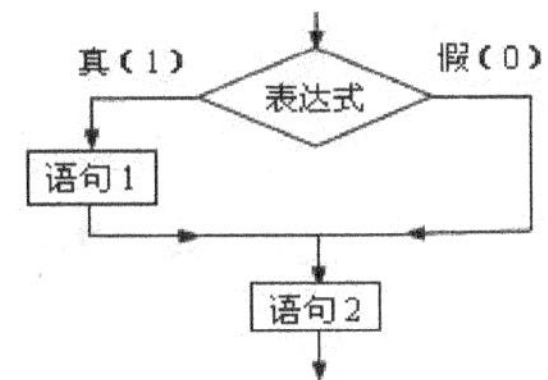

图 8.3　IF 单分支语句执行流程

语法形式如下：

```
IF Boolean_expression
    {sql_ststement | statement_block}
```

（1）Boolean_expression：返回 TRUE 或 FALSE 的布尔表达式。如果布尔表达式中含有 SELECT 语句，就必须用圆括号将 SELECT 语句括起来。

（2）{sql_statement | statement_block}：Transact -SQL 语句或用语句块定义的语句分组。除非使用语句块，否则 IF 或 ELSE 条件只能影响一个 T-SQL 语句性能。

8.4.3　IF…ELSE 双分支语句

IF…ELSE 语句是条件控制语句，其语法如下：

```
IF<条件表达式>
<命令行或程序块>
[ELSE[条件表达式]
<命令行或程序块>]
```

其中<条件表达式>可以是各种表达式的组合，但表达式的值必须是逻辑值“真”或“假”。ELSE 子句是可选的，最简单的 IF 语句没有 ELSE 子句部分。IF…ELSE 用来判断当某一条件成立时执行某段程序，条件不成立时执行另一段程序。如果不使用程序块，IF 或 ELSE 只能执行一条命令。IF…ELSE 可以进行嵌套。其执行流程如图 8.4 所示。

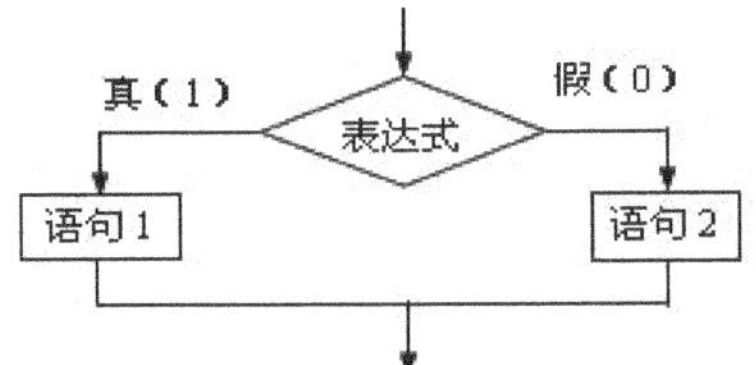

图 8.4　IF…ELSE 双分支语句执行流程

下列程序段比较变量 x、y、z 的大小，并将结果打印出来。

```
Declare @x int, @y int, @z int
Select @x=1,@y=2,@z=3
If @x>@y
Print 'x>y'--打印字符串'x>y'
Else if @y>@z
Print 'y>z'
Else print 'z>y'
```

将上述程序代码写入 SQL Server 的查询分析器中，其运行结果如图 8.5 所示。

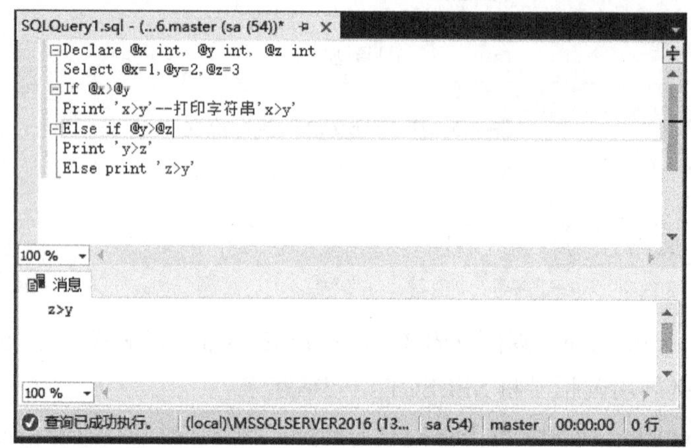

图 8.5　IF...ELSE 语句运行结果

8.4.4　CASE 多分支语句

CASE 命令可以嵌套到 SQL 命令中，它是多条件的分支语句。在 T-SQL 中，CASE 命令有两种语句格式：

```
CASE < input_expression >
WHEN < when_expression >THEN<result_expression>
…
WHEN < when_expression >THEN<result_expression>
[ELSE< else_result_expression>]
END
```

上述格式称为简单 CASE 函数，其功能为将某个表达式与一组简单表达式进行比较以确定结果。在上述格式中，其执行步骤如下：

步骤 01　计算 input_expression 的值。

步骤 02　按指定顺序对每个 WHEN 子句的 input_expression=when_expression 进行计算，返回 input_expression = when_expression 的第一个计算结果为 TRUE 的 result_expression。

步骤 03　如果 input_expression=when_expression 计算结果不为 TRUE，就在指定 ELSE 子句的

情况下将返回 else_result_expression；若没有指定 ELSE 子句，则返回 NULL 值。其执行流程如图 8.6 所示。

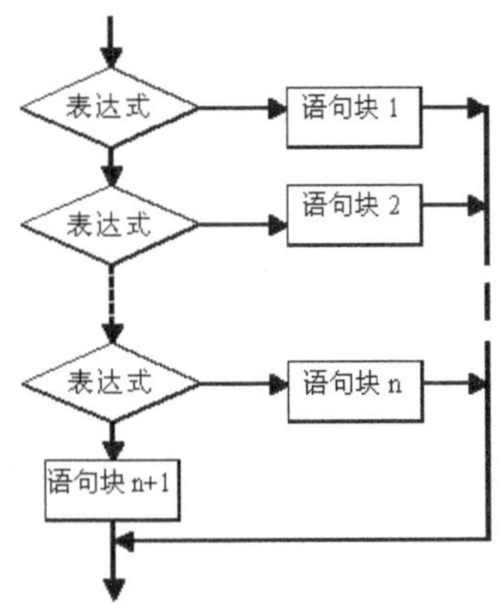

图 8.6　简单 CASE 函数执行流程

另一种语句格式为使用 CASE 搜索函数计算一组布尔表达式以确定结果。在 SELECT 语句中，CASE 搜索函数允许根据比较值在结果集内对值进行替换。其语句格式如下：

```
CASE
WHEN <条件表达式> THEN <运算式>
WHEN <条件表达式> THEN <运算式>
[ELSE <运算式>]
END
```

例如，下列程序为调整员工工资，工作级别为“1”的上调 8%，工作级别为“2”的上调 7%，工作级别为“3”的上调 6%，其他上调 5%。程序代码如下：

```
use pangu
update employee
set e_wage =
case
when job_level = '1' then e_wage*1.08
when job_level = '2' then e_wage*1.07
when job_level = '3' then e_wage*1.06
else e_wage*1.05
end
```

执行 CASE 子句时，只运行第一个匹配的子名。

8.4.5　WHILE 循环语句

设置重复执行 SQL 语句或语句块的条件。只要指定的条件为真，就重复执行语句。可以使用 BREAK 和 CONTINUE 关键字在循环内部控制 WHILE 循环中语句的执行。其语法如下：

```
WHILE Boolean_expression
    { sql_statement | statement_block }
    [ BREAK ]
    { sql_statement | statement_block }
    [ CONTINUE ]
```

（1）Boolean_expression：返回 TRUE 或 FALSE 的表达式。如果布尔表达式中含有 SELECT 语句，就必须用圆括号将 SELECT 语句括起来。

（2）{sql_statement | statement_block}：T-SQL 语句或用语句块定义的语句分组。若要定义语句块，请使用控制流关键字 BEGIN 和 END。

（3）BREAK：导致从最内层的 WHILE 循环中退出。将执行出现在 END 关键字后面的任何语句，END 关键字为循环结束标记。

（4）CONTINUE：使 WHILE 循环重新开始执行，忽略 CONTINUE 关键字后的任何语句。

如果嵌套了两个或多个 WHILE 循环，内层的 BREAK 将导致退出到下一个外层循环。首先运行内层循环结束之后的所有语句，然后下一个外层循环重新开始执行。

8.4.6 WHILE…CONTINUE…BREAK 中断语句

WHILE 命令在设定的条件成立时会重复执行命令行或程序块。CONTINUE 命令可以让程序跳过 CONTINUE 命令之后的语句，回到 WHILE 循环的第一行命令。BREAK 命令则让程序完全跳出循环，结束 WHILE 命令的执行。其语法如下：

```
WHILE <条件表达式>
BEGIN
<命令行或程序块>
[BREAK]
[CONTINUE]
[命令行或程序块]
END
```

例如，下列程序段循环输出几个值。该程序中除了使用到 WHILE...CONTINUE...BREAK 语句外，还使用了定义变量的 declare 命令。

```
declare @x int, @y int, @c int
select @x = 1, @y=1
while @x < 3
begin
print @x --打印变量 x 的值
while @y < 3
begin
select @c = 100*@x + @y
print @c --打印变量 c 的值
```

```
select @y = @y + 1
end
select @x = @x + 1
select @y = 1
end
```

上述代码中，给变量 x、y 赋值后进入循环，首先输出的是 x 的初值，接下来输出变量 c 的值。其中 x、y 分别可以取值 1、2。程序执行结果如图 8.7 所示。

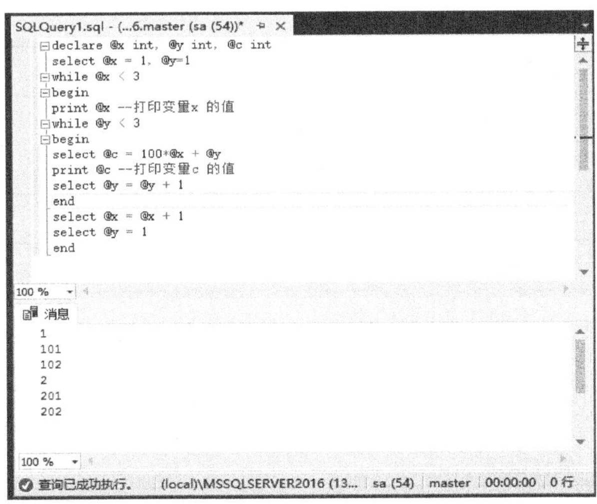

图 8.7　WHILE…CONTINUE…BREAK 语句应用

8.4.7　RETURN 返回语句

RETURN 命令用于结束当前程序的执行，返回到上一个调用它的程序或其他程序。在括号内可指定一个返回值。其语法如下：

```
RETURN [整数值]
```

例如，下列程序比较变量 x、y 的大小，使用了 IF...ELSE 语句，如果 x>y，那么返回值为 1，否则为 2。程序代码如下：

```
declare @x int @y int
select @x = 1 @y = 2
if x>y
return 1
else
return 2
```

如果用户定义了返回值，就返回用户定义的值。如果没有指定返回值，SQL Server 系统会根据程序执行的结果返回一个内定值，具体值如表 8.14 所示。如果运行过程产生了多个错误，SQL Server 系统将返回绝对值最大的数值，RETURN 语句不能返回 NULL 值。

表 8.14 系统返回内定值

返回值	含义
0	程序执行成功
-1	找不到对象
-2	数据类型错误
-3	死锁
-4	违反权限原则
-5	语法错误
-6	用户造成的一般错误
-7	资源错误，如：磁盘空间不足
-8	非致命的内部错误
-9	已达到的系统的极限
-10、-11	致命的内部不一致错误
-12	表或指针破坏
-13	数据库破坏
-14	硬件错误

8.4.8 GOTO 跳转语句

GOTO 命令用来改变程序执行的流程，使程序跳到标有标识符的指定的程序行再继续往下执行。作为跳转目标的标识符可为数字与字符的组合，但必须以“：”结尾，如‘12：’或‘a_1：’。在 GOTO 命令行，标识符后不必跟“：”。其语法如下：

```
GOTO 标识符
```

例如，下列程序实现分行打印字符‘1’‘2’‘3’‘4’‘5’。程序中使用了标识符 Label，而在循环中使用 GOTO 引用。

```
declare @x int
select @x = 1
label:
print @x
select @x = @x + 1
while @x < 6
goto label
```

在 SQL Server 的查询分析器中运行上述查询，其结果如图 8.8 所示。

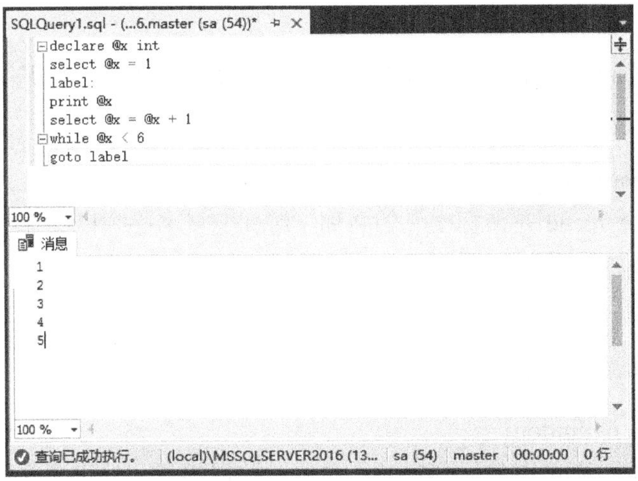

```
declare @x int
select @x = 1
label:
print @x
select @x = @x + 1
while @x < 6
goto label
```

```
1
2
3
4
5
```

图 8.8 GOTO 语句应用

8.5 常用命令

根据前面章节的学习读者可以看到，T-SQL 语言提供了完整的语法结构和流程控制语句。除此之外，为了更好地让用户使用 T-SQL 完成一系列任务，T-SQL 还提供了许多命令，本节为读者介绍常用的几个命令。

8.5.1 DECLARE 定义命令

在批处理或过程的正文中用 DECLARE 语句声明变量，并用 SET 或 SELECT 语句给其指派值。游标变量也可通过该语句声明，并且可用在其他与游标相关的语句中。所有变量在声明后均初始化为 NULL。

1. 语法

```
DECLARE
    {{ @local_variable data_type }
        | { @cursor_variable_name CURSOR }
        | { table_type_definition }
    } [ ,...n]
```

2. 参数

（1）@local_variable

@local_variable 是变量的名称。变量名必须以 at 符（@）开头。局部变量名必须符合标识符规则。

（2）data_type

data_type 是任何由系统提供的或用户定义的数据类型。变量不能是 text、ntext 或 image 数据类型。

（3）@cursor_variable_name

@cursor_variable_name 是游标变量的名称。游标变量名必须以 at 符（@）开头并遵从标识符规则。

（4）CURSOR

指定变量是局部游标变量。

（5）table_type_definition

定义表数据类型。表声明包括列定义、名称、数据类型和约束。允许的约束类型只包括 PRIMARY KEY、UNIQUE KEY、NULL 和 CHECK。

3. 注释

变量常用在批处理或过程中，作为 WHILE、LOOP 或 IF...ELSE 块的计数器。变量只能用在表达式中，不能代替对象名或关键字。若要构造动态 SQL 语句，请使用 EXECUTE。局部变量的作用域是在其中声明局部变量的批处理、存储过程或语句块。

8.5.2 PRINT 输出命令

当用户在 SQL Server 中运行了一段 T-SQL 语句代码后，可以将结果返回，此时就需要用到输出命令。PRINT 输出命令的功能将用户定义的消息返回客户端。

1. 语法

```
PRINT 'any ASCII text' | @local_variable | @@FUNCTION | string_expr
```

2. 参数

（1）'any ASCII text'

一个文本字符串。

（2）@local_variable

是任何有效字符数据类型的变量，local_variable 必须是 char、nchar、nvarchar、varchar。

（3）@@FUNCTION

@@FUNCTION 是返回字符串结果的函数。@@FUNCTION 必须是 char 或 varchar，或者能够隐式转换为这些数据类型。

（4）string_expr

string_expr 是返回字符串的表达式。可包含串联的字面值和变量。消息字符串最长可达 8 000 个字符，超过 8 000 个的任何字符均被截断。

3. 注释

若要打印用户定义的错误信息（该消息中包含可由@@ERROR 返回的错误号），请使用 RAISERROR 而不要使用 PRINT。

8.5.3 BACKUP 备份数据库

BACKUP 命令用于备份整个数据库、事务日志，或者备份一个或多个文件或文件组。根据前面章节的学习，读者知道 SQL Server 支持的备份类型包括：

（1）完整数据库备份，它备份包括事务日志的整个数据库。

（2）在完整数据库备份之间执行差异数据库备份。

（3）事务日志备份。日志备份序列提供了连续的事务信息链，可支持从数据库、差异或文件备份中快速恢复。

（4）文件和文件组备份。当时间限制使得完整数据库备份不切实际时，请使用 BACKUP 备份数据库文件和文件组，而不是备份完整数据库。若要备份一个文件而不是整个数据库，请合理安排步骤以确保数据库中所有的文件按规则备份，同时必须进行单独的事务日志备份。在恢复一个文件备份后，使用事务日志将文件内容前滚，使其与数据库其余部分一致。

1. 语法

（1）备份特定的文件或文件组：

```
BACKUP DATABASE { database_name | @database_name_var }
    < file_or_filegroup > [ ,...n ]
TO < backup_device > [ ,...n ]
[ WITH
    [ BLOCKSIZE = { blocksize | @blocksize_variable } ]
    [ [ , ] DESCRIPTION = { 'text' | @text_variable } ]
    [ [ , ] DIFFERENTIAL ]
    [ [ , ] EXPIREDATE = { date | @date_var }
       | RETAINDAYS = { days | @days_var } ]
    [ [ , ] PASSWORD = { password | @password_variable } ]
    [ [ , ] FORMAT | NOFORMAT ]
    [ [ , ] { INIT | NOINIT } ]
    [ [ , ] MEDIADESCRIPTION = { 'text' | @text_variable } ]
    [ [ , ] MEDIANAME = { media_name | @media_name_variable } ]
    [ [ , ] MEDIAPASSWORD = { mediapassword | @mediapassword_variable } ]
    [ [ , ] NAME = { backup_set_name | @backup_set_name_var } ]
    [ [ , ] { NOSKIP | SKIP } ]
    [ [ , ] { NOREWIND | REWIND } ]
    [ [ , ] { NOUNLOAD | UNLOAD } ]
    [ [ , ] RESTART ]
    [ [ , ] STATS [ = percentage ] ]
```

```
]
```

（2）备份一个事务日志：

```
BACKUP LOG { database_name | @database_name_var }
{
    TO < backup_device > [ ,...n ]
    [ WITH
        [ BLOCKSIZE = { blocksize | @blocksize_variable } ]
        [ [ , ] DESCRIPTION = { 'text' | @text_variable } ]
        [ [ ,] EXPIREDATE = { date | @date_var }
           | RETAINDAYS = { days | @days_var } ]
        [ [ , ] PASSWORD = { password | @password_variable } ]
        [ [ , ] FORMAT | NOFORMAT ]
        [ [ , ] { INIT | NOINIT } ]
        [ [ , ] MEDIADESCRIPTION = { 'text' | @text_variable } ]
        [ [ , ] MEDIANAME = { media_name | @media_name_variable } ]
        [ [ , ] MEDIAPASSWORD = { mediapassword | @mediapassword_variable } ]
        [ [ , ] NAME = { backup_set_name | @backup_set_name_var } ]
        [ [ , ] NO_TRUNCATE ]
        [ [ , ] { NORECOVERY | STANDBY = undo_file_name } ]
        [ [ , ] { NOREWIND | REWIND } ]
        [ [ , ] { NOSKIP | SKIP } ]
        [ [ , ] { NOUNLOAD | UNLOAD } ]
        [ [ , ] RESTART ]
        [ [ , ] STATS [ = percentage ] ]
    ]
}
```

（3）截断事务日志：

```
BACKUP LOG { database_name | @database_name_var }
{
    [ WITH
        { NO_LOG | TRUNCATE_ONLY } ]
}
```

2. 参数

（1）DATABASE

指定一个完整的数据库备份。假如指定了一个文件和文件组的列表，那么仅有这些被指定的文件和文件组被备份。

（2）BLOCKSIZE = { blocksize | @blocksize_variable }

用字节数来指定物理块的大小。在 Windows NT 系统上，默认设置是设备的默认块大小。一般情况下，当 SQL Server 选择适合于设备的块大小时不需要此参数。在基于 Windows 2000

的计算机上，默认设置是 65 536（64KB，是 SQL Server 支持的最大大小）。对于磁盘，BACKUP 自动决定磁盘设备合适的块大小。

如果要将结果备份集存储到 CD-ROM，然后从 CD-ROM 中恢复，请将 BLOCKSIZE 设为 2048。

（3）DESCRIPTION = { 'text' | @text_variable }

指定描述备份集的自由格式文本。该字符串最长可以有 255 个字符。

（4）DIFFERENTIAL

指定数据库备份或文件备份应该与上一次完整备份后改变的数据库或文件部分保持一致。差异备份一般会比完整备份占用更少的空间。对于上一次完整备份时备份的全部单个日志，使用该选项可以不必再进行备份。

（5）EXPIREDATE = { date | @date_var }

指定备份集到期和允许被重写的日期。若将该日期作为变量（@date_var）提供，则可以将该日期指定为字符串常量（@date_var = date）、字符串数据类型变量（ntext 或 text 数据类型除外）、smalldatetime 或者 datetime 变量，并且该日期必须符合已配置的系统 datetime 格式。

（6）RETAINDAYS = { days | @days_var }

指定必须经过多少天才可以重写该备份媒体集。假如用变量（@days_var）指定，该变量必须为整型。

（7）PASSWORD = { password | @password_variable }

为备份集设置密码。PASSWORD 是一个字符串。如果为备份集定义了密码，必须提供这个密码才能对该备份集执行任何还原操作。

备份集密码防止未经授权即通过 SQL Server 工具访问备份集的内容，但是不能防止重写备份集。

3. 注释

（1）可以将数据库或日志备份追加到任何磁盘或磁带设备上，从而使得数据库和它的事务日志能存储在一个物理位置中。

（2）当数据库正在使用时，SQL Server 使用一个联机备份过程来对数据库进行备份。

（3）假如在这些操作正在进行时启动备份，备份将终止。假如正在进行备份时，试图进行这些操作，则操作会失败。

（4）只要操作系统支持数据库的排序规则，就可以在不同的平台之间执行备份操作，即使这些平台使用不同的处理器类型。

4. 权限

BACKUP DATABASE 和 BACKUP LOG 权限默认情况下授予 sysadmin 固定服务器角色和 db_owner 及 db_backupoperator 固定数据库角色的成员。

【例 8.4】备份整个 MyNwind 数据库，创建用于存放 MyNwind 数据库完整备份的逻辑备份设备，具体语句如下：

```
-- Create a logical backup device for the full MyNwind backup.
USE master
EXEC sp_addumpdevice 'disk', 'MyNwind_1',
   DISK ='c:\Program Files\Microsoft SQL Server\MSSQL\BACKUP\MyNwind_1.dat'

-- Back up the full MyNwind database.
BACKUP DATABASE MyNwind TO MyNwind_1
```

8.5.4 RESTORE 还原数据库

RESTORE 命令用于还原使用 BACKUP 命令所做的备份。下面是 SQL Server 支持的还原类型。

（1）还原整个数据库的完整数据库还原。

（2）完整数据库还原和差异数据库还原。通过使用 RESTORE DATABASE 语句还原差异备份。

（3）事务日志还原。

（4）个别文件和文件组还原。文件和文件组的还原既可以通过文件或文件组备份操作完成，也可以通过完整数据库备份操作完成。在还原文件或文件组时，必须应用事务日志。此外，文件差异备份可以在完成完整文件还原后还原。

（5）创建并维护热备用服务器或备用服务器。

1. 语法

（1）还原整个数据库：

```
RESTORE DATABASE { database_name | @database_name_var }
[ FROM < backup_device > [ ,...n ] ]
[ WITH
    [ RESTRICTED_USER ]
    [ [ , ] FILE = { file_number | @file_number } ]
    [ [ , ] PASSWORD = { password | @password_variable } ]
    [ [ , ] MEDIANAME = { media_name | @media_name_variable } ]
    [ [ , ] MEDIAPASSWORD = { mediapassword | @mediapassword_variable } ]
    [ [ , ] MOVE 'logical_file_name' TO 'operating_system_file_name' ]
            [ ,...n ]
    [ [ , ] KEEP_REPLICATION ]
```

```
    [ [ , ] { NORECOVERY | RECOVERY | STANDBY = undo_file_name } ]
    [ [ , ] { NOREWIND | REWIND } ]
    [ [ , ] { NOUNLOAD | UNLOAD } ]
    [ [ , ] REPLACE ]
    [ [ , ] RESTART ]
    [ [ , ] STATS [ = percentage ] ]
]
```

（2）还原数据库的部分内容：

```
RESTORE DATABASE { database_name | @database_name_var }
    < file_or_filegroup > [ ,...n ]
[ FROM < backup_device > [ ,...n ] ]
[ WITH
    { PARTIAL }
    [ [ , ] FILE = { file_number | @file_number } ]
    [ [ , ] PASSWORD = { password | @password_variable } ]
    [ [ , ] MEDIANAME = { media_name | @media_name_variable } ]
    [ [ , ] MEDIAPASSWORD = { mediapassword | @mediapassword_variable } ]
    [ [ , ] MOVE 'logical_file_name' TO 'operating_system_file_name' ]
            [ ,...n ]
    [ [ , ] NORECOVERY ]
    [ [ , ] { NOREWIND | REWIND } ]
    [ [ , ] { NOUNLOAD | UNLOAD } ]
    [ [ , ] REPLACE ]
    [ [ , ] RESTRICTED_USER ]
    [ [ , ] RESTART ]
    [ [ , ] STATS [ = percentage ] ]
]
```

（3）还原特定的文件或文件组：

```
RESTORE DATABASE { database_name | @database_name_var }
    < file_or_filegroup > [ ,...n ]
[ FROM < backup_device > [ ,...n ] ]
[ WITH
    [ RESTRICTED_USER ]
    [ [ , ] FILE = { file_number | @file_number } ]
    [ [ , ] PASSWORD = { password | @password_variable } ]
    [ [ , ] MEDIANAME = { media_name | @media_name_variable } ]
    [ [ , ] MEDIAPASSWORD = { mediapassword | @mediapassword_variable } ]
    [ [ , ] MOVE 'logical_file_name' TO 'operating_system_file_name' ]
            [ ,...n ]
    [ [ , ] NORECOVERY ]
    [ [ , ] { NOREWIND | REWIND } ]
```

```
    [ [ , ] { NOUNLOAD | UNLOAD } ]
    [ [ , ] REPLACE ]
    [ [ , ] RESTART ]
    [ [ , ] STATS [ = percentage ] ]
]
```

（4）还原事务日志：

```
RESTORE LOG { database_name | @database_name_var }
[ FROM < backup_device > [ ,...n ] ]
[ WITH
    [ RESTRICTED_USER ]
    [ [ , ] FILE = { file_number | @file_number } ]
    [ [ , ] PASSWORD = { password | @password_variablc } ]
    [ [ , ] MOVE 'logical_file_name' TO 'operating_system_file_name' ]
          [ ,...n ]
    [ [ , ] MEDIANAME = { media_name | @media_name_variable } ]
    [ [ , ] MEDIAPASSWORD = { mediapassword | @mediapassword_variable } ]
    [ [ , ] KEEP_REPLICATION ]
    [ [ , ] { NORECOVERY | RECOVERY | STANDBY = undo_file_name } ]
    [ [ , ] { NOREWIND | REWIND } ]
    [ [ , ] { NOUNLOAD | UNLOAD } ]
    [ [ , ] RESTART ]
    [ [ , ] STATS [= percentage ] ]
    [ [ , ] STOPAT = { date_time | @date_time_var }
       | [ , ] STOPATMARK = 'mark_name' [ AFTER datetime ]
       | [ , ] STOPBEFOREMARK = 'mark_name' [ AFTER datetime ]
    ]
]
```

2. 参数

（1）DATABASE

指定从备份还原整个数据库。如果指定了文件和文件组列表，就只还原那些文件和文件组。

（2）{database_name | @database_name_var}

将日志或整个数据库还原到的数据库。如果将其作为变量(@database_name_var)提供，就可将该名称指定为字符串常量（@database_name_var = database name）或字符串数据类型（ntext 或 text 数据类型除外）的变量。

（3）FROM

指定从中还原备份的备份设备。如果没有指定 FROM 子句，就不会发生备份还原，而是恢复数据库。可用省略 FROM 子句的办法尝试恢复通过 NORECOVERY 选项还原的数据库，或切换到一台备用服务器上。如果省略 FROM 子句，就必须指定 NORECOVERY、RECOVERY 或 STANDBY。

（4）< backup_device >

指定还原操作要使用的逻辑或物理备份设备。

（5）RESTRICTED_USER

限制只有 db_owner、dbcreator 或 sysadmin 角色的成员才能访问新近还原的数据库。

（6）FILE = { file_number | @file_number }

标识要还原的备份集。例如，file_number 为 1 表示备份媒体上的第一个备份集，file_number 为 2 表示第二个备份集。

（7）PASSWORD = { password | @password_variable }

提供备份集的密码。PASSWORD 是一个字符串。如果在创建备份集时提供了密码，从备份集执行还原操作时就必须提供密码。

3. 注释

（1）在还原过程中，指定的数据库必须不处于使用状态。指定数据库中的任何数据将由还原的数据替换。

（2）只要操作系统支持数据库排序规则，就可以跨平台执行还原操作，即使这些平台使用不同的处理器类型。

4. 权限

如果不存在要还原的数据库，用户就必须有 CREATE DATABASE 权限才能执行 RESTORE 命令。如果存在该数据库，RESTORE 权限就默认授予 sysadmin 和 dbcreator 固定服务器角色成员以及该数据库的所有者（dbo）。RESTORE 权限被授予那些成员资格信息始终可由服务器使用的角色。因为只有在固定数据库可以访问且没有损坏时（在执行 RESTORE 时并不会总是这样）才能检查固定数据库角色成员资格，所以 db_owner 固定数据库角色成员没有 RESTORE 权限。

此外，用户可以为媒体集、备份集或两者指定密码。若为媒体集指定了密码，则用户只是适当的固定服务器和数据库角色成员还不足以执行备份。用户还必须提供媒体密码才能执行这些操作。同样，除非在还原命令中指定正确的媒体集密码和备份集密码，否则不能执行还原操作。

【例 8.5】还原完整数据库备份 MyNwind 数据库，具体语句如下：

```
RESTORE DATABASE MyNwind
   FROM MyNwind_1
```

8.5.5　SELECT 返回数据记录

从数据库中检索行，并允许从一个或多个表中选择一个或多个行或列。虽然 SELECT 语句的完整语法较复杂，但是其主要的子句可归纳如下：

```
SELECT select_list
[ INTO new_table ]
FROM table_source
[ WHERE search_condition ]
[ GROUP BY group_by_expression ]
[ HAVING search_condition ]
[ ORDER BY order_expression [ ASC | DESC ] ]
```

可以在查询之间使用 UNION 运算符，以将查询的结果组合成单个结果集。

1. 语法

```
SELECT statement ::=
    < query_expression >
    [ ORDER BY { order_by_expression | column_position [ ASC | DESC ] }
       [ ,...n ]    ]
    [ COMPUTE
       { { AVG | COUNT | MAX | MIN | SUM } ( expression ) } [ ,...n ]
       [ BY expression [ ,...n ] ]
    ]
    [ FOR { BROWSE | XML { RAW | AUTO | EXPLICIT }
          [ , XMLDATA ]
          [ , ELEMENTS ]
          [ , BINARY base64 ]
       }
]
    [ OPTION ( < query_hint > [ ,...n ]) ]

< query expression > ::=
    { < query specification > | ( < query expression > ) }
    [ UNION [ ALL ] < query specification | ( < query expression > ) [...n ] ]

< query specification > ::=
    SELECT [ ALL | DISTINCT ]
       [ { TOP integer | TOP integer PERCENT } [ WITH TIES ] ]
       < select_list >
    [ INTO new_table ]
    [ FROM { < table_source > } [ ,...n ] ]
    [ WHERE < search_condition > ]
    [ GROUP BY [ ALL ] group_by_expression [ ,...n ]
       [ WITH { CUBE | ROLLUP } ]
    ]
    [HAVING <search_condition>]
```

2. 注释

由于 SELECT 语句的复杂性，在第 9 章 SQL 数据查询中将做详细介绍。下面是 SELECT 相关子句：

- ELECT 子句
- NTO 子句
- ROM 子句
- WHERE 子句
- GROUP BY 子句
- HAVING 子句
- UNION 运算符
- ORDER BY 子句
- COMPUTE 子句
- FOR 子句
- OPTION 子句

8.5.6 SET 设置命令

T-SQL 语言提供了一些 SET 语句，这些语句可以更改特定信息的当前会话处理。SET 语句的分类如表 8.15 所示。

表 8.15 SET 语句分类

分类	更改以下各项的当前会话设置
日期和时间	处理日期和时间数据
锁定	处理 Microsoft SQL Server 锁定
杂项	SQL Server 的杂项功能
查询执行	执行和处理查询
SQL-92 设置	使用 SQL-92 默认设置
统计信息	显示统计信息
事务	处理 SQL Server 事务

1. SET 语句

SET 语句较多，下面是两个 SET 相关子句：

（1）日期和时间语句：

```
SET DATEFIRST
SET DATEFORMAT
```

（2）锁定语句：

```
SET DEADLOCK_PRIORITY
SET LOCK_TIMEOUT
```

2. 使用 SET 语句时的注意事项

（1）除 SET FIPS_FLAGGER、SET OFFSETS、SET PARSEONLY 和 SET QUOTED_IDENTIFIER 外，所有其他 SET 语句均在执行或运行时设置。SET FIPS_FLAGGER、SET OFFSETS、SET PARSEONLY 和 SET QUOTED_IDENTIFIER 语句在分析时设置。

（2）若在存储过程中设置 SET 语句，则从存储过程返回控制后将还原 SET 选项的值。因此，在动态 SQL 中指定的 SET 语句不影响动态 SQL 语句之后的语句。

（3）存储过程与在执行时指定的 SET 设置一起执行，但 SET ANSI_NULLS 和 SET QUOTED_IDENTIFIER 除外。指定 SET ANSI_NULLS 或 SET QUOTED_IDENTIFIER 的存储过程使用在存储过程创建时指定的设置。在存储过程内使用任何 SET 设置，都将忽略该设置。

（4）sp_configure 的 user options 设置允许服务器范围的设置，并可以跨多个数据库运行。该设置的行为还类似于显式 SET 语句，在登录时出现该设置的情况除外。

（5）数据库设置（使用 sp_dboption 设置的）仅在数据库级上有效，并且只有在未显式设置的情况下才生效。数据库设置代替服务器选项设置（使用 sp_configure 设置）。

（6）对于任何带 ON 和 OFF 设置的 SET 语句，可以为多个 SET 选项指定 ON 或 OFF 设置。例如，SET QUOTED_IDENTIFIER，ANSI_NULLS ON 将 QUOTED_IDENTIFIER 和 ANSI_NULLS 均设置为 ON。

（7）SET 语句设置将代替数据库选项设置（使用 sp_dboption 设置的）。另外，若用户在连接到数据库时所基于的值是由于先前使用 sp_configure user options 设置而生效的，或者所基于的值适用于所有 ODBC 和 OLE/DB 连接，则一些连接设置将自动设置为 ON。

（8）当全局或快捷 SET 语句（如 SET ANSI_DEFAULTS）设置多个选项时，发出快捷 SET 语句将为所有受快捷 SET 语句影响的选项重置先前的设置。若在发出快捷 SET 语句后显式设置受快捷 SET 语句影响个别 SET 选项，则个别 SET 语句将替代相应的快捷设置。

（9）当使用批处理时，数据库上下文由使用 USE 语句建立的批处理决定。在存储过程的外部执行的以及批处理中的特殊查询和所有其他语句，继承使用 USE 语句建立的数据库和连接的选项设置。

（10）当从批处理或另一个存储过程执行某个存储过程时，该存储过程将根据所在的数据库中当前设置的选项值执行。例如，当存储过程 db1.dbo.sp1 调用存储过程 db2.dbo.sp2 时，存储过程 sp1 根据数据库 db1 的当前兼容级别设置去执行，存储过程 sp2 根据数据库 db2 的当前兼容级别设置去执行。

（11）当 T-SQL 语句引用驻留在多个数据库中的对象时，当前数据库上下文和当前连接上下文（若位于批处理中，则是由 USE 语句定义的数据库；若位于存储过程中，则是包含该存储过程的数据库）将应用于该语句。

（12）当在计算列或索引视图上创建和操作索引时，必须将 SET 选项 ARITHABORT、

CONCAT_NULL_YIELDS_NULL、QUOTED_IDENTIFIER、ANSI_NULLS、ANSI_PADDING 和 ANSI_WARNINGS 设置为 ON，必须将选项 NUMERIC_ROUNDABORT 设置为 OFF。

若这些选项中有任何一个没有设置为所要求的值，则在索引视图上或在计算列带索引的表上进行的 INSERT、UPDATE 和 DELETE 操作将失败。SQL Server 将发出一个错误，列出所有设置不正确的选项。同时，SQL Server 将在这些表或索引视图上处理 SELECT 语句，仿佛计算列或视图上不存在索引一样。

8.5.7 SHUTDOWN 关闭数据库

当用户不需要使用 SQL Server 数据库及其实例时，可以选择关闭数据库。T-SQL 语言为用户提供了关闭数据库命令 SHUTDOWN，其功能为立即停止 SQL Server。

1. 语法

```
SHUTDOWN [ WITH NOWAIT ]
```

2. 参数

（1）WITH NOWAIT

立即关闭 SQL Server 而不在每个数据库内执行检查点。在尝试终止所有用户进程后退出 SQL Server，并对每个活动事务执行回滚操作。

3. 注释

除非 sysadmin 固定服务器角色成员指定 WITH NOWAIT 选项，否则 SHUTDOWN 尝试关闭 SQL Server 时的顺序方式为：

（1）禁用登录（sysadmin 固定服务器角色成员除外）。若要查看所有当前用户的列表，请执行 sp_who。

（2）等待当前正在执行的 T-SQL 语句或存储过程执行完毕。若要查看所有活动进程和锁的列表，请执行 sp_lock 和 sp_who。

（3）在每个数据库内执行检查点。当 sysadmin 固定服务器角色成员重新启动 SQL Server 时，使用 SHUTDOWN 语句可以将需要做的自动恢复工作减到最小。

还可以使用下面这些工具和方法停止 SQL Server。每个工具或方法都在所有数据库内执行检查点。从数据高速缓存中刷新所有提交的数据后，通过下列工具和方法停止服务器：

（1）使用 SQL Server 企业管理器。

（2）在命令提示符下使用 net stop mssqlserver。

（3）使用【控制面板】中的【服务】应用程序。

（4）使用 SQL Server 服务管理器。

如果是从命令提示符下启动的 sqlservr.exe，按 CTRL+C 键可关闭 SQL Server。然而，按 CTRL+C 键将不执行检查点。

通过 SQL Server 管理器、控制面板和 SQL Server 服务管理器停止 SQL Server 的方法所生成的服务控制消息与使用 SERVICE_CONTROL_STOP 停止 SQL Server 所生成的相同。

4. 权限

SHUTDOWN 权限默认授予 sysadmin 和 serveradmin 固定服务器角色的成员且不可转让。

8.5.8 USE 打开数据库

当 SQL Server 实例中包含多个数据库时，可以通过 USE 语句将数据库上下文更改为指定数据库。

1. 语法

```
USE { database }
```

2. 参数

database 是用户上下文要切换到的数据库的名称。数据库名称必须符合标识符的规则。

3. 注释

（1）USE 在编译和执行期间均可执行，并且立即生效。因此，出现在批处理中 USE 语句之后的语句将在指定数据库中执行。

（2）用户在登录到 SQL Server 时，通常被自动连接到 master 数据库。除非为每个用户的登录 ID 设置了各自的默认数据库，每个用户都必须执行 USE 语句从 master 切换到另一个数据库。

（3）若要将上下文更改为不同的数据库，则用户必须有那个数据库的安全账户。由数据库所有者提供此数据库的安全账户。

4. 权限

USE 权限默认授予那些由执行 sp_adduser 的 dbo 和 sysadmin 固定服务器角色，或由执行 sp_grantdbaccess 的 sysadmin 固定服务器角色以及 db_accessadmin 和 db_owner 固定数据库角色指派了权限的用户。若目的数据库中存在来宾用户，则在该数据库中没有安全账户的用户依然可以访问。

8.6 小结

T-SQL 语言是 Microsoft 公司专为 SQL Server 系列数据库管理系统所设计开发的一种结构化查询语言，已成为当前的 SQL 主流语言之一。本章就 T-SQL 语言做了概要介绍，首先简要介绍了其组成和语句结构，然后重点讲解了 T-SQL 语言的常量、变量、流程控制等相关内容，最后介绍了 T-SQL 的部分常用命令。SQL Server 2016 支持 T-SQL，由于本书以后章节的实例使用的环境是 SQL Server 2016，因此该章是后续学习的基础，需要读者重点掌握。

8.7 经典习题与面试题

1. 学习 T-SQL 语言基本。
2. 使用 WHILE…CONTINUE…BREAK 中断语句计算 1 至任意数值的和。
3. 利用条件运算符的嵌套来完成此题：

学习成绩≥90 分的同学用 A 表示，60~89 分之间的用 B 表示，60 分以下的用 C 表示。

第 9 章 SQL数据查询

SQL 数据查询是数据库操作的基本功能，也是学习 SQL Server 2016 视图、自定义函数和存储过程等后续内容的基础。SQL Server 2016 通过 SELECT 语句实现数据的查询，该语句从一个或多个表或视图中检索数据，然后以数据集的形式返回给用户。SELECT 语句功能强大，既可以实现单表查询，也可以实现多表之间的连接查询和嵌套查询等功能。除 SELECT 语句外，本章还将介绍使用 Union 语句对多个数据集进行合并。

本章重点内容：

- SELECT 语句的基本结构
- 单表查询
- 子查询和嵌套查询
- 连接查询
- Union 语句的使用
- 带 Case 语句的查询

9.1 SELECT 语句

SELECT 语句的基本功能是从数据库的一个或多个表中选择所需的行或列，以数据集的形式返回给用户。此外，还可以完成数据的统计、分组和排序。SELECT 语句的完整语法比较复杂，尤其是涉及多表的连接查询和嵌套查询。本节将从基本的 SELECT 结构开始，一步步地帮助读者了解 SELECT 的结构和功能。

9.1.1 SELECT 语句的基本结构

SELECT 语句的语法相当复杂，包含的子句也非常多，但有些子句在实际查询过程中使用频率较低，因此本章主要介绍 SELECT 语句的基本结构，其语法格式如下：

```
SELECT select_list [INTO new_table]
[FROM table_source] [WHERE search_condition]
[GROUP BY GROUP_BY_expression]
[HAVING search_condition]
[ORDER BY ORDER_expression [Asc|Desc]]
```

各子句的含义如下。

- INTO 子句：创建一个新表，并将来自查询的结果行插入该表中。
- FROM 子句：指定需要进行查询的数据源，通常为表或视图。
- WHERE 子句：指出数据查询时需要满足的检索条件。
- GROUP BY 子句：根据查询结果按照指定字段进行分组。
- HAVING 子句：从分组结果中筛选出符合分组统计条件的数据。
- ORDER BY 子句：对查询结果按字段进行排序。SELECT 中排序分为 2 种，即从小到大排列的升序和从大到小排列的降序，ORDER BY 以升序为默认方式，若需要按降序排列，则需在排序字段后加 Desc 关键字。
- SELECT 语句中除子句外，其余部分为参数，包括选择的列、数据来源、搜索条件、分组表达式、分组搜索条件以及排序表达式等，具体参数说明如表 9.1 所示。

表 9.1 SELECT 语句参数说明

参数	说明
select _list	结果集选择的列，选择列表是以逗号分隔的一系列表达式
new_table	根据选择列表中的列和从数据源选择的行指定要创建的新表名
table_source	指定要在 SELECT 语句中使用的表、视图、表变量或派生表源
WHERE search_condition	定义要返回的行应满足的条件
GROUP_BY_expression	进行分组操作的表达式
HAVING search_condition	对分组或聚合的搜索条件
ORDER_expression	对查询结果集进行排序的列或表达式

SELECT 用于指定结果集中的字段，字段之间用“，”分隔开。若需要查询数据源表中的所有字段，则可以使用“*”代替。

在 SQL Server 2016 中，T-SQL 语言对的语法要求不严格，大小写不敏感，一条查询语句既可在一行书写，又可分多行书写。但关键字的顺序必须严格遵守，例如不能将 WHERE 子句置于 FROM 子句之前。

9.1.2 用 WITH 语句检查一致性

WITH 语句用于指定临时命名的结果集，这些结果集称为公用表表达式，其生命周期在该批处理语句执行后结束。该表达式源自简单查询，并且在单条 SELECT、INSERT、UPDATE 或 DELETE 语句的执行范围内定义。公用表表达式由表示公用表表达式的名称、可选列列表和定义公用表表达式的查询组成。

```
WITH expression_name[(column_name[,...n])]
```

```
    AS  (CTE_query_definition)
```

- expression_name：指定要定义的 CTE 表达式的名称。
- column_name：CTE 结果集中列的名称。
- CTE_query_definition：创建临时结果集的查询语句。

【例 9.1】请使用公用表达式查询每个班的男生人数和女生人数。

```
Use XSXK;
WITH cte_count(班级,性别,人数)
AS (SELECT 班级,性别,count(*) FROM XS GROUP BY 班级,性别)
SELECT * FROM cte_count
```

执行结果如图 9.1 所示。

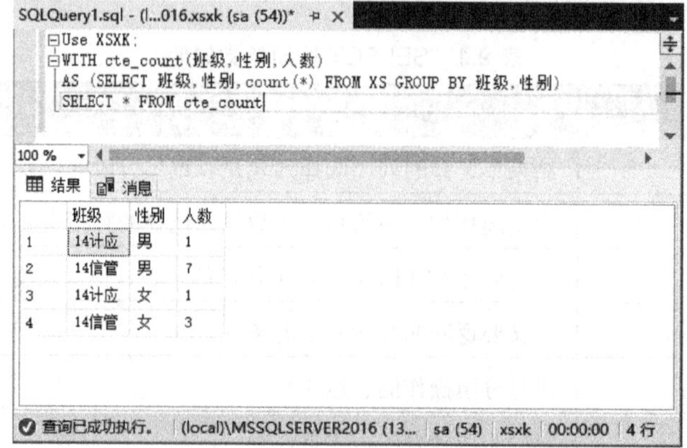

	班级	性别	人数
1	14计应	男	1
2	14信管	男	7
3	14计应	女	1
4	14信管	女	3

图 9.1　WITH 语句

9.1.3　用 SELECT...FROM 子句返回记录

SELECT...FROM 子句的作用是指定查询返回的列，是 SELECT 语句中最基本的子句，其基本格式为：

```
SELECT SELECT_list
[FROM table_source]
```

1. 查询所有列

在字段列表中，可以使用“*”关键字代表表中的所有列。

【例 9.2】查询 XS 表中所有记录。

```
Use XSXK
SELECT * FROM XS
```

执行结果如图 9.2 所示。

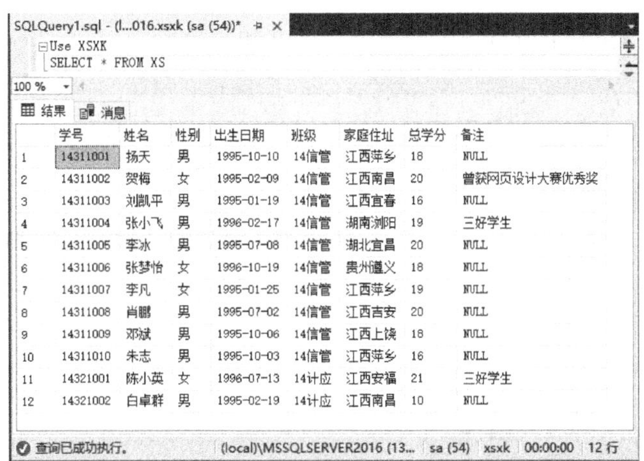
SQLQuery1.sql - (l...016.xsxk (sa (54))*

```
Use XSXK
SELECT * FROM XS
```

	学号	姓名	性别	出生日期	班级	家庭住址	总学分	备注
1	14311001	扬天	男	1995-10-10	14信管	江西萍乡	18	NULL
2	14311002	贺梅	女	1995-02-09	14信管	江西南昌	20	曾获网页设计大赛优秀奖
3	14311003	刘凯平	男	1995-01-19	14信管	江西宜春	16	NULL
4	14311004	张小飞	男	1996-02-17	14信管	湖南浏阳	19	三好学生
5	14311005	李冰	男	1995-07-08	14信管	湖北宜昌	20	NULL
6	14311006	张梦怡	女	1996-10-19	14信管	贵州遵义	18	NULL
7	14311007	李凡	女	1995-01-25	14信管	江西萍乡	19	NULL
8	14311008	肖鹏	男	1995-07-02	14信管	江西吉安	20	NULL
9	14311009	邓斌	男	1995-10-06	14信管	江西上饶	18	NULL
10	14311010	朱志	男	1995-10-03	14信管	江西萍乡	16	NULL
11	14321001	陈小英	女	1996-07-13	14计应	江西安福	21	三好学生
12	14321002	白卓群	男	1995-02-19	14计应	江西南昌	10	NULL

查询已成功执行。　(local)\MSSQLSERVER2016 (13...　sa (54)　xsxk　00:00:00　12 行

图 9.2　查询所有列

2. 查询指定列

当不需要查询表中所有列时，应该指定列名，列之间用“，”分隔开。

【例 9.3】查询 XS 表中所有学生的学号、姓名和出生日期。

```
SELECT 学号,姓名,出生日期
FROM XS
```

执行结果如图 9.3 所示。

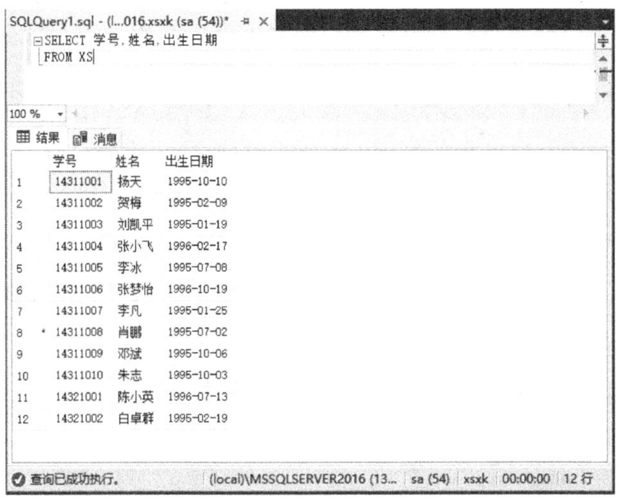
SQLQuery1.sql - (l...016.xsxk (sa (54))*

```
SELECT 学号,姓名,出生日期
FROM XS
```

	学号	姓名	出生日期
1	14311001	扬天	1995-10-10
2	14311002	贺梅	1995-02-09
3	14311003	刘凯平	1995-01-19
4	14311004	张小飞	1996-02-17
5	14311005	李冰	1995-07-08
6	14311006	张梦怡	1996-10-19
7	14311007	李凡	1995-01-25
8	14311008	肖鹏	1995-07-02
9	14311009	邓斌	1995-10-06
10	14311010	朱志	1995-10-03
11	14321001	陈小英	1996-07-13
12	14321002	白卓群	1995-02-19

查询已成功执行。　(local)\MSSQLSERVER2016 (13...　sa (54)　xsxk　00:00:00　12 行

图 9.3　查询指定列

3. 计算列

在使用 SELECT 进行查询时，可以使用表达式，通过表达式获得的列即为计算列。SELECT 中使用的表达式除可以包含列，也可以包含常量、函数和运算符。SQL Server 2016 支持数值的标准四则运算（+、-、*和/）和取余（%）。

【例 9.4】查询 XS 表中所有学生的学号、姓名和年龄。

```
SELECT 学号,姓名,year(getdate())-year(出生日期)
FROM XS
```

执行结果如图 9.4 所示。

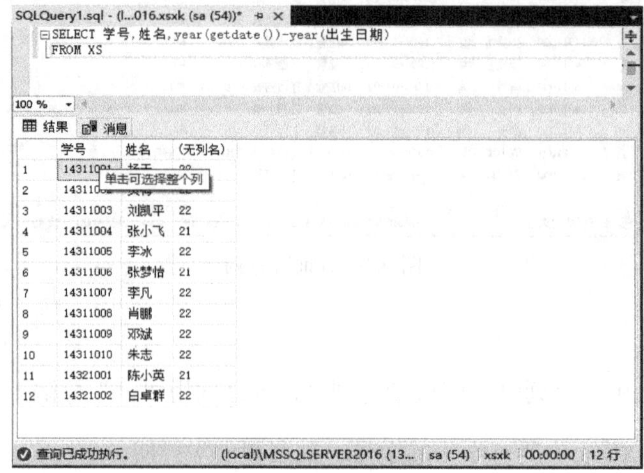

图 9.4　使用计算列

4. 定义别名

在默认情况下，查询结果显示表中列名，但对于计算列，系统不指定列名，以“无列名”显示。这种情况下，可以使用 AS 子句指定一个名称，该名称被称为别名。

【例 9.5】查询 XS 表中所有学生的学号、姓名和年龄，年龄以别名显示。

```
SELECT 学号,姓名,year(getdate())-year(出生日期) AS 年龄
FROM XS
```

执行结果如图 9.5 所示。

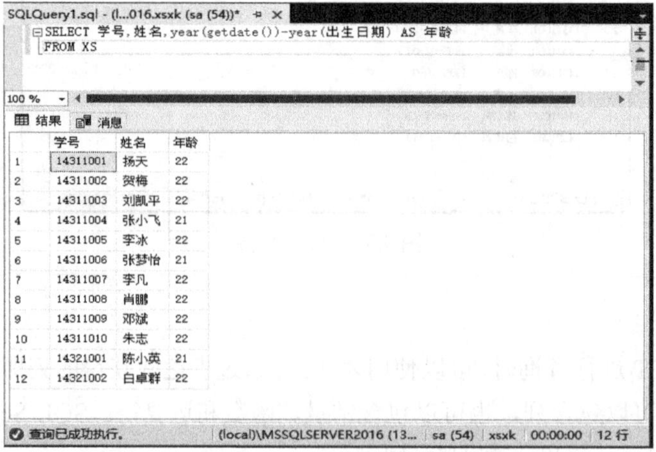

图 9.5　定义别名

在 SELECT 语句中，定义别名除可以使用 AS 关键字外，还可以使用“=”。例 9.5 可以使用 SELECT 学号,姓名,年龄=year(getdate())-Year(出生日期) FROM XS 语句实现。

9.1.4　用 INTO 子句将记录写入指定文件

使用 INTO 子句可以将查询结果生成一个新表或存放在临时表中。如果要将查询结果存放在临时表，就需在临时表名前加上“#”号。

【例 9.6】查询所有男生的信息并将结果保存到表 man 中。

```
SELECT * INTO man
FROM XS
WHERE 性别='男'
SELECT * INTO man
FROM XS
WHERE 性别='男';

select * from man;
```

执行结果如图 9.6 所示。

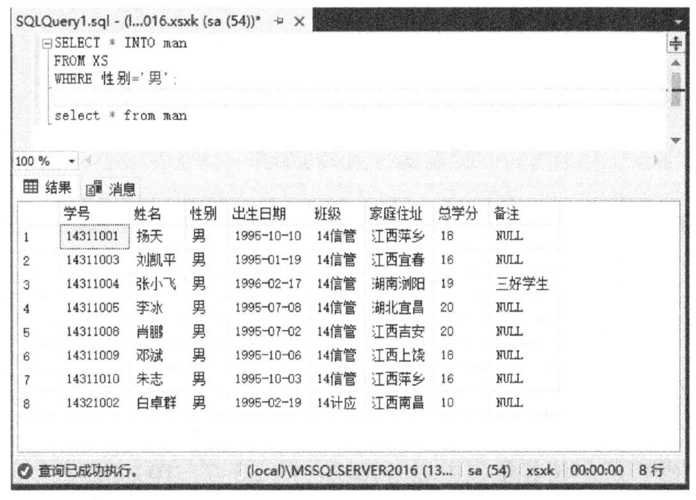

```
SELECT * INTO man
FROM XS
WHERE 性别='男';

select * from man
```

	学号	姓名	性别	出生日期	班级	家庭住址	总学分	备注
1	14311001	扬天	男	1995-10-10	14信管	江西萍乡	18	NULL
2	14311003	刘凯平	男	1995-01-19	14信管	江西宜春	16	NULL
3	14311004	张小飞	男	1996-02-17	14信管	湖南浏阳	19	三好学生
4	14311005	李冰	男	1995-07-08	14信管	湖北宜昌	20	NULL
5	14311008	肖鹏	男	1995-07-02	14信管	江西吉安	20	NULL
6	14311009	邓斌	男	1995-10-06	14信管	江西上饶	18	NULL
7	14311010	朱志	男	1995-10-03	14信管	江西萍乡	16	NULL
8	14321002	白卓群	男	1995-02-19	14计应	江西南昌	10	NULL

图 9.6　INTO 子句

【例 9.7】查询所有 1996 年出生的学生情况，保存在临时表 tempdb。

```
SELECT * INTO #tempdb
FROM XS
WHERE year(出生日期)=1996
SELECT * FROM #tempdb
```

执行结果如图 9.7 所示。

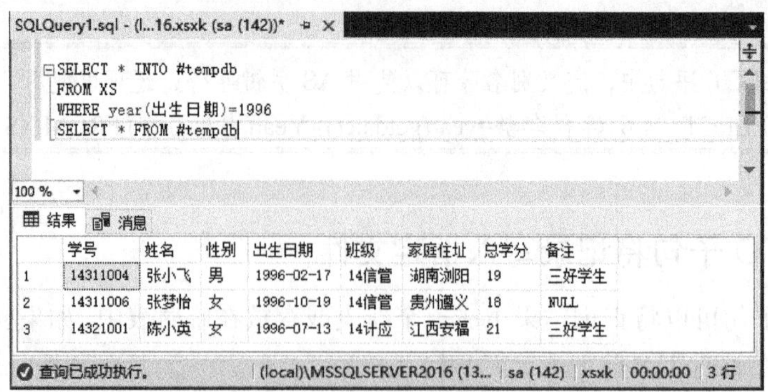

图 9.7 查询结果保存在临时表

例 9.7 也可以使用 SELECT * INTO #tempdb FROM XS WHERE 出生日期 Between '1996-1-1' and '1996-12-31' 方法实现。

9.1.5 用 WHERE 子句筛选符合条件的记录

在前面的实例中，所有查询均检索表中的所有记录。但更多情况下，希望得到满足一定条件的记录，用户可以在 SELECT 语句中使用 WHERE 子句指定查询条件，过滤不符合条件的记录。

1. 比较条件查询

T-SQL 代码中的比较运算符如表 9.2 所示。

表 9.2 比较运算符

运算符	含义	运算符	含义
>	大于	<	小于
=	等于	>=	大于等于
<=	小于等于	<>或!=	不等于
!>	不大于	!<	不小于

- 数值型数据比较：按其值大小进行比较，如 2.5<7、103<253。
- 字符型数据比较：根据其 ASCII 码进行比较，如 'a' < 'x'、'A' < 'a'。
- 日期型数据比较：日期越靠后，其值越大，如 '2013-5-8' < '2015-10-1'。
- 如果查询条件达到 2 个或 2 个以上，就应该使用逻辑运算符进行连接，T-SQL 语言中逻辑运算符包括 And、Or 和 Not。
- And：当 2 个条件都满足时，其值为真。
- Or：当 2 个条件中有 1 个满足时，其值为真。
- Not：对指定的条件取反。

【例 9.8】从 KC 表中查询第 2 学期所开课程，显示课程号、课程名以及学时。

```
SELECT 课程号,课程名,学时
FROM KC
WHERE 学期=2
```

执行结果如图 9.8 所示。

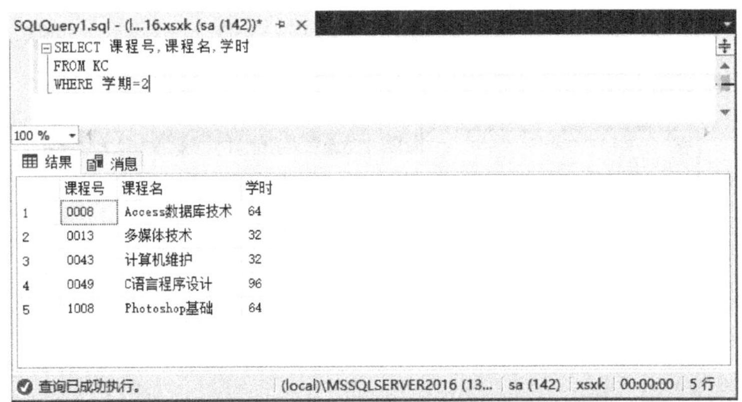

图 9.8　查询第 2 学期所开课程

【例 9.9】从 KC 表中查询第 2 学期且学分 4 分或以上的课程，显示课程号、课程名以及学时。

```
SELECT 课程号,课程名,学时
FROM KC
WHERE 学期=2 And 学分>=4
```

执行结果如图 9.9 所示。

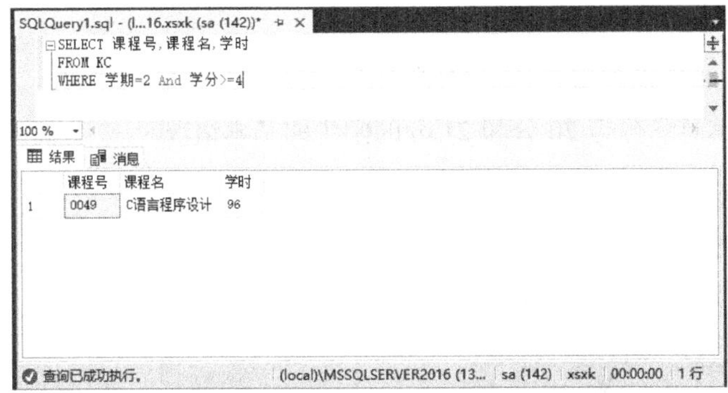

图 9.9　查询第 2 学期且学分在 4 分以上的课程

对汉字进行比较时，根据其汉语拼音进行排序，比如：赵、钱、孙、李的汉语拼音分别为 zhao、qian、sun、li，因此“赵”>“孙”>“钱”>“李”。

2. 范围条件查询

当查询某个范围内的数据时，可以使用 Between…And 关键字实现。

【例 9.10】查询 1996 年出生学生的基本情况，显示所有字段。

```
SELECT *
FROM XS
WHERE 出生日期 Between '1996-1-1' And  '1996-12-31'
```

执行结果如图 9.10 所示。

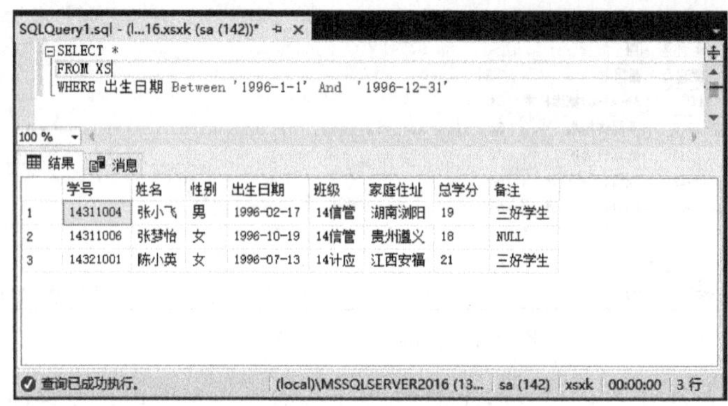

	学号	姓名	性别	出生日期	班级	家庭住址	总学分	备注
1	14311004	张小飞	男	1996-02-17	14信管	湖南浏阳	19	三好学生
2	14311006	张梦怡	女	1996-10-19	14信管	贵州遵义	18	NULL
3	14321001	陈小英	女	1996-07-13	14计应	江西安福	21	三好学生

图 9.10　查询 1996 年出生的学生

也可以使用比较运算符和逻辑运算符实现上述实例。

```
SELECT *
FROM XS
WHERE 出生日期>='1996-1-1' And 出生日期<='1996-12-31'
```

3. 列表条件查询

使用 IN 关键字可以查询与列表中的值相匹配的记录。

【例 9.11】查询总学分为 20 分和 21 分的学生的基本情况。

```
SELECT * FROM XS
WHERE 总学分 IN (20,21)
```

上述查询也可使用关键字 Or 实现：

```
SELECT * FROM XS
WHERE 总学分= 20 Or 总学分=21
```

执行结果如图 9.11 所示。

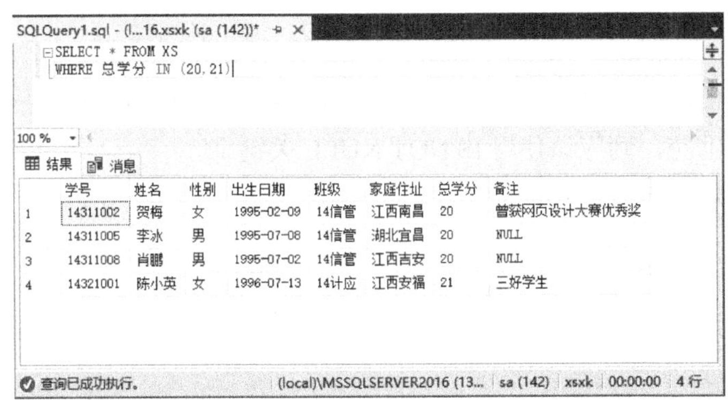

图 9.11 查询总学分为 20 分或 21 分的学生

4. 模式匹配查询

当查询的检索条件不明确（比如查找学生信息不完整，只知道他姓“陈”，或者查找关于网络方面的书籍，但书名并不确定）时，通常需要使用模式匹配，也称为模糊查询。在 SQL Server 2016 中，可以使用 Like 关键字查找与指定模式匹配的字符串。对于不确定或不完整的部分，需要使用通配符，SQL Server 2016 中的通配符如表 9.3 所示。

表 9.3 模式匹配通配符

通配符	说明
%	匹配任意多个字符
_	匹配单个字符
[]	指定范围（如[a-d]、[0-9]）或集合（如[abcd]）中的任何单个字符
[^]	不在指定范围（[^a-d]、[^0-9]或集合如（[^abcd]）内的任何单个字符

【例 9.12】查询所有姓“陈”的学生的基本情况。

```
SELECT * FROM XS
WHERE 姓名 Like '陈%'
```

执行结果如图 9.12 所示。

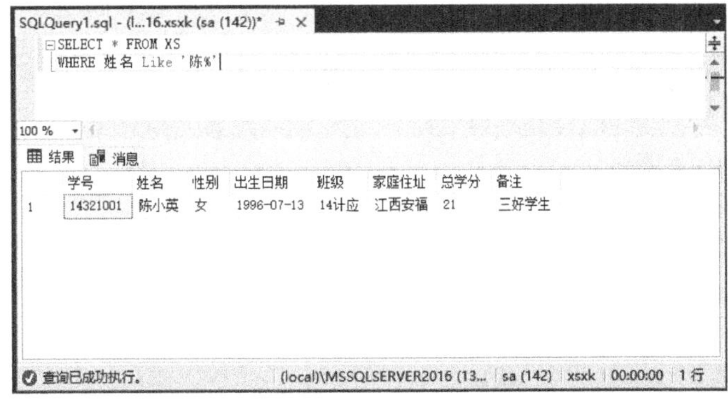

图 9.12 查询所有姓陈的学生

5. 空值查询

NULL 表示空值，当需要判断表达式的值是否为空时，使用 IS NULL 关键字；若需要判断表达式值是否为非空，则应该使用 IS NOT NULL 关键字。

【例 9.13】查询所有备注不为空的学生的学号、姓名、班级。

```
SELECT 学号,姓名,班级
FROM XS
WHERE 备注 IS Not NULL
```

执行结果如图 9.13 所示。

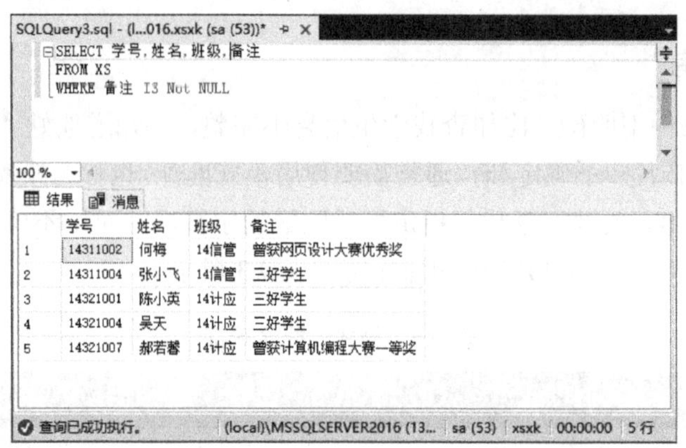

图 9.13　查询备注不为空的学生

9.1.6　用 GROUP BY 子句记录分组

GROUP BY 子句将数据按指定字段进行分组。例如，统计 XS 表中的男生和女生人数，需要先将 XS 表按照班级、性别字段进行分组；若统计每门课程的平均分，则应该首先将 CJ 表按照课程号进行分组。GROUP BY 子句需要与聚合函数一同使用。聚合函数相关内容请查看本书函数部分。

【例 9.14】统计各班级的男生和女生人数。

```
SELECT 班级,性别,Count(*)
FROM XS
GROUP BY 班级,性别
```

执行结果如图 9.14 所示。

```
SELECT 班级,性别,Count(*)
FROM XS
GROUP BY 班级,性别
```

	班级	性别	(无列名)
1	14计应	男	3
2	14信管	男	7
3	14计应	女	4
4	14信管	女	3

查询已成功执行。　(local)\MSSQLSERVER2016 (13...　sa (53)　xsxk　00:00:00　4 行

图 9.14　统计男生和女生人数

【例 9.15】统计各门课程的平均成绩。

```
SELECT 课程号,AVG(成绩)
FROM XK
GROUP BY 课程号
```

执行结果如图 9.15 所示。

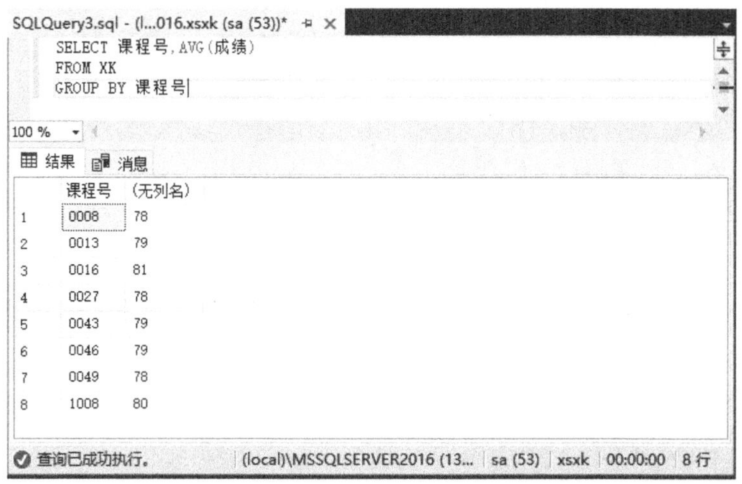

图 9.15　统计各门课程的平均成绩

9.1.7　用 HAVING 子句对聚合指定条件

HAVING 子句与 WHERE 子句的功能类似，都是对数据进行筛选。不同的是，WHERE 子句是在分组之前对数据进行筛选，HAVING 子句是对分组进行筛选。HAVING 子句中可以包含聚合函数，而 WHERE 子句不能包含聚合函数。

当 WHERE、GROUP BY 和 HAVING 子句同时存在于 SELECT 语句中时，需要注意其执

行的顺序。首先执行的是 WHERE 子句，筛选符合条件的记录；接着执行的是 GROUP BY 子句，对符合条件的记录进行分组；最后对分组结果进行筛选。

【例 9.16】查找人数在 8 人以上的班级。

```
SELECT 班级,Count(*)
FROM XS
GROUP BY 班级
HAVING Count(*)>=8
```

执行结果如图 9.16 所示。

图 9.16　查询人数在 8 人以上的班级

【例 9.17】查找女生人数超过 4 人的班级。

```
SELECT 班级,Count(*)
FROM xs
WHERE 性别='女'
GROUP BY 班级
HAVING Count(*)>=2
```

执行结果如图 9.17 所示。

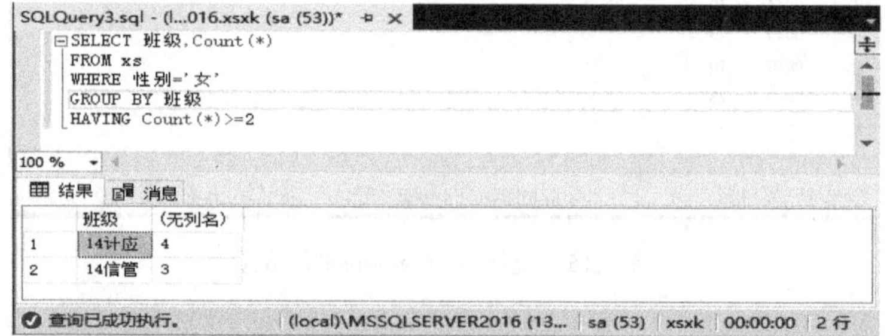

图 9.17　查询女生人数超过 4 人的班级

HAVING 子句与 WHERE 子句后面都是对符合条件的记录进行筛选，所不同的是 HAVING 子句是对分组进行筛选，因此 SELECT 语句中包含 HAVING 子句时，必须使用 GROUP BY 子句，反之则未必。读者应充分理解 HAVING 子句与 WHERE 子句的区别。

9.1.8　用 ORDER BY 子句排序

ORDER BY 子句是对查询结果按一个或多个字段进行排序。排序方式分为升序和降序 2 种，分别使用关键字 Asc 和 Desc，Asc 是系统默认方式。

【例 9.18】查询 14 计应班所有学生的学号、姓名、出生日期，按出生日期升序排列。

```
SELECT 学号,姓名,出生日期
FROM XS
WHERE 班级='14 计应'
ORDER BY 出生日期 Asc
```

执行结果如图 9.18 所示。

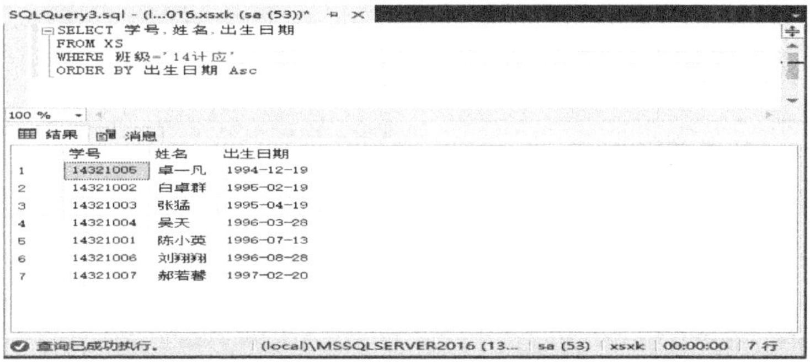

图 9.18　查询学生信息并升序排序

【例 9.19】查询每个学生的平均成绩，并按平均成绩的降序排列。

```
SELECT 学号,Avg(成绩)
FROM XK
GROUP BY 学号
ORDER BY avg(成绩) Desc
```

执行结果如图 9.19 所示。

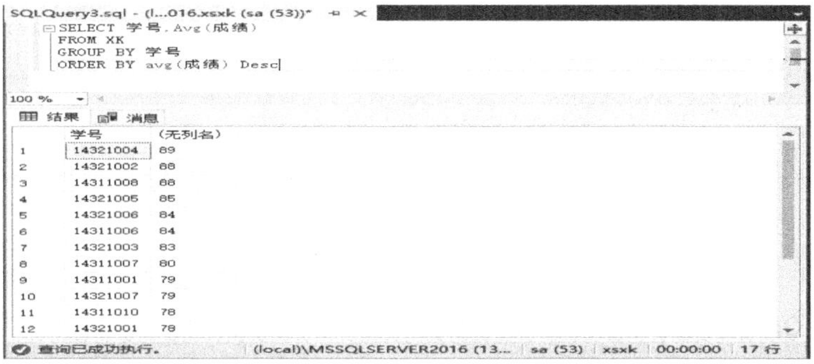

图 9.19　查询学生平均成绩并降序排列

9.1.9 用 Distinct 关键字排除重复值

使用 Distinct 关键字可以从查询结果中消除重复的行，该关键字表示选取符合条件的数据记录，并当选取的记录中有重复记录时，去除重复记录。使用 Distinct 关键字的 SELECT 语句在实际应用中使用非常多。

【例 9.20】从 CJ 表中查询被选修的课程号。

请仔细比较下面两段代码的区别：

```
SELECT 课程号
FROM XK
SELECT Distinct 课程号
FROM XK
```

分别执行上述两段代码后，其返回结果如图 9.20 和图 9.21 所示。

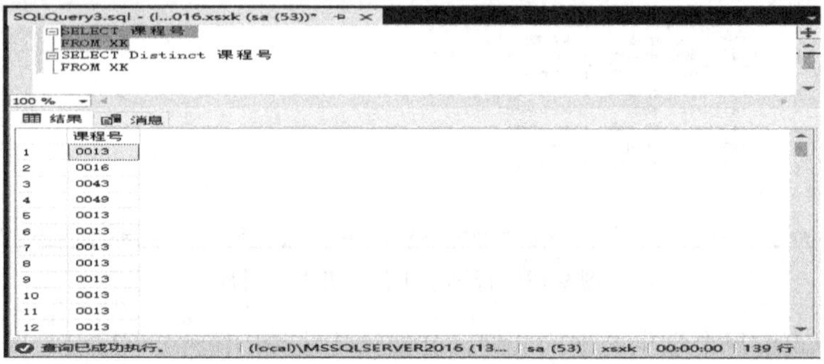

图 9.20　不使用 Distinct

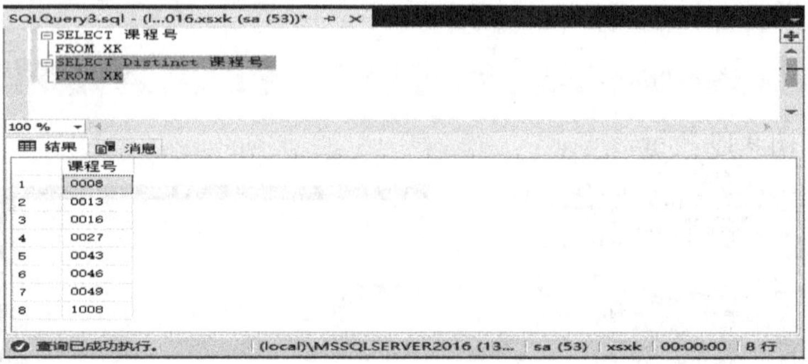

图 9.21　使用 Distinct

9.1.10 用 Top 关键字返回指定记录

如果 SELECT 查询的结果集非常大，可以使用 Top 关键字限制其返回的行数。返回行数的方法有两种，可以指定返回的数量，也可以指定返回记录的比例。

【例 9.21】查询 14 图形班年龄最大的 5 位学生的学号、姓名和出生日期。

```
SELECT Top 5 学号,姓名,出生日期
FROM XS
WHERE 班级='14 信管'
ORDER BY 出生日期
```

执行结果如图 9.22 所示。

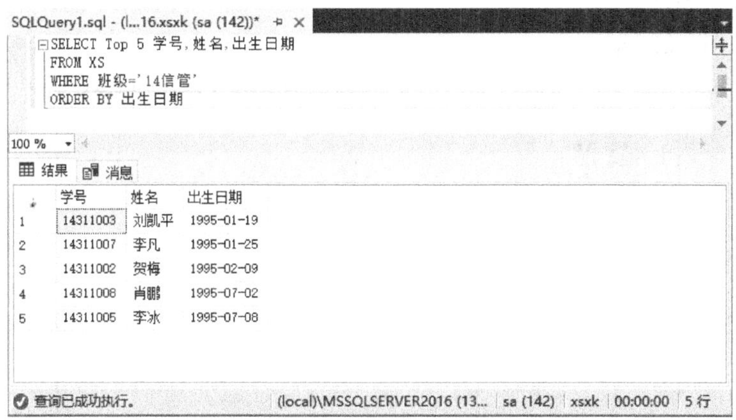

图 9.22　查询年龄最大的 5 位学生

9.2 Union 合并多个查询结果

Union 操作可以将两个或多个 SELECT 查询结果合并成为一个结果集。其格式为 SELECT 查询 Union [ALL] SELECT 查询，各 SELECT 查询中列的数量与顺序必须相同，列的数据类型必须相同或可自动转换。

9.2.1 Union 与连接之间的区别

Union 操作是把两个查询结果集追加在一起，它不会引起列的变化；连接操作是根据连接条件对两个表的列进行比较，并将两个表指定的列连接在一起。简单来讲，Union 操作是将两个或多个查询结果进行横向结合，而连接操作是将两个或多个表或查询结果进行纵向结合。Union 操作中各查询结果的列的数量与顺序必须相同，而连接操作无此要求。

9.2.2 使用 Union All 合并表

Union 操作中使用关键字 All，合并的结果包括所有行，不去除重复行，不使用 All 则将合并结果中的重复行去除。默认情况下，Union 操作将从结果中去除重复行。

【例 9.22】查询所有女学生和 1994 年出生的学生信息。

```
SELECT *
```

```
FROM XS
WHERE 性别='女'
Union All
SELECT *
FROM XS
WHERE 出生日期 Between '1994-1-1' And '1994-12-31'
```

执行结果如图 9.23 所示。

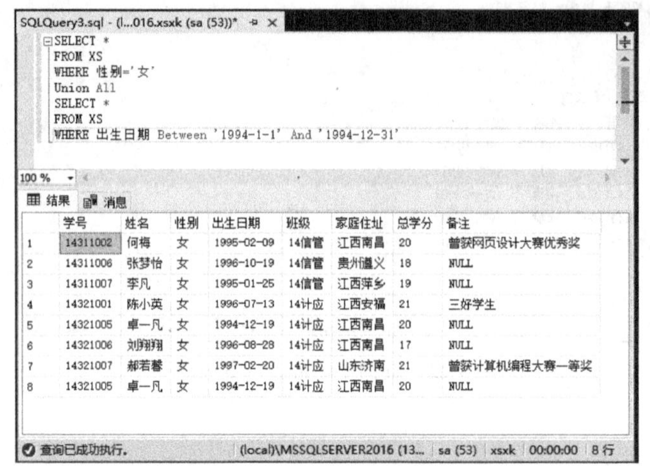

图 9.23　查询女同学和 1994 年出生的学生信息

9.2.3　Union 中的 ORDER BY 子句

在 Union 操作中，其结果的列标题为第一个查询的列标题。要对结果进行排序，也必须使用第一个查询中的列标题。对查询结果进行排序，ORDER BY 子句只能位于最后一个查询语句后。其语法为：

```
SELECT select_list
FROM table_source
WHERE search_condition
Union
SELECT select _list
FROM table_source
WHERE search_condition
ORDER BY order_expression
```

【例 9.23】使用 Union 语句查询 1994 年和 1996 年出生的学生情况，并按照出生日期降序排列。

```
SELECT *
FROM XS
WHERE 出生日期 Between '1994-1-1' And '1994-12-31'
```

```
Union
SELECT *
FROM XS
WHERE 出生日期 Between  '1996-1-1' And '1996-12-31'
ORDER BY 出生日期 Desc
```

执行结果如图 9.24 所示。

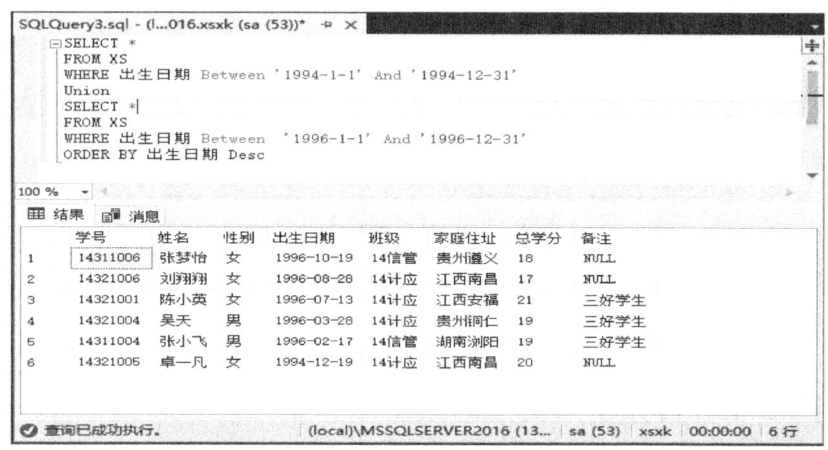

图 9.24　查询 1994 年和 1996 年出生的学生情况

9.2.4　Union 中的自动数据类型转换

在 Union 操作中，SELECT 查询列的数量与顺序必须相同，列的数据类型不必完全相同，但数据类型间必须可自动转换。自动转换时，对于数值类型，系统将低精度的数据类型转换为高精度的数据类型；对于长度不同的文本数据类型，系统将在结果集采用长的文本长度。

【例 9.24】现有学生表 XS2，包括学号、姓名和出生日期等字段，学号数据类型为 Char(10)，使用 Union 查询 XS 表中 14 计应班和 XS2 中所有学生的学号、姓名和出生日期。

```
SELECT 学号,姓名,出生日期
FROM XS
WHERE 班级='14 计应'
Union
SELECT 学号,姓名,出生日期
FROM XS2
```

执行结果如图 9.25 所示。

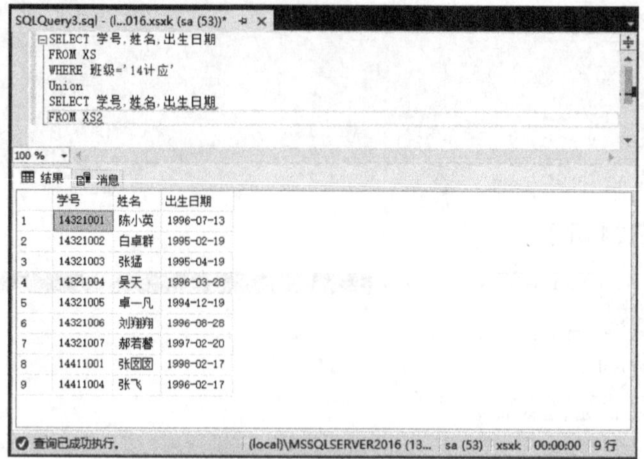

图 9.25　自动类型转换查询

由于 XS 表中学号字段为 char(8)，XS2 表中学号字段为 char(10)，Union 的结果集中采用长度大的文本类型 char(10)。

9.2.5　使用 Union 合并不同类型的数据

若合并表中两个 SELECT 查询的对应的列数据类型不一致，则需要使用数据类型转化函数完成显式的类型转换。例如，两个 SELECT 查询相对应的列数据类型，一个为数值型，另一个为字符型，合并前需要将数值型转化为字符型。

【例 9.25】现有学生表 XS3，包括学号、姓名和出生日期等字段，学号数据类型为 int，使用 Union 查询 XS 表 14 计应班和 XS3 中所有学生的学号、姓名和出生日期。

由于 XS 表中学号为 char(8)，而 XS3 表中学号为 int，类型不同，需要将 int 显式转换为 char。

```
SELECT 学号,姓名,出生日期
FROM XS
WHERE 班级='14 计应'
Union
SELECT cast(学号 as char(8)),姓名,出生日期
FROM XS3
```

9.2.6　使用 Union 合并有不同列数的两个表

使用 Union 操作将两个 SELECT 查询结果合并，通常两个 SELECT 查询的列数量应该相同。若两个查询的列数量不相等，则可以通过向其中一个 SELECT 查询中添加 NULL 列，使两个查询中的列相等，完成合并操作。

【9.26】查询 14 信管班女生的学号、姓名以及 14 计应班女生的学号、姓名和出生日期。

```
SELECT 学号,姓名,NULL
```

```
FROM XS
WHERE 班级='14 信管' And 性别='女'
Union
SELECT 学号,姓名,出生日期
FROM XS
WHERE 班级='14 计应' And 性别='女'
```

执行结果如图 9.26 所示。

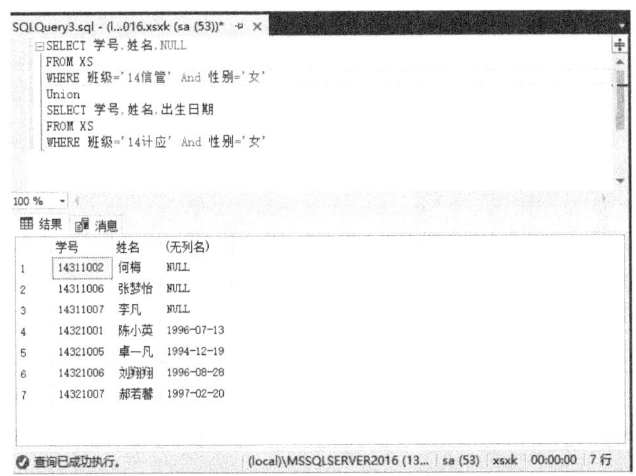

图 9.26　合并不同列数的表

9.2.7　使用 Union 进行多表合并

Union 操作的作用是将两个 SELECT 查询的结果集进行合并。实际上，一个 SQL 语句中可以包括多个 Union 操作，也就是说可以将多个 SELECT 查询结果合并。

【例 9.27】查询姓“李”“杨”和“陈”的学生基本情况，包括学号、姓名、出生日期和家庭住址。

```
SELECT 学号,姓名,出生日期,家庭住址
FROM XS
WHERE 姓名 Like '李%'
Union
SELECT 学号,姓名,出生日期,家庭住址
FROM XS
WHERE 姓名 Like '杨%'
Union
SELECT 学号,姓名,出生日期,家庭住址
FROM XS
WHERE 姓名 Like '陈%'
```

执行结果如图 9.27 所示。

SQLQuery3.sql - (l...016.xsxk (sa (53))*

```
SELECT 学号,姓名,出生日期,家庭住址
FROM XS
WHERE 姓名 Like '李%'
Union
SELECT 学号,姓名,出生日期,家庭住址
FROM XS
WHERE 姓名 Like '杨%'
Union
SELECT 学号,姓名,出生日期,家庭住址
FROM XS
WHERE 姓名 Like '陈%'
```

100 %

结果 消息

	学号	姓名	出生日期	家庭住址
1	14311005	李冰	1995-07-08	湖北宜昌
2	14311007	李凡	1995-01-25	江西萍乡
3	14321001	陈小英	1996-07-13	江西安福

查询已成功执行。 (local)\MSSQLSERVER2016 (13... sa (53) xsxk 00:00:00 3 行

图 9.27　多表合并

在使用 Union 语句进行多表合并时，某些情况下可以使用其他方法实现。例如，例 9.27 也可以使用如下代码实现：

SELECT 学号,姓名,出生日期,家庭住址 FROM XS WHERE 姓名 Like ‘李*’ or 姓名 Like ‘杨*’ or 姓名 Like ‘陈*’

9.3 子查询与嵌套查询

9.3.1 什么是子查询

当一个查询依赖于另一个查询的结果时，可以将 SELECT 语句放置于另一个 SELECT 语句中，这样的查询被称为嵌套查询，嵌套于其他 SELECT 语句中的查询被称为子查询。子查询除可以嵌套于 SELECT 语句外，还可以在 INSERT、UPDATE 和 DELETE 语句中嵌套。

子查询应遵守的语法规则如下：

- 子查询的 SELECT 查询使用圆括号。
- 不能使用 Compute 或 For Browse 子句。
- ORDER BY 子句不能用于子查询，但指定了 Top 时则可以。
- 子查询最多可以嵌套 32 层。

9.3.2 什么是嵌套查询

嵌套查询是指一个查询语句可以嵌套在另一个查询块的 WHERE 子句或 HAVING 子句中。其中外层查询也称为父查询，内层查询也称子查询。嵌套查询的工作方式是：先处理子查询，

父查询利用子查询的结果一层层向上处理，直到最外层的查询。

9.3.3　简单嵌套查询

嵌套查询中的内层子查询通常作为搜索条件的一部分，如果子查询返回的是单个值，就称为简单嵌套查询。将表达式的值与子查询的返回结果进行比较，如果比较结果为真，显示返回该记录，否则不返回该记录。

【例 9.28】查询和“李安平”同一个班级的学生的学号、姓名和出生日期。

```
SELECT 学号,姓名,出生日期
FROM XS
WHERE 班级=
(SELECT 班级 FROM XS WHERE 姓名='郝若馨')
```

执行结果如图 9.28 所示。

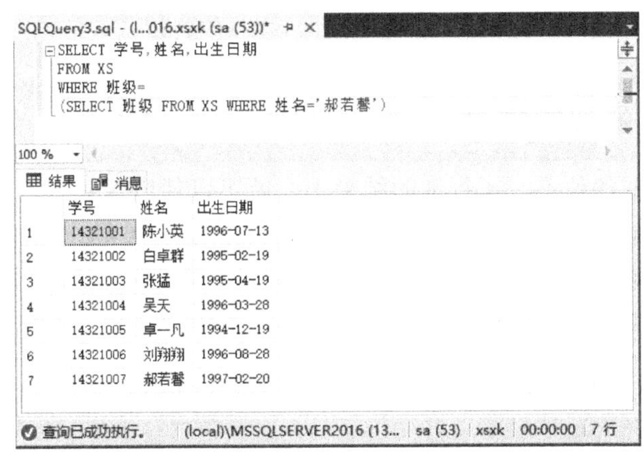

图 9.28　查询和李安平同班的学生

9.3.4　带 IN 的嵌套查询

如果子查询的结果不是单个值，而是一个集合，就应使用关键字 IN，称为带 IN 的嵌套查询，其语法格式为：

```
SELECT SELECT_list
FROM table_source
WHERE expression IN 子查询
```

嵌套子查询的结果通常不是单个值，而是一个集合，这时不可使用比较运算符进行简单的嵌套查询，应该使用带 IN 的嵌套查询。将查询表达式的值与子查询的结果进行比较，如果能够匹配，就返回该记录。

【例 9.29】查询考试不及格学生的学号、姓名和班级。

```
SELECT 学号,姓名,班级
```

```
FROM XS
WHERE 学号 IN
(SELECT distinct 学号 FROM XK WHERE 成绩<60)
```

执行结果如图 9.29 所示。

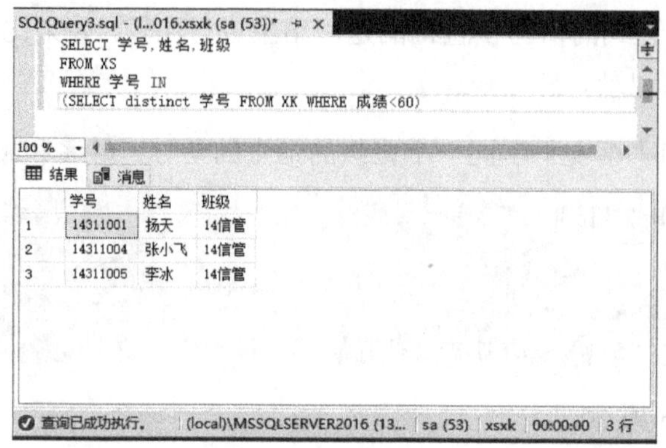

图 9.29　查询考试不及格的学生

9.3.5　带 Not IN 的嵌套查询

如果父查询表达式的值不在子查询的结果中，就可以使用 Not IN，其语法格式为：

```
SELECT SELECT_list
FROM table_source
WHERE expression Not IN 子查询
```

Not IN 是对于 IN 进行求反，即查询表达式的值与子查询的结果进行比较，如果不匹配，就返回该记录。

【例 9.30】查询没有参加考试学生的学号、姓名和班级。

```
SELECT 学号,姓名,班级
FROM XS
WHERE 学号 Not IN
    (SELECT Distinct 学号 FROM XK )
```

9.3.6　带 Some 的嵌套查询

SQL Server 2016 支持 Some、Any 和 All 三种比较谓词，其中 Some 和 Any 是等效的。All 要求 WHERE 的查询表达式与子查询返回的每个值进行比较时都应满足条件，Some 和 Any 则要求 WHERE 的查询表达式与子查询返回的值进行比较时至少有一个满足条件。

【例 9.31】查询有成绩不及格的学生的学号、姓名和班级。

```
SELECT 学号,姓名,班级
FROM XS
```

```
WHERE 学号=Some(SELECT distinct 学号 FROM XK  WHERE 成绩<60)
```

执行结果如图 9.30 所示。

	学号	姓名	班级
1	14311003	刘凯平	14信管
2	14311005	李冰	14信管
3	14311006	张梦怡	14信管
4	14311008	肖鹏	14信管
5	14321002	白卓群	14计应
6	14321005	陈海平	14计应
7	14331002	李洁	14图形
8	14331004	李小静	14图形
9	14331007	易小辉	14图形
10	14331013	林沙	14图形

图 9.30　带 SOME 的嵌套查询

9.3.7　带 Any 的嵌套查询

在 SQL Server 2016 中，谓词 Any 和 Some 是等效的，使用谓词的地方可以替换为 Some。

【例 9.32】查询 14 计应班比 14 信管班至少一个学生的年龄要小的学生。

```
SELECT 学号,姓名,班级,出生日期
FROM XS
WHERE 班级='14 计应' and 出生日期>Any
(SELECT 出生日期 FROM Xs WHERE 班级='14 信管')
```

执行结果如图 9.31 所示。

	学号	姓名	班级	出生日期
1	14321001	陈小英	14计应	1996-07-13
2	14321002	白卓群	14计应	1995-02-19
3	14321003	李安平	14计应	1995-05-30
4	14321004	赖文萍	14计应	1996-03-03
5	14321005	陈海平	14计应	1995-07-03
6	14321006	陆安	14计应	1996-03-21
7	14321007	胡梦萍	14计应	1996-05-11
8	14321008	刘婷	14计应	1995-01-20
9	14321009	胡兵	14计应	1995-12-30

图 9.31　带 ANY 的嵌套查询

9.3.8　带 All 的嵌套查询

比较谓词 All，要求 WHERE 的查询表达式与子查询返回的每个值进行比较，且都满足条件，否则不返回记录。

【例 9.33】查询其他班比 14 计应班所有学生都小的学生，显示学号、姓名、班级和出生日期。

```
SELECT 学号,姓名,班级,出生日期
FROM XS
```

```
WHERE 班级<>'14 计应' and 出生日期>All
(SELECT 出生日期 FROM XS WHERE 班级='14 计应')
```

执行结果如图 9.32 所示。

	学号	姓名	班级	出生日期
1	14311006	张梦怡	14信管	1996-10-19

图 9.32　带 ALL 的嵌套查询

带 Some、Any 或 All 的嵌套查询，通常也可以通过其他方式实现。例如，例 9.33 可通过聚合函数实现，代码如下：

SELECT 学号,姓名,班级,出生日期 FROM XS WHERE 出生日期>(SELECT max(出生日期) FROM XS WHERE 班级='14 计应')

9.3.9　带 Exists 的嵌套查询

含 Exists 的子查询不产生任何数据，只是用来检测子查询中是否有结果返回。如果有，子查询就返回 True，否则将返回 False。由于仅仅判断是否有返回结果，因此子查询的字段列表通常为“*”。

【例 9.34】查询参加了'0027'课程考试的学生的学号、姓名和班级。

```
SELECT 学号,姓名,班级
FROM XS
WHERE Exists
(SELECT * FROM XK WHERE XS.学号=XK.学号 and 课程号='0027')
```

执行结果如图 9.33 所示。

	学号	姓名	班级
1	14311001	杨天	14信管
2	14311002	贺梅	14信管
3	14311003	刘凯平	14信管
4	14311004	张小飞	14信管
5	14311005	李冰	14信管
6	14311006	张梦怡	14信管
7	14311007	李凡	14信管
8	14311008	肖鹏	14信管
9	14311009	邓斌	14信管
10	14311010	朱志	14信管

图 9.33　带 Exists 的嵌套查询

使用 Exists 引入的子查询在这几方面与其他子查询略有不同：1. Exists 关键字前面没有列名、常量或其他表达式；2. 由 Exists 引入的子查询的选择列表通常是由星号（*）组成的，由于只是测试是否存在符合子查询中指定条件的行，因此可以不给出列名。

9.4 连接查询

数据库查询所需字段通常来自多个表，将多个表中的字段按照给定的连接条件进行连接得到新表，即为连接查询。连接条件既可以在 FROM 子句中指定，也可以在 WHERE 子句中指定，由于 ANSI SQL：1992 推荐为使用 Join 关键字进行连接，因此建议读者在 FROM 子句中指定连接条件。其基本语法格式如下：

```
SELECT SELECT_list
FROM table1 Join table2
ON search_condition
WHERE search_condition
```

连接查询的类型主要包括内部连接、外部连接和交叉连接。

9.4.1 内部连接

内连接是指根据连接条件对两个或多个表的连接字段进行比较，将符合连接条件的记录连接起来的一种连接形式。内连接是一种常用的连接方式，使用关键字 Inner Join 进行连接，如果省略 Iner，就默认为内连接。内连接的语法格式如下：

```
SELECT SELECT_list
FROM table1 Inner Join table2
ON search_condition
```

【例 9.35】查询不及格学生的学号、姓名、班级、课程号以及成绩。

```
SELECT XS.学号,姓名,班级,课程号,成绩
FROM XS Iner Join XK
ON XS.学号=XK.学号
WHERE 成绩<60
```

执行结果如图 9.34 所示。

	学号	姓名	班级	课程号	成绩
1	14311003	刘凯平	14信管	0027	49
2	14311005	李冰	14信管	0046	53
3	14311006	张梦怡	14信管	0027	38
4	14311008	肖鹏	14信管	0027	46
5	14311008	肖鹏	14信管	0046	50
6	14321002	白卓群	14计应	0008	55
7	14321002	白卓群	14计应	0043	49
8	14321005	陈海平	14计应	0008	39
9	14331002	李洁	14图形	0013	57
10	14331002	李洁	14图形	0016	43
11	14331004	李小静	14图形	0013	47
12	14331007	易小辉	14图形	0016	38
13	14331007	易小辉	14图形	1008	43
14	14331013	林沙	14图形	0016	25
15	14331013	林沙	14图形	1008	37

图 9.34　内部联接

内连接可以通过两种方法实现，除在 FROM 子句中实现连接外，还可以在 WHERE 子句中实现。例 9.35 可以使用下述代码实现：

SELECT XS.学号,姓名,班级,课程号,成绩 FROM XS,XK WHERE XS.学号=XK.学号 And WHERE 成绩<60

9.4.2 外部连接

内连接是将符合条件的行进行连接，而外连接将会保留某个表或视图的所有行以及另一个

表中不符合条件的行。根据保留所有行的表所在位置不同，可以将外连接分为左外连接、右外连接和完全外连接。

1. 左外连接

左外连接保留左边表的所有记录以及右边表中符合条件的记录。如果左表的某一记录在右表中没有匹配行，右表中相应的列显就示为 NULL。左外连接使用 Left Outer Join 或者 Left Join 进行连接。其语法格式为：

```
SELECT SELECT_list
FROM left_table Left Join right_table
On search_condition
```

例如，现有两个表 Table1 和 Table2。其中，Table1 包含 2 个字段，Table2 包含 3 个字段，如表 9.4 和表 9.5 所示。

表 9.4　Table1

列 1	列 2
P1	Q1
P2	Q2
P3	Q3
P4	Q4

表 9.5　Table2

列 1	列 2	列 3
P1	R1	T1
P2	R2	T2
P4	R4	T4
P5	R5	T5
P6	R6	T6

现对 Table1 和 Table2 进行左外连接，通过 SELECT 语句的 Left Join 子句进行连接，实现语句如下，连接完成后如表 9.6 所示。

```
SELECT *
FROM Table1 Left Join Table2
On Table1.列1=Table2.列1
```

表 9.6　Table1 Left Join Table2

Table1.列 1	Table1.列 2	Table2.列 1	Table2.列 2	Table2.列 3
P1	Q1	P1	R1	T1
P2	Q2	P2	R2	T2
P3	Q3	NULL	NULL	NULL
P4	Q4	P4	R4	T4

【例 9.36】查询学生的学号、姓名、班级、课程号以及成绩。对于未参加考试的学生，显示其学号、姓名、班级，课程号和成绩用 NULL 表示。

```
SELECT XS.学号,姓名,班级,课程号,成绩
FROM XS Left Join XK
ON XS.学号=XK.学号
```

2. 右外连接

右外连接保留右边表的所有记录以及左边表中符合条件的记录。如果右表的某一记录在左表中没有匹配行，左表中相应的列就显示为 NULL。右外连接使用 Rright Outer Join 或者 Right Join 进行连接。其语法格式为：

```
SELECT SELECT_list
FROM left_table Right Join right_table
On search_condition
```

例如，现有两个表 Table1 和 Table2。其中，Table1 包含 2 个字段，Table2 包含 3 个字段，如表 9.7 和表 9.8 所示。

表 9.7　Table1

列 1	列 2
P1	Q1
P2	Q2
P3	Q3
P4	Q4

表 9.8　Table2

列 1	列 2	列 3
P1	R1	T1
P2	R2	T2
P4	R4	T4
P5	R5	T5
P6	R6	T6

现对 Table1 和 Table2 进行右外连接，通过 SELECT 语句的 Right Join 子句进行连接，实现语句如下，连接完成后如表 9.9 所示。

```
SELECT *
FROM Table1 Right Join Table2
On Table1.列 1=Table2.列 1
```

表 9.9　Table1 Right Join Table2

Table1.列 1	Table1.列 2	Table2.列 1	Table2.列 2	Table2.列 3
P1	Q1	P1	R1	T1
P2	Q2	P2	R2	T2
P4	Q4	P4	R4	T4
NULL	NULL	P5	R5	T5
NULL	NULL	P6	R6	T6

【例 9.37】查询课程号、课程名和成绩。对于未被选修的课程，其课程号和课程名显示为 NULL。

```
SELECT 课程号,课程名,成绩
FROM XK Right Join KC
ON XK.课程号=KC.课程号
```

3. 完全外连接

完全外连接保留左表和右表所有记录，如果左表某一记录在右表中无匹配行，右表相应列就显示为 NULL；如果右表某一记录在左表中无匹配行，左表相应列就显示为 NULL。完全外连接使用 Full Outer Join 或者 Full Join 进行连接。其语法格式为：

```
SELECT SELECT_list
FROM left_table Full Join right_table
On search_condition
```

例如，现有两个表 Table1 和 Table2。其中，Table1 包含 2 个字段，Table2 包含 3 个字段，如表 9.10 和表 9.11 所示。

表 9.10 Table1

列 1	列 2
P1	Q1
P2	Q2
P3	Q3
P4	Q4

表 9.11 Table2

列 1	列 2	列 3
P1	R1	T1
P2	R2	T2
P4	R4	T4
P5	R5	T5
P6	R6	T6

现对 Table1 和 Table2 进行完全外连接，通过 SELECT 语句的 Full Join 子句进行连接，实现语句如下，连接完成后如表 9.12 所示。

```
SELECT *
FROM Table1 Full Join Table2
On Table1.列 1=Table2.列 1
```

表 9.12 Table1 Full Join Table2

Table1.列 1	Table1.列 2	Table2.列 1	Table2.列 2	Table2.列 3
P1	Q1	P1	R1	T1
P2	Q2	P2	R2	T2
P3	Q3	NULL	NULL	NULL
P4	Q4	P4	R4	T4
NULL	NULL	P5	R5	T5
NULL	NULL	P6	R6	T6

【例 9.38】使用完全外连接对 XS 表和 XK 表进行连接。

```
SELECT XS.学号,姓名,课程号,成绩
FROM XS Full Join XK
ON XS.学号=XK.学号
```

9.4.3 交叉连接

交叉连接结果为两个表的笛卡尔积，结果集中的行数为两个表行数的积，结果集中的列数为两个表列的和。交叉连接使用 Cross Join 进行连接。交叉连接的语法格式为：

```
SELECT select_list
FROM table1 Cross Join table2
```

【例 9.39】将 XS 表和 XK 表进行交叉连接。

```
SELECT *
FROM XS Cross Join XK
```

交叉连接产生的结果集一般是没有意义的，但在数据库的数学模式上有着重要的作用。

9.4.4 连接多表的方法

如果查询所需要的数据来自于多个表，需要对多个表进行连接，该连接称之为多表连接。多表连接查询与两个表之间的连接查询并无本质区别，多表进行连接时要注意表之间的顺序。多表连接的语法如下（以 3 个表连接为例）：

```
SELECT select _list
FROM table1 Join table2
ON search_condition1
Join table3
ON search_condition2
```

或

```
SELECT select _list
FROM table1 Join table2 Join table3
ON search_condition1
ON search_condition2
```

【例 9.40】查询 14 计应班学生的学号、姓名、出生日期、课程名以及成绩。

```
SELECT XS.学号,姓名,出生日期,课程名,成绩
FROM XS Join XK ON XS.学号=XK.学号 Join KC ON XK.课程号=KC.课程号
WHERE 班级='14 计应'
```

或

```
SELECT XS.学号,姓名,出生日期,课程名,成绩
FROM XS Join XK Join KC ON XK.课程号=KC.课程号 ON XS.学号=XK.学号
WHERE 班级='14 计应'
```

执行结果如图 9.35 所示。

	学号	姓名	出生日期	课程名	成绩
1	14321001	陈小英	1996-07-13	Access数据库技术	96
2	14321001	陈小英	1996-07-13	计算机组装与维护	83
3	14321001	陈小英	1996-07-13	静态网页设计	88
4	14321002	白卓群	1995-02-19	Access数据库技术	55
5	14321002	白卓群	1995-02-19	计算机组装与维护	49
6	14321002	白卓群	1995-02-19	静态网页设计	71
7	14321003	李安平	1995-05-30	Access数据库技术	80
8	14321003	李安平	1995-05-30	计算机组装与维护	66
9	14321003	李安平	1995-05-30	静态网页设计	71
10	14321004	賴文萍	1996-03-03	Access数据库技术	91
11	14321004	賴文萍	1996-03-03	计算机组装与维护	79
12	14321004	賴文萍	1996-03-03	静态网页设计	89

图 9.35　连接多表

在进行连接查询时，所有列引用都必须明确。在查询所引用的两个或多个表之间，任何重复的列名都必须用表名限定。

9.5 使用 Case 函数进行查询

使用SELECT语句进行数据查询有时需要将某些字段的数据进行转换，此时需要使用Case函数。Case 函数有两种格式，即简单 Case 函数和 Case 搜索函数，其格式如下：

（1）简单 Case 函数：

```
Case 表达式
    When 表达式 1 Then 结果表达式
…
    Else 结果表达式
End
```

若 Case 关键字后的表达式与 When 后面某个表达式的值相符，则返回该结果表达式；否则返回 Else 表达式后的结果表达式。

（2）Case 搜索函数：

```
Case
When 逻辑表达式 1 Then 结果表达式
…
Else 结果表达式
End
```

若某个 When 后面的逻辑表达式值为 True，则返回该结果表达式；若所有 When 后面逻辑表达式值均为 False，则返回 Else 后的结果表达式。

【例 9.41】查询 14 图形班学生的学号、姓名、出生日期、课程名及成绩，成绩以等级输出。90 分以上为“优秀”，80~89 分为“良好”，70~79 分为“中等”，60~69 分为“及格”，60 分以下为“不及格”。

```
SELECT XS.学号,姓名,出生日期,课程名,成绩
Case
When 成绩>=90 Then '优秀'
When 成绩>=80 And 成绩<=89 Then '良好'
When 成绩>=70 And 成绩<=79 Then '中等'
When 成绩>=60 And 成绩<=69 Then '及格'
Else '不及格'
End
FROM XS Join XK ON XS.学号=XK.学号 Join KC ON KC.课程号=XK.课程号
WHERE 班级='14 图形'
```

执行结果如图 9.36 所示。

	学号	姓名	出生日期	课程名	成绩
1	14331001	杨娇	1995-03-06	多媒体技术	及格
2	14331001	杨娇	1995-03-06	平面构成	中等
3	14331001	杨娇	1995-03-06	Photoshop基础	及格
4	14331002	李洁	1996-05-13	多媒体技术	不及格
5	14331002	李洁	1996-05-13	平面构成	不及格
6	14331002	李洁	1996-05-13	Photoshop基础	及格
7	14331003	崔康	1995-11-24	多媒体技术	及格
8	14331003	崔康	1995-11-24	平面构成	中等
9	14331003	崔康	1995-11-24	Photoshop基础	良好
10	14331004	李小静	1996-04-03	多媒体技术	不及格
11	14331004	李小静	1996-04-03	平面构成	良好
12	14331004	李小静	1996-04-03	Photoshop基础	中等

图 9.36 带 CASE 语句的查询

9.6 小结

本章详细介绍了 SQL Server 2016 的查询操作，包括单表查询、子查询和嵌套查询、连接查询、Union 操作以及使用 Case 函数进行查询。数据库查询的代码编写过程中经常使用到的操作本章都已经囊括，其他操作如 Except 和 Intersect，由于篇幅限制，操作使用频率较低，且这些操作多数情况下能由其他方法完成，因此本书未提及，有兴趣的读者要参考相关 SQL 书籍。

数据查询是数据库操作的重要部分，也是理解其他概念（如视图、函数、存储过程和触发器）和代码编写的基础，希望读者认真理解相关概念并能够熟练掌握数据查询的方法，尤其是涉及多个表关系的连接查询。

9.7 经典习题与面试题

1. 使用 User_Info 数据库查询 user 表后将记录写入 user.txt 中。
2. 查询 user 表，按照省份进行排序，并取出用户量最多的前 3 个省份。
3. 使用嵌套查询展示用户标识、客户标识、账户标识 3 个字段。

第 10 章 SQL数据操作

SQL 是广泛应用于数据库系统中的结构化查询语句，是程序和数据库沟通的重要语言。在 SQL Server 2016 中使用的 T-SQL（即 T-SQL）是 SQL 在 Microsoft SQL Server 中的增强版本，不仅有 SQL 标准的 DDL 和 DML 功能，也扩充了函数、系统预存程序、程序设计结构等功能。

本章重点内容：

- 掌握使用 T-SQL 语句对数据库的操作
- 掌握使用 T-SQL 语句对表的操作
- 掌握使用 T-SQL 对数据的操作
- 掌握使用 T-SQL 创建各类视图

10.1 数据库操作

前面第 6 章为读者介绍了使用 SQL Server 2016 的 SQL Server Management Studio 工具实现数据库的相关操作。事实上，使用 T-SQL 语言也能够完成所有操作。一般来说，在 SQL Server 2016 中，使用 T-SQL 语言对数据库的操作主要有创建数据库、修改数据库、删除数据库等，本节将具体讲解。

10.1.1 创建数据库

在数据库系统中，创建一个数据库永远是第一位的，数据库的创建就是在磁盘中划分一个区域用于数据的存储和管理，创建数据库需要制定一系列的参数对数据库进行描述，常用的参数有：数据库名、数据库容量、起始容量、可否自增长等。

在 SQL Server 2016 中使用 CREATE DATABASE 语句对数据库进行创建，下面是 CREATE DATABASE 的基本语法规则：

```
CREATE DATABASE database_name
[ ON
[ PRIMARY ]
( [ NAME = logical_file_name , ]
FILENAME = 'os_file_name'
```

```
[ , SIZE = size ]
[ , MAXSIZE = { max_size | UNLIMITED } ]
[ , FILEGROWTH = growth_increment ] )
[ ,...n ]]
```

- database_name：创建数据库的名称，数据库名只能定义在 128 个字符以内，并且不能和 SQL Server 2016 中已存在的数据库实例重名。
- PRIMARY：指定关联的<filespec>列表定义主文件，也就是.mdf 文件。一个数据库只能有一个主文件。如果未指定 PRIMARY，那么 CREATE DATABASE 语句中列出的第一个文件将成为主文件。
- NAME：指定文件的逻辑名称，在引用数据库时使用文件名。
- FILENAME：指定数据库文件的全路径地址，也是最终数据库文件.mdf 或次要文件.ndf 和日志文件.ldf 的文件名。
- SIZE：数据库文件的起始大小，如果在创建数据库时未指定，将使用 model 数据库中的文件大小。
- MAXSIZE：指 FILENAME 文件可扩展容量的极限，如果不指定 MAXSIZE，那么数据库文件会一直扩充，直到磁盘容量不足为止。
- FILEGROWTH：指定文件的可增长量，文件的 FILEGROWTH 不能超过 MAXSIZE 设置。

【例 10.1】创建一个名为 xsxk 的数据库，语法如下：

```
CREATE DATABASE xsxk
ON  PRIMARY
(
 name = xsxk,          ---数据库逻辑名
 filename = "C:\SQL Server 2016\xsxk.mdf ",    ---文件存储位置
 SIZE = 10MB,          ---文件起始大小
 MAXSIZE = 20MB,       ---文件最大容量-
 FILEGROWTH = 1MB   ---文件容量自增 1MB
)
```

在上述代码中创建了一个名为 xsxk 的数据库，数据库文件存放在 C 盘的 SQL Server 2016 文件夹下，名为 xsxk.mdf，文件起始大小为 10MB，最大容量为 20MB，自增量为 10MB。在创建 xsxk 数据库的时候并没有创建日志文件，但是系统会以在已有数据库名加上_log 的命名方式创建一个容量为 2MB 的日志文件。

10.1.2 修改数据库

当已建立好的数据库无法满足需求时需要对其修改，可以使用 ALERT 语句对数据库进行修改，ALERT 语法规则如下：

```
ALTER DATABASE database
```

```
{ ADD FILE < filespec > [ ,...n ] [ TO FILEGROUP filegroup_name ]
| ADD LOG FILE < filespec > [ ,...n ]
| REMOVE FILE logical_file_name
| ADD FILEGROUP filegroup_name
| REMOVE FILEGROUP filegroup_name
| MODIFY FILE < filespec >
| MODIFY NAME = new_dbname
| MODIFY FILEGROUP filegroup_name {filegroup_property | NAME =
new_filegroup_name }
| SET < optionspec > [ ,...n ] [ WITH < termination > ]
| COLLATE < collation_name >
}
< filespec > ::=
( NAME = logical_file_name
[ , NEWNAME = new_logical_name ]
[ , FILENAME = 'os_file_name' ]
[ , SIZE = size ]
[ , MAXSIZE = { max_size | UNLIMITED } ]
[ , FILEGROWTH = growth_increment ] )
```

- database：要进行修改的数据库名。
- ADD FILE.TO FILEGROUP：添加新数据库文件。
- ADD LOG FILE：添加日志文件。
- REMOVE FILE：从 SQL Server 实例中删除文件。
- MODIFY FILE：指定要修改的文件名。
- MODIFY NAME：对数据库进行重命名。
- MODIFY FILEGROUP：通过将状态设置为 READ_ONLY 或 READ_WRITE，将文件组设置为数据库的默认文件组或者更改文件组名称来修改文件组。

【例 10.2】在 xsxk 数据库中添加两个大小为 8MB 的日志文件。

```
ALTER DATABASE xsxk      ---需要修改数据库逻辑名
ADD LOG FILE                ---操作类型：添加日志文件
( NAME = addlog2,              ---日志文件逻辑名
 FILENAME = ' C:\SQL Server 2016\addlog2.ldf',    ---文件存储全路径地址
 SIZE = 8MB,
 MAXSIZE = 100MB,
 FILEGROWTH = 5MB),
( NAME = addlog3,
 FILENAME = ' C:\SQL Server 2016\addlog3.ldf',
 SIZE = 8MB,
 MAXSIZE = 100MB,
 FILEGROWTH = 5MB)
```

上述 SQL 语句中通过 ALTER DATABASE 中的 ADD LOGFILE 添加了名为 addlog2 和 addlog3 的日志文件，文件存储在 C:\SQL Server 2016\文件夹下，并对文件的初始大小、最大容量、自增量进行了设置。

修改数据库 size 属性时修改的值必须大于当前的大小。如果要缩小数据库文件的大小，需要使用 dbcc shrinkfile('逻辑文件名',大小)。

10.1.3 删除数据库

既然能够通过 T-SQL 语句创建数据库，那么也可以删除。在 SQL 中删除数据库和删除数据表都是用 DROP 语句来完成的，删除数据库后数据库中所有的内容同时被删除并释放磁盘的存储容量，用 DROP 语句删除数据库的基本语法格式如下：

```
DROP DATABASE database_name
```

删除数据库的 SQL 语句比较简单，只需注意 database_name 为指定需要删除数据库的名称即可。

【例 10.3】删除 xsxk 数据库的语句如下：

```
DROP DATABASE xsxk
```

10.2 数据表操作

SQL Server 2016 提供了非常丰富的数据表操作方法，用户可以通过使用资源管理器和 T-SQL 语言进行操作。使用 T-SQL 操作数据表有着灵活、快捷等特点，也是数据库管理人员使用最多的一种方式，对于数据表的操作主要分为使用 CREATE TABLE 创建数据表，使用 ALTER TABLE 修改数据表和使用 DROP TABLE 删除数据表。

10.2.1 使用 CREATE TABLE 语句创建表

使用 SQL 语句创建完数据库后接着就需要创建数据表了。数据表是数据库中数据集合的基本对象，数据表的创建主要是对其基本结构的构建，例如列属性的设定、数据完整性的约束。创建数据表使用 CREATE TABLE 语句，基本语法格式如下：

```
CREATE TABLE
[ database_name . [ schema_name ] . | schema_name . ] table_name
column_name <data_type>
[NULL | NOT NULL] | [DEFAULT constant_exptession] | [ROWGUIDCOL]
{PRIMARY KEY | UNIQUE} [CLUSTERED | NONCLUSTERED]
```

```
[ASC | DESC]}[,…n]
```

- database_name：要在其中创建表的数据库的名称。database_name 必须指定现有数据库的名称。若未指定，则 database_name 默认为当前数据库。
- schema_name：新表所属架构的名称。
- table_name：新建数据表的名称。
- column_name：表中数据列的名称，列名不能重复。
- data_type：指定列的数据类型，可以是系统数据类型，也可是用户自定义的数据类型。
- NULL|NOT NULL：设定数据列中是否可以使用空值。
- DEFAULT：指定默认列。
- ROWGUIDCOL：指示新列是行 GUID 列。对于每个表，只能将其中的一个 uniqueidentifier 列指定为 ROWGUIDCOL 列。
- PRIMARY KEY：是通过唯一索引对给定的一列或多列强制进行实体完整性的约束。每个表只能创建一个 PRIMARY KEY 约束。
- UNIQUE：唯一性约束，该约束通过唯一索引为一个或多个指定列提供实体完整性。一个表可以有多个 UNIQUE 约束。
- CLUSTERED|NONCLUSTERED：指示为 PRIMARY KEY 或 UNIQUE 约束创建聚集索引还是非聚集索引。PRIMARY KEY 约束默认为 CLUSTERED，UNIQUE 约束默认为 NONCLUSTERED。
- [ASC|DESC]：指定列的排序方式，ASC 为升序排列，DESC 为降序排列，在不指定的情况下默认为 ASC。

【例 10.4】在 xsxk 数据库中添加一张 xs 表（学生表），具体结构如表 10.1 所示。

表 10.1　xs 表结构

字段名	数据类型	长度	是否为空
学号	char	8	False
姓名	char	8	False
性别	char	2	False
出生日期	date	默认值	True
班级	char	10	True
家庭住址	char	50	True
总学分	tinyint	默认值	True
备注	varchar	200	True

在 SQL Server 2016 新建查询中输入以下语句：

```
CREATE TABLE xs(
"学号" char(8) not null,
```

```
    姓 char(8) not null,
    "性别" char(2) not null,
    "出生日期" date default(getdate()),
    班级 char(10) null,
    "家庭住址" char(50) null,
    "总学分" tinyint default('0') null,
    备注 varchar(200) null
);
```

在上述语句中设置新建表名为 xs，并对每个字段的数据类型、是否为空进行了设置，其中出生日期的默认值 getdate()函数取得当前日期，总学分的默认值设置为 0，执行上述查询语句可得到新建数据表 xs，如图 10.1 所示。

列名	数据类型	允许 Null 值
学号	char(8)	☐
姓名	char(8)	☐
性别	char(2)	☐
出生日期	date	☑
班级	char(10)	☑
家庭住址	char(50)	☑
总学分	tinyint	☑
备注	varchar(200)	☑
		☐

图 10.1　xs 表结构

10.2.2　创建、修改和删除约束

在使用 SQL 创建数据表的时候可以给字段添加各种约束，但是一般会将创建表的过程和创建约束的过程分开。

1. 创建约束

创建约束的语法规则如下：

```
Alter Table table_name
Add Constraint Constraint_name Constraint_type
```

- table_name：指定需要添加约束的数据表。
- Constraint_name：指定约束名。
- Constraint_type：指定约束的具体类型。

【例 10.5】在 xs 表中添加主键约束，设置学号为主键。

```
---添加主键约束
Alter Table xs
Add Constraint  PK_stuNO primary Key("学号")
```

上述代码中 xs 为指定的表名，PK_stuNO 为新建约束的名称，学号为指定约束的字段。

【例 10.6】在 xs 表中添加唯一性约束，设置学号为唯一。

```
---添加唯一约束
Alter Table xs
Add Constraint UQ_stuID unique("学号")
```

【例 10.7】在 xs 表中添加条件约束，要求总学分的输入值在 0~200 范围内。

```
---添加检查约束
Alter Table xs
Add Constraint CK_stuAge check("总学分" between 0 and 200)
```

2. 删除约束

如果创建约束时发生了错误，可以对已建好的约束进行删除，语法规则如下：

```
Alter Table 表名
Drop Constraint  约束名
```

【例 10.8】删除已经创建好的主键约束 PK_stuNO，语句如下：

```
Alter table xs
Drop Constraint PK_stuNO
```

删除约束只需指定表名 xs 和约束名 PX_stuNO。

10.2.3　使用 ALTER TABLE 语句修改表结构

在表已经建立好的情况下可以使用 ALTER TABLE 语句对表中的列进行增加或修改，具体语法如下：

```
ALTER TABLE [ database_name . [ schema_name ] . | schema_name . ] table_name
ALTER
[COLUMN column_name type_name [column_constraints] ] [,….n]
}
[ ADD
{
[column_name1 typename [column_constraints],[table_constraint] ] [,….n]
}
| DROP
{
[COLUMN column_name1] [,….n]
}
}
```

- ALTER：修改表字段属性。
- ADD：添加字段关键字，表示在表中添加一列，可连续定义多个字段信息，字段之间的内容按逗号隔开即可。

- DROP：删除表中字段，可以同时删除多个字段，多字段之间按逗号隔开。

【例 10.9】更改 xsxk 数据库中的 xs 表，向表中添加手机号码字段，数据类型为 nchar(20)，不能为空，语句如下：

```
USE xsxk
GO
ALTER TABLE xs
ADD "手机号码" nchar(20) NOT NULL
```

【例 10.10】删除 xsxk 数据库中 xs 表中的备注字段，语句如下：

```
USE xsxk
GO
ALTER TABLE xs
DROP COLUMN 备注
```

如果用 ADD COLUMN 增加一个字段，那么所有表中现有行都初始化为该字段的默认值（如果没有声明 DEFAULT 子句，那么就是 NULL）。

10.2.4 使用 DROP TABLE 语句删除表

删除数据表是对数据库中已建立好的表进行删除，在删除表的同时会对表中定义的数据、检索、视图同时进行清除。在做任何删除操作前应做好备份工作，可以使用 DROP TABLE 语句对数据库中的数据表进行删除，语法格式如下：

```
DROP TABLE table_name
```

table_name 为要删除的表名。

【例 10.11】删除 xsxk 数据库中的 xs 表，语句如下：

```
USE xsxk
GO
DROP TABLE dbo.xs
```

10.3 数据操作

数据操作语句（Data Manipulation Language，DML）是对数据库查询及数据库中已有数据进行更改、删除、添加的数据操纵语言。在 SQL Server 2016 中，对于数据内容的检索、数据的管理大多是通过 DML 语言来完成的，本节将主要对这部分内容进行讲解。

10.3.1　使用 SELECT 语句浏览数据

对于数据库管理者而言，数据库的查询操作是最为频繁的，也是数据库中非常重要的一项操作。在 T-SQL 中使用 SELECT 语句并配合多种条件的设置可以达到非常高效的操作，SELECT 语句的基本语法如下：

```
SELECT [ ALL | DISTINCT [ ON ( expression [, ...] ) ] ]
* | expression [ AS output_name ] [, ...]
[ FROM from_item [, ...] ]
[ WHERE condition ]
[ GROUP BY expression [, ...] ]
[ HAVING condition [, ...] ]
[ { UNION | INTERSECT | EXCEPT } [ ALL ] select ]
[ ORDER BY expression [ ASC | DESC | USING operator ] [, ...] ]
[ FOR UPDATE [ OF tablename [, ...] ] ]
[ LIMIT { count | ALL } ]
[ OFFSET start ]
```

- ALL：指定结果集中的记录可以包含重复行。
- DISTINCT：在结果集中可能包含重复值，DISTINCT 用于返回唯一不同的值。
- FROM：查询的数据源，在 SQL Server 2016 中查询的数据源可以是表和视图。
- WHERE<condition>：指定查询的条件。
- GROUP BY：表示查询结果是否按字段进行分组。
- HAVING：分组过滤条件，对集合函数运行结果的输出进行限制。
- OREDER BY：指定查询结果的排序方法 ASC 升序，DESC 降序。

1. 基本查询

【例 10.12】查询 xs 表中所有学生的记录信息，查询语句如下：

```
SELECT * FROM xs;
```

查询结果如图 10.2 所示。

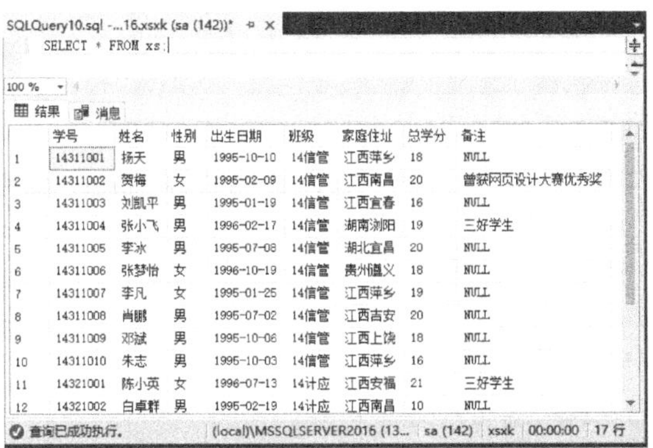

图 10.2　查询 xs 表中所有学生信息

查询语句中星号（*）作为通配符来使用，表示返回所有列，在最右下角的统计数据中可以看到 xs 表中总共有 32 条记录。

"%"符号是字符匹配符，能匹配 0 个或更多字符的任意长度的字符串。在 SQL 语句中可以在查询条件的任意位置放置一个%来代表一个任意长度的字符串。在查询条件时也可以放置两个%进行查询，但在查询条件中最好不要连续出现两个%。

2. 指定字段查询

使用星号作为通配符的时候返回的是数据表中所有的数据字段，如果只想查找出某个特定字段的内容，可以通过指定查询字段的方式来检索。

【例 10.13】查询 xs 表中学生的姓名和班级信息，输入语句如下：

```
SELECT 姓名,班级 from xs;
```

执行语句结果如图 10.3 所示。

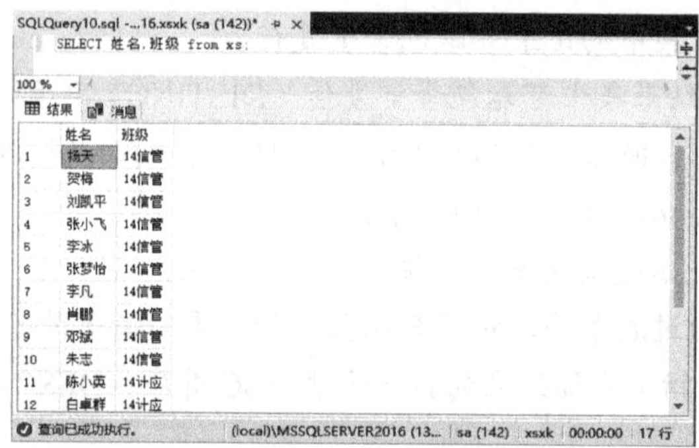

图 10.3　查询 xs 表中学生姓名、班级信息

3. 使用表达式查询

【例 10.14】在不改变表数据的情况下，查找出所有学生总学分增加 5 分后的结果。其语句如下：

```
SELECT 姓名,班级,总学分 +5 AS '学分' from xs;
```

执行结果如图 10.4 所示。

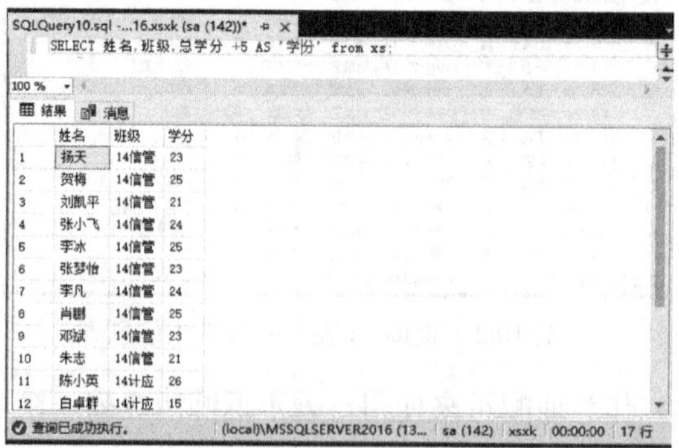

图 10.4　使用表达式后查询的结果

在上面的语句中使用了 AS 关键字的作用是为显示新的学分字段增加一个临时的列名。

4. 带条件的查询

在查询数据的过程中经常要做的一项操作就是查找出数据表中符合条件的记录，通过设定特殊的条件对数据进行过滤。在 SELECT 语句中可以通过 WHERE 子句对过滤条件进行设定。

【例 10.15】查找出 xs 表中所有班级为 14 信管的学生，并只显示姓名和班级字段，输入语句如下：

```
SELECT 姓,班级 from xs WHERE 班级='14 信管';
```

代码执行结果如图 10.5 所示。

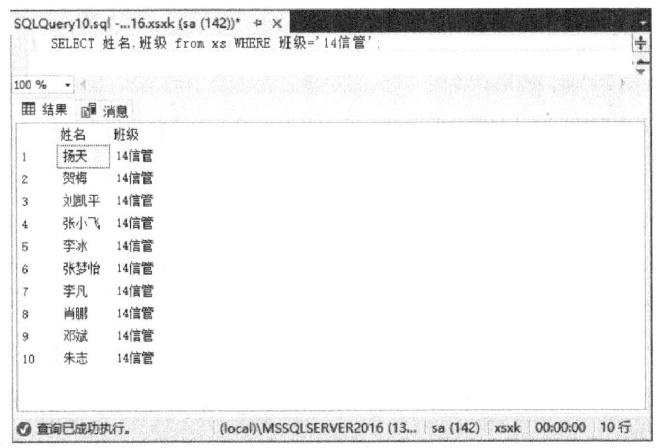

图 10.5　条件查询结果

在查询结果中可以看出记录总共为 10 条，并且班级都为 14 信管。条件查询可以使用的表达式有很多种，基本常用的数学表达式都可以使用。

【例 10.16】查找出 xs 表中总学分在 20 以上的同学，并显示姓名和总学分字段，输入语句如下：

```
SELECT 姓,"总学分" from xs WHERE "总学分">20;
```

代码执行结果如图 10.6 所示。

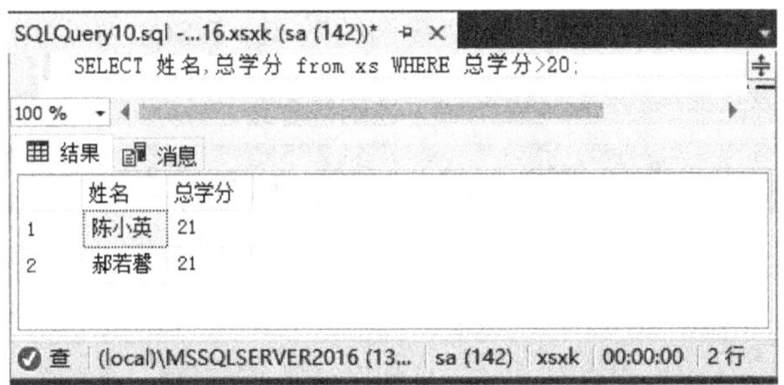

图 10.6　学分查询结果

从查询结果可以看到 xs 表中总共有 8 条记录符合学分大于 20 的条件。

5. 使用 AND 的多条件查询

使用 SELECT 查询时，可以使用 AND 操作符同时设定多个查询条件。多个条件之间用 AND 相连，表示返回同时满足多个条件的记录。

【例 10.17】查找出 xs 表中总学分在 18 以上并且性别为‘女’的数据记录，输入语句如下：

```
SELECT 姓名,总学分,性别 from xs WHERE 总学分>18 and 性别='女';
```

代码执行结果如图 10.7 所示。

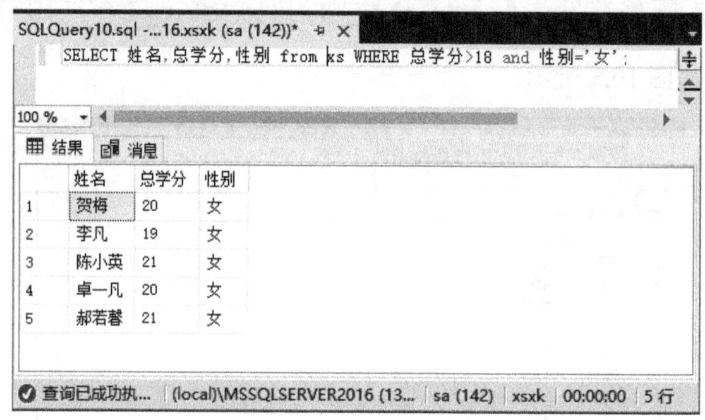

图 10.7 带 AND 的查询结果

返回查询结果中的记录性别字段为‘女’，同时满足总学分大于 20 的要求，总共有 5 条记录。

AND 和 OR 关键字可以连接条件表达式。这些条件表达式中可以使用“=”“>”等操作符，也可以使用 IN、BETWEEN AND 和 LIKE 等关键字，而且 LIKE 关键字匹配字符串时可以使用“%”和“_”等通配符。

6. 模糊查询

使用 SELECT 查询记录时，有时条件的限定不是特别明确，或者说只知道查询条件中的一部分，没办法设定一个完整的限定条件，这个时候可以使用 LIKE 操作符进行匹配查询，通过使用通配符来代替模糊的部分，达到模糊查询的效果。T-SQL 中常用通配符如表 10.2 所示。

表 10.2 通配符含义

通配符	作用
%	匹配零个或多个字符串
_(下划线)	匹配一个字符
[ ]	匹配字符列中的任意一个字符
[^]	不在字符列中的任何单一字符

【例 10.18】查找出 xs 表中所有姓‘李’的学生，输入语句如下：

```
SELECT 姓 from xs WHERE 姓 LIKE'李%';
```

代码执行结果如图 10.8 所示。

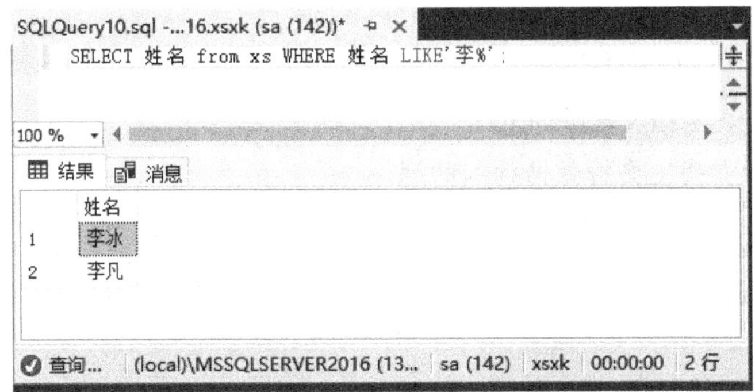

图 10.8 查询所有姓‘李’的同学

从查询结果可以看出，数据表 xs 中总共有 2 条记录符合条件。

7. 使用 ORDER BY 排序

对查询出来的记录集可以使用 ORDER BY 子句指定排序的字段，对记录集进行升序或降序的排列。

【例 10.19】查找出 xs 表中所有同学的信息，并按总学分降序排列，输入语句如下：

```
SELECT * FROM xs ORDER BY 总学分 DESC;
```

代码执行结果如图 10.9 所示。

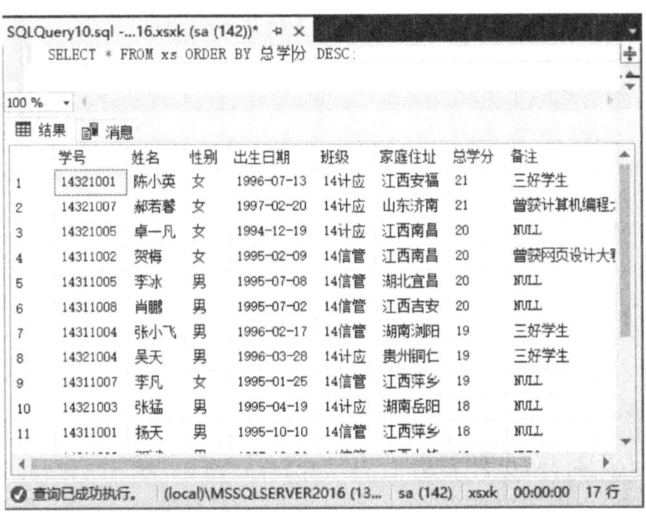

SQLQuery10.sql -...16.xsxk (sa (142))*

SELECT * FROM xs ORDER BY 总学分 DESC;

	学号	姓名	性别	出生日期	班级	家庭住址	总学分	备注
1	14321001	陈小英	女	1996-07-13	14计应	江西安福	21	三好学生
2	14321007	郝若馨	女	1997-02-20	14计应	山东济南	21	曾获计算机编程
3	14321005	卓一凡	女	1994-12-19	14计应	江西南昌	20	NULL
4	14311002	贺梅	女	1995-02-09	14信管	江西南昌	20	曾获网页设计大
5	14311005	李冰	男	1995-07-08	14信管	湖北宜昌	20	NULL
6	14311008	肖鹏	男	1995-07-02	14信管	江西吉安	20	NULL
7	14311004	张小飞	男	1996-02-17	14信管	湖南浏阳	19	三好学生
8	14321004	吴天	男	1996-03-28	14计应	贵州铜仁	19	三好学生
9	14311007	李凡	女	1995-01-25	14信管	江西萍乡	19	NULL
10	14321003	张猛	男	1995-04-19	14计应	湖南岳阳	18	NULL
11	14311001	扬天	男	1995-10-10	14信管	江西萍乡	18	NULL

查询已成功执行。 (local)\MSSQLSERVER2016 (13... sa (142) xsxk 00:00:00 17 行

图 10.9 排序结果集

查询结果中返回了 xs 表中的所有记录，这些记录根据总学分字段进行了降序排列。ORDER BY 也可以通过 ASC 进行升序排列。

10.3.2 使用 INSERT 语句添加数据

使用 INSERT 语句可以向已经建好的表中添加数据，可插入一条记录或多条记录，插入的记录必须符合表中字段的数据类型和相关约束条件。INSERT 语句基本语法格式如下：

```
INSERT INTO table_name (column_list)
VALUES(value_list);
```

- table_name：要插入数据的表名。
- column_list：指定要将数据插入的列。
- value_list：插入列中的对应数据。

为了方便演示在做插入查询前已将 xs 数据表中的全部数据清除，可以让大家更加清晰地看到插入结果。

【例 10.20】向 xs 表中插入一条新记录，输入语句如下：

```
INSERT INTO xs VALUES
('14001','张三','男','1998-11-02','14 信管','江西萍乡',21,'');
```

代码执行结果如图 10.10 所示。

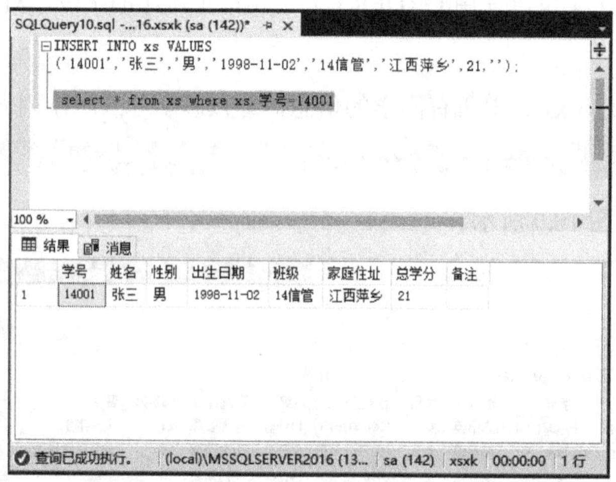

图 10.10　向 xs 表中插入一条记录

使用 SELECT 查询表中所有信息，可以看到记录已经插入成功。

【例 10.21】向 xs 表中插入多条新记录，输入语句如下：

```
INSERT INTO xs VALUES
('14002','李四','男','1998-11-02','14 信管','湖南长沙',19,''),
('14003','王五','男','1998-11-02','14 信管','北京',20,''),
('14004','赵六','男','1998-11-02','14 信管','广州',21,'');
```

代码执行结果如图 10.11 所示。

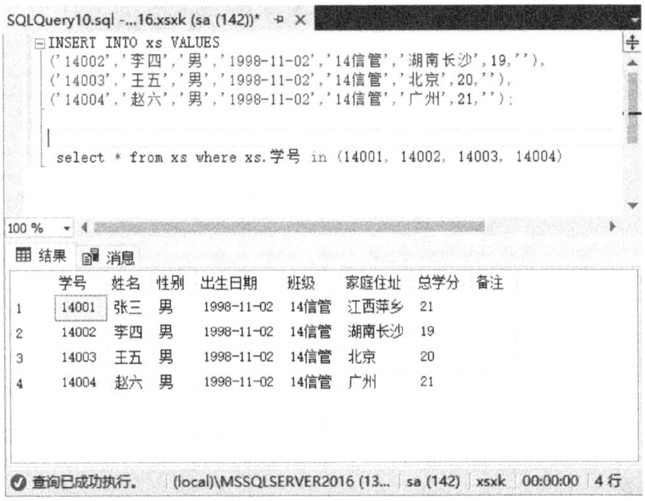

图 10.11　向 xs 表中插入多条记录

查询表中的学号为 14001、14002、14003、14004 的数据可以发现，连同第一次插入的数据在内，表内包含了 4 条记录，第二次我们一次插入了 3 条记录。

10.3.3　使用 UPDATE 语句修改指定数据

通过 SQL Server 中的 UPDATE 语句可以对已经插入数据表中的记录进行更新操作，可以更新特定的数据记录或一次更新所有的数据记录。UPDATE 语句的基本语法结构如下：

```
UPDATE table_name
SET column name1 = value1,column_name2=value2,.....,column_nameN=valueN
WHERE search_condition
```

column name1 为要更新的字段名，value1 为更新后的值。从数据参数可以看出，执行 UPDATE 操作的时候可以一次对多个列进行操作，只需要在每个 column=value 对之间用逗号隔开。

1. 指定条件修改

【例 10.22】在 xs 表中更新学号为 14001 的记录，将记录的总学分字段的值更改为‘19’，将家庭住址更改为‘上海’，输入语句如下：

```
SELECT * FROM xs WHERE "学号"=14001
UPDATE XS
SET "总学分"=19,"家庭住址"='上海'WHERE "学号"=14001
SELECT * FROM xs WHERE "学号"=14001
```

代码执行结果如图 10.12 所示。

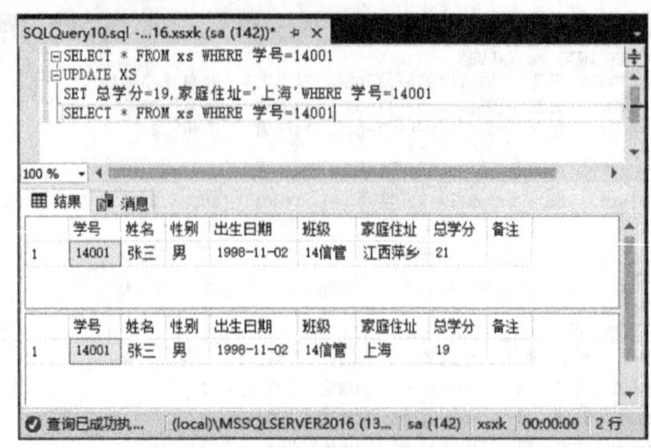

图 10.12　指定条件修改记录

对比结果可以看出，学号为‘14001’的学生的记录总学分和家庭住址信息更改成功。

2. 更改所有记录

【例 10.23】在 xs 表中将所有学生的备注信息修改为‘暂无’，输入语句如下：

```
SELECT * FROM XS
UPDATE XS SET 备注='暂无'
SELECT * FROM XS
```

代码执行结果如图 10.13 所示。

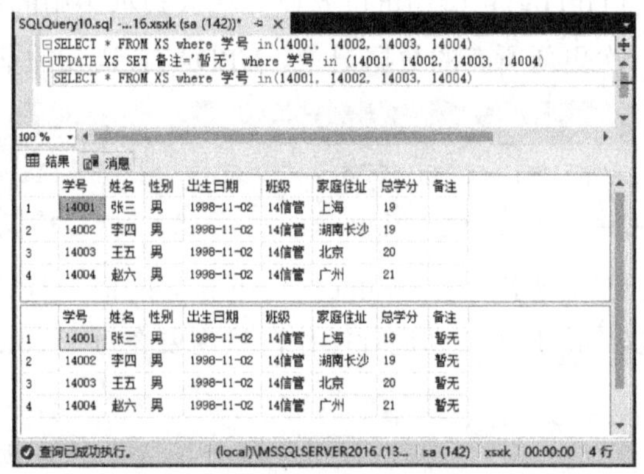

图 10.13　修改所有记录

当 UPDATE 没有设置 search_condition 的时候会对表中所有记录进行操作。

10.3.4　使用 DELETE 语句删除指定数据

SQL 的删除操作能对表中的一条或多条记录进行删除，如果指定了删除记录的条件，就删除符合条件的记录；如果没有指定，就会删除所有的记录，即清空数据表。DELETE 语句的基本语法格式如下：

```
DELETE FROM table_name
[WHERE condition]
```

table_name 为指定需要删除操作的表，condition 为删除的条件表达式。

1. 指定条件删除一条或多条记录

【例 10.24】删除 xs 表中所有家庭住址在‘上海’的学生，输入语句如下：

```
SELECT * FROM XS
DELETE FROM XS WHERE 家庭住址 = '上海'
SELECT * FROM XS
```

代码执行结果如图 10.14 所示。

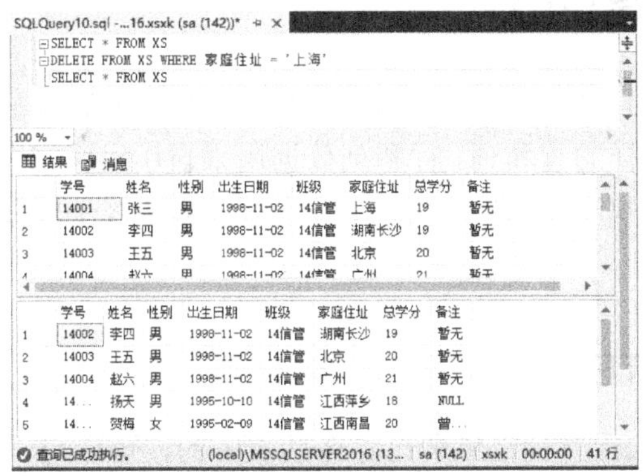

图 10.14　删除符合条件记录的学生

由结果看到，代码执行后 SELECT 表中删除了一条记录。

2. 删除表中所有记录

当进行 DELETE 操作不带 WHERE 子句的时候，表示删除数据表中所有记录。

【例如 10.25】删除 xs 表中所有记录，输入语句如下：

```
SELECT * FROM XS
DELETE FROM XS
SELECT * FROM XS
```

代码执行结果如图 10.15 所示。

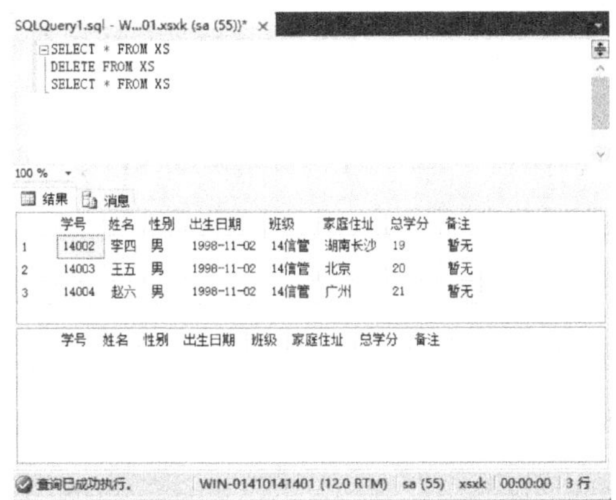

图 10.15　删除 xs 表中所有记录

从运行结果可以看出，xs 表在执行删除操作后只剩下表结构，所有数据都被清空。

可以在不删除表的情况下删除所有的行。这意味着表的结构、属性和索引都是完整的。

10.4 视图操作

SQL Server 2016 中为我们提供了视图这个操作对象，在数据库中视图是一个虚拟的表，它拥有和真实的数据表一样的行和列。行和列数据用来自由定义视图的查询所应用的表，并且在引用视图时动态生成。视图动态地将表和表之间的数据集合起来，使得程序维护更加方便，也减少了编码量。

10.4.1 使用 CREATE VIEW 语句创建视图

视图是建立在 SELECT 查询结果和已存在的表中的，可以对一张表建立视图，也可以对多张表建立视图。建立视图的方法主要有两种，一是通过资源管理器来建立，还有一种则是本节要介绍的通过 T-SQL 语句来建立。

使用 T-SQL 命令创建视图的基本语法如下：

```
CREATE VIEW [schema_name.]view_name [column_list]
[WITH<ENCRYPTION | SCHEMABINDING | VIEW]METADATA>]
AS select_statement
[WITH CHECK OPTION]
```

- schema_name：视图所属架构的名称。
- view_name：指定创建视图的名称。
- column_list：指定视图中的列名称。
- AS：指定视图的操作。
- select_statement：指定视图所用的 SELECT 语句。该语句的操作对象可以是多个表和其他视图。
- WITH CHECK OPTION：视图中所有的数据修改语句都必须符合 select_statement 中设置的条件。

视图定义的语句不能包括以下内容：

（1）COMPUTE 或 COMPTE BY 语句
（2）ORDER BY 语句
（3）INTO 关键字
（4）OPTION 语句

（5）引用临时变量或表

1. 在单个表上创建视图

【例 10.26】在数据表 xs 上创建一个名为 view_xs 的视图，输入语句如下：

```
CREATE VIEW view_xs
AS SELECT 学号,姓名 FROM xs
GO
USE xsxk;
SELECT * FROM view_xs
```

执行结果如图 10.16 所示。

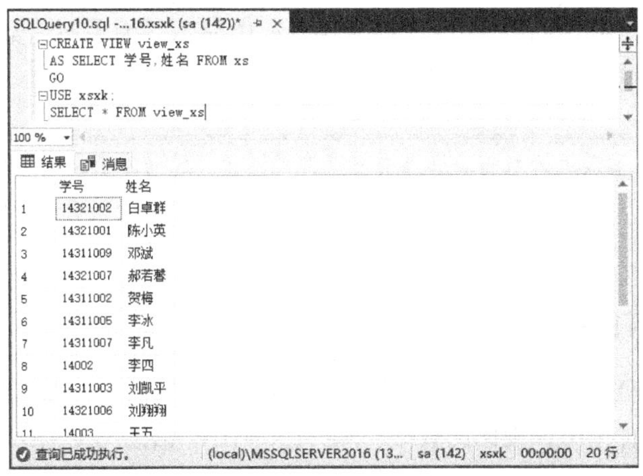

图 10.16　视图 view_xs 中的内容

从结果可以看到，创建了一个名为 view_xs 的视图，将 xs 表中的姓名和学号信息加载到视图中显示。

2. 在多个表上创建视图

【例 10.27】在 xsxk 数据库中添加视图 view_score，要求显示 xs 表中的姓名，kc 表中的课程名，xk 表中的成绩。输入语句如下：

```
CREATE VIEW view_score(姓,"课程","成绩")
AS SELECT xs.姓名,kc.课程名,xk.成绩 FROM xs,xk,kc
WHERE xs.学号=xk.学号 AND xk.课程号=kc.课程号
SELECT * FROM view_score;
```

执行结果如图 10.17 所示。

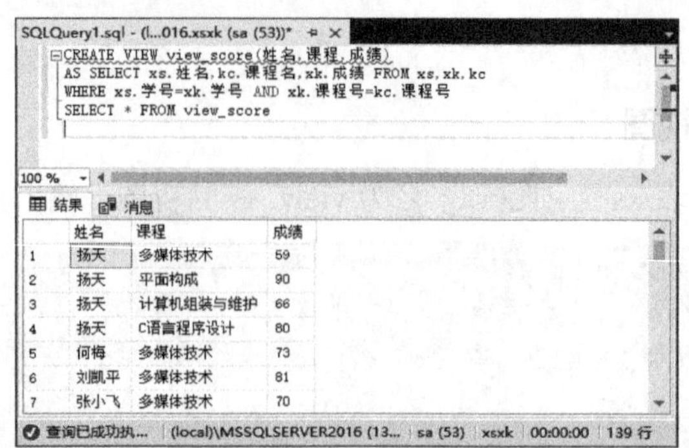

图 10.17 多表视图 view_score

从查询结果中可以看出，我们将 xs 表中的姓名字段、kc 表中的课程名字段、xk 表中的成绩字段拿出来组成一个动态的数据集在 view_score 中显示。为了不让数据重复，约束条件设置为 xs.学号=xk.学号并且 xk.课程号=kc.课程号。

视图总是显示最近的数据。每当用户查询视图时，数据库引擎通过使用 SQL 语句来重建数据。

10.4.2 使用 ALTER VIEW 语句修改视图

使用 ALTER VIEW 语句可以对已创建好的视图进行修改，在使用 ALTER VIEW 语句修改视图前，先要确定有使用该视图的权限。ALTER VIEW 语法与 CREATE VIEW 语法基本相同。下面介绍 T-SQL 中的 ALTER VIEW 的使用方法。

【例 10.28】使用 ALTER 语句修改视图 view_xs，输入语句如下：

```
ALTER VIEW view_xs AS
ALTER VIEW view_xs AS SELECT 姓名,家庭住址 FROM xs

select * from view_xs
```

执行结果如图 10.18 所示。

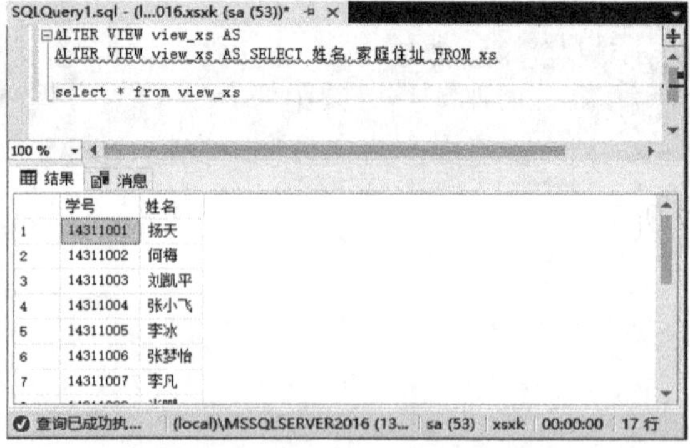

图 10.18 修改后的 view_info 视图

从操作结果可以看出，之前的 view_info 显示的姓名、学号信息，经过 ALTER VIEW 操作后变成了姓名、家庭住址信息。

10.4.3　使用 DROP VIEW 语句删除视图

要删除视图可以使用 DROP VIEW 语句，删除视图和删除数据表的操作一样，其语法格式如下：

```
DROP VIEW view_name1,view_name2…., view_nameN;
```

【例 10.29】使用 DROP 语句删除视图 view_xs，输入语句如下：

```
DROP VIEW view_xs;
```

10.5 视图中的数据操作

视图是由一个或多个表中的字段信息动态地组合成的一个数据集合，视图是一个虚拟的表，本身是不存储任何数据信息的，对视图的所有增删改操作实际上是对作为视图数据源的表进行修改。

修改视图数据时要注意以下几点：

（1）修改视图数据时一次只能对一个表中的数据进行操作。

（2）不能对表中的计算字段进行修改。

10.5.1　向视图中添加数据

【例 10.30】向 view_info 视图中添加一条记录，‘学号’为 14001，‘姓名’为张三，输入语句如下：

```
INSERT INTO view_info VALUES('14001','张三');
SELECT * FROM view_info
SELECT * FROM xs
```

执行结果如图 10.19 所示。

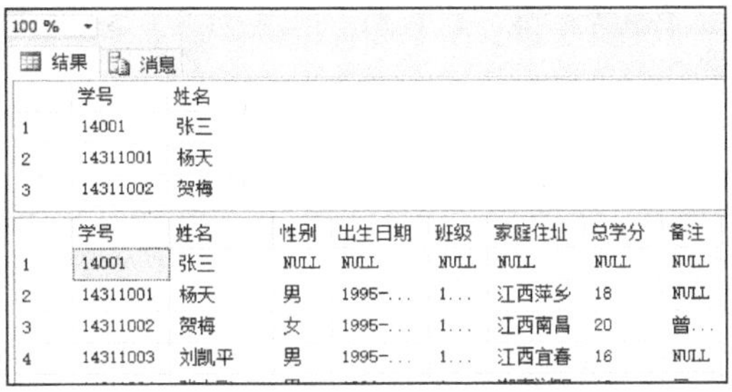

100 %

结果　消息

	学号	姓名
1	14001	张三
2	14311001	杨天
3	14311002	贺梅

	学号	姓名	性别	出生日期	班级	家庭住址	总学分	备注
1	14001	张三	NULL	NULL	NULL	NULL	NULL	NULL
2	14311001	杨天	男	1995-...	1...	江西萍乡	18	NULL
3	14311002	贺梅	女	1995-...	1...	江西南昌	20	曾...
4	14311003	刘凯平	男	1995-...	1...	江西宜春	16	NULL

图 10.19　向视图中插入记录

从执行结果可以看出，当我们向视图中插入一条数据时，作为视图数据源的提供者 xs 表中也添加了一条记录。

10.5.2 修改视图中的数据

T-SQL 也可以使用 UPDATE 语句来对视图中的数据进行修改。

【例 10.31】通过 view_info 更新表中名为‘张三’同学的学号，输入语句如下：

```
UPDATE view_info
SET "学号"=15001 WHERE 姓='张三'
SELECT * FROM view_info
SELECT * FROM xs
```

执行结果如图 10.20 所示。

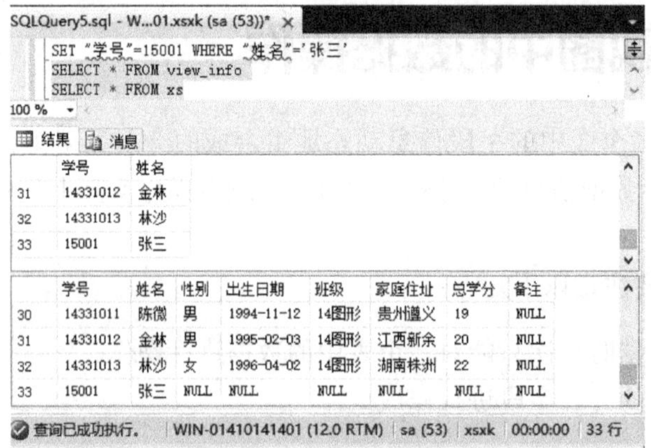

图 10.20 修改视图中的数据

10.5.3 删除视图中的数据

要删除视图中不需要的记录可以使用 DELETE 语句。

【例 10.32】删除视图中学号为‘15001’学生的记录，输入语句如下：

```
DELETE  view_info WHERE "学号" = 15001
SELECT * FROM view_info
SELECT * FROM xs
```

执行结果如图 10.21 所示。

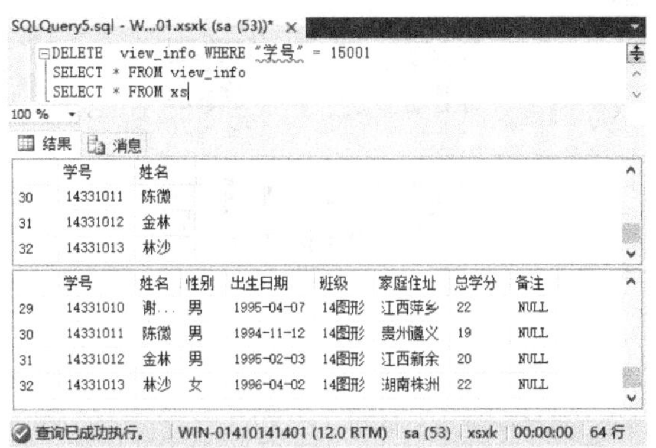

图 10.21 删除视图中的数据

从执行结果可以看出，视图和表中的数据都已经删除。

视图虽然是单表或多表的动态数据集合，但如果用户删除视图中的数据来源于单表，并且没有触发器等约束，那么删除视图中的数据也将影响到数据表中的数据。

10.6 小结

数据库、数据表和视图的操作是用户在使用 SQL Server 2016 中较频繁的一种操作。本章在前面章节通过 SQL Server Management Studio 工具实现数据操作的基础上，主要对 SQL 数据操作进行了非常深入的讲解。对于学习 SQL Server 2016 来说，掌握 T-SQL 语句是必须完成的任务。本章重点介绍了使用 T-SQL 语句完成数据表的操作、数据的操作以及视图的操作，并通过实例进行了演示。读者在使用 T-SQL 语言时应注意中文标点符号的问题，以及加强 T-SQL 中嵌套使用的掌握。

10.7 经典习题与面试题

1. 使用语句创建数据库 User_Info_bak，并使用语句创建表 user、customer 和 account，修改 user 表中的省份为 int 类型。
2. 创建视图 view_User，展示用户标识、客户标识、账户标识。
3. 向创建的视图 view_User 中添加记录。

第 11 章 存储过程

存储过程是现在大型数据库中为了完成特定功能的一组 SQL 数据指令集合，存储过程存放在数据库中只需编译一次，再次调用时通过存储过程名和参数就能直接调用。存储过程在数据库中是非常重要的角色，它是对数据自动处理的有效手段。本章将为读者介绍在 SQL Server 2016 中如何设计和调用存储过程，以及存储过程在使用过程中的一些注意事项。

本章重点内容：

- 了解存储过程的概念
- 了解存储过程的种类
- 掌握创建存储过程的几种方法
- 学会如何管理存储过程

11.1 存储过程概述

如果说一条 T-SQL 语句是一件工具，能够用该工具完成特定的事情，那么存储过程就是一个工具包。工具包中包含若干件工具，组合在一起能够完成一系列工作，实现特定的任务。存储过程在数据库系统中是一个非常重要的对象，任何一个完善的数据库系统都会使用到存储过程。

读者首先需要了解的是，存储过程是 SQL Server 2016 中的一组 SQL 语句集合，该组语句用于完成特定的功能。存储过程在数据库中经过第一次编译后再次调用时不需要再次编译，用户只需通过使用存储过程并给定参数即可进行操作。

例如，在数据库中最常用的操作就是查看表中的所有数据，为了查看数据，用户会不胜其烦地去 SELECT * FROM tablename。在程序设计中一般会将实现相同功能的重复代码写入一个方法或函数中，存储过程也类似于一个方法，例如现在设计一个存储过程 xsproc，当用户想要查看表中的数据时，只需要执行该存储过程即可，代码如下：

```
    CREATE PROC xsproc
    AS                    //此处 AS 不可以省略不写
BEGIN                //BEGIN 和 END 是一对，不可以只写其中一个，但可以都不写
    SELECT * FROM xs
```

```
END
GO
```

上述是一个较为简单的存储过程，一般在数据库系统中会将较为复杂的一类操作封装到存储过程当中。例如，在学生表中用户经常要使用到男生人数和女生人数这两项数据，如果每次需要数据的时候就去编写一条 SQL 语句去查询就会显得很麻烦，最好的办法就是将统计男女生人数的 SQL 指令集通过存储过程来触发，简化实际操作。在具体操作过程中更为复杂的实例会在后续章节中提及。

11.1.1 什么是存储过程

在 SQL Server 2016 中，存储过程通过 T-SQL 语句进行设定。在声明存储过程中可以对变量、条件判断语句等其他编程功能进行设置。SQL Server 2016 中有多重类型的存储过程提供给用户来使用，总的来讲可以分为三大类：系统存储过程、用户存储过程和扩展存储过程。存储过程运行流程如图 11.1 所示。

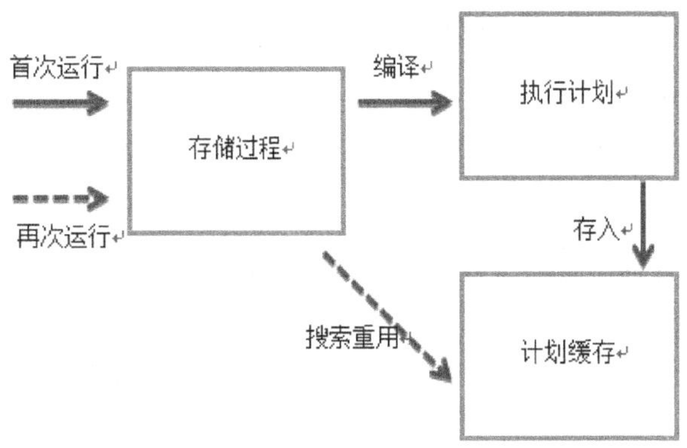

图 11.1 存储过程工作流程

在 SQL Server 2016 中，T-SQL 语句是程序和数据库之间的接口，在编写代码的过程中会有很多代码被重复编写，重复的代码往往为的是实现同一个功能，不仅浪费时间，还非常容易出错。使用存储过程将这些需要多次调用的固定操作语句编写成程序段，将其存储在服务器上，需要使用的时候就由数据库的子程序来调用。

11.1.2 存储过程的优点

存储过程的出现类似于编程时的函数，将常用的或很复杂的工作预先用 SQL 语句写好并用一个指定的名称存储起来，那么以后要让数据库提供与已定义好的存储过程的功能相同的服务时，只需调用即可自动完成命令。总的来说，存储过程是数据库中的一个重要对象，它主要有以下几个优点：

（1）使用存储过程可以加快系统的运行速度，因为使用存储过程只需要在第一次进行时编译，再次使用则不需要重新编译。

（2）使用存储过程可以将复杂的数据库进行封装，对操作流程进行简化，例如对多个表的更改和删除等。

（3）可实现模块化的程序设计，存储过程可以多次调用，有着统一的数据接口，增加应用程序的可维护性。

（4）由于用户不能直接操作存储过程中所引用的对象，因此增加了数据访问的安全性。

（5）存储过程减轻了网络流量，对于同一个针对数据库对象的操作，如果这一操作所涉及的 T-SQL 语句被组织成一存储过程，那么当在客户机上调用该存储过程时，网络中传递的只是该调用语句，否则将会是多条 SQL 语句。从而减轻了网络流量，降低了网络负载。

11.2 创建存储过程

11.2.1 使用向导创建存储过程

在 SQL Server 2016 中，用户分别可以通过 SQL Server Management Studio（SSMS）工具和 T-SQL 语句两种方式创建存储过程。其中，使用 SSMS 工具创建是通过图形界面进行操作，其具体步骤如下：

步骤 01 打开 SSMS 窗口，找到需要创建存储过程的数据库 xsxk。

步骤 02 找到【可编程性】节点。

步骤 03 右击【存储过程】节点，在弹出的快捷菜单中选择【新建】→【存储过程】命令，如图 11.2 所示。

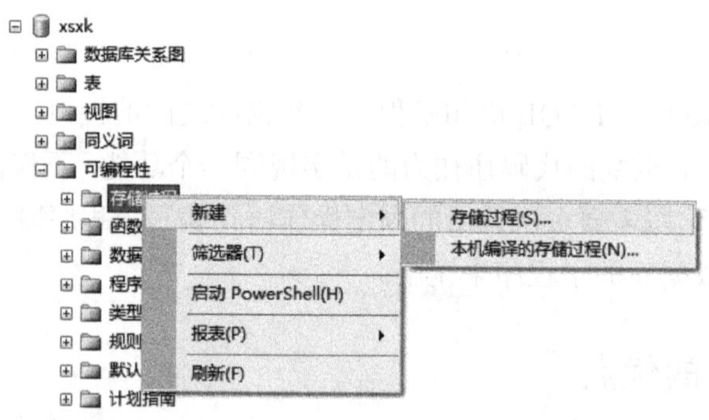

图 11.2　选择【存储过程】命令

步骤 04 单击菜单命令后打开存储过程的代码模板，用户只需在代码块中修改存储过程的名称，并在 BEGIN END 代码块中添加 SQL 语句即可，如图 11.3 所示。

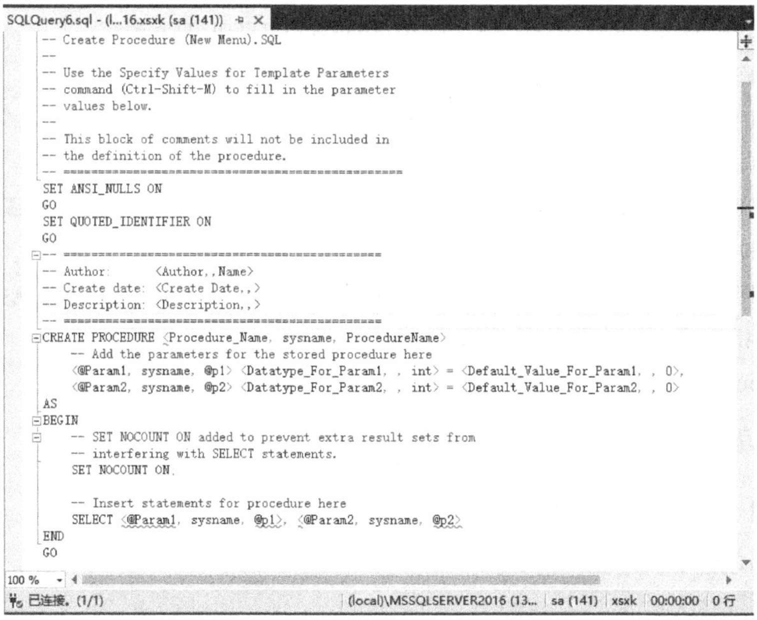

```
-- Create Procedure (New Menu).SQL
--
-- Use the Specify Values for Template Parameters
-- command (Ctrl-Shift-M) to fill in the parameter
-- values below.
--
-- This block of comments will not be included in
-- the definition of the procedure.
-- ================================================
SET ANSI_NULLS ON
GO
SET QUOTED_IDENTIFIER ON
GO
-- =============================================
-- Author:      <Author,,Name>
-- Create date: <Create Date,,>
-- Description: <Description,,>
-- =============================================
CREATE PROCEDURE <Procedure_Name, sysname, ProcedureName>
    -- Add the parameters for the stored procedure here
    <@Param1, sysname, @p1> <Datatype_For_Param1, , int> = <Default_Value_For_Param1, , 0>,
    <@Param2, sysname, @p2> <Datatype_For_Param2, , int> = <Default_Value_For_Param2, , 0>
AS
BEGIN
    -- SET NOCOUNT ON added to prevent extra result sets from
    -- interfering with SELECT statements.
    SET NOCOUNT ON;

    -- Insert statements for procedure here
    SELECT <@Param1, sysname, @p1>, <@Param2, sysname, @p2>
END
GO
```

图 11.3 使用模板创建存储过程

11.2.2 使用 CREATE PROCEDURE 语句创建存储过程

除了使用 SSMS 工具实现存储过程的创建外，T-SQL 语句也提供了命令进行创建。使用 CREATE PROCEDURE 创建存储过程是 SQL Server 2016 中常用的方法，CREATE PROCEDURE 语句的语法格式如下：

```
CREATE { PROC | PROCEDURE } [schema_name.] procedure_name [ ; number ]
    [ { @parameter [ type_schema_name. ] data_type }
        [ VARYING ] [ = default ] [ OUT | OUTPUT | [READONLY]
    ] [ ,...n ]
[ WITH <procedure_option> [ ,...n ] ]
[ FOR REPLICATION ]
AS { [ BEGIN ] sql_statement [;] [ ...n ] [ END ] }
```

- procedure_name：新建存储过程名。过程名必须符合 SQL Server 2016 标识符规则，并且对于数据库及所有者必须唯一。
- ;number：可选整数，用来对同名过程进行分组，而使用 DROP PROCEDURE 语句可以对同组的过程一起删除。
- @parameter：过程中的参数。在 CREATE PROCEDURE 语句中可以声明一个或多个参数。用户必须在执行过程时提供每个所声明参数的值（除非定义了该参数的默认值）。存储过程最多可以有 2100 个参数。
- datatype：参数的数据类型。SQL Server 2016 中所有的数据类型都可以作为存储过程的参数。但是，cursor 数据类型只能作为 OUTPUT 参数。如果指定了 cursor 作为数据类型，那么就必须同时指定 VARYING 和 OUTPUT 关键字。

- VARYING：指定作为输出参数支持的结果集。
- default：参数默认值。如果设置了默认值，可以在不指定参数的情况下执行过程。默认值只能是常量或 NULL。
- OUTPUT：表示参数为输出参数。可以返回给 EXEC[UTE]，使用 OUTPUT 可以将信息返回调用过程。
- FOR REPLICATION：设定不能在订阅服务器上对存储过程进行复制操作。
- AS：指定存储过程要执行的操作。
- sql_statement：存储过程中要包含的 T-SQL 语句，但有一定限制。

1. 创建简单的存储过程

【例 11.1】创建查看 xsxk 数据库中 xs 表的存储过程，语句如下：

```
CREATE PROCEDURE xs_proc
AS
SELECT * FROM xs
```

2. 创建带计算函数的存储过程

上例代码执行结果为创建一个名为 xs_proc 的存储过程，只要调用此存储过程，就会执行 SELECT * FROM xs 语句查询表中的内容，它的执行结果和直接通过 SELECT 语句查询是一样的。上述代码只是实现了最简单的一种存储过程，用户还可以通过调用函数来实现复杂的存储过程。

【例 11.2】创建统计 xsxk 数据库中 xs 表内男同学个数的存储过程，语句如下：

```
CREATE PROCEDURE count_proc
AS
SELECT COUNT (*) AS 男同学 FROM xs WHERE 性别='男'
```

执行上述代码可以得到一个 count_proc 的存储过程，用来统计 xs 表中男同学的人数。该存储过程在以后的程序中可以直接被调用。

3. 创建带输入参数的存储过程

前面两个存储过程都是不带输入参数的，这样的存储过程结果永远只有一种可能性，设计一个可以带输入参数的存储过程，用户可根据输入参数的不同得到不同的结果，这样大大地增加了存储过程的灵活性。

【例 11.3】创建一个存储过程，可以根据用户输入的姓名得到该记录的相关信息，语句如下：

```
CREATE PROCEDURE QueryByName @name char(8)
AS
SELECT * FROM xs WHERE "姓名"=@name
```

在上例中创建了一个 QueryByName 的存储过程，并定义了一个 char 类型的参数@name，这样用户在执行过程中只加上参数就可以得到相应的结果。

4. 创建带输出参数的存储过程

【例 11.4】创建一个存储过程，根据用户输入的班级返回班级总共有多少人，语句如下：

```
CREATE PROCEDURE QueryGrade
@s_grade char(10)='14 信管',
@grade_count INT OUTPUT
AS
SELECT @grade_count=COUNT(*) FROM xs WHERE 班级=@s_grade
```

尽量不要创建任何使用 sp_作为前缀的存储过程。SQL Server 使用 sp_前缀指定系统存储过程。sp_开头的存储过程可能会与以后的某些系统过程发生冲突。

11.3 管理存储过程

在 SQL Server 2016 中，可以使用 OBJECT_DEFINITION 函数查看存储过程的内容，使用 ALTER PROCEDURE 语句修改存储过程。存储过程的管理主要是对存储过程的修改，本节将对存储过程的执行、存储过程的重命名和删除存储过程这些内容进行讲解。

11.3.1　执行存储过程

在 SQL Server 2016 中执行存储过程可直接使用 EXECUTE 语句，EXECUTE 语法格式如下。

```
[ [ EXEC [ UTE ] ]
{
[ @return_status = ]
{ procedure_name [ ;number ] | @procedure_name_var
}
[ @parameter = ] { value | @variable [ OUTPUT ] | [ DEFAULT ] ]
[ ,...n ]
[ WITH RECOMPILE ]
```

- @return_status：可选整型变量，用于存储模块返回的状态。这个变量在用于 EXECUTE 语句前，必须在批处理、存储过程或函数中声明。在用于调用标量值用户定义函数时，@return_status 变量可以为任意数据类型。
- procedure_name：指定要调用存储过程的名称。
- ;number：可选整数，可用于同名过程的分组。该参数不能在扩张存储过程中使用。

- @procedure_name_var：定义局部变量的名称，代表模块名称。
- @parameter：存储过程中所使用的参数，与模块中定义的相同。
- value：传递给模块或传递命令的参数值。如果参数名没有被指定，参数值要按在模块中定义的顺序提供。
- @variable：用于存储参数或返回参数变量。
- OUTPUT：指定模块或命令字符串返回一个参数。该模块或命令字符串中的匹配参数也必须已使用关键字 OUTPUT 创建。使用游标变量作为参数时使用该关键字。
- DEFAULT：根据模块的定义提供参数的默认值。
- WITH RECOMPILE：执行存储过程后，强制编译、使用和放弃新计划。如果该模块存在现有查询计划，该计划就保留在缓存。如果所提供的参数为非典型参数或数据有很大的改变，就使用该选项。

1. 执行不带参数的存储过程

【例 11.5】执行例 11.1、11.2 的存储过程，语句如下：

```
EXEC xs_proc
EXEC count_proc
```

执行结果如图 11.4 所示。

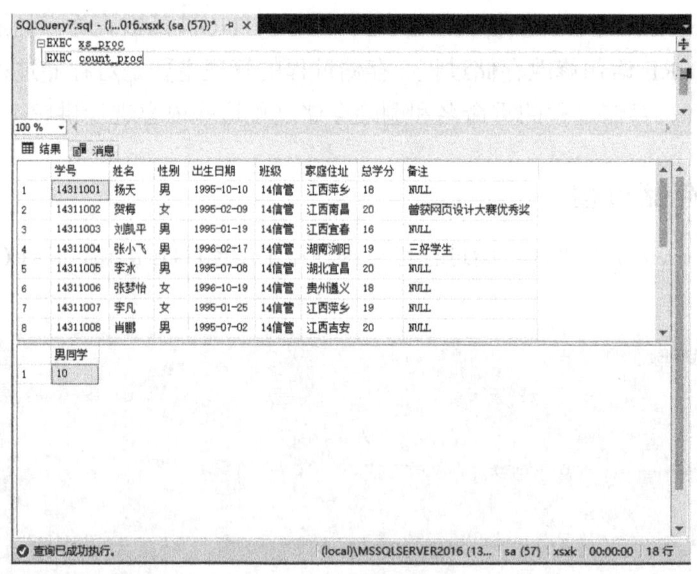

图 11.4　存储过程执行结果

本次操作一共执行了两个存储过程 xs_proc 和 count_proc，第一个存储过程查询出了 xs 表中的所有数据，第二个存储过程统计了班上男同学的个数。

2. 执行带参数的存储过程

在创建存储的过程中，用户是可以定义参数的，当一个带参数的存储过程创建后，在执行它的时候我们也要设置参数的输入。

【例 11.6】执行例 11.3 的存储过程，语句如下：

```
--存储过程创建
CREATE PROCEDURE QueryByName @name char(8)
AS
SELECT * FROM xs WHERE "姓名"=@name
--存储过程执行
EXECUTE QueryByName 郝若馨
```

执行结果如图 11.5 所示。

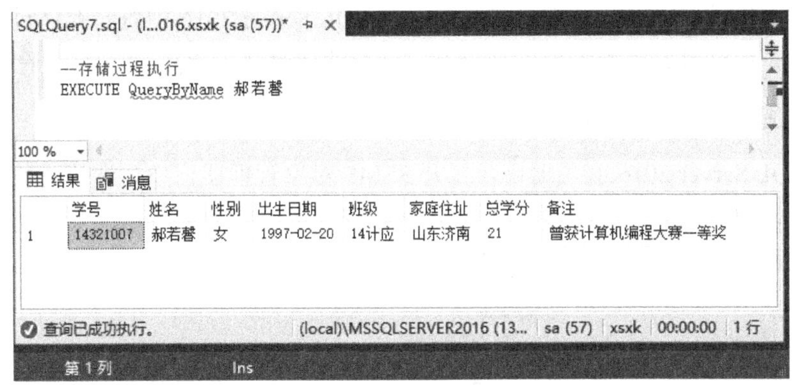

图 11.5　执行带参数的存储过程

从代码中可以看出存储过程 QueryByName 中定义了一个用于检索姓名的变量@name，在执行代码的时候将‘杨天’赋值给此变量。

3. 执行带输入输出参数的存储过程

【例 11.7】执行例 11.4 的存储过程，语句如下：

```
DECLARE @grade_count INT;
DECLARE @s_grade char(10) = '14 信管';
EXEC QueryGrade @s_grade,@grade_count OUTPUT
SELECT '该班级一共有'+ LTRIM(STR(@grade_count))+'人'
```

执行结果如图 11.6 所示。

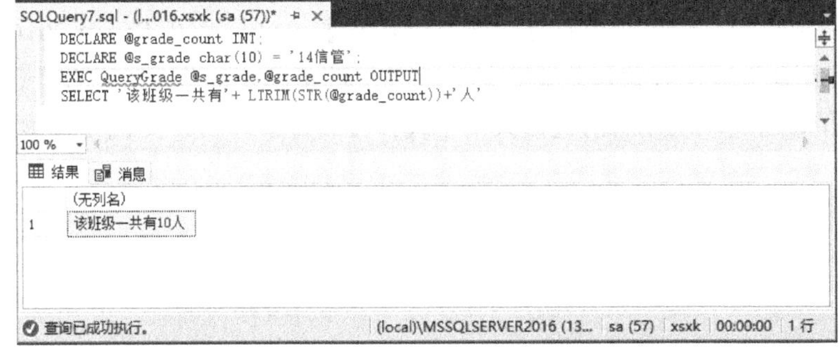

图 11.6　执行带输入输出参数的存储过程

通过设置参数不仅可以使得存储过程的功能更加多样化，还能在多个表中进行数据内容的交互。

如果存储过程是批处理中的第一条语句，那么不使用 EXECUTE 关键字也可以执行存储过程。

11.3.2 查看存储过程

创建好的存储过程可以随时查看和管理，在 SQL Server 2016 中查看存储过程信息的方法有两种，一种是通过对象资源管理器来查看，另一种是通过 T-SQL 语句来查看。

1. SSMS 查看存储过程信息

在登录 SQL Server 2016 服务器后，打开 SSMS 对象管理器窗口，选择【数据库】节点下的数据库对象，找到本书所用的数据库 xsxk，找到【可编程性】节点展开，在子节点中可以找到【存储过程】，如图 11.7 所示。

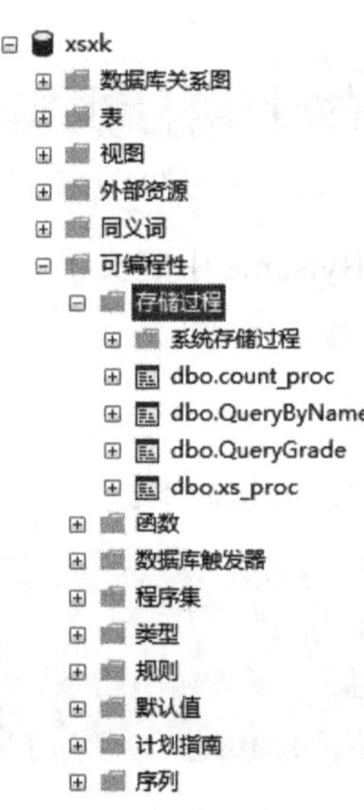

图 11.7 对象管理器中的存储过程

在存储过程节点中有一个子节点【系统存储过程】，这是 SQL Server 2016 中系统定义的存储过程，刚才创建的 4 个存储过程就在这个文件夹的下面。如果需要查看任意存储过程的信息，只需右击存储过程，在弹出的快捷菜单中选择【属性】即可，如图 11.8 所示。

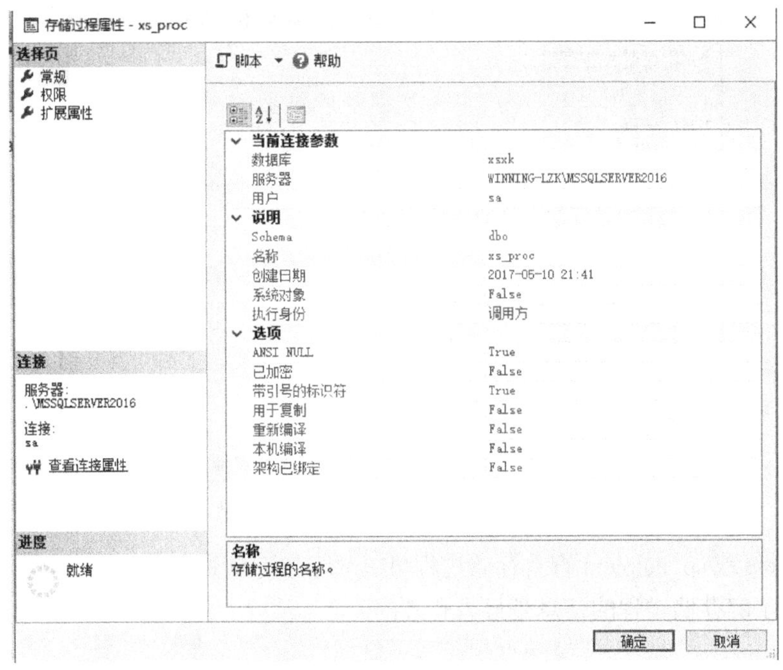

图 11.8　存储过程的基本信息

通过 SSMS 查看存储过程的信息是一种非常方便有效的方法，在 SSMS 中可以查看存储过程的参数、说明以及选项信息。

系统存储过程是系统创建的存储过程，目的在于能够方便地从系统表中查询信息或完成与更新数据库表相关的管理任务或其他的系统管理任务。

2. 使用 T-SQL 语句查看存储过程

SQL Server 2016 中系统给用户提供了一个名为 OBJECT_DEFINITION 的存储过程，用于查询存储过程的信息，只需要在调用时将需要查询的过程名作为参数指定给 OBJECT_DEFINITION 就可以了，同时系统提供了 sp_help 和 sp_helptext 这两个用于查询存储过程的结构信息的系统存储过程。

【例 11.8】查看存储过程 QueryByName 的信息，语句如下：

```
SELECT OBJECT_DEFINITION(OBJECT_ID('QueryByName'))
EXEC sp_help QueryByName
EXEC sp_helptext QueryByName
```

执行结果如图 11.9 所示。

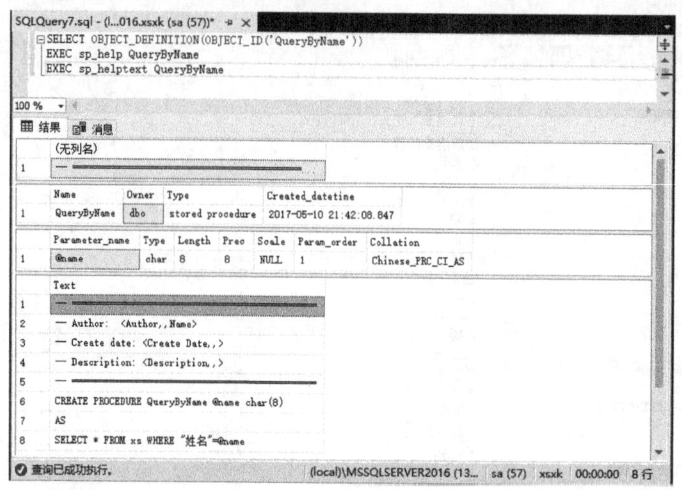

图 11.9　T-SQL 查询存储过程信息

使用 sp_help 或 sp_helptext 查看存储过程可以显示出存储过程的详细情况，对于用户来说，使用这种方法了解存储过程的信息是最为有效的。

11.3.3　修改存储过程

对于创建好的存储过程，用户可以随时修改它的内容，SQL Server 2016 中提供了两种修改方式，一种是使用对象资源管理器进入存储过程的代码中进行修改，另一种是使用 T-SQL 中的 ALTER PROCEDURE 语句直接对过程进行更改。

1. SSMS 修改存储过程

使用对象资源管理器修改存储过程首先要在【存储过程】节点中找到需要操作的对象，右击弹出快捷菜单，在菜单中选择【修改】命令，如图 11.10 所示。

图 11.10　选择【修改】命令

选择【修改】后会在一个新的查询编辑器中显示该过程的代码信息，只需根据自己的要求进行修改即可，如图 11.11 所示。

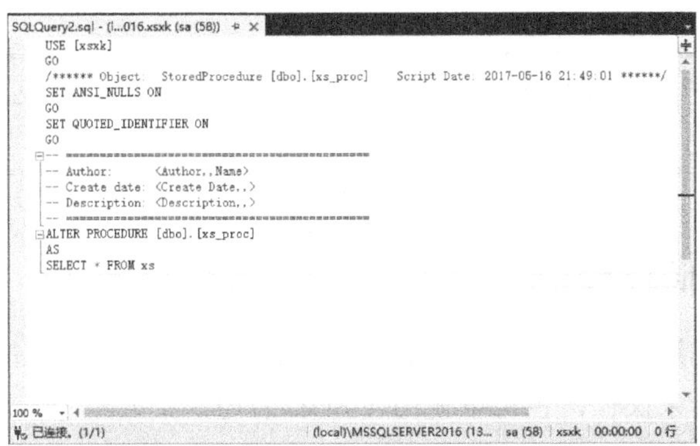
```
USE [xsxk]
GO
/****** Object:  StoredProcedure [dbo].[xs_proc]    Script Date: 2017-05-16 21:49:01 ******/
SET ANSI_NULLS ON
GO
SET QUOTED_IDENTIFIER ON
GO
-- =============================================
-- Author:      <Author,,Name>
-- Create date: <Create Date,,>
-- Description: <Description,,>
-- =============================================
ALTER PROCEDURE [dbo].[xs_proc]
AS
SELECT * FROM xs
```

图 11.11　修改存储过程窗口

2. T-SQL 修改存储过程

T-SQL 语言中通过 ALTER 命令来修改存储过程，需要读者注意的是，使用 ALTER 修改存储过程时会将之前的过程内容进行覆盖。T-SQL 语言中的 ALTER PROCEDURE 语句的基本语法格式如下：

```
ALTER { PROC | PROCEDURE } [schema_name.] procedure_name [ ; number ]
{ @parameter [ type_schema_name. ] data_type }
 [ VARYING ] [ = default ] [ OUT | OUTPUT ] [READONLY]
[ ,...n ]
[ WITH <procedure_option> [ ,...n ] ]
[ FOR REPLICATION ]
AS { [ BEGIN ] sql_statement [;] [ ...n ] [ END ] }
```

【例如 11.9】修改存储过程 count_proc，将之前统计男同学人数改为统计女同学人数，语句如下：

```
ALTER PROCEDURE [dbo].[count_proc]
AS
SELECT COUNT (*) AS 女同学 FROM xs WHERE 性别='女'
```

执行结果如图 11.12 所示。

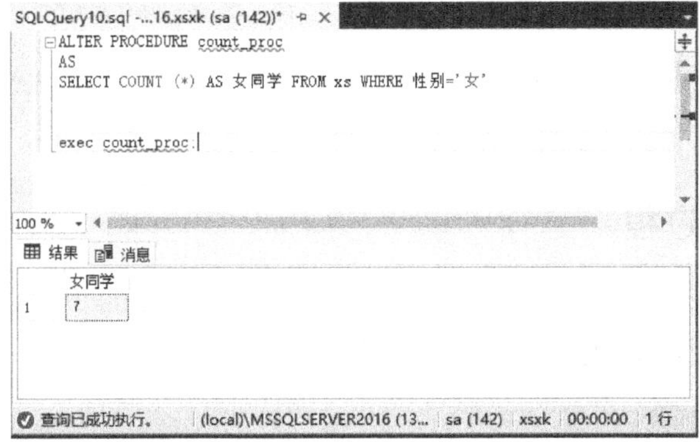

图 11.12　修改过程后运行结果

用资源管理器和 T-SQL 修改存储过程的效果是一样的，它们的区别在于使用 T-SQL 可以在程序端通过代码对存储过程进行设置。

11.3.4 重命名存储过程

如果用户希望存储过程有着统一的命名风格，可以将创建好的存储过程进行重命名，重命名可以通过对象管理器来操作，也可以使用 T-SQL 语句。

1. SSMS 重命名

使用 SSMS 重命名的方法非常简单，只需要在资源管理器中找到需要重命名的过程并右击，在弹出的快捷菜单中选择【重命名】命令即可，如图 11.13 所示。

图 11.13　选择【重命名】命令

选择【重命名】命令后存储过程的名字变为可编辑状态，只需重新输入新的名称即可。

2. T-SQL 重命名

如果不想在 SSMS 中操作，还可以使用 T-SQL 中的系统存储过程 sp_rename 来完成重命名的工作，其语法格式为：

```
sp_rename oldObjectName,newObjectName
```

其中第一个参数 oldObjectName 为需要重命名的存储过程，newObjectName 为替换后的名称。

11.3.5 删除存储过程

不需要的存储过程可以删除，同重命名操作一样，存储过程的删除操作也可以通过 SSMS 工具的对象资源管理器和 T-SQL 语句两种方式来完成。

1. 资源管理器中删除

删除过程可以很轻松地完成，只需要找到需要删除的存储过程，右击弹出快捷菜单，在菜单选项中单击【删除】命令即可。当用户确认后，指定的存储过程将被删除，如图 11.14 所示。

图 11.14　选择【删除】命令

2. 使用 T-SQL 语句删除

除了使用 SSMS 工具外，SQL Server 2016 也可以使用 DROP PROCEDURE 语句来对存储过程进行删除，DROP PROCEDURE 语法格式如下：

```
DROP {PROC | PROCEDURE} {[schema_name.] procedure} [,…n]
```

【例如 11.10】删除数据库下的 xs_proc 存储过程，语句如下：

```
DROP PROCEDURE xs_proc
```

执行语句后 xs_proc 存储过程被删除，可以在对象管理器中的【存储过程】节点中查看结果，如果显示没有删除，刷新节点即可。

不能在一个存储过程中删除另一个存储过程，只能调用另一个存储过程。

11.4 小结

存储过程是数据库中的一个重要数据对象，其集合了流程控制语句和 SQL 语句，提供了解决某一个具体问题的实现方法。本章主要对 SQL Server 2016 中存储过程的使用进行了讲解，包括存储过程的概念、存储过程的创建和使用方法、存储过程的管理方法等具体内容。针对如上操作，本章分别介绍了使用 SSMS 工具和使用 T-SQL 语句两种不同的实现方法。存储过程是一种非常灵活的机制，读者不仅要学会如何使用它，更加应该思考在什么样的情况下去使用它。

11.5 经典习题与面试题

1. 创建存储过程 Pro_select_User，实现查询 User_Info 数据库中的 user 表数据。仅显示手机号、用户标识字段即可。

2. 修改存储过程 Pro_select_User，添加省份字段。

3. 重命名存储过程 Pro_select_User 为存储过程 Pro_select_UserInfo。

第 12 章 触发器

第 11 章读者了解了存储过程的概念及具体使用，在 SQL Server 2016 中还有一类特殊的存储过程，这就是触发器。触发器可以执行复杂的数据库操作和对完整性的约束过程，触发器最大的特点是其设定的 T-SQL 语句是自动执行的。本章主要为读者介绍触发器的概念、工作原理以及如何管理和创建触发器。

本章重点内容：

- 了解触发器的工作机制、种类和优点
- 通过 T-SQL 语句创建触发器
- 管理 SQL Server 中的触发器

12.1 触发器概述

如果说存储过程是一个定制好的工具包，用于实现某一些特定功能，触发器就像是具有智能的工具包。当外界条件改变，符合触发器条件时，这个智能工具包就自动运行，完成指定任务。

触发器是 SQL Server 2016 中一种特殊的存储过程，普通的存储过程需要通过程序的调用来执行，而触发器则是根据事件处理机制被触发。触发器在对于数据库服务器中数据更改时起到的业务规划能力是无可替代的，触发器可以利用约束条件的设置、默认值设置等规则进行完整性的检查。

当用户向表中进行数据的增、删、改操作时，触发器内设定的 SQL 语句将会自动被执行，从而确保所操作的数据对象必须符合 SQL 语句中定义的规则，如果规则不符合，就不会将数据内容提交到数据库服务器，减少数据库服务器的压力和错误的发生。

触发器和引发触发器执行的 SQL 语句是一种事务处理的模式，如果事务成功，SQL Server 就会返回事务执行前的状态。与表结构中设置的 CHECK 约束相比，触发器是一种对数据完整性的强制性手段。

例如，在 xsxk 数据库中学生表（dbo.xs）和选课表（dbo.xk）中都有学号字段，那么试想一下，如果改变了其中任意一张表中的学号字段，另一张表是否也要更改呢？答案是肯定的，在数据库的设计过程中经常会有多个表中存在相同字段的情况，如果只更改一张表中的内容，那么就会造成数据完整性破坏的情况，可以通过以下触发器对表中的字段内容实施级联更新。

```
CREATE TRIGGER tri_update
ON xs
FOR UPDATE
AS
IF UPDATE(学号)
BEGIN
UPDATE xk
SET xs.学号= xk.学号
FROM xk, deleted, inserted
WHERE xk.学号 = deleted.学号
END
GO
```

12.1.1 触发器的概念

触发器的主要作用就是能够完成主键和外键不能保证的复杂的数据完整性和数据一致性的约束，触发器可以对数据表进行级联操作，提供比 CHECK 约束更为复杂的数据完整性，触发器的用途主要有以下几个方面：

- 对数据库间的数据完整性做强制约束。
- 对数据库中的表进行级联操作，可以自动触发操作的类型。
- 跟踪变化，对违法的操作进行回滚或撤销，保证数据库的安全。
- 可以设定错误返回的信息，增加程序的可维护性。
- 触发器可以调用更多的存储过程。

触发器和存储过程的区别在于其运行方式，存储过程在创建完成后需要用户、应用程序或者触发器对其进行调用执行，而触发器则是在特定的数据库事件（插入、更新、删除）触发时自动执行触发器中的语句。

12.1.2 触发器的优点

触发器是一种在对表进行数据更改时自动执行 SQL 代码块的对象，普通的存储过程需要通过 EXEC 命令来调用存储过程，触发器则不需要，它可以根据事件自动执行。触发器可以实现对不同表中的逻辑相关数据的引用完整性或一致性。

触发器主要有以下几个优点：

- 触发器是自动执行的，一旦设立就存在一种触发机制，永远监控着数据库的事件状态。
- 触发器可以对数据库中的表进行层叠更改。
- 触发器可以设置比 CHECK 更为复杂的约束限制。触发器还可以对不同表中的列进行引用。

12.1.3 触发器的种类

在 SQL Server 2016 中，触发器总共分为两类：数据操作语言触发器（DML-Data Manipulation Language，DML）和数据定义语言触发器（DDL-Data Definition Language，DDL）。

1. 数据操作语言触发器

DML 触发器是一种依附于特定表或者视图的操作代码，当数据库服务器中有数据操作事件时，触发器中的代码被执行。SQL Server 2016 中 DML 触发器总共有 3 种：INSERT 触发器、UPDATE 触发器和 DELETE 触发器。如果读者遇到以下几种场景，可以考虑使用触发器。

- 数据库中的相关表进行级联更新时。
- 防止恶意的数据操作（如 INSERT、DELETE、UPDATE），并强制对操作数据进行比 CHECK 更为复杂的约束检查。
- 数据操作完成时对数据表进行状态评估，根据差异采取措施。SQL Server 2016 中针对 DML 触发器内存定义了两张用于数据库维护的表，即 DELETED 表和 INSERTED 表。这两张表是用户无法进行操作的，触发器执行完成后这两个表也会被删除。
- DELETED：该表存放了在执行删除或更新操作后所受影响的记录。在执行 DELETE 或 UPDATE 操作时，被删除的记录会被移动到 DELETED 表。
- INSERTED：该表存放了在执行插入或更新操作后所受影响的记录。在执行了 INSERT 或 UPDATE 操作时，新的记录会被同时添加到触发器的表和 INSERTED 表中。INSERTED 表中的记录为触发器表中记录的副本，INSERTED 表中的记录总数应与触发器表中的新行数相同。

2. 数据定义语言触发器

当数据库或服务器中出现了数据定义语言时，就会激活 DDL 触发器，使用 DDL 触发器可以防止对数据库架构进行某些更改或记录数据库架构中的更改或时间。

触发器可以查询其他表，而且可以包含复杂的 SQL 语句。它们主要用于强制服从复杂的业务规则或要求。

12.2 创建触发器

与存储过程类似，触发器在使用之前必须先创建。SQL Server 2016 允许为 INSERT、UPDATE、DELETE 创建触发器，当在表（视图）中插入、更新、删除记录时，将会触发一个或一系列 SQL 语句。

12.2.1 创建 DML 触发器

通过创建 DML 触发器可以在数据库服务器发生数据操作事件时执行操作，DML 触发器可以对表或视图中的 INSERT、DELETE、UPDATE 事件进行响应。本节将介绍如何在 SQL Server 2016 中创建各种 DML 触发器。

1. INSERT 触发器

因为触发器是一种特殊的存储过程，所以创建触发器的语法结构和创建存储过程的语法结构有着一定程度上的相似。12.1 节中已经创建了一个触发器，由此可以看出，使用 T-SQL 语句创建触发器的基本语法格式如下：

```
CREATE TRIGGER [ schema_name . ]trigger_name
ON { table | view }
[ WITH <dml_trigger_option> [ ,...n ] ]
{ FOR | AFTER | INSTEAD OF }
{ [ INSERT ] [ , ] [ UPDATE ] [ , ] [ DELETE ] }
[ WITH APPEND ]
[ NOT FOR REPLICATION ]
AS { sql_statement  [ ; ] [ ,...n ] | EXTERNAL NAME <method specifier [ ; ] > }
```

语句中参数说明如下。

- trigger_name：用于指定创建触发器的名称，其名称在当前数据库中不能重复。
- table|view：用于指定执行触发器的表或视图，即触发器表、触发器视图。
- WITH<ENCRYPTION>：用于加密 syscomments 表中包含 CREATE TRIGGER 语句文本的条目。使用此选项可以防止将触发器作为系统复制的一部分发布。
- AFTER：用于指定触发器只有在 SQL 语句中指定数据操作完成后才能被触发。有关级联操作和约束性检查也成功后才能执行触发器。如果 AFTER 关键字没有指定，AFTER 就为默认值，该类型的触发器只能创建在表上，视图上不能创建。
- INSTEAD OF：是一种动作执行前的触发类型，用触发器代替触发语句进行操作。在表或视图中只能定义一个 INSTEAD OF 触发器，可以定义多个 AFTER 触发器。
- {[INSERT][,][UPDATE][,][DELETE]}：用于指定数据库在执行哪种数据操作事件响应触发器时可以一次指定多个关键字，用逗号隔开。
- AS：触发器要执行的操作。
- sql_statement：指定触发器中执行 T-SQL 语句时的尝试，触发器可以包含任意数量和种类的 T-SQL 语句。

在用户对数据表进行插入（INSERT）操作时，被标记为 FOR INSERT 的触发器就会被触发。下面创建当用户执行 INSERT 操作时被触发的触发器。

【例 12.1】在表 xs 上创建一个名称为 no_insert 的触发器，禁止用户在 xs 表上插入新的记录，输入语句如下：

```
CREATE TRIGGER no_insert
ON xs
AFTER INSERT
AS
BEGIN
RAISERROR('xs 表中不允许插入新的记录',1,1);
ROLLBACK TRANSACTION
END
```

上述语句创建了一条 INSERT 触发器，当用户再试图执行一条 INSERT 语句时将自动调用该触发器：

```
INSERT INTO xs VALUES('14000001','赵六','男','1998-11-02','14 信管','广州
',21,'');
```

执行结果如图 12.1 所示。

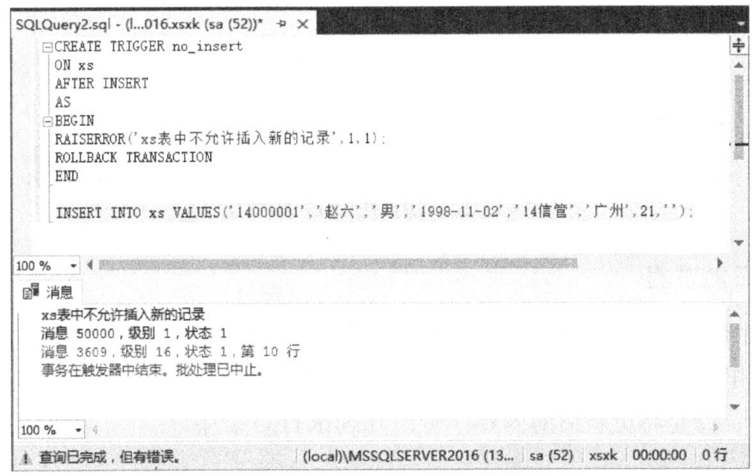

图 12.1　执行 INSERT 语句触发器被调用

当触发器 no_insert 被创建之后执行 INSERT 语句，触发器被调用，数据表回滚到插入数据之前的状态。

2. DELETE 触发器

当执行删除操作时，DELETE 触发器被激活，用于控制用户删除的数据。当执行 DELETE 触发器时，被删除的数据存放在 DELETED 表中，操作表中的记录被删除。我们也可以通过查看 DELETED 表中的记录查看被删除的内容。

【例 12.2】在 xs 表上创建一个 DELETE 触发器 xs_del，要求返回被删除的记录信息，输入语句如下：

```
CREATE TRIGGER xs_del
ON xs
AFTER DELETE
```

```
AS
BEGIN
 SELECT 学号 AS 被删除学生记录,姓名 FROM DELETED
END
```

触发器创建完成之后，执行一条删除语句：

```
DELETE FROM xs WHERE 学号=14311001;
```

此时刚创建的xs_del触发器被激活，执行‘SELECT 学号 AS被删除学生记录，姓名FROM DELETED’语句，从系统表DELETED中找回刚才被删除的数据，如图12.2所示。

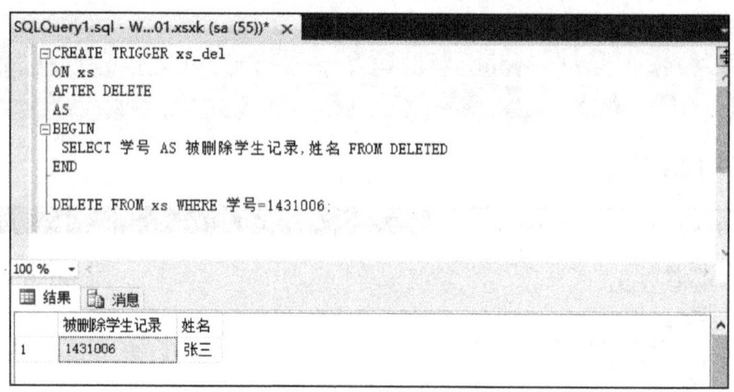

图12.2　调用DELETE触发器

3. UPDATE触发器

当用户执行UPDATE语句时UPDATE触发器被调用，使用UPDATE触发器用来约束对数据的更改操作。UPDATE触发器的操作类型分为两步：一是将更新前的记录存储在DELETED表中；二是将更新后的内容存储在INSERTED表中。

【例12.3】在xs表中创建UPDATE触发器xs_update，返回被更新数据的信息，输入语句如下：

```
CREATE TRIGGER xs_update
ON xs
AFTER UPDATE
AS
BEGIN
 SELECT 姓名 AS 更新后的姓名,学号 FROM INSERTED
 SELECT 姓名 AS 更新前的姓名,学号 FROM DELETED
END
```

创建UPDATE触发器后，执行如下INSERT语句：

```
UPDATE xs SET 姓名='何梅' WHERE 学号='14311002'
```

执行结果如图12.3所示。

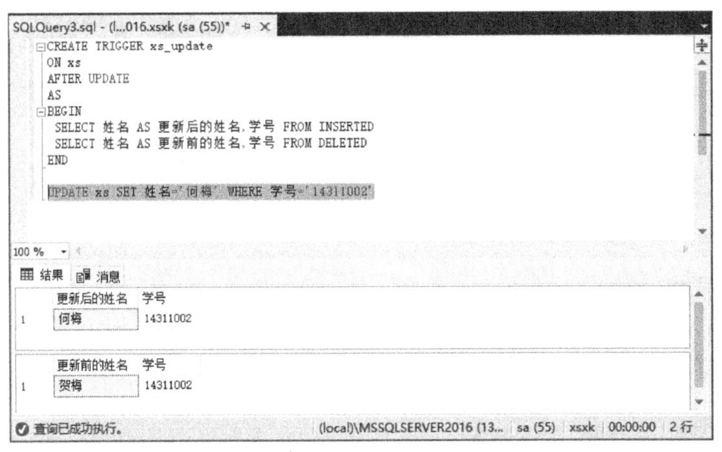

图 12.3　调用 UPDATE 触发器

从执行结果可以看出，在 DELETED 表和 INSERTED 表中分别保存了记录更改前和更改后的信息。

4. INSTEAD OF 触发器

前面介绍的 3 种触发器都是 AFTER 触发器。使用 AFTER 触发器首先会建立 INSERTED 和 DELETED 表，然后执行 SQL 语句中的数据操作，最后才会执行触发器中的代码。此外，SQL Server 2016 还支持 INSTEAD OF 触发器，使用 INSTEAD OF 触发器则是在建立 INSERTED 表和 DELETED 表后直接执行触发器。

【例 12.4】在 xs 表中创建 xs_instead 触发器，要求用户在插入记录时，如果总学分大于 30，就拒绝插入，提示“总学分不符合要求”的信息，输入语句如下：

```
CREATE TRIGGER xs_instead
ON xs
INSTEAD OF INSERT
AS
BEGIN
  DECLARE @stu_credits INT;
  SELECT @stu_credits = (SELECT 总学分 FROM inserted)
  IF  @stu_credits > 30
SELECT '总学分不符合要求' AS 失败原因
END
```

输入完成后，单击【执行】按钮，创建该触发器。

创建完成后，执行一条 INSERT 语句触发该触发器，输入语句如下：

```
INSERT INTO xs(学号,姓名,总学分)VALUES('15001','张三','31');
```

执行结果如图 12.4 所示。

```
CREATE TRIGGER xs_instead
ON xs
INSTEAD OF INSERT
AS
BEGIN
  DECLARE @stu_credits INT;
  SELECT @stu_credits = (SELECT 总学分 FROM inserted)
  IF  @stu_credits > 30
SELECT '总学分不符合要求' AS 失败原因
END

INSERT INTO xs(学号,姓名,总学分)VALUES('15001','张三','31');
```

	失败原因
1	总学分不符合要求

查询已成功执行。 (local)\MSSQLSERVER2016 (13... sa (55) xsxk 00:00:00 1 行

图 12.4　调用触发器

由于插入的数据总学分为 31，不符合触发器的约束条件，因此记录将不会被插入。

在 SQL Server 2016 中不建议在触发器中使用游标，因为可能会降低性能。若要设计一个影响多行的触发器，应优先考虑基于行集的逻辑，而不要使用游标。

12.2.2　创建 DDL 触发器

像常规触发器一样，DDL 触发器将激发存储过程以响应事件。但与 DML 触发器不同的是，它们不会为响应针对表或视图的 UPDATE、INSERT 或 DELETE 语句而激发，相反，它们将为了响应各种数据定义语言（DDL）事件而激发。这些事件主要与以关键字 CREATE、ALTER 和 DROP 开头的 T-SQL 语句对应。执行 DDL 式操作的系统存储过程也可以激发 DDL 触发器。

【例 12.5】在 xs 表中创建 safty 触发器，拒绝用户对数据库中的表进行删除和更改操作，输入语句如下：

```
CREATE TRIGGER safty
ON DATABASE
FOR DROP_TABLE,ALTER_TABLE
AS
BEGIN
 PRINT '当前数据库禁止更改删除操作'
 ROLLBACK TRANSACTION
END
```

ON 关键字后面的 DATABASE 指的是此触发器的作用域，DROP_TABLE、ALTER_TABLE 指定 DDL 触发器的触发事件，当前触发器所指定的触发条件为删除表和修改表。

创建完触发器后执行一条删除表的 SQL 语句：

```
DROP TABLE xs;
```

执行结果如图 12.5 所示。

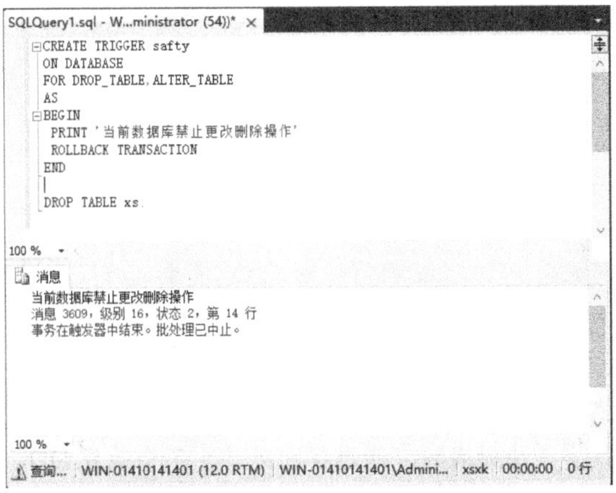

图 12.5　激活数据库级别的 DDL 触发器

刚才创建的触发器作用在 xs 数据库中，如果想让整个数据库服务器都收到 DDL 触发器的约束，可以创建作用在服务器中的触发器，输入语句如下：

```
CREATE TRIGGER safty_Server
ON ALL SERVER
FOR DROP_TABLE,ALTER_TABLE
AS
BEGIN
 PRINT '当前服务器禁止更改删除操作'
 ROLLBACK TRANSACTION
END
```

输入完成后执行 SQL 语句，即完成了触发器 safty_Server 的创建。创建成功后可以在 SSMS 中的【服务器对象】|【触发器】节点中找到刚才创建的触发器 safty_Server，如图 12.6 所示。

图 12.6　【触发器】节点下的触发器

再次执行一条删除表的 SQL 语句：

```
DROP TABLE xs;
```

执行结果如图 12.7 所示。

```
CREATE TRIGGER safty_Server
ON ALL SERVER
FOR DROP_TABLE,ALTER_TABLE
AS
BEGIN
 PRINT '当前服务器禁止更改删除操作'
 ROLLBACK TRANSACTION
END

DROP TABLE xs;
```

```
当前服务器禁止更改删除操作
消息 3609，级别 16，状态 2，第 10 行
事务在触发器中结束。批处理已中止。
```

图 12.7 作用于服务器的触发器被激活

对于影响局部或全局临时表和存储过程的事件，不会触发 DDL 触发器。

12.2.3 创建登录触发器

登录触发器将为响应 LOGON 事件而激发存储过程。与 SQL Server 实例建立用户会话时将引发此事件。登录触发器将在登录的身份验证阶段完成之后且用户会话实际建立之前激发。因此，来自触发器内部且通常将到达用户的所有消息（例如错误消息和来自 PRINT 语句的消息）会传送到 SQL Server 错误日志。如果身份验证失败，将不激发登录触发器。可以使用登录触发器来审核和控制服务器会话，例如通过跟踪登录活动、限制 SQL Server 的登录名或限制特定登录名的会话数。

例如，在以下代码中，如果登录名 log_test 已经创建了 3 个用户会话，登录触发器将拒绝由该登录名启动的 SQL Server 登录尝试。

【例 12.6】创建一个登录触发器，当登录名为 log_test 的用户登录时，如果登录的 IP 地址为 192.168.2.105，就允许登录；否则登录回滚。为了顺利对结果进行测试，先创建一个 log_test 的账户，输入语句如下：

```
CREATE LOGIN log_test WITH PASSWORD = '123456'
```

上述语句创建了一个登录名为 log_test，登录密码为 123456 的账户，接着创建登录触发器，语句如下：

```
CREATE TRIGGER [connection_limit]
ON ALL SERVER WITH EXECUTE AS 'sa'
FOR LOGON
AS
BEGIN
IF ORIGINAL_LOGIN() = 'log_test'
AND
```

```
    (SELECT EVENTDATA().value('(/EVENT_INSTANCE/ClientHost)[1]',
'NVARCHAR(15)'))
    NOT IN('192.168.2.105')
        ROLLBACK;
    END
```

代码中创建了一个名为 connection_limit 的触发器，触发条件为 LOGON。为了测试该触发器的功能，首先将 IP 地址设置为 192.168.2.106，然后用 log_test 账户进行登录，执行结果如图 12.8 所示。

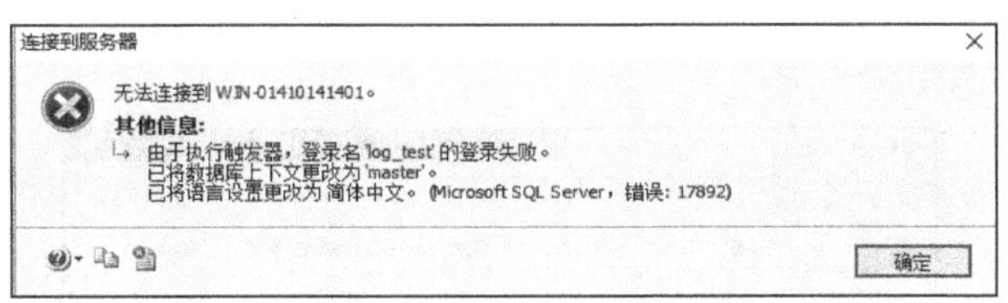

图 12.8　登录触发器被激活

12.2.4　限制非工作时间操作数据

前面通过登录触发器对用户登录 SQL Server 服务器的 IP 地址做出了设定，同样也可以从登录时间上做出设定。

【例 12.7】创建一个触发器，当登录名为 log_test 的用户登录时，只能在 8:00-17:30 的时间段内登录，输入语句如下：

```
    CREATE TRIGGER time_limit
    ON ALL SERVER WITH EXECUTE AS 'log_test'
    FOR LOGON
    AS
    BEGIN
    IF ORIGINAL_LOGIN()= 'log_test' AND CONVERT(CHAR(10),GETDATE(),108) BETWEEN
'8:00:00' AND '17:30:00'
    ROLLBACK;
    END;
```

上面的代码创建了一个 time_limit 的触发器，该触发器用于限制 log_test 账户的登录时间。

12.2.5　限制对保护数据的操作

在前面的小节中向读者介绍了如何使用触发器对数据库和服务器中的数据进行 INSERT、UPDATE 的限制。通过触发器，我们还可以对表中记录的字段进行限制，允许更改记录当中的某些字段内容，不允许更改某些内容。

【例 12.8】创建一个触发器 update_limit，要求学号为‘14311002’，学生的班级信息为保护数据，不能被修改。输入语句如下：

```
CREATE TRIGGER update_limit on xs
FOR update
AS
IF update (班级) And Exists(SELECT * FROM inserted WHERE 学号='14311002')
RAISERROR('学号为 14311002 学生的班级不能修改',16,1)
ROLLBACK TRANSACTION
```

执行代码创建触发器后，对学号为 1431102 的学生的班级信息进行更改。

```
UPDATE xs SET 班级='14 信管 2' WHERE 学号='14311002'
```

执行结果如图 12.9 所示。

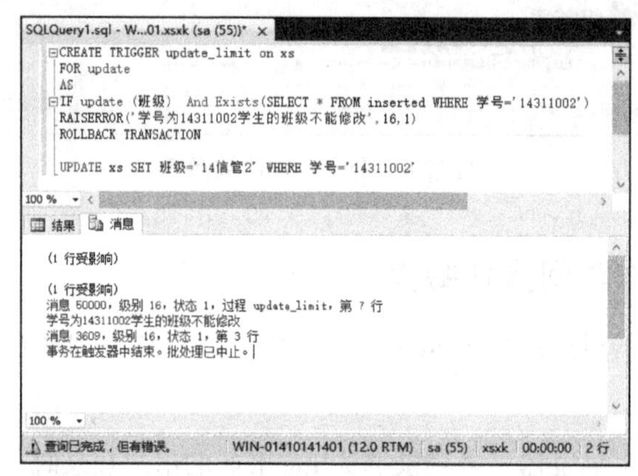

图 12.9　触发器被激活

从执行结果可以看出，对学号为‘14311002’的学生的班级字段信息更改失败，更改后操作回滚到更改之前的状态。

12.2.6　实现级联操作

在 SQL Server 中可以通过触发器对有关系的表进行级联操作，使用触发器对表中的数据进行级联更新、级联删除。

【例 12.9】在 xs 表上创建一个触发器 trigcategorydelete，要求在对 xs 表上的数据进行删除操作时级联删除 xk 表中的信息，输入语句如下：

```
CREATE TRIGGER trigcategorydelete
ON xs
AFTER DELETE
AS
BEGIN
DELETE xk WHERE 学号=(SELECT 学号 FROM deleted)
END
```

执行代码创建触发器后，输入一条删除语句，语句如下：

```
delete from xs where 学号=14311004
```

操作结果如图 12.10 所示。

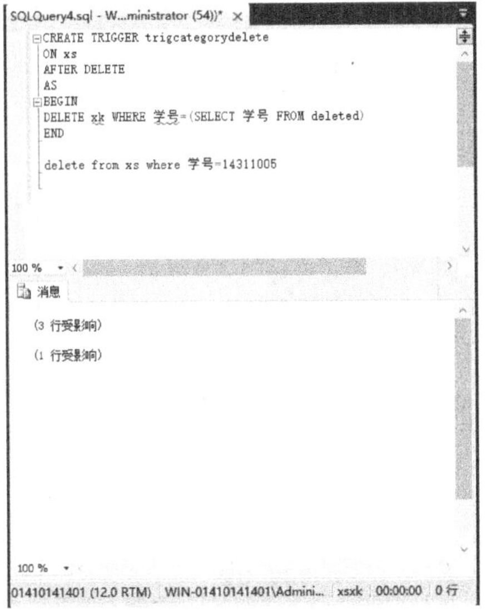

图 12.10 实施级联删除

从结果可以看出，在 xs 表中删除一条数据，另一个 xk 表中也有 3 行记录受到影响，实现了级联删除。

使用触发器进行级联操作非常灵活，但是数据出现异常时不太容易找到问题所在，在使用触发器进行级联操作时应谨慎。

12.3 管理触发器

前面章节介绍了如何创建触发器，下面将对触发器的管理进行讲解。在 SQL Server 2016 中，管理触发器的主要操作是对触发器信息进行查看、修改触发器、删除触发器、启动和禁用触发器。

12.3.1 查看触发器

在 SQL Server 2016 中查看触发器的方法主要有两种，一种是通过 SSMS 工具的对象资源管理器进行查看，另一种是通过系统的存储过程进行查看。

1. 使用对象资源管理器查看触发器

因为触发器的操作对象是表或查询，用户要查看对应表或视图中的触发器，首先要找到表或视图对象节点，展开节点后找到【触发器】节点，继续展开，可以看到依附于表所创建的触发器都在该节点下，如图 12.11 所示。

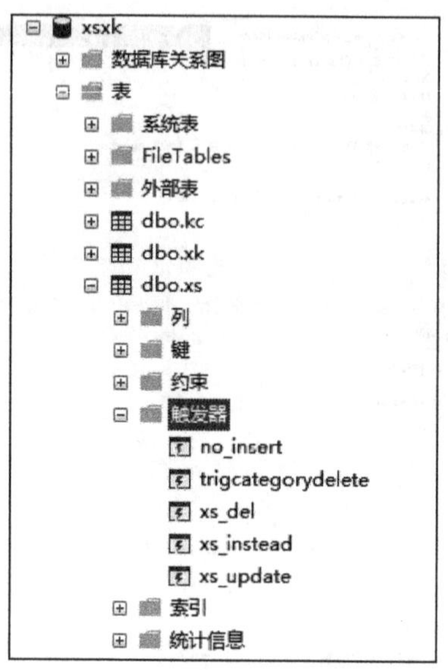

图 12.11　dbo.xs 表下的触发器

如果想查看某一触发器的信息，只需右击触发器，在弹出的快捷菜单中选择【修改】命令，即可看到如图 12.12 所示的信息。

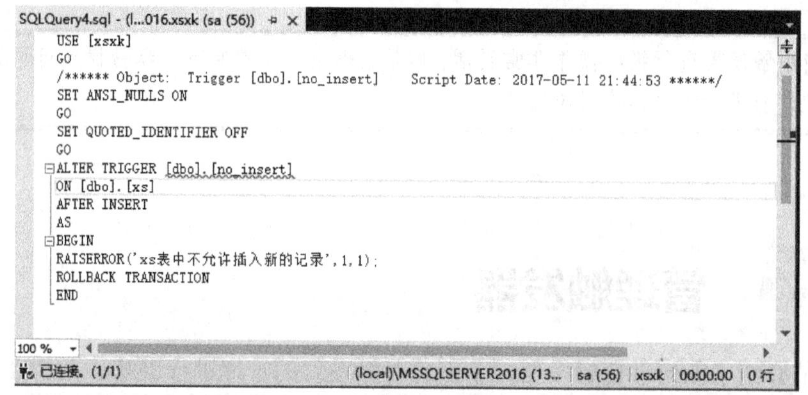

图 12.12　查看触发器信息

2. 使用系统存储过程查看触发器

读者在学习存储过程的时候学习了使用系统的存储过程 sp_helptext 查看过程的具体信息，由于触发器也是一种存储过程，因此也可以使用相同的语句对触发器的基本信息进行查看。

【例 12.10】查看触发器 no_insert 的具体信息。输入语句如下：

```
Sp_helptext no_insert
```

执行结果如图 12.13 所示。

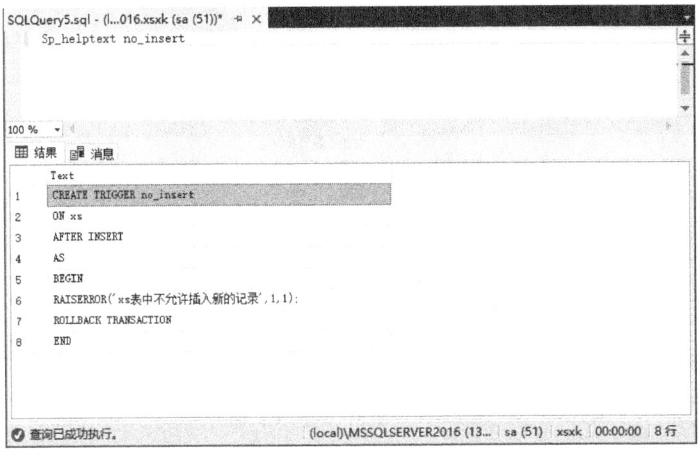

图 12.13　使用 T-SQL 查看触发器结构

12.3.2　修改触发器

同样地，用户可以对已创建好的触发器进行属性的修改和定义，通过删除原有触发器再重新创建一个同名的触发器达到修改的目的，或通过 ALTER TRIGGER 语句直接对原有触发器的内容进行重新设定。

【例 12.11】修改 no_insert 触发器。输入语句如下：

```
ALTER TRIGGER [dbo].[no_insert]
ON [dbo].[xs]
AFTER DELETE
AS
BEGIN
RAISERROR('xs 表中不允许删除记录',1,1);
ROLLBACK TRANSACTION
END
```

如上述代码所示，将 INSERT 关键字改为 DELETE，并修改 RAISERROR 中的信息，将不允许插入新记录的数据库改为不允许删除记录。读者也可以直接找到触发器所在的节点，右击弹出快捷菜单，在菜单中选择【修改】命令，如图 12.14 所示。

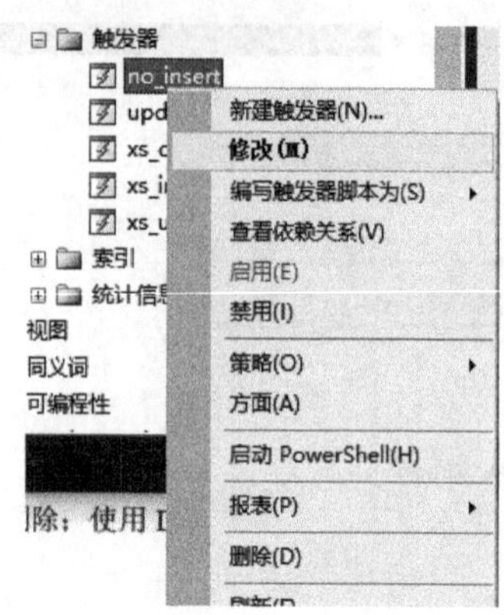

图 12.14　选择【修改】命令

选择修改命令后可以直接进入触发器的修改代码中，如果对触发器原本的内容不熟悉，使用这种方法可以确保触发器修改时不会出错。

12.3.3　重命名触发器

如果用户需要对触发器进行重命名，可以直接使用系统过程 sp_rename 来完成，语法格式如下：

```
exec sp_rename oldName,newName
```

【例如 12.12】对触发器 no_insert 重命名，改为 not_insert，输入语句如下：

```
exec sp_rename no_insert,not_insert;
```

结果如图 12.15 所示。

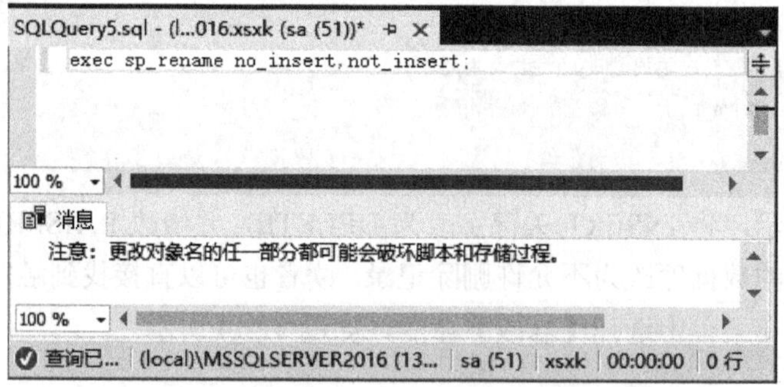

图 12.15　执行 SQL 语句更改名称

12.3.4　禁用和启用触发器

触发器一旦创建完成便处于监听状态，只要触发数据操作（INSERT、DELETE、UPDATE），触发器就会被触发。如果想创建完触发器后暂时让其停止工作，可以使用 DISABLE TRIGGER 语句暂停其功能。

1. 禁用触发器

【例 12.13】禁止使用 no_insert 触发器，输入语句如下：

```
ALTER TABLE xs
DISABLE TRIGGER no_insert
```

因为触发器 no_insert 是对 xs 对象进行的约束，可以把触发器 no_insert 看作是 xs 表的一个属性，所以禁用触发器实际上是对表属性的修改，用到了 ALTER TABLE 语句。用户也可以直接使用以下代码指定表名：

```
DISABLE TRIGGER no_insert ON xs
```

【例 12.14】禁止使用作用在服务器的触发器 safty_Server，输入语句如下：

```
DISABLE TRIGGER safty_Server ON DATABASE
```

此处在 ON 关键字后指定的不是表而是整个 DATABASE 作用域。

除了使用 T-SQL 语句对触发器进行禁用外，用户还可以使用 SSMS 的对象资源管理器来禁用触发器，操作步骤如下：

步骤 01 找到触发器所在位置。一般来说，触发器依托于具体的数据库表，用户可以在指定的表下找到目标触发器。

步骤 02 右击触发器，在弹出的快捷菜单中选择【禁用】命令，如图 12.16 所示。

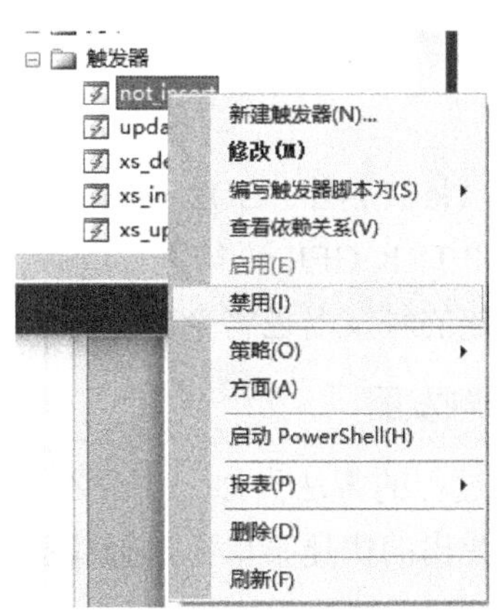

图 12.16 使用管理器禁用触发器

2. 启用触发器

同样地，用户可以使用 ENABLE TRIGGER 语句重新对触发器进行启用，操作方法和禁用触发器基本相同。

【例 12.15】启用 no_insert 触发器，输入语句如下：

```
ALTER TABLE xs
ENABLE TRIGGER no_insert
```

输入完成后执行代码便可重新启用触发器。而使用 SSMS 工具的对象资源管理器启用触发器的操作步骤如下：

步骤 01 找到触发器所在位置。

步骤 02 右击触发器，在弹出的快捷菜单中选择【启用】命令，如图 12.17 所示。

图 12.17　使用管理器启用触发器

禁用触发器不会删除该触发器。该触发器仍然作为对象存在于当前数据库中。但是，当执行任意 INSERT、UPDATE 或 DELETE 语句（在其上对触发器进行了编程）时，触发器将不会激发。已禁用的触发器可以被重新启用。启用触发器并不是要重新创建它。触发器将以最初创建它时的方式激发。

12.3.5 删除触发器

当触发器不再需要使用时可以将其删除。SQL Server 2016 允许用户使用对象资源管理器来删除触发器，也可以使用 DROP TRIGGER 语句进行删除。当然，如果删除了作用触发器所作用对象的表，那么依附于表所建的触发器也将全部删除。

1. 使用对象资源管理器删除触发器

删除触发器与删除表和存储过程的方法类似，首先在资源管理器中找到触发器所在的位置，右击需要删除的触发器，在弹出的快捷菜单中选择【删除】命令即可，如图 12.18 所示。

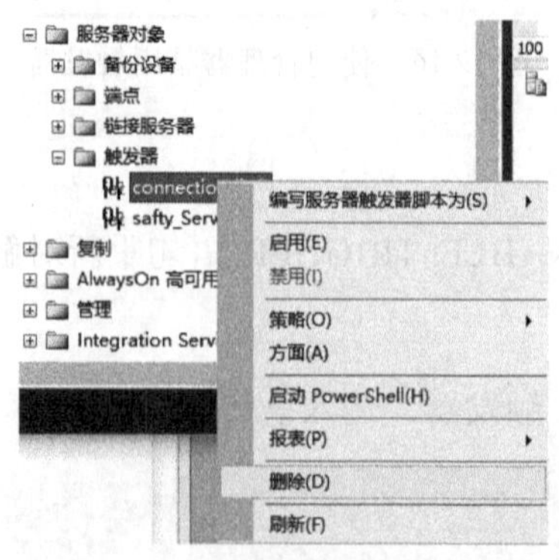

图 12.18　使用管理器删除触发器

2. 使用 DROP TRIGGER 语句删除触发器

【例 12.16】删除 no_insert 触发器，输入语句如下：

```
DROP TRIGGER no_insert
```

执行上述语句后触发器 no_insert 被删除。如果要删除作用在服务器上的触发器，只需在 ON 关键字后加上 ALL SERVER 即可。

```
DROP TRIGGER safty_Server ON ALL SERVER
```

由于 SQL Server 2016 不支持系统表中的用户定义触发器，因此建议不要在系统表中创建用户定义触发器。

12.4 小结

触发器是数据库中的一个重要的数据对象，它与前面章节中提到的存储过程类似，是一种特殊的存储过程，不过其并不显式调用，而是当用户对数据表进行数据操作时自动执行。本章主要对 SQL Server 2016 中的触发器进行了介绍，了解了触发器的概念和种类，并对如何创建触发器、管理触发器进行了深入的讲解。触发器作为一种特殊的存储过程，其存在的目的是实现数据完整性的约束，触发器在对于数据库服务器中数据更改时起到的业务规划能力是无可替代的。

12.5 经典习题与面试题

1. 创建触发器，当删除数据时，提示是否确定要删除记录。
2. 创建级联触发器，当删除 user 表中的数据时，同时删除其他表中对应的记录。

第 13 章 索引

与存储过程和触发器类似，索引也是 SQL Server 2016 数据库的重要对象之一，它包含由表或视图中的一列或多列生成的键。通过索引，数据用户和管理员可以迅速地找到表中的数据，而不必扫描整个数据表，因此能够有效提升数据的检索速度。根据数据表的物理顺序与索引顺序是否一致，可以将索引分为聚集索引和非聚集索引。

本章重点内容：

- 了解索引的概念
- 了解索引的优缺点
- 掌握索引的分类
- 掌握索引的操作
- 掌握索引的分析与维护
- 了解全文索引

13.1 索引的概念

一般来说，在查阅书籍时，读者通常不会从第一页开始顺序查找，而是先翻阅目录，找到相关内容所在的页码，再阅读该部分内容。数据库的索引与书籍的目录类似，在进行数据查询时，SQL Server 2016 先访问索引，再根据索引信息在数据表中找到相关记录，避免扫描整个数据表，从而有效提升数据检索的速度。

13.2 索引的优缺点

与书籍的目录进行类比来看，索引具有明显的优点，它可以显著提升数据检索的性能，提高用户使用数据库的体验。但是，用户也不能对数据表的每一列建立索引，因为索引既有优点，也存在缺点。

13.2.1 索引的优点

在 SQL Server 2016 数据库中，索引除了可以提升数据检索性能外，还具有提高系统性能的优点，具体表现如下：

- 创建唯一性索引可以保证每一行数据的唯一性。
- 可以大大加快数据的检索速度。
- 加速表和表之间的连接，特别是在实现数据的参照完整性方面特别有意义。
- 在对数据进行分组或排序时，可以减少查询中分组和排序的时间。
- 通过索引，可以在查询的过程中使用优化隐藏器提高系统的性能。

13.2.2 索引的缺点

当然，并不是每一个数据表都适合建立索引，而索引也不是越多越好，这是因为索引存在一定的缺点，主要包括以下几个方面：

- 创建索引和维护索引要耗费时间，这种时间随着数据量的增加而增加。
- 索引需要占用物理空间，除了数据表占用数据空间之外，每一个索引还要占用一定的物理空间，如果要建立聚集索引，那么需要的空间就会更大。
- 对表中数据进行增加、删除和修改时，索引也要动态维护，这样就降低了数据的维护速度。

13.3 索引的分类

数据库索引的类型比较多，包括聚集索引、非聚集索引、全文索引、XML 索引和空间索引 5 种主要类型，此外还包括唯一索引、包含列索引、索引视图和筛选索引等多种形式。此外，根据数据在表中的存储结构的不同，分为聚集索引和非聚集索引。本节将主要介绍聚集索引和非聚集索引。

13.3.1 聚集索引

聚集索引根据数据行的键值在表或视图中排序和存储这些数据行。每个表只能有一个聚集索引，因为数据行本身只能按一个顺序排序。只有当表包含聚集索引时，表中的数据行才按顺序存储。如果表具有聚集索引，该表就称为聚集表。若表没有聚集索引，则其数据行存储在一个称为堆的无序结构中。

创建聚集索引时，应当注意几个问题：

- 每个表只能有一个聚集索引。
- 创建聚集索引应当先于创建非聚集索引，因为聚集索引改变了表中行的物理顺序。

- 当创建 Primary Key 约束时，如果不存在该表的聚集索引且未指定唯一非聚集索引，将自动生成唯一聚集索引。
- 创建 Unique 约束时，默认情况下将创建唯一非聚集索引，若该表不存在聚集索引，则可以指定唯一聚集索引。

13.3.2 非聚集索引

非聚集索引具有独立于数据行的结构，其包含非聚集索引键值，并且每个键值项都有指向包含该键值的数据行的指针。从非聚集索引中的索引行指向数据行的指针称为行定位器，行定位器的结构取决于数据页是存储在堆中还是聚集表中。对于堆，行定位器是指向行的指针。对于聚集表，行定位器是聚集索引键。

非聚集索引不会对表按照索引值进行物理排序，即数据表的物理顺序与索引顺序不相同的索引。

创建非聚集索引时，应了解以下情况：

- 每个表只能有一个聚集索引，但允许最多有 249 个非聚集索引。
- 索引页只包含索引关键字，不包含数据。
- 需要以多种方式检索数据时，通常创建非聚集索引。

每个表只能创建一个聚集索引，创建聚集索引时，应当保持较短的索引键长度，不应当在频繁更改的字段上创建聚集索引。

13.4 索引的操作

索引是 SQL Server 2016 数据库中的重要对象，可以提升数据表中数据的检索性能。在上节介绍的索引基本概念的基础上，本节将详细地讲解如何使用图形工具和 T-SQL 语句创建索引、修改索引、删除索引以及设置索引选项。

13.4.1 索引的创建

为提高数据表的检索性能，用户需要为数据表创建索引。在 SQL Server 2016 数据库中，索引可以通过 SSMS 工具的对象资源管理器来创建，也可以通过 T-SQL 中的特定语句来创建，还可以通过表设计器来创建，本小节将分别介绍。

1. 使用对象资源管理器创建索引

【例 13.1】在 XS 表中，根据出生日期字段建立非聚集索引。

步骤 01 在对象资源管理器中选择数据库。

步骤 02　展开数据库和 XS 表。

步骤 03　右击【索引】节点，弹出快捷菜单，如图 13.1 所示。

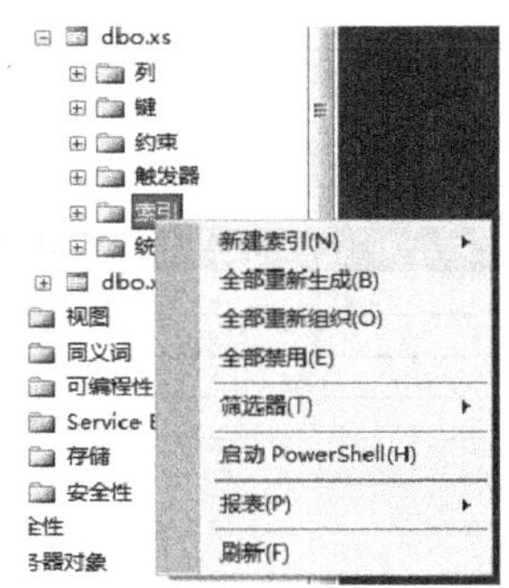

图 13.1　索引快捷菜单

步骤 04　选择【新建索引】命令，显示如图 13.2 所示的【新建索引】对话框。

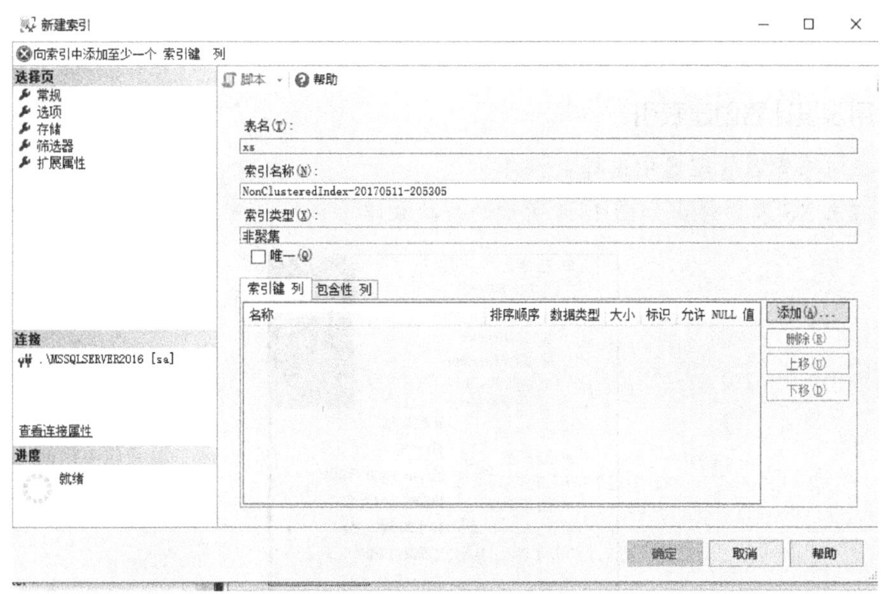

图 13.2　新建索引

步骤 05　在新建索引页面中，单击【添加】按钮。

步骤 06　在如图 13.3 所示的对话框中，选择出生日期字段，单击【确定】按钮。

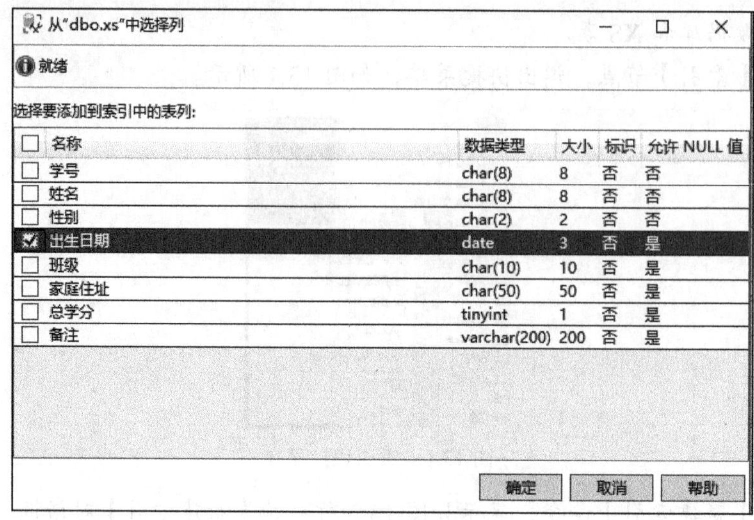

图 13.3　选择列

步骤 07　索引创建结束。

2. 使用表设计器创建索引

步骤 01　在对象资源管理器中选择数据库。

步骤 02　右击 XS 表，弹出如图 13.4 所示的快捷菜单。

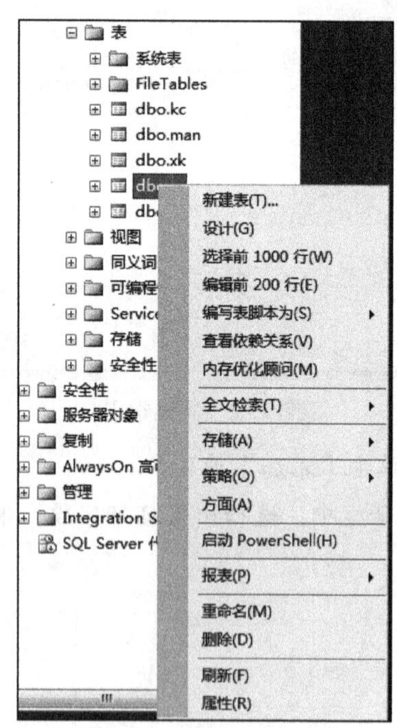

图 13.4　快捷菜单

步骤 03　选择【设计】命令，进入表设计器，如图 13.5 所示。

步骤 04　右击出生日期字段，弹出如图 13.6 所示的快捷菜单，选择【索引/键】命令，弹出如

图 13.7 所示的界面。

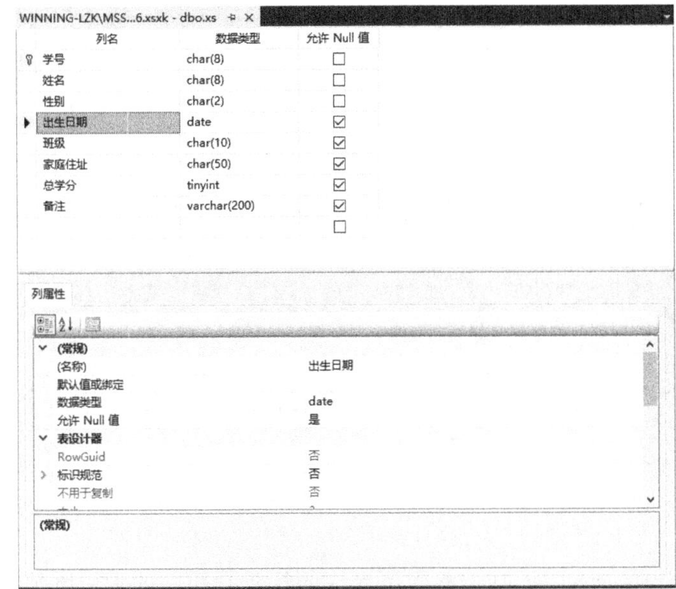

图 13.5　表设计器

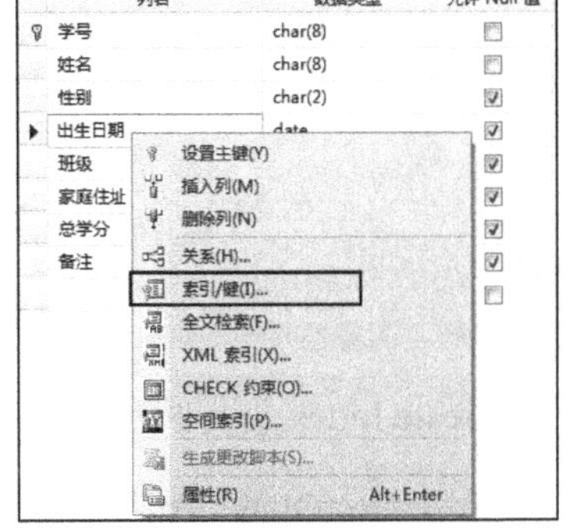

图 13.6　选择【索引/键】命令

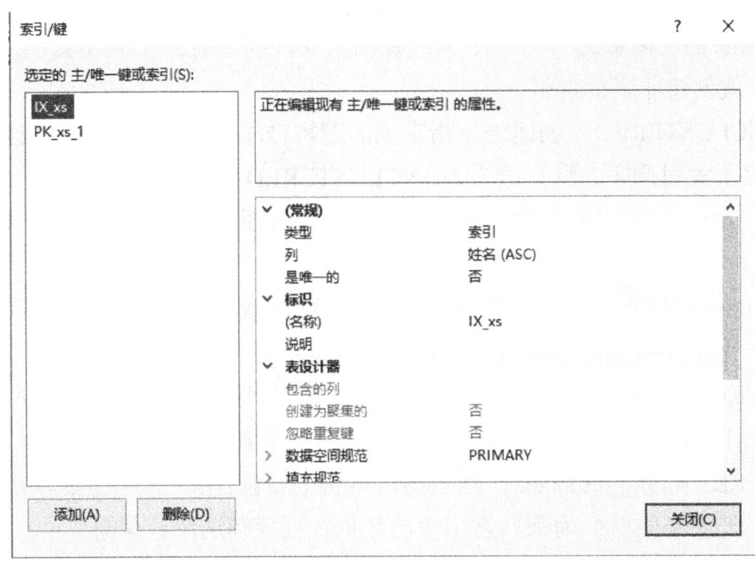

图 13.7　索引/键

步骤 05　单击【添加】按钮，在属性区修改需要建立索引的字段、排序方式以及是否唯一。

步骤 06　单击【关闭】按钮，完成索引创建。

当用户创建一个索引被存储到数据库中时，每个索引对应 sysindexes 系统表中的一条记录，该表中的 name 列包含索引的名称。用户可以通过查找该表中的记录判断索引是否被创建。

3. 使用 T-SQL 语句创建索引

```
CREATE [UNIQUE] [CLUSTERED|NONCLUSTERED] INDEX index_name
    ON <object>(column [ASC|DESC][,...n])
    [INCLUDE (column_name[,...n])]
    [ WHERE <filter_predicate>]
    [ WITH (<relational_index_option>[,...n])]
    [ ON{partition_scheme_name (column_name)
        |filegroup_name
        |default
        }
    ]
    [FILESTREAM_ON {filestream_filegroup_name|partition_scheme_name|"NULL"}]

[;]
```

Create Index 语句的参数说明如下：

（1）UNIQUE　为表或视图创建唯一索引。唯一索引不允许两行具有相同的索引键值。视图的聚集索引必须唯一。

（2）CLUSTERED　创建索引时，键值的逻辑顺序决定表中对应行的物理顺序。聚集索引的底层包含该表的实际数据行。一个表或视图只允许同时有一个聚集索引。如果没有指定 CLUSTERED，就创建非聚集索引。

（3）NONCLUSTERED　创建一个指定表的逻辑排序的索引。对于非聚集索引，数据行的物理排序独立于索引排序。默认值为 NONCLUSTERED。

（4）index_name　索引的名称。索引名称在表或视图中必须唯一，但在数据库中不必唯一。

（5）column　索引所基于的一列或多列。指定两个或多个列名，可为指定列的组合值创建组合索引。一个组合索引键中最多可组合 16 列。

（6）[ASC|DESC]　指定特定索引列的升序或降序排序方向，默认值为 ASC。

（7）INCLUDE(column[,...n])　指定要添加到非聚集索引的叶级别的非键列。

（8）WHERE <filter_predicate>　通过指定索引中要包含哪些行来创建筛选索引。筛选索引必须是对表的非聚集索引。为筛选索引中的数据行创建筛选统计信息。

（9）ON partition_scheme_name(column_name)　指定分区方案，该方案定义要将分区索引的分区映射到的文件组。

（10）ON filegroup_name　为指定文件组创建指定索引。

【例 13.2】使用 T-SQL 语句在 XS 表中建立“出生日期”的非聚集索引。

```
Create Index IX_XS_date
ON XS(出生日期)
```

【例 13.3】使用 T-SQL 语句在 XS 表中建立“姓名”的聚集索引。

```
Create Clustered Index IX_XS_name
ON XS(姓名)
```

需要读者注意的是，当 XS 表中已设置主键时，系统会自动生成聚集索引，而每个表只能有一个聚集索引，这时此语句将会无法执行。

【例 13.4】使用 T-SQL 语句在 XS 表中建立“学号”的唯一非聚集索引，并不允许输入重复值。

```
Create Unique nonClustered Index IX_XS_number
ON XS(学号)
With IGNORE_DUP_KEY
```

SQL Server 2016 允许在计算列上定义索引，但为计算列定义的表达式的值不能为 text、ntext 或 image 数据类型。

13.4.2　查看索引信息

建立好索引后，如果用户需要查看索引的相关信息，可以通过 SSMS 或系统存储过程等多种方式完成。

1. 使用 SSMS 查看索引相关信息

步骤 01　启动 SQL Server 2016，进入 SSMS 界面。

步骤 02　展开数据库，找到需要查看索引的表。

步骤 03　展开表，找到相应的索引项并右击，如图 13.8 所示。

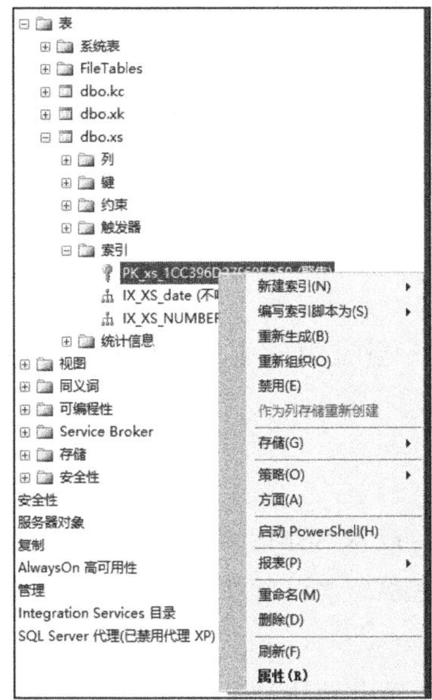

图 13.8　表索引

步骤04 选择【属性】命令，弹出如图 13.9 所示的【索引属性】对话框。

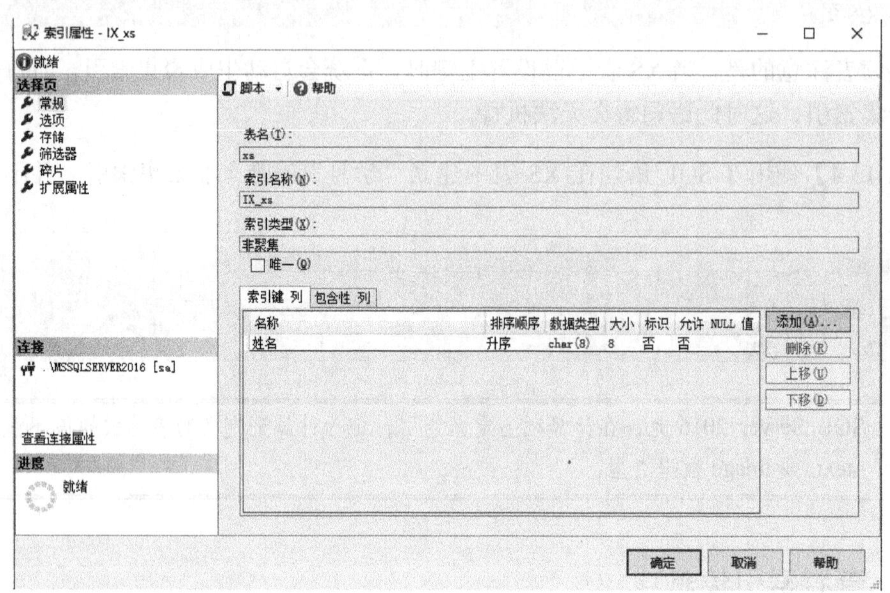

图 13.9 索引属性

步骤05 查看该索引的相关属性。

2. 使用系统存储过程查看索引相关信息

存储过程 sp_helpindex 用于显示表或视图上索引的相关信息。

```
Sp_helpindex[@objname=]'name'
```

参数说明：

@objname 用户定义的表或视图的限定或非限定名称。

【例 13.5】使用系统存储过程 sp_helpindex 显示 XS 表的索引信息。

```
EXEC sp_helpindex XS
```

13.4.3 索引的修改

与索引的创建类似，如果用户建立好索引后需要修改，则可以通过 SSMS 对象资源管理器或 T-SQL 语句等多种方式完成。

1. 使用 SSMS 修改索引

步骤01 启动 SQL Server 2016，进入 SSMS 界面。

步骤02 展开数据库，找到需要修改索引所在的表。

步骤03 展开表，找到索引项。

步骤04 右击要修改的索引，在弹出的快捷菜单中选择【属性】命令，弹出如图 13.10 所示的对话框。

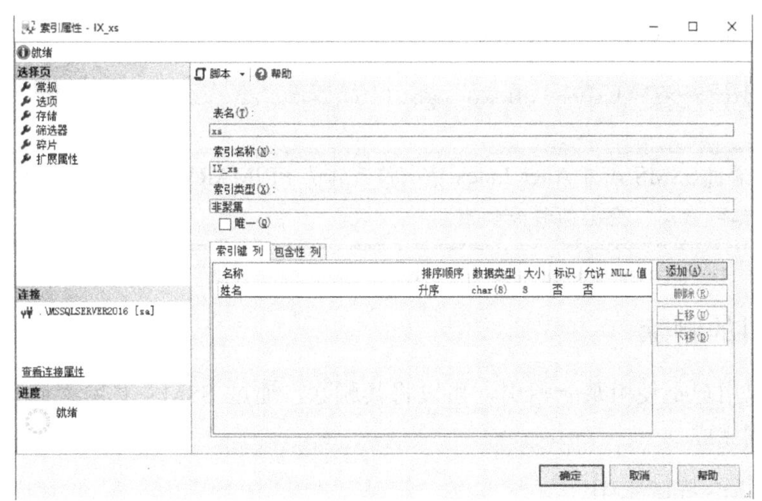

图 13.10　索引属性

步骤05　在【索引属性】对话框中进行所需的更改。

2. 使用 T-SQL 语句重建索引

使用 Alter Index 语句修改现有的表或视图索引，包括禁用、重新生成或重新组织索引、设置索引的选项等操作，这里主要介绍如何使用 Alter Index 语句对索引进行重建。

```
ALTER INDEX{index_name|ALL}
ON<object>
{REBUILD
       [PARTITION=ALL]
       [WITH(<rebuild_index_option>[,…n])]
       |[PARTITION=partition_number
            [WITH(<single_partition_rebuild_index_option>)[,…n]]
        ]
|DISABLE
|REORGANIZE
       [PARTITION=partition_number]
       [WITH(LOB_COMPACTION={ON|OFF})]
|SET(<set_index_option>[,…n])
}
[;]
```

- index_name：索引的名称。索引名称在表或视图中必须唯一，但在数据库中不必唯一。索引名称必须符合标识符的规则。
- REBUILD[WITH(<rebuild_index_option>[,…n])]：指定将使用相同的列、索引类型、唯一性属性和排序顺序重新生成索引。

【例 13.6】重建 XS 表上的所有索引。

```
Alter Index All ON XS Rebuild
```

【例 13.7】重建 XS 表上的 IX_XS_Number 索引。

```
Alter Index IX_XS_Number ON XS Rebuild
```

不能通过 SSMS 或者 Alter Index 语句修改作为 PRIMARY KEY 或 UNIQUE 约束的结果而创建的索引，而必须修改约束。

13.4.4 索引的删除

同样，如果用户不使用某一索引，可以将其删除，通过 SSMS 对象资源管理器或 T-SQL 语句等多种方式完成。

1. 使用 SSMS 删除索引

步骤01 启动 SQL Server 2016，进入 SSMS 界面。

步骤02 在对象资源管理器中展开数据库。

步骤03 找到需要删除索引的表。

步骤04 展开【索引】项。

步骤05 右击要删除的索引，然后在快捷菜单中选择【删除】命令。

步骤06 在【删除对象】对话框中确认索引位于【要删除的对象】网格中，然后单击【确定】按钮。

2. 使用 T-SQL 语句删除索引

使用 Drop Index 命令可以从当前数据库中删除一个或多个关系索引、空间索引、筛选索引或 XML 索引。其语法为：

```
Drop Index<index_name> ON [database_name.[schema_name.]table_or_view_name
```

主要参数如下。

- index_name：要删除的索引名称。
- Database_name：数据库的名称。
- Schema_name：表或视图所属架构的名称。
- Table_or_view_name：与该索引关联的表或视图的名称，只有表支持空间索引。

【例 13.8】删除 XS 表中的 IX_XS_Date 索引。

```
Drop Index XS.IX_XS_Date
```

13.4.5 设置索引选项

在建立或者修改索引时，如果需要设置一些选项，那么可以使用 CREATE INDEX 命令的 WITH 子句实现。

1. 设置 PAD_INDEX 选项

PAD_INDEX 选项用于指定索引填充，默认为 OFF。如果其值为 ON，FILLFACTOR 指定的可用空间百分比应用于索引的中间级页；如果为 OFF 或不指定 FILLFACTOR，考虑到中间级页上的键集，将中间级页填充到接近其容量的程度，以留出足够的空间，使之至少能够容纳索引的最大的一行。PAD_INDEX 选项只有在指定了 FILLFACTOR 时才有用，因为 PAD_INDEX 使用由 FILLFACTOR 指定的百分比。如果为 FILLFACTOR 指定的百分比不够大，无法容纳一行，数据库引擎将在内部覆盖该百分比以允许最小值。中间级索引页上的行数永远都不会小于两行，无论 FILLFACTOR 的值有多小。

【例 13.9】为 XS 表的学号字段创建一个非聚集索引，并预留空间设置为 10。

```
CREATE UNIQUE NONCLUSTERED INDEX IX_XS_number
ON XS(学号)
With (PAD_INDEX=ON, FILLFACTOR=10)
```

2. 设置 FILLFACTOR 选项

FILLFACTOR 提供填充因子选项，可以优化索引数据存储和性能。当创建或重新生成索引时，填充因子的值可确定每个叶级页上要填充数据的空间百分比，以便在每一页上保留一些剩余空间作为以后扩展索引的可用空间。例如，指定填充因子的值为 80 表示每个叶级页上将有 20%的空间保留为空，以便随着向基础表中添加数据而为扩展索引提供空间。

3. 设置 SORT_IN_TEMPDB 选项

SORT_IN_TEMPDB 选项指定是否在 tempdb 中存储临时排序结果，默认为 OFF。当创建或重新生成索引时，通过将 SORT_IN_TEMPDB 选项设置为 ON 可以指定 SQL Server 数据库引擎使用 tempdb 来存储用于生成索引的中间排序结果。虽然此选项会增加创建索引所用的临时磁盘空间量，但是当 tempdb 与用户数据库位于不同的磁盘集上时，该选项可减少创建或重新生成索引所需的时间。

4. 设置 IGNORE_DUP_KEY 选项

IGNORE_DUP_KEY 选项用于指定在插入操作尝试向唯一索引插入重复键值时的错误响应。IGNORE_DUP_KEY 选项仅适用于创建或重新生成索引后发生的插入操作，默认为 OFF。如果设置为 ON，那么向唯一索引插入重复键值时将出现警告消息；如果设置为 OFF，那么向唯一索引插入重复键值时将出现错误消息，整个 INSERT 操作将被回滚。

5. 设置 DROP_EXISTING 选项

DROP_EXISTING 选项指定应删除并重新生成已命名的先前存在的聚集或非聚集索引，默认为 OFF。当选项设置为 ON 时，删除并重新生成现有索引；如果选项设置为 OFF，并且指定的索引名称已存在，就会显示一条错误。

13.5 索引的分析与维护

数据表索引建立后，由于数据的插入、删除和更新等操作，可能会导致索引中的信息分散存储在数据库的不同位置，形成所谓的索引碎片，因此需要对索引进行分析与维护。本节首先介绍 SHOWPLAN_ALL 命令，该命令用于返回每条 T-SQL 语句的执行情况，接着是系统函数 sys.dm_db_index_physical_stats，用于分析索引中存在的碎片。

13.5.1 索引的分析

1. SHOWPLAN_ALL 语句

使用 SHOWPLAN_ALL 返回有关语句执行情况的详细信息，并估计语句对资源的需求，其语法如下：

```
SET SHOWPLAN_ALL{ON|OFF}
```

SET SHOWPLAN_ALL 的设置是在执行或运行时设置，而不是在分析时设置。如果 SET SHOWPLAN_ALL 为 ON，那么 SQL Server 将返回每个语句的执行信息但不执行语句。如果 SET SHOWPLAN_ALL 为 OFF，那么 SQL Server 将执行语句，但不生成报表。

【例 13.10】使用 SHOWPLAN_ALL 对 T-SQL 语句的执行情况进行分析。

```
USE XSXK
GO
Set ShowPlan_all On
GO
Select 学号,姓名,性别,出生日期 From Xs Where 出生日期>='1995-10-1' and 出生日期
<='1995-10-31'
GO
Set ShowPlan_all Off
GO
```

执行结果如图 13.11 所示。

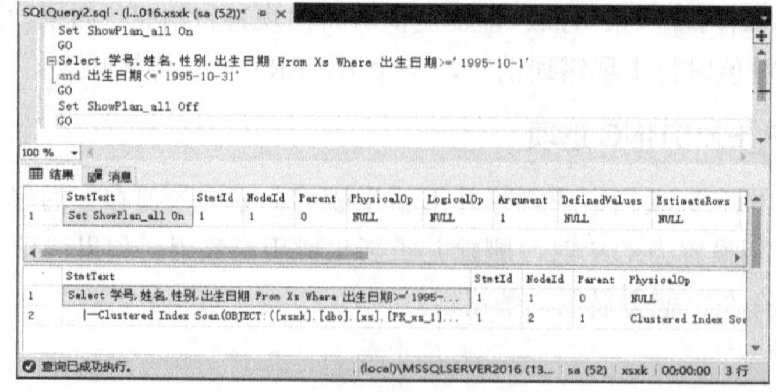

图 13.11 T-SQL 语句执行情况分析

2. STATISTICS IO 语句

使用 STATISTICS IO 语句显示有关由 T-SQL 语句生成的磁盘活动量的信息，其语法如下：

```
SET STATISTICS IO {ON|OFF}
```

如果 STATISTICSIO 为 ON，就显示统计信息。如果为 OFF，就不显示统计信息。如果将此选项设置为 ON，那么所有后续的 T-SQL 语句将返回统计信息，直到将该选项设置为 OFF 为止。

【例 13.11】使用 STATISTICS IO 分析 T-SQL 语句执行过程中的磁盘活动情况。

```
USE XSXK
GO
SET STATISTICS IO ON
GO
SELECT *
FROM XS
WHERE 性别='男' and 出生日期 Between '1995-10-1' and '1995-10-31'
GO
SET STATISTICS IO OFF
GO
```

执行结果如图 13.12 所示。

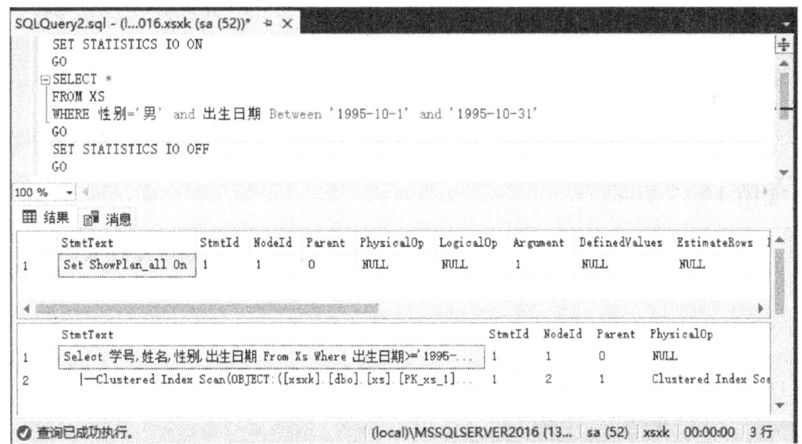

图 13.12　T-SQL 语句执行过程的磁盘活动情况

13.5.2　索引的维护

由于在数据的操作过程中会导致索引碎片，对数据库的性能产生影响，因此需要对碎片进行整理。碎片整理的方法通过重新组织索引或者重新生成索引来完成，在此之前应当分析索引碎片的基本情况，可以使用系统函数 sys.dm_db_index_physical_stats 完成，其语法如下：

```
sys.dm_db_index_physical_stats(
```

```
    {database_id|NULL|0|DEFAULT}
    {object_id|NULL|0|DEFAULT}
    {index_id|NULL|0|-1|DEFAULT}
    {partition_number|NULL|0|DEFAULT}
    {mode|NULL|DEFAULT}
)
```

主要参数：

- database_id|NULL|0|DEFAULT，数据库的 ID，指定 NULL 可返回 SQL Server 实例中所有数据库的信息。
- object_id|NULL|0|DEFAULT，索引所在的表或视图的对象 ID，指定 NULL 可返回指定数据库中的所有表和视图的信息。
- index_id|0|NULL|-1|DEFAULT，索引的 ID，指定 NULL 可返回基表或视图的所有索引的信息。

在 sys.dm_db_index_physical_stats 的返回值中，avg_fragmentation_in_percent 反映的是逻辑碎片的百分比，当该返回值小于 30%时，可以使用 Alter Index Reorganize 重新组织索引，如果大于 30%时，应当使用 Alter Index Rebuild 语句重新生成索引。有关 Alter Index Reorganize 和 Alter Index Rebuild 命令的语法请参考 Alter Index 命令。

【例 13.12】使用 sys.dm_db_index_physical_stats 函数获取 XS 表中所有索引的平均碎片。

```
USE XSXK
GO
Select avg_fragmentation_in_percent
From sys.dm_db_index_physical_stats(DB_ID(),OBJECT_id('XS'),NULL,NULL,NULL)
```

执行结果如图 13.13 所示。

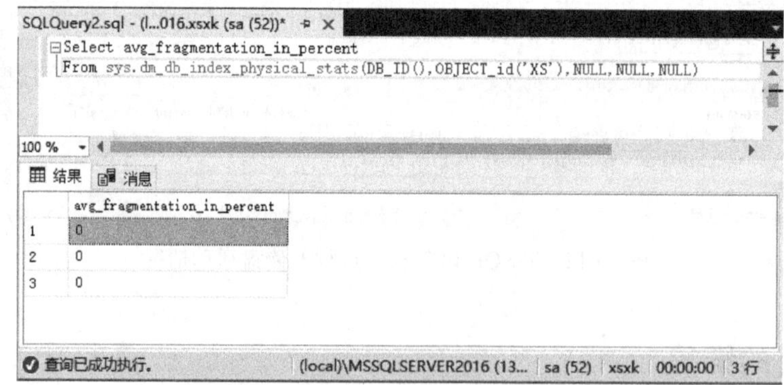

图 13.13 XS 表索引的碎片情况

13.6 全文索引

建立索引可以使数据库查询速度得到提升，但索引一般建立在数字型或长度比较短的文本型字段上，比如学号、姓名等字段。如果建立在长度较长的文本型字段上，数据搜索时间将明显增加。SQL Server 2016 中提供了一种名为全文索引的技术，可以大大提高从长字符串里搜索数据的速度。

13.6.1 使用 SSMS 创建全文索引

全文索引与普通的索引不同，普通的索引是通过 B-tree 结构来维护的，而全文索引是一种特殊类型的基于标记的功能性索引，由 Microsoft SQL Server 全文引擎服务创建和维护。在 SQL Server 2016 中创建全文索引的步骤如下：

步骤 01 启动 SQL Server 2016，进入 SSMS 界面。

步骤 02 选择指定的数据库，右击要创建全文索引的表，如图 13.14 所示。

步骤 03 在快捷菜单中选择【全文检索】|【定义全文检索】命令。

步骤 04 进入全文检索向导界面，如图 13.15 所示。

图 13.14 全文检索快捷菜单

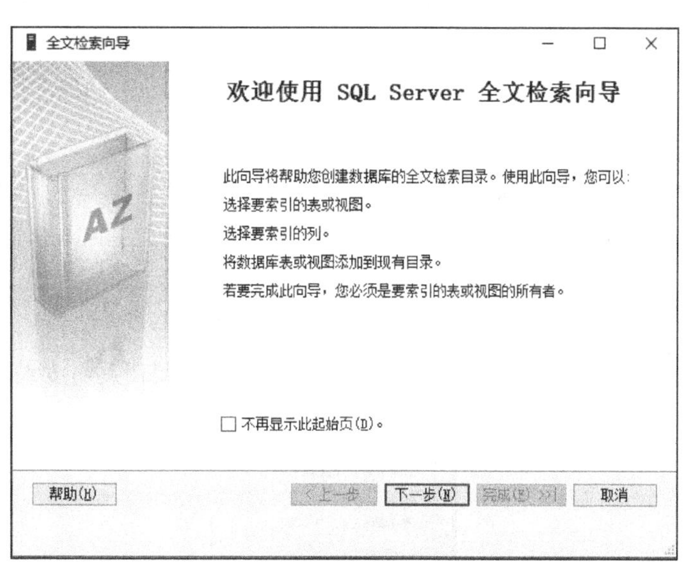

图 13.15 全文检索向导

步骤 05 单击【下一步】按钮，选择唯一索引，如图 13.16 所示。

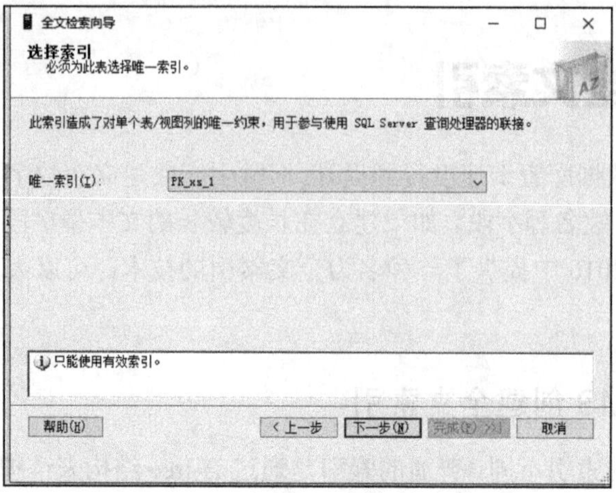

图 13.16　选择索引

步骤 06　单击【下一步】按钮，选择表列，如图 13.17 所示。

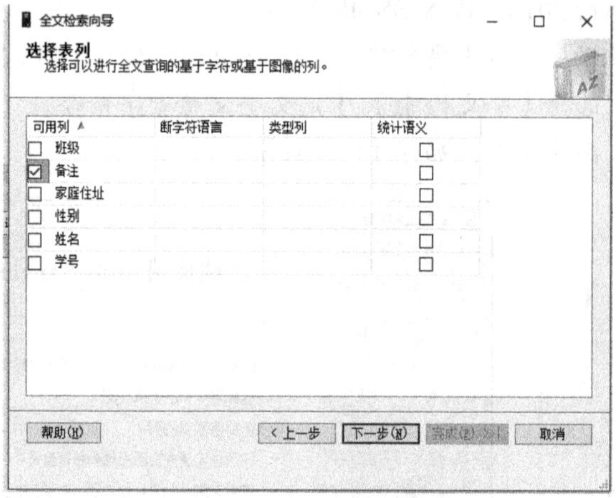

图 13.17　选择表列

步骤 07　单击【下一步】按钮，选择跟踪表和视图更新方式，如图 13.18 所示。

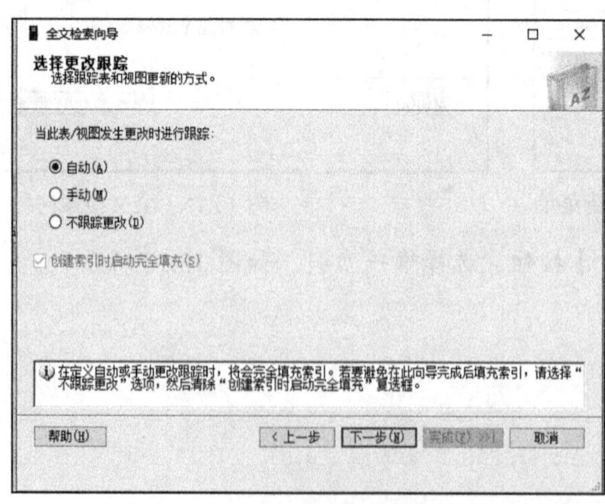

图 13.18　选择更改跟踪

步骤 08　单击【下一步】按钮，在【选择目录、索引文件组和非索引字表】中选择【创建新目录】复选框，在【名称】文本框中输入全文目录的名称，如图 13.19 所示。

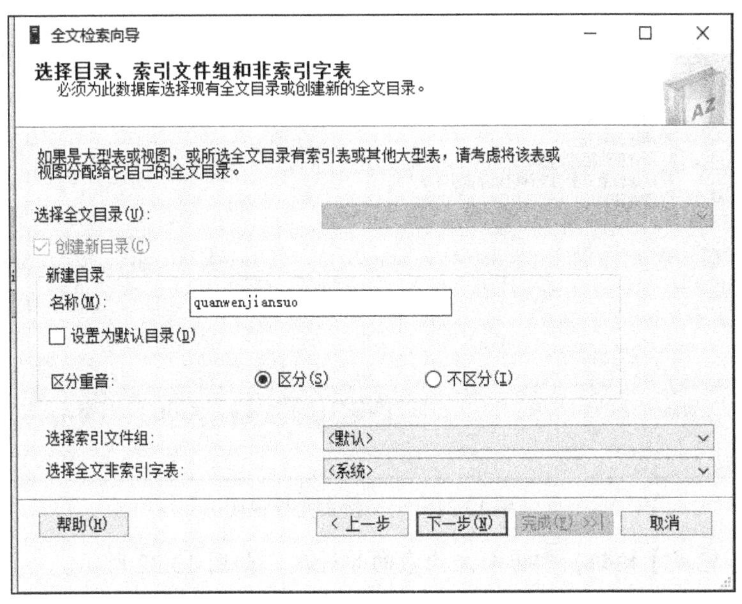

图 13.19　选择目录、索引文件和非索引字表

步骤 09　单击【下一步】按钮，弹出定义填充计划界面，用于创建或修改全文目录的填充计划，此计划是可选的，如图 13.20 所示。

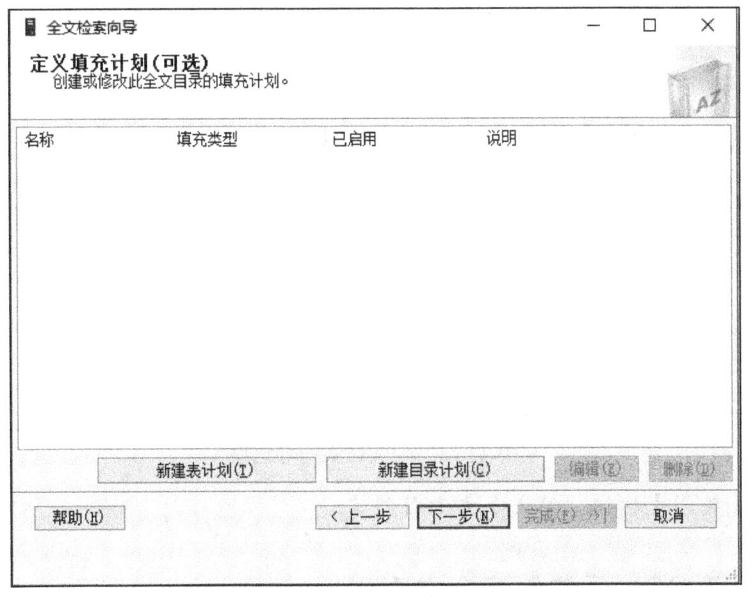

图 13.20　全文填充计划

步骤 10　单击【下一步】按钮，弹出全文检索向导说明，如图 13.21 所示。

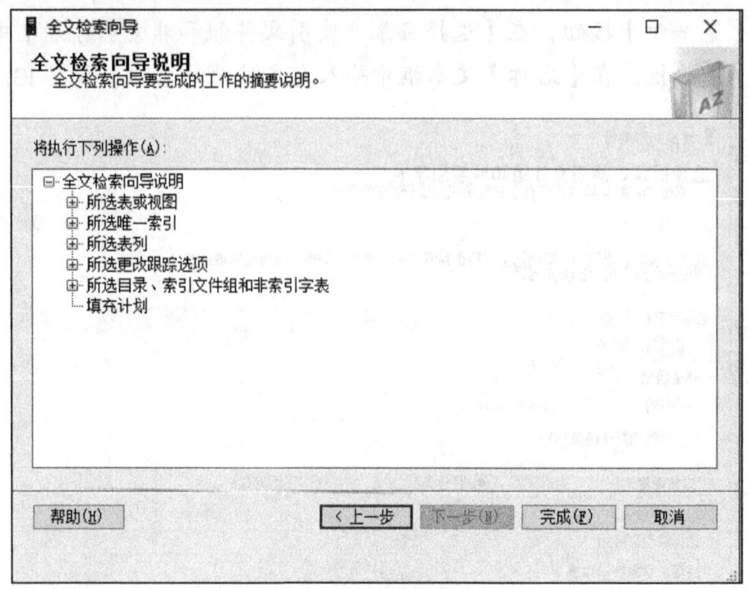

图 13.21　全文检索向导说明

步骤 11　单击【完成】按钮，弹出全文检索向导进度，如图 13.22 所示。

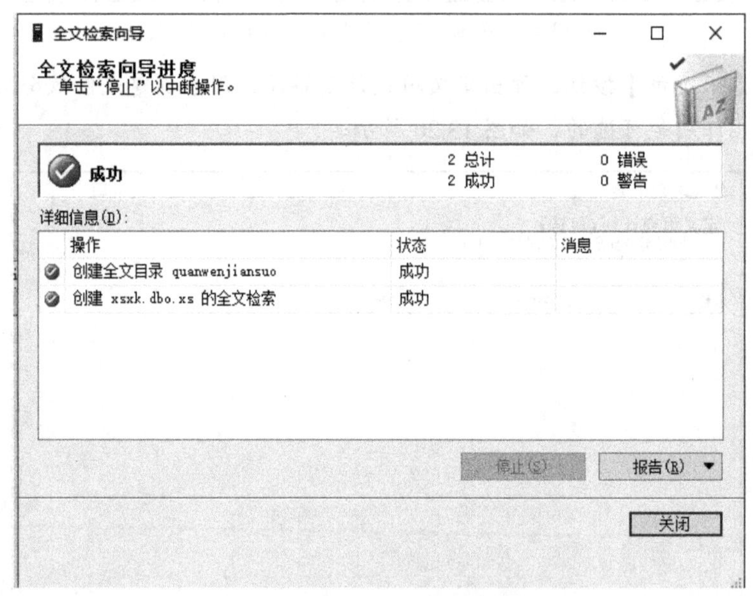

图 13.22　全文检索向导进度

步骤 12　单击【关闭】按钮，结束全文索引创建。

13.6.2　使用 T-SQL 语句创建全文索引

CREATE FULLTEXT INDEX 命令为表或索引视图创建全文索引。每个表或索引视图只允许有一个全文索引，并且每个全文索引会应用于单个表或索引视图。其语法如下：

```
CREATE FULLTEXT INDEX ON table_name
```

```
    [({column_name
           [TYPE COLUMN type_column_name]
           [LANGUAGE language_term]
           [STATISTICAL_SEMANTICS]
       }[,...n]
     )]
    KEY INDEX index_name
    [ON<catalog_filegroup_option>]
    [WITH[(]<with_option>[,...n][)]]
[;]
```

主要参数：

- table_name　包含全文索引中的一列或多列的表或索引视图的名称。
- column_name　全文索引中包含的列的名称。
- KEY INDEX index_name　table_name 的唯一键索引的名称，KEY INDEX 必须是唯一的单键列，不可为 Null。
- catalog_filegroup_option　主要包括 fulltext_catalog_name，即用于全文索引的全文目录，数据库中必须已存在该目录。如果未指定，就使用默认目录。如果默认目录不存在，SQL Server 将返回错误。

【例 13.13】为 XS 表的“备注”字段建立全文索引。

```
USE XSXK
GO
CREATE UNIQUE INDEX IX_XS_Number ON XS(学号)
CREATE FULLTEXT CATALOG XS_Catalog
CREATE FULLTEXT INDEX ON XS(备注)
  KEY INDEX IX_XS_Number
  ON XS_Catalog
GO
```

13.6.3　使用 T-SQL 语句删除全文索引

DROP FULLTEXT INDEX 命令可用于从指定的表或索引视图中删除全文索引。其语法如下：

```
DROP FULLTEXT INDEX ON table_name
```

主要参数：

- table_name　包含要删除的全文索引的表或索引视图的名称。

【例 13.14】删除 XS 表中的全文索引。

```
DROP FULLTEXT INDEX ON XS
```

13.6.4 全文目录

1. 创建全文目录

CREATE FULLTEXT CATALOG 为数据库创建全文目录。一个全文目录可以包含多个全文索引，但一个全文索引只能用于构成一个全文目录。每个数据库可以不包含全文目录或包含多个全文目录。其语法如下：

```
CREATE FULLTEXT CATALOG catalog_name
    [ON FILEGROUP filegroup]
    [IN PATH 'rootpath']
    [WITH <catalog_option>]
    [AS DEFAULT]
    [AUTHORIZATION owner_name]
```

重要参数：

- catalog_name　新目录的名称。在当前数据库的所有目录名中，该目录名必须唯一。
- AS DEFAULT　指定该目录为默认目录。如果在未显式指定全文目录的情况下创建全文索引，将使用默认目录。
- AUTHORIZATION owner_name　将全文目录的所有者设置为数据库用户名或角色的名称。

【例 13.15】使用 CREATE FULLTEXT CATALOG 创建一个全文目录 Catalog1，并将其设置为默认目录。

```
CREATE FULLTEXT CATALOG Catalog1 AS DEFAULT
```

2. 查看全文目录属性

FULLTEXT CATALOG PROPERTY 可用来获取与全文目录相关的各种属性的值，此信息可用于全文搜索的管理和故障排除。其属性值如表 13.1 所示。

表 13.1　全文目录相关属性及其说明

属性	说明
AccentSensitivity	区分重音设置
ImportStatus	是否将导入全文目录
IndexSize	全文目录的大小，以 MB 为单位
ItemCount	全文目录中当前包含的全文索引项的数目
MergeStatus	主合并是否正在进行
PopulateCompletionAge	上一次全文索引填充的完成时间与 01/01/1990 00:00:00 的时间差（秒）
PopulateStatus	填充状态
UniqueKeyCount	全文目录中的唯一键数

3. 修改全文目录

ALTER FULLTEXT CATALOG 可以更改全文目录的属性。其语法如下：

```
ALTER FULLTEXT CATALOG catalog_name
{REBUILD[WITH ACCENT_SENSITIVITY={ON|OFF}]
|REORGANIZE
|AS DEFAULT
}
```

主要参数：

- catalog_name　指定要修改的目录的名称。
- REBUILD　重新生成整个目录。
- REORGANIZE　在索引进程中创建的各个较小的索引合并成一个大型索引。
- AS DEFAULT　指定此目录为默认目录，如果存在默认全文目录，就以 AS DEFAULT 设置该目录将覆盖现有默认设置。

【例 13.16】使用 ALTER FULLTEXT CATALOG 命令重新生成全文目录 Catalog1。

```
USE XSXK
GO
ALTER FULLTEXT CATALOG Catalog1
REBUILD
GO
```

4. 删除全文目录

DROP FULLTEXT CATALOG 可以用于从数据库中删除全文目录。在删除目录之前，必须先删除与该目录关联的所有全文索引。其语法如下：

```
DROP FULLTEXT CATALOG catalog_name
```

参数 catalog_name 是要删除的目录名。

【例 13.17】使用 DROP FULLTEXT CATALOG 删除全文目录 Catalog1。

```
USE XS
GO
DROP FULLTEXT CATALOG Catalog1
GO
```

在 SQL Server 的早期版本中使用存储过程 sp_fulltext_catalog 实现全文目录的创建和删除，后续版本的 SQL Server 将删除该功能。请避免在新的开发工作中使用该功能，并着手修改当前还在使用该功能的应用程序，改用 CREATE FULLTEXT CATALOG、ALTER FULLTEXT CATALOG 和 DROP FULLTEXT CATALOG。

13.6.5 全文目录的维护

全文目录维护的主要工作是填充全文目录，实质上就是更新全文目录，全文目录能够反映最新的数据表内容。全文目录的维护可以通过 SSMS 工具界面以及 T-SQL 语句完成。

1. 使用 SSMS 界面维护全文目录

使用 SSMS 界面进行全文目录的维护步骤如下：

步骤01 启动 SQL Server 2016，进入 SSMS 界面。

步骤02 选择数据库，并选中需要填充的数据表。

步骤03 右击该数据表，在快捷菜单中选择【全文索引】。

步骤04 在【全文索引】的级联菜单中通过选择不同的命令实现全文目录的维护。

全文目录填充的主要方式参见表 13.2。

表 13.2 全文目录填充类型

填充类型		说明
完全填充		完全填充为基表或索引视图的所有行生成索引条目
基于更改跟踪的填充	自动填充	当修改基表中的数据时将跟踪更改并自动传播跟踪的更改
	手动填充	当修改基表中的数据时将跟踪更改。但是，这些更改不会传播到全文索引，直至执行 ALTER FULLTEXT INDEX … START UPDATE POPULATION 语句
基于时间戳的增量填充		增量填充在全文索引中更新上次填充的当时或之后添加、删除或修改的行

2. 使用 T-SQL 语句维护全文目录

（1）完全填充

完全填充为基表或索引视图的所有行生成索引条目。默认情况下，一旦创建新的全文索引，SQL Server 便会对其进行完全填充。如果在创建全文索引时不立即填充它，可在 CREATE FULLTEXT INDEX 语句中指定 CHANGE_TRACKING OFF、NO POPULATION 子句。之后，如果需要启动完全填充，就在 Alter FullText Index 语句中使用 START FULL POPULATION 子句。

【例 13.18】启动 XS 表中全文索引的完全填充。

```
ALTER FULLTEXT INDEX ON XS
  START FULL POPULATION
```

（2）自动填充

如果在创建或修改全文索引时指定 CHANGE_TRACKING AUTO，完成首次完全填充之后，当修改基表中的数据时将跟踪更改并自动传播跟踪的更改。不过，由于全文索引是在后台更新的，因此传播的更改可能不会立即反映到索引中。

【例 13.19】将 XS 表中的全文索引修改为自动填充。

```
ALTER FULLTEXT INDEX ON XS SET CHANGE_TRACKING AUTO
```

（3）手动填充

如果在创建全文索引中指定 CHANGE_TRACKING MANUAL，全文引擎将对全文索引使用手动填充。完成首次完全填充之后，当修改基表中的数据时将跟踪更改。但是，这些更改不会传播到全文索引，直至执行 ALTER FULLTEXT INDEX…START UPDATE POPULATION 语句。

【例 13.20】将 XS 表中的全文索引修改为手动填充，并且启动手动填充。

```
ALTER FULLTEXT INDEX ON XS SET CHANGE_TRACKING MANUAL
ALTER FULLTEXT INDEX ON XS START UPDATE POPULATION
```

（4）增量填充

增量填充是手动填充全文索引的一种替代机制。可以对 CHANGE_TRACKING 设置为 MANUAL 或 OFF 的全文索引运行增量填充。增量填充要求索引表必须具有 timestamp 数据类型的列。如果 timestamp 列不存在，就无法执行增量填充。

在早期的 SQL Server 版本中使用存储过程 sp_fulltext_table 实现全文目录的维护，将来的 SQL Server 版本中将会删除此功能。请避免在新的开发工作中使用该功能，并着手修改当前还在使用该功能的应用程序，改用 CREATE FULLTEXT INDEX 和 ALTER FULLTEXT INDEX。

13.7 小结

索引是数据库的重要对象，可以建立在表或视图之上，用于提升数据查询的性能。本章详细介绍了索引，包括索引的概念、索引的优缺点、索引的类型、索引的操作、分析与维护，最后介绍了一种特殊的索引——全文索引。通过本章的学习，应该了解索引的基本概念及其类型，掌握使用 SSMS 和 T-SQL 语句创建、修改和删除索引的基本方法，了解全文索引的使用背景及步骤，并在实践中运用索引来提升数据查询的性能。

13.8 经典习题与面试题

1. 使用 ssms 为 user 表创建索引。将省份作为索引项。
2. 使用 T-SQL 创建索引，将 account 表中的账户标识作为索引。

第 14 章 游 标

当对数据进行查询时，返回的是一组数据集合，数据量可能会比较大，如果需要对集合内的数据逐一读取操作，可以考虑使用游标。在数据库中，游标是一个十分重要的概念，它提供了一种对从表中检索出的数据进行操作的灵活手段。本章将对游标的概念、游标的分类、游标的基本操作等内容进行讲解。

本章重点内容：

- 了解游标的类型、概念和优点
- 掌握游标的基本操作
- 掌握如何从游标中读取数据
- 了解如何通过系统过程查看游标
- 了解游标和应用程序之间的关系

14.1 游标的概述

事实上，游标是 SQL Server 2016 数据库开辟的一个缓冲区，如同水闸大坝下的缓冲池一样。在 SQL Server 2016 中，游标是指向查询结果集的一个指针，是通过定义语句和一条 SELECT 语句关联的 SQL 语句。游标的实质是一种能从包括多条数据记录的结果集中每次提取一条记录的机制。

游标中包含游标结果集和游标位置两项内容。用户可使用游标查看结果集中向前或向后的查询结果，也可以将游标定位在任意位置查看结果。在 SQL Server 中，数据都是通过结果集的方式操作的，并没有描述表中单条记录的表达形式，只能通过 WHERE 字句来对查询结果进行限定，使用游标完美地弥补了这种操作上的空缺，使得数据在操作过程中更加灵活。

例如，现在需要将学生表（dbo.xs）中所有的数据都显示在网页上，通过 JDBC 与数据库取得联系后，用户不可能通过 SELECT 查询语句逐一获取表中每条记录中每个字段的信息。最合理的做法就是通过游标将结果集合在一起，然后采取遍历的方式逐一取得数据，部分代码如下：

```
//定义 SQL 查询语句
String sql = "select * from xs";
```

```
    //向数据库发 sql，并获取代表结果集的 resultset
    ResultSet rs = st.executeQuery(sql);
    //.取出结果集的数据
    while(rs.next()){
        listNumber.add(rs.getObject("学号"));
        listName.add(rs.getObject("姓名"));
        listSex.add(rs.getObject("性别"));
    }
```

在上例中将查询结果放在了一个 RestultSet 对象中，这是 Java 中的一个结果集对象，它维护了一个指向表格行的游标，通过.next 方法将游标依次向下移动，在这个过程中可以通过 list 容器将每一条记录中的字段信息都进行保存。

14.1.1 游标的优点

使用 SELECT 语句查询数据时返回的是一个结果集，在程序设计中往往对数据结果集的处理不是特别的方便和有效。游标提供了一种从结果集中每次读取一条记录的机制，让程序能够对返回的记录逐行进行处理。游标必须和 SQL 选择语句关联才能使用，由返回的数据结果集和游标位置组成。在程序的设计过程中，游标有着以下几个优点。

（1）使用游标可以对 SELECT 返回数据集中的每一条数据做相同或不同的操作，而非对数据集中的所有数据做同一个操作。

（2）使用游标可以对基于游标位置的数据进行更新和删除。

（3）游标可以很好地将数据库与程序连接起来。

14.1.2 游标的类型

游标由结果集（可以是零条、一条或由相关的选择语句检索出的多条记录）和结果集中指向特定记录的游标位置组成。SQL Server 2016 中支持以下 3 种类型的游标。

1. T-SQL 游标

使用 DECLARE CURSOR 语法创建的游标，主要作用在 T-SQL 脚本、存储过程和触发器中，它们使结果集的内容可用于其他 T-SQL 语句。T-SQL 游标主要用在服务器上，由从客户端发送给服务器 T-SQL 语句或批处理、存储过程、触发器中的 T-SQL 进行管理。T-SQL 游标不支持提取数据块或多行数据。

2. API 游标

API 游标可以在 OLE DB、ODBC 以及 DB_library 中使用游标函数，主要作用在服务器上。当客户端程序通过 API 调用游标函数时，SQL Server 的 OLE DB 提供者、DB_library 的动态链接库会将操作请求传递到服务器对 API 游标进行处理。API 服务器游标包含静态游标、动态游标、只进游标、键集驱动游标 4 种。

（1）静态游标

静态游标的结果集会将打开游标时建立的结果存储在临时表中（静态游标只能为只读）。静态游标显示的结果集总是和打开游标时一样，静态游标不会对数据库中的修改做出反应，不会对结果集中的列值更改做出反应，也不会显示游标打开后在数据库中新插入的记录。如果组成结果集的值被更改，新的数据值也不会在静态游标中显示。静态游标会显示出打开游标后数据表中删除的记录。

（2）动态游标

动态游标的特性与静态游标正好相反，当滚动游标时会动态地反映出结果集中的所有更改内容。结果集中的数据会随着用户的 INSERT、UPDATE、DELETE 操作而进行改变。

（3）只进游标

只进游标不可以滚动，只能将数据集中的数据从头到尾依次提取。由于只进游标无法回滚，当读取过的数据发生更改时游标无法反映，如果更改的数据恰好发生在只进游标读取的当前记录行，就可以反映出数据的变化。

（4）键集驱动游标

键集驱动游标同时具备静态游标和动态游标的特点。当打开游标时，游标中的记录行顺序是固定的，键集会随着游标的打开而存储在临时表中。打开游标后，数据表中插入的新记录是不可见的，除非重启游标。对非键集列的数据更改在游标滚动时可见。

3. 客户端游标

客户端游标用于在客户机上缓存结果集时使用。ODBC 和 DB_library 都支持客户端游标。在客户端游标中，默认结果集用于将整个结果集高速缓存在客户端上，所有的游标操作都在此客户端高速缓存中执行。客户端游标只能是只进和静态游标，不支持键集驱动游标和动态游标。

在如上介绍的 3 种游标中，T-SQL 游标和 API 游标都是运行在服务器中的，又称为服务器游标。

T-SQL 游标主要用于存储过程、触发器和 T-SQL 脚本中，它们使结果集的内容可用于其他 T-SQL 语句。

14.2 游标的基本操作

介绍完游标的类型和特点后，读者对游标已经有大致的理解。下面将为读者介绍游标的一些基本操作。游标的操作主要有：声明游标、打开游标、读取游标中的内容、关闭游标、释放游标等内容。

14.2.1 声明游标

之前介绍过，游标主要是由结果集和游标位置组成的，结果集是 SELECT 语句执行后返回的，而游标位置是指向返回结果集中的指针。使用游标前必须先对游标进行声明，这和在程序中声明变量是一个道理。

在 SQL Server 2016 中，使用 DECLARE CURSOR 语句对游标进行声明。游标的声明要对游标的滚动行为、游标所操作的结果集进行设置。游标的声明语法格式如下。

```
DECLARE cursor_name CURSOR [ LOCAL | GLOBAL ]
     [ FORWARD_ONLY | SCROLL ]
    [ STATIC | KEYSET | DYNAMIC | FAST_FORWARD ]
     [ READ_ONLY | SCROLL_LOCKS | OPTIMISTIC ]
     [ TYPE_WARNING ]
     FOR select_statement
     [ FOR UPDATE [ OF column_name [ ,...n ] ] ]
```

- cursor_name：指定要声明游标的名称。
- LOCAL：指定游标的作用域，LOCAL 表示游标的作用域为局部。
- GLOBAL：指定游标的作用域，GLOBAL 表示游标的作用域为全部。
- FORWARD_ONLY：指定游标只能从第一条记录向下滚动到最后一条记录。
- STATIC：定义一个游标使用数据的临时副本，对游标的所有请求都通过 tempdb 中的临时表得到应答，提取数据时对该游标不能反映基表数据修改的结果。静态游标不允许更改。
- DYNAMIC：表示当游标滚动时，动态游标反映对结果集内所有数据的更改。
- KEYSET：指定打开游标时，游标中记录顺序和成员身份已被固定，对进行唯一标识的键集内置在 tempdb 内一个称为 keyset 的表中。
- READ_ONLY|SCROLL_LOCKS|OPTIMISTIC：第一个参数表示游标为只读游标，SCROLL_LOCKS 表示在使用游标的结果集时放置锁，当游标对数据进行读取时，数据库会对记录进行锁定，保证数据的一致性。OPTIMISTIC 的作用在于通过游标读取数据，如果读取数据之后被更改，那么通过游标定位进行的更新和删除操作不会成功。
- select_statement：指定游标所用结果集的 SELECT 语句。

如果 GLOBAL 和 LOCAL 参数都未指定，默认值就由 default to local cursor 数据库选项的设置控制。

【例 14.1】声明名称为 cursor_xs 的标准游标，语法如下：

```
DECLARE cursor_xs CURSOR
FOR SELECT * FROM xs
```

上述代码中定义了一个名为 cursor_xs 的游标，游标所操作的结果集从 SELECT 语句中得到。

【例 14.2】声明名称为 cursor_xs_read 的只读游标，语法如下：

```
DECLARE cursor_xs_read CURSOR
FOR SELECT * FROM xs
FOR READ ONLY
```

上述代码中与标准的定义游标过程相比多了 FOR READ ONLY 语句，表明该游标的记录只能被读取，不能进行更改。

【例 14.3】声明名称为 cursor_xs_update 的更改游标，语法如下：

```
DECLARE cursor_xs_update CURSOR
FOR SELECT*FROM xs
FOR UPDATE
```

14.2.2 打开游标

使用 OPEN 语句打开 Transaction-SQL 服务器游标，执行 OPEN 语句的过程中，按照 SELECT 语句填充数据，当打开游标后，游标的位置在数据集的第一行，打开游标语法格式如下：

```
OPEN [GLOBAL] cursor_name | cursor_variable_name
```

【例 14.4】打开游标 cursor_xs，语法如下：

```
OPEN cursor_xs
```

执行上述代码后，游标被打开，可以进行数据操作。

打开全局游标的操作为：

```
OPEN GLOBAL cursor_xs
```

打开游标是对数据库进行一些 SQL SELECT 的操作，其将耗费一段时间，主要取决于使用的系统性能和这条语句的复杂程度。

14.2.3 读取游标中的数据

打开游标后就可以读取数据集中的记录。使用 FETCH 语句可以对数据集中的数据进行某一行的读取，FETCH 语法格式如下。

```
FETCH
[ [ NEXT | PRIOR | FIRST | LAST
| ABSOLUTE { n | @nvar }
| RELATIVE { n | @nvar }
]
FROM
]
{ { [ GLOBAL ] cursor_name } | @cursor_variable_name }
[ INTO @variable_name [ ,...n ] ]
```

- NEXT：返回结果集中当前行的下一行记录，如果读取的是第一行记录，就返回第一行。NEXT 为默认的读取选项。
- PRIOR：返回结果集中当前行的前一条记录。如果当前行为第一条记录，就不返回，将游标定义到第一条记录。
- FIRST：返回结果集中的第一条记录，并把第一行作为当前行。
- LAST：返回结果集中的最后一条记录，并把最后一行作为当前行。
- ABSOLUTE n：如果 n 为正数，就返回从游标头开始的第 n 行，并且返回行变成新的当前行。如果 n 为负，就返回从游标末尾开始的第 n 行，并且返回行为新的当前行；如果 n 为 0，就返回当前行。
- RELATIVE n：如果 n 为正数，就返回从当前行开始的第 n 行；如果 n 为负数，就返回当前行之前的第 n 行；如果为 0，就返回当前行。
- GLOBAL：指定游标的作用域为全局游标。
- cursor_name：指定要打开游标的名称。
- INTO@variable_name[,...n]：将记录中提取的字段信息存储到局部变量中。

【例 14.5】使用之前创建的游标 cursor_xs 检索 xs 表中的记录，输入以下语句：

```
DECLARE cursor_xs CURSOR
FOR SELECT * FROM xs
open cursor_xs
FETCH NEXT FROM cursor_xs
WHILE @@FETCH_STATUS = 0
BEGIN
FETCH NEXT FROM cursor_xs
END
```

输入完成后单击【执行】按钮，结果如图 14.1 所示。

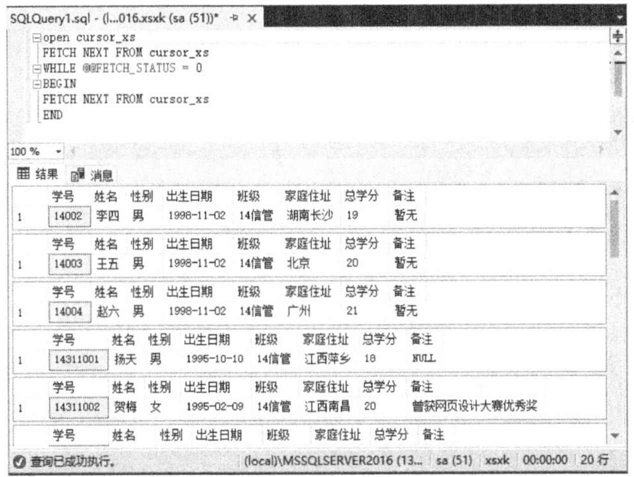

图 14.1　从游标中读取数据

在使用游标对数据进行读取时可以声明一个游标变量，使用关键字 SET 对游标变量进行赋值。对游标赋值的操作流程：首先创建一个游标，打开后将值赋予变量，最后通过 FETCH 语句从变量中读取值。

【例 14.6】创建 cursor_xs 游标，并将值赋予@MyCursor 游标变量，输入以下语句：

```
DECLARE @MyCursor CURSOR
DECLARE cursor_xs CURSOR FOR
SELECT * FROM xs;
OPEN cursor_xs
SET @MyCursor = cursor_xs
FETCH NEXT FROM @MyCursor
WHILE @@FETCH_STATUS = 0
BEGIN
FETCH NEXT FROM @MyCursor
END
CLOSE @MyCursor
DEALLOCATE @MyCursor
```

上述代码中声明了游标变量@MyCursor，创建一个 cursor_xs 游标，打开游标后将值赋给@MyCursor，最后使用 FETCH 读取变量中的数据内容。

在程序设计的过程中，经常需要将记录中的字段内容取出存放在变量中，以便于程序中的其他方法使用。SQL Server 2016 中可以通过声明变量并通过游标取出字段中的数据，为变量赋值。

【例 14.7】创建 cursor_class 游标，声明变量@id、@name。将数据库 xs 表中班级为‘14 信管’的学生的学号和姓名字段的值赋予变量，输入以下语句：

```
DECLARE @id char(8),@name char(8)
DECLARE cursor_class CURSOR FOR
SELECT 学号,姓名 FROM xs WHERE 班级='14 信管'
OPEN cursor_class
FETCH NEXT FROM cursor_class
INTO @id,@name
PRINT '14 信管班学生信息'
PRINT '学号'+'      姓名'
WHILE @@FETCH_STATUS = 0
BEGIN
PRINT @id +' '+@name
FETCH NEXT FROM cursor_class
INTO @id,@name
END
CLOSE cursor_class
DEALLOCATE cursor_class
```

执行结果如图 14.2 所示。

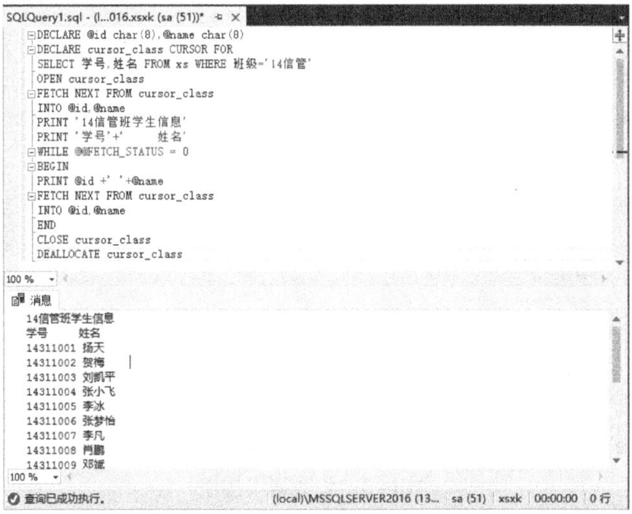

```
SQLQuery1.sql - (l...016.xsxk (sa (51))*
DECLARE @id char(8),@name char(8)
DECLARE cursor_class CURSOR FOR
SELECT 学号,姓名 FROM xs WHERE 班级='14信管'
OPEN cursor_class
FETCH NEXT FROM cursor_class
INTO @id,@name
PRINT '14信管班学生信息'
PRINT '学号'+'      姓名'
WHILE @@FETCH_STATUS = 0
BEGIN
PRINT @id +'  '+@name
FETCH NEXT FROM cursor_class
INTO @id,@name
END
CLOSE cursor_class
DEALLOCATE cursor_class
```

```
消息
14信管班学生信息
学号        姓名
14311001 扬天
14311002 贺梅
14311003 刘凯平
14311004 张小飞
14311005 李冰
14311006 张梦怡
14311007 李凡
14311008 肖鹏
14311009 邓斌
查询已成功执行。  (local)\MSSQLSERVER2016 (13... sa (51) xsxk 00:00:00 0 行
```

图 14.2　从变量中取值

上述实例中将游标中的学号和姓名字段的内容赋给了@id 和@name，最后通过读取变量@id 和@name 的值将得到的结果遍历出来。

为了更加清晰地对数据进行查看，可以使用 ORDER BY 子句对游标的结果集进行排序，使用方法和 SELECT 中相同。

【例 14.8】创建 cursor_order 游标，要求按总学分的降序排列学生信息，输入以下语句：

```
DECLARE cursor_order CURSOR FOR
SELECT 姓名,总学分 FROM xs
ORDER BY 总学分 DESC
OPEN cursor_order
FETCH NEXT FROM cursor_order
WHILE @@FETCH_STATUS = 0
FETCH NEXT FROM cursor_order
CLOSE cursor_order
DEALLOCATE cursor_order
```

执行结果如图 14.3 所示。

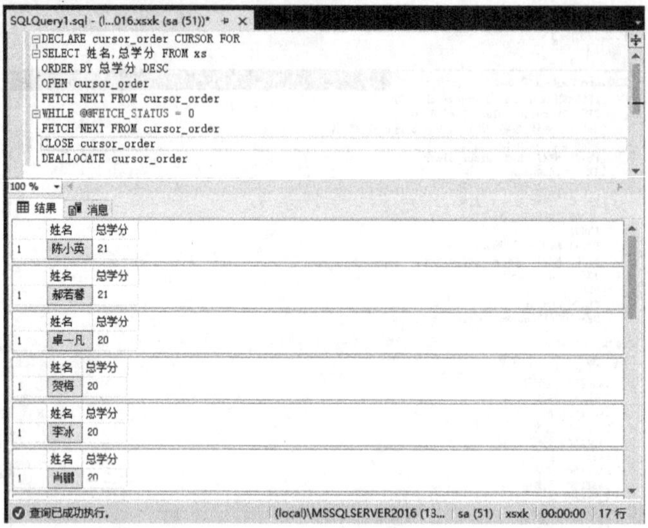

图 14.3　将数据集排序

需要读者注意的是，读取游标中的数据不仅仅可以数据进行查看，还可以通过 UPDATE 语句修改表中的数据。

【例 14.9】创建 cursor_update 游标，将姓名为杨天的学生的‘总学分’修改为 20，输入以下语句：

```
select * from xs where 姓名= '扬天'
DECLARE @sName CHAR(8)
DECLARE @name CHAR(8) = '扬天'
DECLARE cursor_update CURSOR FOR
SELECT 姓名 FROM xs;
OPEN cursor_update
FETCH NEXT FROM cursor_update INTO @sName
BEGIN
IF @sName = @name
BEGIN
UPDATE xs SET 总学分 = 20 WHERE 姓名='扬天'
END
FETCH NEXT FROM cursor_update INTO @sName
END
CLOSE cursor_update
DEALLOCATE cursor_update
select * from xs where 姓名= '扬天'
```

执行结果如图 14.4 所示。

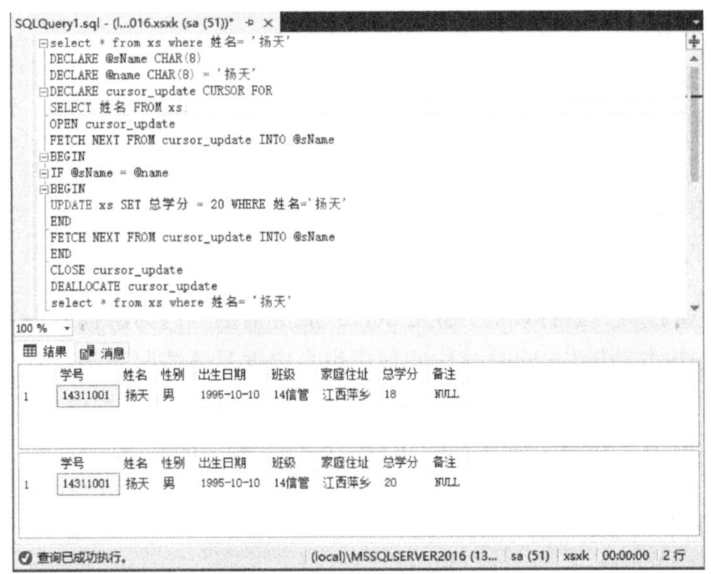

图 14.4　使用游标修改数据

从执行结果来看，姓名为杨天的学生总学分已被修改为 20，如果需要使用游标对数据表中的数据进行删除，操作方法和修改数据基本类似，只需要将操作关键字 UPDATE 更改为 DELETE 即可。

事实上，FETCH 语句是游标使用的核心。使用游标可以逐条记录得到查询结果。已经声明并打开一个游标后，就可以将数据放入任意的变量中。在 FETCH 语句中，读者可以指定游标的名称和目标变量的名称。

如果在 SELECT 语句中使用了 DISTINCT、UNION、GROUP BY 语句，且在选择中包含了聚合表达式，游标就自动为 INSENSITIVE 的游标。

14.2.4　关闭游标

SQL Server 2016 在创建一个游标后，数据库服务器会开辟一片存储空间用于存放游标返回的数据集。在游标使用完后一定要养成关闭游标的好习惯，这样可以释放服务器为游标开辟的内存空间。在处理完游标中的数据之后，使用 CLOSE 命令可以关闭一个已打开的游标，其语法如下：

```
CLOSE [ CLOBAL ] cursor_name | cursor_variable_name
```

【例 14.10】关闭名为 cursor_xs 的游标，输入以下语句：

```
CLOSE cursor_xs
```

执行上述语句后完成了游标的关闭操作。此外，游标可应用在存储过程、触发器等中，如果在声明游标与释放游标之间使用了事务结构，在结束事务时游标就会自动关闭。其具体的步骤如下：

步骤01 声明一个游标。

步骤02 打开游标。

步骤03 读取游标。

步骤04 BEGIN TRANSATION。

步骤05 数据处理。

步骤06 COMMIT TRANSATION。

需要注意的是，在打开游标以后，SQL Server 服务器会专门为游标开辟一定的内存空间用于存放游标操作的数据结果集，同时游标的使用也会根据具体情况对某些数据进行封锁。因此，在不使用游标的时候一定要关闭游标，以通知服务器释放游标所占用的资源。关闭游标以后，可以再次打开游标，在一个批处理中，也可以多次打开和关闭游标。

14.2.5 释放游标

当用户确定某个游标不再使用时，应当及时使用 DEALLOCATE 命令释放游标，SQL Server 2016 将删除这个游标的数据结构，其语法如下：

```
DEALLOCATE [GLOBAL] cursor_name
```

游标被释放后就不能使用 OPEN 命令再次打开了。

【例 14.11】释放名为 cursor_xs 的游标，输入以下语句：

```
DEALLOCATE  cursor_xs
```

关闭游标和释放游标的区别在于，关闭没有把游标运行所占用的内存空间释放，如果再次打开游标，还可以照常使用。如果是释放，就是将游标占用的资源释放；如果再想用游标，就必须重新建立。

14.3 使用系统过程查看游标

在 SQL Server 2016 中，系统提供了多种存储过程让用户查看游标的基本信息，常用的存储过程有 sp_cursor_list、sp_describe_cursor 和 sp_describe_cursor_columns。用户可以使用这些系统提供的存储过程查看游标的属性、游标结果集中字段的属性等内容，本节将为读者介绍这几种系统存储过程的使用方法。

14.3.1 用 sp_cursor_list 查看当前连接打开的游标特性

sp_cursor_list 主要用于查看当前连接并打开的服务器游标的基本属性，其语法格式如下：

```
sp_cursor_list [ @cursor_return = ] cursor_variable_name OUTPUT
, [ @cursor_scope = ] cursor_scope
```

- [@cursor_return=]cursor_variable_name OUTPUT：已声明的游标变量的名称。cursor_variable_name 的数据类型为 cursor，无默认值。游标是只读的可滚动动态游标。
- [@cursor_scope=]cursor_scope：指定要报告的游标级别。cursor_scope 的数据类型为 int，无默认值。

【例 14.12】打开游标 cursor_xs，使用 sp_cursor_list 查看其游标属性，输入语句如下：

```
OPEN cursor_xs
DECLARE @Report CURSOR
EXEC sp_cursor_list @cursor_return=@Report OUTPUT,@cursor_scope =2
FETCH NEXT FROM @Report
WHILE(@@FETCH_STATUS<>-1)
BEGIN
FETCH NEXT FROM @Report
END
CLOSE @Report
DEALLOCATE @Report

Close cursor_xs
DEALLOCATE cursor_xs
```

执行结果如图 14.5 所示。

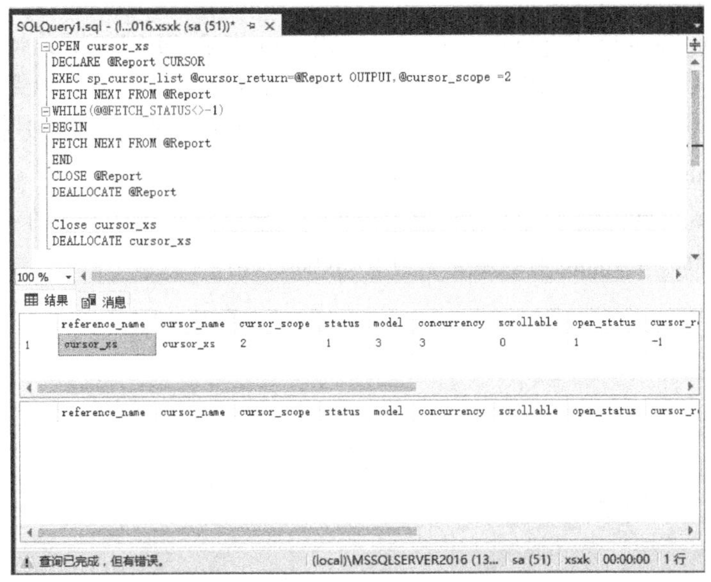

图 14.5　使用 sp_cursor_list 查看游标属性

sp_cursor_list 是一个含有游标类型变量@cursor_return，且有 OUTPUT 保留字的系统过程，游标变量@cursor_return 中的结果集与 pub_cur 游标中的结果集是不同的。

14.3.2 用 sp_describe_cursor 查看游标特性

使用 sp_describe_cursor 存储过程查看服务器游标的基本信息，其语法格式如下。

```
sp_describe_cursor [ @cursor_return = ] output_cursor_variable OUTPUT
{ [ , [ @cursor_source = ] N'local'
      , [ @cursor_identity = ] N'local_cursor_name' ]
          | [ , [ @cursor_source = ] N'global'
     , [ @cursor_identity = ] N'global_cursor_name' ]
    | [ , [ @cursor_source = ] N'variable'
   , [ @cursor_identity = ] N'input_cursor_variable' ]
   }
```

- [@cursor_return=]output_cursor_variable OUTPUT：声明游标变量的名称，该变量接收游标输出。output_cursor_variable 的数据类型为 cursor，没有默认值。调用 sp_describe_cursor 时，不能与任何游标相关联。返回的游标是可滚动的动态只读游标。
- [@cursor_source=]{N'local'|N'global'|N'variable'}：指定是使用本地游标的名称、全局游标的名称还是游标变量的名称来指定当前正在对其进行报告的游标。参数是 nvarchar(30)。
- [@cursor_identity=]N'local_cursor_name]：由具有 LOCAL 关键字或默认设置为 LOCAL 的 DECLARE CURSOR 语句创建的游标的名称。local_cursor_name 的数据类型为 nvarchar(128)。
- [@cursor_identity=]N'global_cursor_name']：由具有 GLOBAL 关键字或默认设置为 GLOBAL 的 DECLARE CURSOR 语句创建的游标的名称。也可以是由 ODBC 应用程序打开，然后通过调用 SQLSetCursorName 对游标命名的 API 服务器游标的名称。global_cursor_name 的数据类型为 nvarchar(128)。
- [@cursor_identity=]N'input_cursor_variable]：与开放游标相关联的游标变量的名称。input_cursor_variable 的数据类型为 nvarchar(128)。

【例 14.13】创建一个全局游标 cursor_test 并打开，使用 sp_describe_cursor 过程查看游标属性，输入语句如下：

```
USE xsxk
GO
-- 声明游标 cursor_test
DECLARE cursor_test CURSOR STATIC FOR
SELECT 学号
FROM xs
-- 打开游标 cursor_test
OPEN cursor_test
-- 声明游标变量@Report
DECLARE @Report CURSOR
-- 调用系统存储过程 sp_describe_cursor，并将结果保存在变量@Report 中
```

```
EXEC master.dbo.sp_describe_cursor @cursor_return = @Report OUTPUT,
      @cursor_source = N'global', @cursor_identity = N'cursor_test'
-- 对游标变量中的每一行信息进行遍历
FETCH NEXT from @Report
WHILE (@@FETCH_STATUS <> -1)
BEGIN
   FETCH NEXT from @Report
END
-- 关闭游标
CLOSE @Report
DEALLOCATE @Report
GO
-- 释放游标
CLOSE cursor_test
DEALLOCATE cursor_test
GO
```

执行结果如图 14.6 所示。

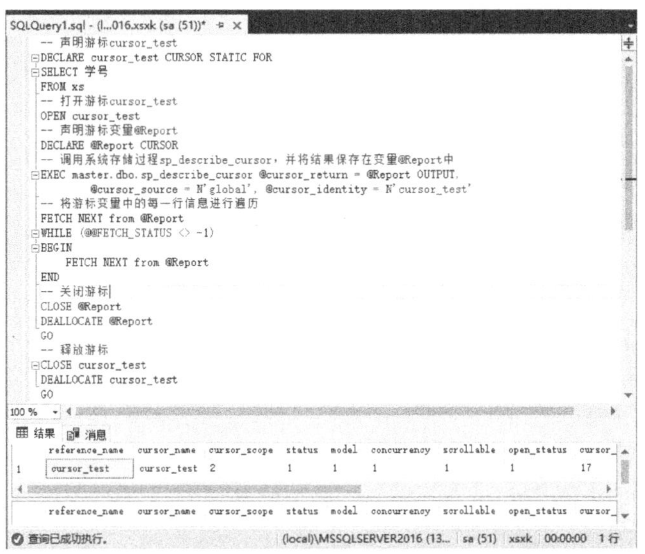

图 14.6　使用 sp_describe_cursor 查看游标属性

14.4 小结

游标作为数据集的一种读取方式，是应用程序必不可少的工具，游标结合编程语言使用可以起到事半功倍的效果。本章主要对 SQL Server 2016 中的游标进行了讲解，对游标的种类、使用方法、管理方法进行了介绍。本章重点讲解了 SQL Server 2016 数据库中游标的操作，主要有游标的声明、打开、读取数据和关闭操作。此外，通过游标可以对数据进行更新、删除操作，本章详细介绍了这些数据操作在 SQL Server 2016 游标中的实现。

14.5 经典习题与面试题

1. 创建游标 Cur_user，查询 user 表中的信息。
2. 使用系统过程查看游标 Cur_user 的信息。

第 15 章 SQL函数

为满足程序设计过程的需要，SQL Server 2016 提供了丰富的函数，从而使程序设计过程更加方便。SQL Server 2016 提供的函数包括很多类型，主要有聚合函数、数学函数、字符函数、日期和时间函数以及转换函数等类型。本章将详细讲解不同类型的函数，包括函数的功能、语法，并通过具体实例让读者快速掌握函数的使用方法。

本章重点内容：

- 聚合函数
- 数学函数
- 字符串函数
- 日期和时间函数
- 转换函数

15.1 聚合函数

聚合函数又称为统计函数或汇总函数，它对一组值进行计算并返回一个数值，是 SQL 中使用最多的一类函数，实现对数据更加丰富的操作。一般来说，聚合函数与 SELECT 语句一起使用。

15.1.1 聚合函数概述

聚合函数对一组值执行计算，并返回单个值，通常用于数据统计。聚合函数经常与 SELECT 语句的 Group By 子句一起使用。除了 Count 以外，聚合函数都会忽略空值。SQL Server 2016 中共有十多个聚合函数，其中常用的聚合函数如表 15.1 所示。

表 15.1 常用聚合函数及其功能

函数名	函数功能
Sum	返回表达式中所有值的和或仅非重复值的和
Avg	返回组中各值的平均值
Min	返回表达式的最小值
Max	返回表达式的最大值
Count	返回组中的项数

15.1.2 用 Sum 函数求和

Sum 函数用于计算表达式中所有值的和或者非重复值的和，Sum 只能用于数字列，且忽略表达式中的 Null 值，其语法为：

```
Sum([All|Distinct]expression)
```

其中，All 计算所有值的和，Distinct 则返回非重复值的和，即去除表达式中的重复值，默认情况下为 All。Expression 可以是常量、列、函数以及算术运算符、位运算符和字符串运算符的任意组合。Expression 是精确数值或近似数值数据类型（bit 数据类型除外）的表达式。

【例 15.1】统计“14 计应”班每个学生的总分。

```
Select XS.学号,姓名,Sum(ALL 成绩) As 总分
From XS Join XK On XS.学号=XK.学号
Where 班级='14 计应'
Group By XS.学号,姓名
```

执行结果如图 15.1 所示。

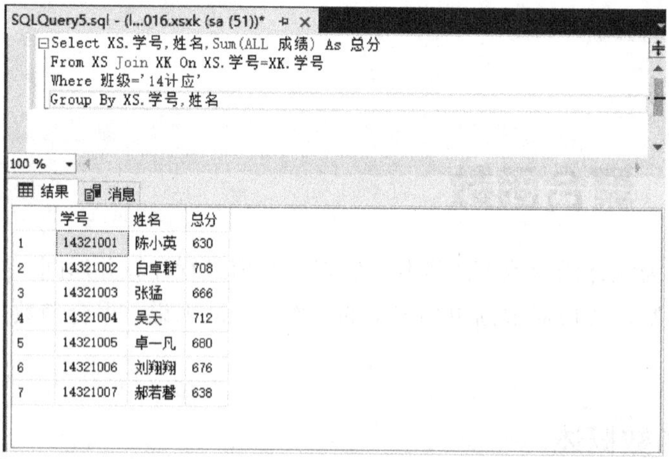

SQLQuery5.sql - (l...016.xsxk (sa (51))*

```
Select XS.学号,姓名,Sum(ALL 成绩) As 总分
From XS Join XK On XS.学号=XK.学号
Where 班级='14计应'
Group By XS.学号,姓名
```

100 %

结果 消息

	学号	姓名	总分
1	14321001	陈小英	630
2	14321002	白卓群	708
3	14321003	张猛	666
4	14321004	吴天	712
5	14321005	卓一凡	680
6	14321006	刘翔翔	676
7	14321007	郝若馨	638

图 15.1　Sum 函数

本例中使用了关键字 All，即求所有成绩的总和，可以省略。Sum 函数也支持 DISTINCT 关键字，在对上述实例做求和操作时，如果增加了 DISTINCT 关键字，统计汇总的成绩就是去除了重复记录的数目，否则包含该重复记录。

15.1.3 用 Avg 函数求平均值

Avg 函数可以返回某一列的平均值，这在实际操作中使用较为频繁。Avg 函数返回组中各值的平均值会忽略表达式中的 Null 值。Avg 函数的语法为：

```
Avg([All|Distinct]expression)
```

其中，All 计算所有值的平均值，Distinct 则去除表达式中的重复值，All 为默认值。

Expression 是精确数值或近似数值数据类型（bit 数据类型除外）的表达式。

【例 15.2】计算每门课程的平均分。

```
Select 课程名,Avg(成绩) AS 平均成绩
From KC Join XK On KC.课程号=XK.课程号
Group By 课程名
```

执行结果如图 15.2 所示。

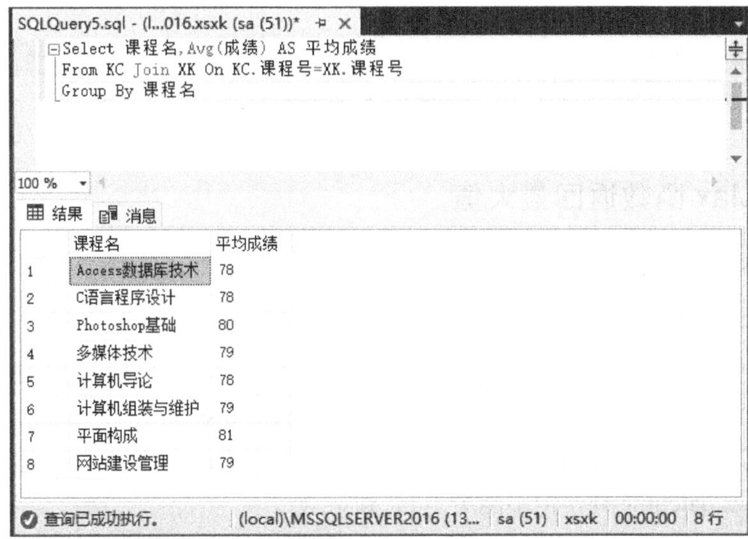

图 15.2　Avg 函数

15.1.4　用 Min 函数返回最小值

Min 函数返回表达式的最小值，其语法为：

```
Min([All|Distinct]expression)
```

其中 All 表示对表达式的所有值进行聚合计算，Distinct 去除表达式中的重复值。Distinct 对于 Min 无意义，使用它仅仅是为了符合 ISO 标准。Expression 可以为常量、列名或函数，以及算术运算符、位运算符和字符串运算符的任意组合。Min 可用于 numeric、char、varchar、uniqueidentifier 或 datetime 列，但不能用于 bit 列。

【例 15.3】查询“计算机导论”课程的最低分。

```
Select Min(成绩) AS 最低分
From KC Join XK On KC.课程号=XK.课程号
Where 课程名='计算机导论'
```

执行结果如图 15.3 所示。

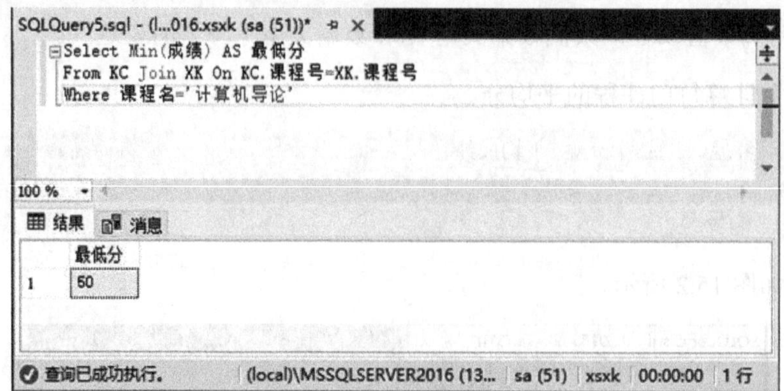

图 15.3　Min 函数

15.1.5　用 Max 函数返回最大值

Max 函数返回表达式的最大值，其语法为：

```
Max([All|Distinct]expression)
```

其中，All 表示对表达式的所有值进行聚合计算，Distinct 去除表达式中的重复值。Distinct 对于 Max 无意义，使用它仅仅是为了符合 ISO 标准。Expression 可以为常量、列名或函数，以及算术运算符、位运算符和字符串运算符的任意组合。Max 可用于 numeric、char、varchar、uniqueidentifier 或 datetime 列，但不能用于 bit 列。

【例 15.4】查询“14 信管”班年龄最小学生的出生日期。

```
Select Max(出生日期) AS 年龄最小的学生出生日期
From XS
Where 班级='14 信管'
```

执行结果如图 15.4 所示。

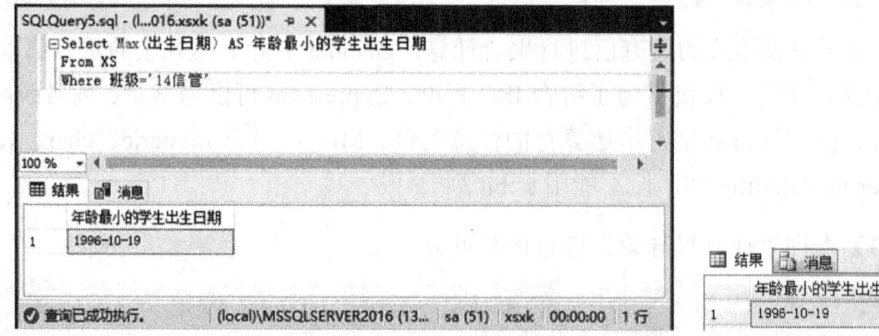

图 15.4　Max 函数

15.1.6　用 Count 函数统计表记录数

Count 函数用于计数，返回组中的项数，返回 int 数据类型值。如果 SELECT 语句中有

WHERE 子句，Count 函数则返回满足 WHERE 条件子句中记录的个数。Count 函数的语法结构为：

```
Count({[[All|Distinct]expression]|*})
```

其中 All 对所有值进行计数统计，Distinct 去除表达式中的重复值和 NULL 值，All 为默认值。Expression 可以是除 text、image 或 ntext 以外任何类型的表达式。*则表示计算所有行以返回表中行的总数，Count(*)不需要任何参数，而且不能与 Distinct 一起使用。

【例 15.5】统计各班的男女生人数。

```
Select 班级,性别,Count(学号) AS 人数
From XS
Group By 班级,性别
```

执行结果如图 15.5 所示。

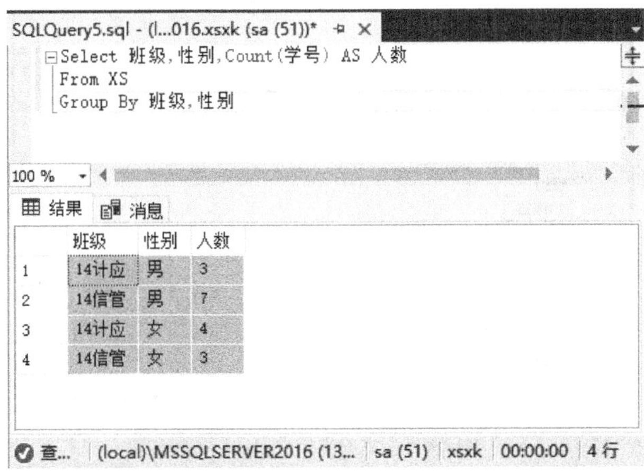

图 15.5 Count 函数

15.1.7 用 Distinct 函数取不重复记录

Dinstinct 函数用于删除指定集中的重复值，并返回结果集，其语法为：

```
Dinstinct(Expression)
```

【例 15.6】查询班级的清单。

```
Select Dinstinct(班级)
From XS
```

对照不使用 Distinct 函数的结果，如图 15.6 和图 15.7 所示。

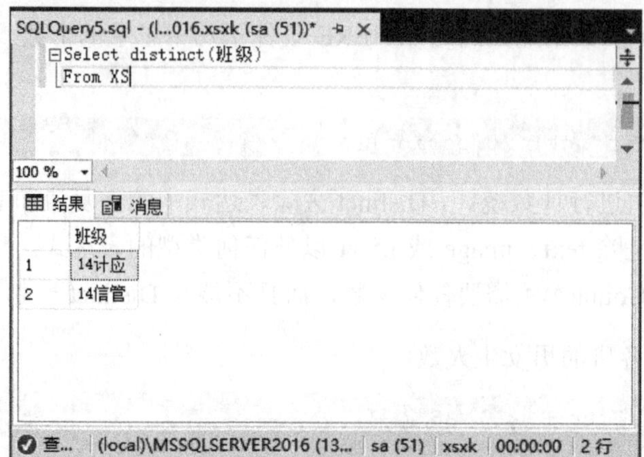

图 15.6　Distinct 函数

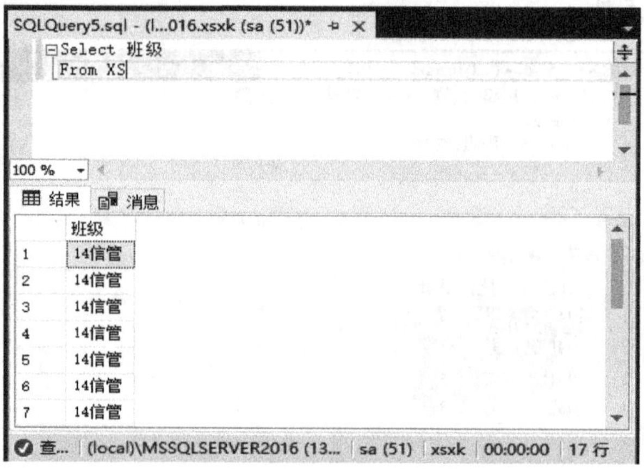

图 15.7　不使用 Distinct 函数

15.1.8　查询重复记录

查询表中的重复记录可以使用 Having 子句完成，该子句可以指定分组的过滤条件，它通常与 Group By 子句一起使用。

【例 15.7】查询选修的课程数多于 10 门的学生的学号和姓名。

```
select XS.学号,姓名,count(*)
from xs join xk on xs.学号=xk.学号
group by XS.学号,姓名
having count(*)>10
```

执行结果如图 15.8 所示。

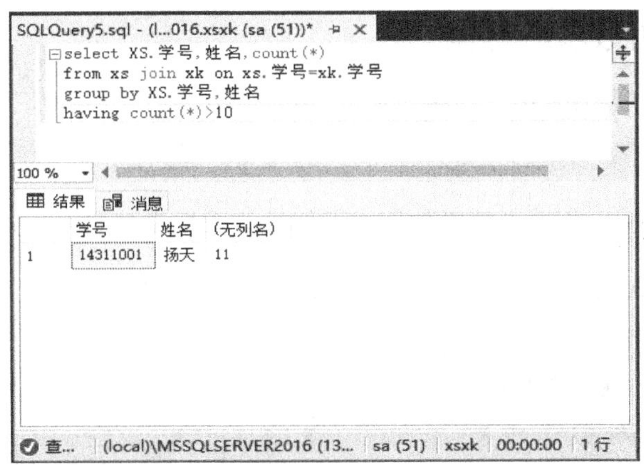

图 15.8　查询重复记录

Select 语句中使用聚合函数时，Select 语句后的字段必须在 Group By 子句或者聚合函数中出现，否则系统会提示错误信息。

15.2 数学函数

数学函数根据输入值执行相应功能，并返回结果。算术函数的返回值与输入值具有相同数据类型。三角函数和其他函数将输入值转换为 float 并返回 float 值。

15.2.1　数学函数概述

SQL Server 2016 支持的数学函数非常多，类似于过程化语言中所支持的。表 15.2 列出了常用的数学函数。

表 15.2　常用数学函数

函数名	函数功能
Abs	返回绝对值
Pi	返回圆周率
Power(x,y)	返回 x^y，其中 x 为数值表达式
Rand	返回 0~1 的随机 float 值
Round	将数字表达式四舍五入到指定的长度或精度
Square	返回表达式平方值
Sqrt	返回表达式的平方根

15.2.2 用 Abs 函数求绝对值

Abs 函数返回指定数值表达式的绝对值，其语法为：

```
Abs(numeric_expression)
```

其中，numeric_expression 为精确数值或近似数值数据类型的表达式。

【例 15.8】请用 ABS 函数分别计算出 2.7、-5.6 和 0 的绝对值。

```
Select Abs(2.7) AS '2.7 的绝对值',
Abs(-5.6) AS '-5.6 的绝对值',
Abs(0) AS '0 的绝对值。'
```

执行结果如图 15.9 所示。

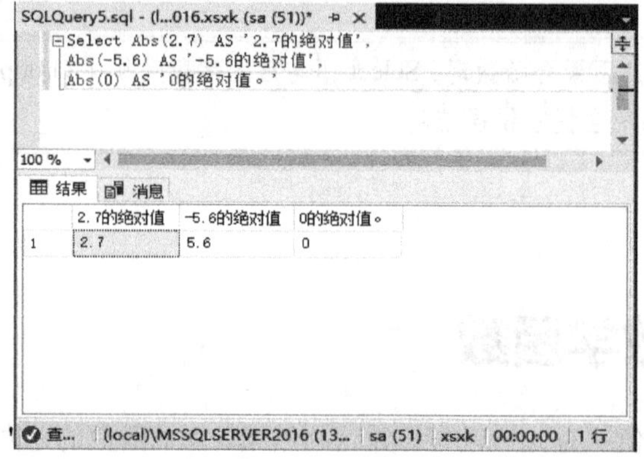

图 15.9　Abs 函数

15.2.3 用 Pi 函数求圆周率

Pi 函数返回圆周率的常量，其语法为：Pi()。

Pi 函数无参数，返回结果为 float 类型的数据。

【例 15.9】计算半径为 2 的圆的面积。

```
Select Pi()*2*2 AS '半径为 2 的圆面积'
```

执行结果如图 15.10 所示。

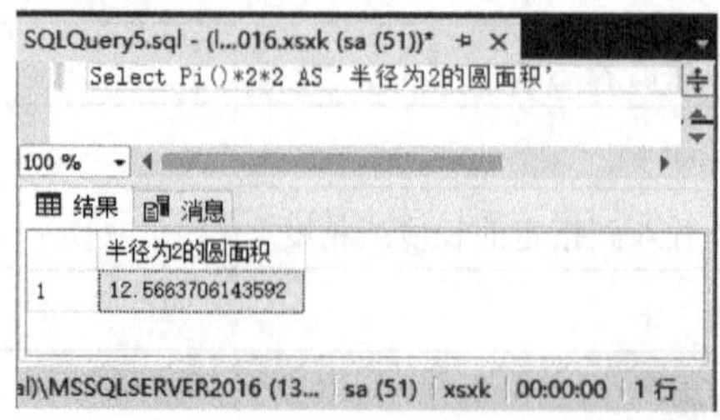

图 15.10　Pi 函数

15.2.4　Power 函数

使用 Power（乘方）函数返回指定表达式的幂值，其语法为：

```
Power(float_expression,y)
```

其中，float_expression 为 float 类型或能隐式转换为 float 类型的表达式。对 float_expression 进行幂运算，y 可以是精确数字或近似数字数据类型（bit 数据类型除外）的表达式。

【例 15.10】使用 Power 函数分别计算 2^3 和 2.5^3。

```
Select Power(2,3) AS '2 的 3 次方' , Power(2.5,3) AS '2.5 的 3 次方'
```

执行结果如图 15.11 所示。

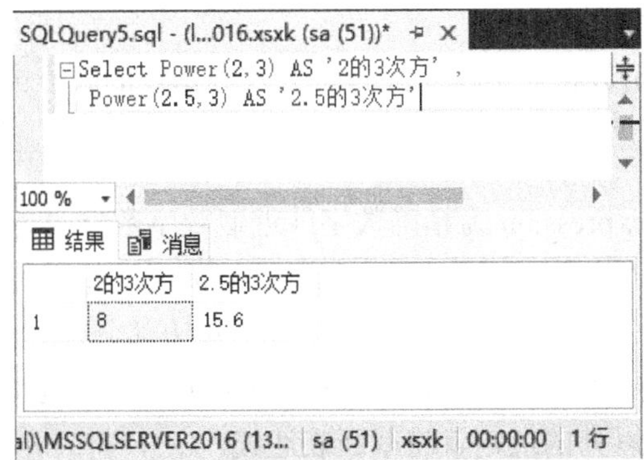

图 15.11　Power 函数

15.2.5　Rand 函数

Rand（随机浮点数）函数返回一个介于 0 和 1（不包括 0 和 1）之间的随机 float 值，其语法为：

```
Rand ([seed])
```

其中，参数 Seed 提供种子值的整数表达式（tinyint、smallint 或 int）。如果未指定 seed，SQL Server 数据库引擎就随机分配种子值。对于指定的种子值，返回的结果始终相同。

【例 15.11】使用 Rand()函数生成 2 个随机数。

```
Select Rand() AS 随机数一,
       Rand() AS 随机数二
```

执行结果如图 15.12 所示。

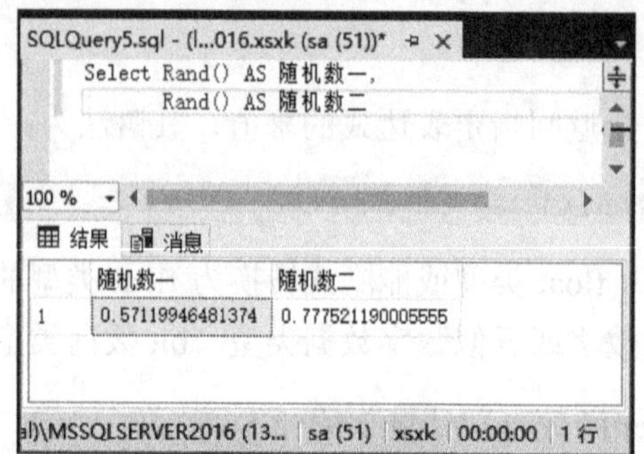

图 15.12　Rand 函数

15.2.6　Round 函数

Round（四舍五入）函数将数字表达式四舍五入到指定的长度或精度，其语法为：

```
Round(numeric_expression,length[,function])
```

其中，参数 numeric_expression 为精确数字或近似数字数据类型（bit 数据类型除外）的表达式，参数 length 为四舍五入的精度。如果 length 为正数，就将表达式四舍五入到 length 指定的小数位数；如果 length 为负数，就将表达式小数点左边部分四舍五入到 length 指定的长度。参数 function 为要执行的操作的类型。如果省略 function 或其值为 0（默认值），就对表达式四舍五入。如果指定了 0 以外的值，就将截断表达式。

【例 15.12】使用 Round 函数对 123.4545 进行处理，思考当 length 为 2 或-2 时的不同。

```
Select Round(123.4545,2) AS 'length 为 2', Round(123.4545,-2) AS 'length 为-2'
```

执行结果如图 15.13 所示。

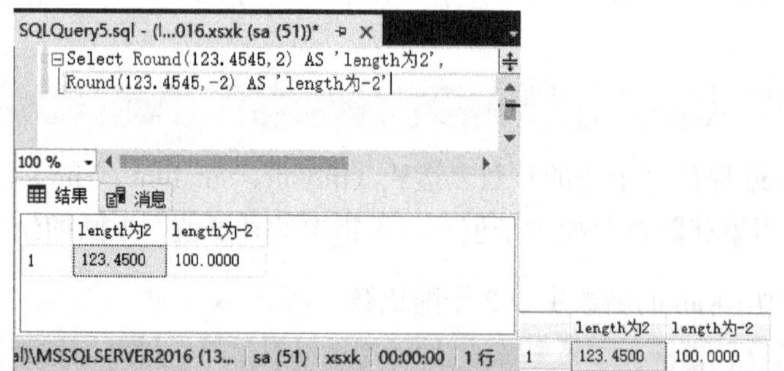

图 15.13　Round 函数

15.2.7　Square 函数和 Sqrt 函数

1. Square 函数

Square（平方）函数返回表达式平方值，其语法为：

```
Square(float_expression)
```

其中，float_expression 是 float 类型或能隐式转换为 float 类型的表达式。函数的返回值为 float 数据。

【例 15.13】计算半径为 5 的圆的面积。

```
Select Pi()*Square(5)AS'半径为 5 的圆面积'
```

执行结果如图 15.14 所示。

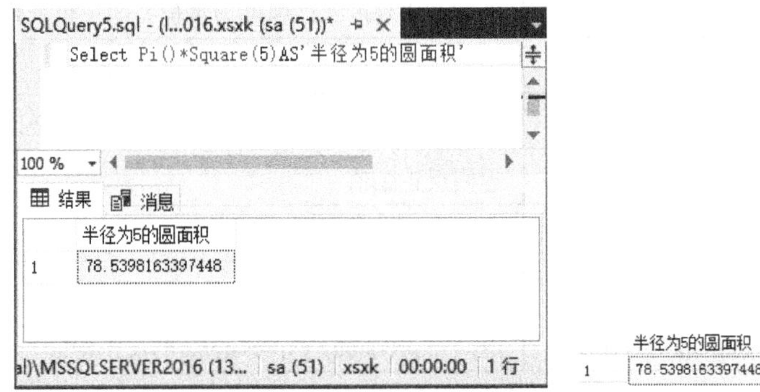

图 15.14　Square 函数

2. Sqrt 函数

Sqrt（平方根）函数返回表达式的平方根，其语法为：

```
Sqrt(float_expression)
```

其中，参数 float_expression 是 float 类型或能隐式转换为 float 类型的表达式。函数的返回值为 float 数据。

【例 15.14】计算 10 的平方根。

```
Select Sqrt(10) AS '10 的平方根'
```

执行结果如图 15.15 所示。

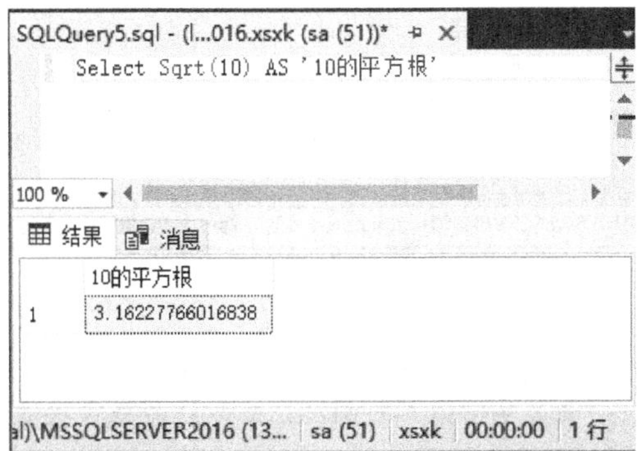

图 15.15　Sqrt 函数

15.2.8 三角函数

SQL Server 2016 中包括 Sin、Cos、Tan 和 Cot 四个三角函数和 Asin、Acos、Atan 和 Atn2 四个反三角函数。其基本功能如表 15.3 所示。

表 15.3 三角函数

函数名	函数功能
Sin	返回指定角度（以弧度为单位）的三角正弦值
Cos	返回指定角度（以弧度为单位）的三角余弦值
Tan	返回指定角度（以弧度为单位）的三角正切值
Cot	返回指定角度（以弧度为单位）的三角余切值
Asin	返回反正弦值
Acos	返回反余弦值
Atan	返回反正切值
Atn2(expression1, expression2)	返回 expression1/expression2 的反正切值

三角函数的角度均以弧度为单位。由于三角函数的使用方法基本一致，下面仅以正弦函数 SIN 为例讲解其用法。

【例 15.15】使用 Sin 函数计算正弦值。

```
Declare @angle float;
Set @angle = 6.57;
Select Sin(@angle) AS '正弦值';
```

执行结果如图 15.16 所示。

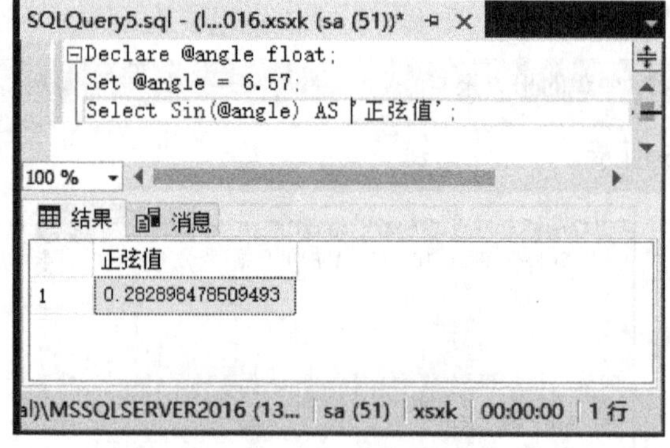

图 15.16 Sin 函数

除 Rand 以外，所有的数学函数都为确定性函数。即在每次使用特定的输入值调用这些函数时，它们都将返回相同的结果。

15.3 字符串函数

15.3.1　字符串函数概述

使用字符串函数可以对输入字符串进行类型转换和长度设置等操作，是数据库处理中常用的函数类型。字符串函数的数量较大，本文仅对常用的字符串函数进行介绍，其他函数请查阅 SQL Server 相关文档及参考手册。常用的字符串函数如表 15.4 所示。

表 15.4　字符串函数

函数名	函数功能
Ascii	返回字符串最左侧字符的 ASCII 代码值
Charindex	返回字符串中指定表达式的起始位置
Left	返回字符串中从左边开始指定个数的字符
Right	返回字符串中从右边开始指定个数的字符
Len	返回指定字符串表达式的字符数，其中不包含尾随空格
Replace	用另一个字符串替换指定字符串
Reverse	返回字符串的逆序
Str	将数字数据转换为字符数据
Substring	返回字符、二进制、文本或图像表达式的一部分

15.3.2　Ascii 函数

Ascii（获取 Ascii 码）函数用于返回字符串最左侧字符的 Ascii 代码值，其语法为：

```
Ascii(character_expression)
```

其中，character_expression 为 char 或 varchar 类型的表达式，函数返回值为 int。

【例 15.16】将‘SQL’三个字母分别转换为 Ascii 码。

```
Select Ascii(Left('SQL',1)) AS 'S',
    Ascii(Substring('SQL',2,1)) AS 'Q',
     Ascii(Substring('SQL',3,1)) AS 'L'
```

执行结果如图 15.17 所示。

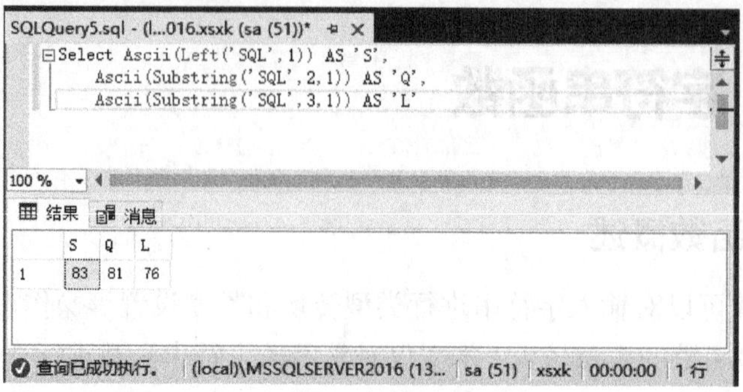

图 15.17　Ascii 函数

15.3.3　Charindex 函数

Charindex 函数用于返回字符串中指定表达式的起始位置，其语法为：

```
Charindex(expressionToFind,expressionToSearch[,start_location])
```

其中，参数 expressionToFind 包含要查找的字符串；参数 expressionToSearch 为要查找字符串的表达式；参数 start_location 表示查找起始位置，如果未指定 start_location，或者该参数为负数或 0，就从头开始搜索。如果找到字符串，就返回字符串的位置，否则返回 0。

【例 15.17】使用 Charindex 函数查找字符串在表达式中所处的位置。

```
Select Charindex('2014','SQL Server 2016'),Charindex('2008','SQL Server 2016')
```

执行结果如图 15.18 所示。

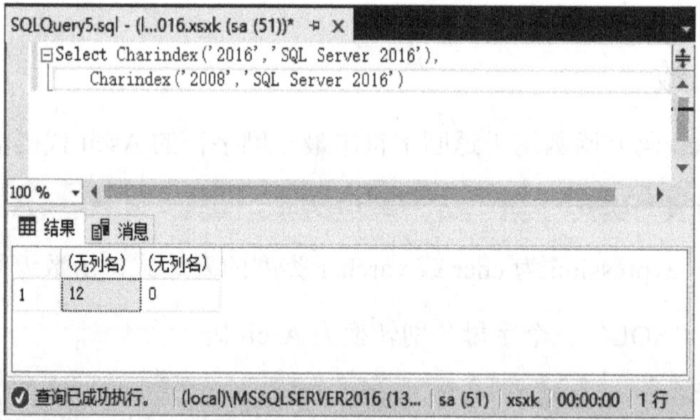

图 15.18　Charindex 函数

15.3.4　Left 函数

Left 函数用于返回字符串中从左边开始指定个数的字符，其语法为：

```
Left(character_expression,integer_expression)
```

其中，character_expression 为字符或二进制数据的表达式，可以是常量、变量或列。

character_expression 可以是任何能够隐式转换为 varchar 或 nvarchar 的数据类型，text 或 ntext 除外。否则，需要使用 CAST 函数对 character_expression 进行显式转换。

integer_expression 须为正整数，指定 character_expression 将返回的字符数。

【例 15.18】统计来自不同省份的学生人数（省份均保留 2 个汉字）。

```
Select Left(家庭住址,2) AS 省份,count(*) AS 人数
From XS
Group By Left(家庭住址,2)
```

执行结果如图 15.19 所示。

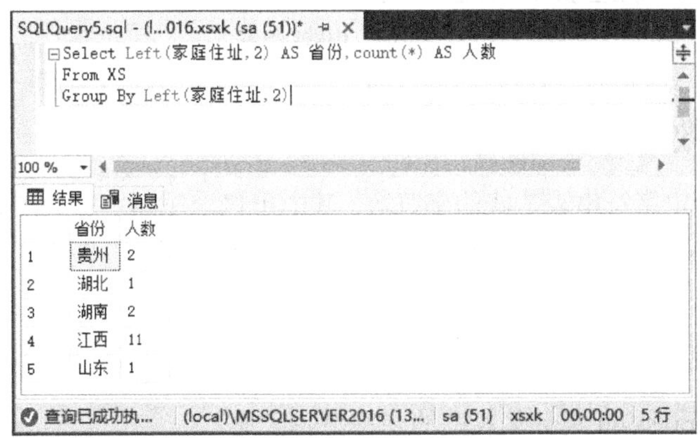

图 15.19　Left 函数

15.3.5　Right 函数

Right 函数用于返回字符串中从右边开始指定个数的字符，其语法为：

```
Right(character_expression,integer_expression)
```

其中 character_expression 为字符或二进制数据的表达式，可以是常量、变量或列。character_expression 可以是任何能够隐式转换为 varchar 或 nvarchar 的数据类型，text 或 ntext 除外。否则，需要使用 CAST 函数对 character_expression 进行显式转换。

integer_expression 须为正整数，指定 character_expression 将返回的字符数。

【例 15.19】查询课程最后 2 个字为“设计”的课程。

```
Select 课程号,课程名
From KC
Where Right(Rtrim(课程名),2)='设计'
```

执行结果如图 15.20 所示。

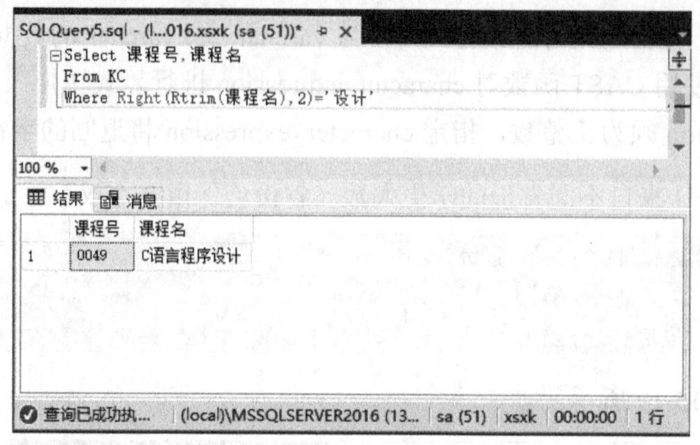

图 15.20　Right 函数

15.3.6　Len 函数

Len 函数返回指定字符串表达式的字符数，其中不包含尾随空格。该函数返回的字符数非字节数，单字节与双字节的字符返回相同的值。如果需要返回字节数，则可参考 Datalength 函数，其语法为：

```
Len(string_expression)
```

其中，string_expression 为计算长度的字符串表达式。

【例 15.20】使用 Len 函数计算以下字符串的长度。

```
Select Len('SQL Server 2016 教程')
Select Datalength('SQL Server 2016 教程')
```

执行结果如图 15.21 所示。

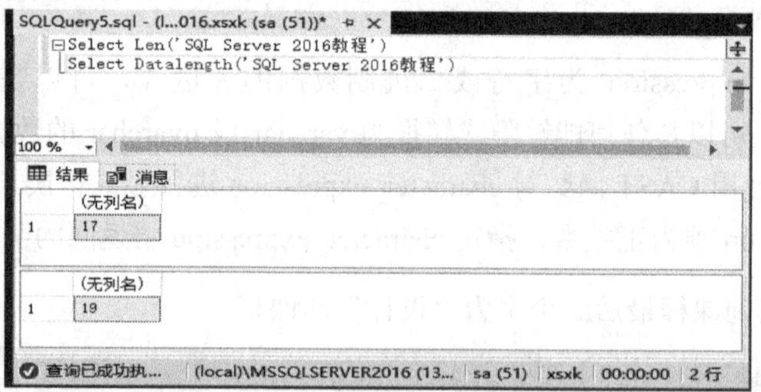

图 15.21　Len 函数和 Datalength 函数

注意上述 2 个实例的区别，第一个实例中子字符串“教程”的长度为 2；第二个实例中子字符串“教程”的长度为 4。另外，需要计算字符串中的空格长度。

函数 Len 返回的是字符数，即英文字符和中文字符均返回相同的值。如果获取字符串的字节数，那么应该使用 Datalength 函数。

15.3.7　Replace 函数

Replace 函数用于使用另一个字符串替换指定字符串，其语法为：

```
Replace(string_expression,string_pattern,string_replacement)
```

string_expression 为要搜索的字符串表达式，string_pattern 为要查找的子字符串，string_replacement 为替换字符串。

【例 15.21】将字符串“SQL Server 2016 教程”中的“SQL”替换为“Sql”。

```
Select 'SQL Server 2016 教程' AS '使用函数前',
Replace('SQL Server 2016 教程','SQL','Sql') AS '使用函数后'
```

执行结果如图 15.22 所示。

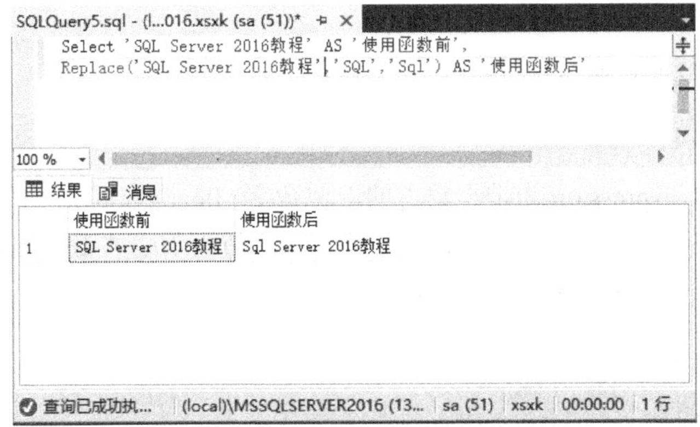

图 15.22　Replace 函数

15.3.8　Reverse 函数

Reverse 函数返回字符串的逆序，其语法为：

```
Reverse(string_expression)
```

其中，string_expression 是字符串或二进制数据类型的表达式。string_expression 可以是常量、变量，也可以是字符或二进制数据列。

【例 15.22】逆向输出字符串“SQL Server 2016”。

```
Select Reverse('SQL Server 2016') AS 'Reverse 函数'
```

执行结果如图 15.23 所示。

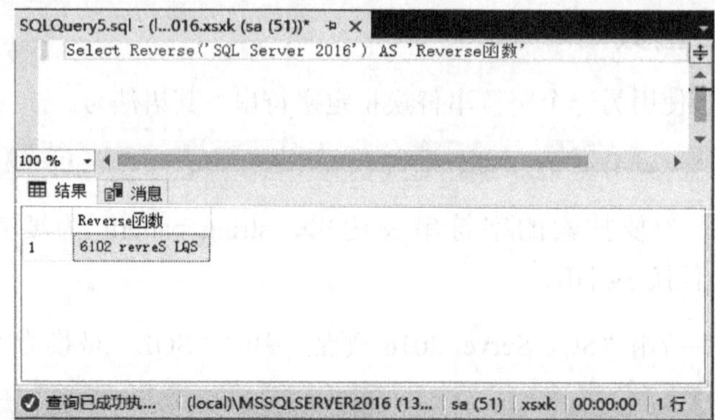

图 15.23　Reverse 函数

15.3.9　Str 函数

Str 函数将数字数据转换为字符数据，其语法为：

```
Str(float_expression[,length[,decimal]])
```

其中，参数 float_expression 为带小数点的近似数字（float）数据类型的表达式；参数 length 为总长度，它包括小数点、符号、数字以及空格，默认值为 10；参数 decimal 为小数点右边的小数位数。参数 length 和 decimal 值应该是正数。

【例 15.23】使用 Str 函数输出学生姓名及出生年份。

```
Select 姓名+'出生于'+Str(year(出生日期))+'年'
From Xs
```

执行结果如图 15.24 所示。

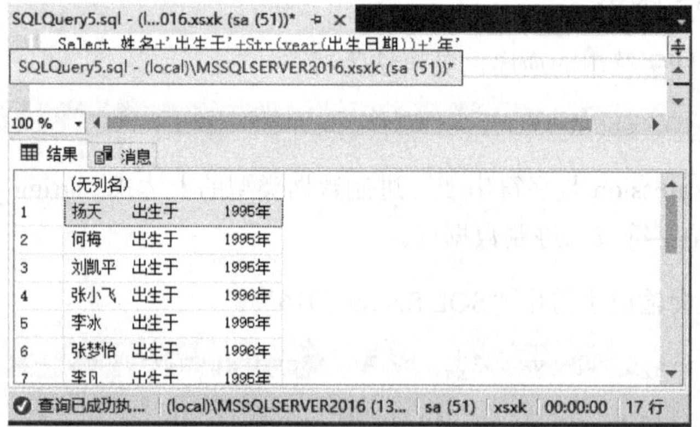

图 15.24　Str 函数

Str 函数的功能也可由 Cast 或 Convert 函数实现，但在使用 Cast 或 Convert 实现类型转换时需指定字符长度，否则 SQL 将长度设为 30。例 15.23 使用 Cast 实现的代码如下：Select 姓名+'出生于'+cast(year(出生日期) as char(4))+'年' From Xs。

15.3.10 Substring 函数

Substring 函数返回字符、二进制、文本或图像表达式的一部分，其语法为：

```
Substring(expression,start,length)
```

其中，参数 expression 是 character、binary、text、ntext 或 image 表达式，参数 start 指定返回字符的起始位置，length 指定要返回的字符数。如果参数 expression 是其中一个受支持的字符数据类型，就返回字符数据；如果 expression 是支持的 binary 数据类型中的一种数据类型，就返回二进制数据。

【例 15.24】使用 Substring 函数获取字符串的子串。

```
Select Substring('SQL Server 2016',5,6)
```

执行结果如图 15.25 所示。

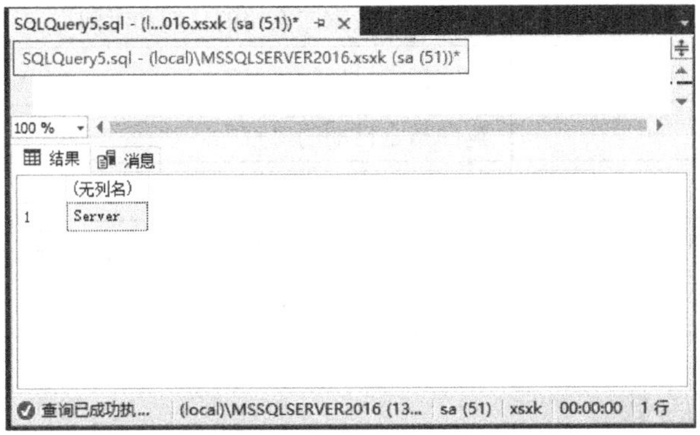

图 15.25 Substring 函数获取子串

【例 15.25】使用 Substring 函数获取学生所在的省份（省份均保留 2 个汉字）。

```
Select 学号,姓名,Substring(家庭住址,1,2) AS 省份
From XS
```

执行结果如图 15.26 所示。

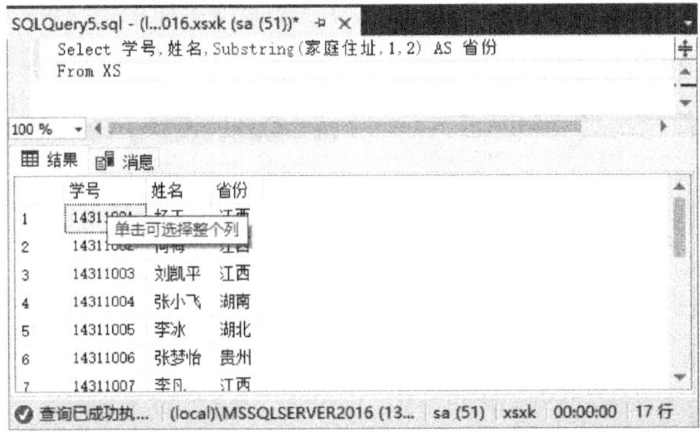

图 15.26 Substring 函数获取省份

15.4 日期和时间函数

15.4.1 日期和时间函数概述

日期和时间函数主要用来处理日期和时间数据，并返回字符串、数值或者日期时间数据。SQL Server 2016 中日期和时间函数比较多，包括获取系统日期和时间值的函数、获取日期和时间部分的函数、获取日期和时间差的函数、修改日期和时间值的函数、设置或获取会话格式的函数和验证日期和时间值的函数。常用的日期时间函数如表 15.5 所示。

表 15.5 日期和时间函数

函数名	函数功能
Getdate	返回当前数据库系统的日期和时间
Day	返回指定日期的“日”
Month	返回指定日期的“月”
Year	返回指定日期的“年”
Datediff	返回两个指定日期的日期和时间边界数
Dateadd	返回给定日期加上时间间隔后新的 datetime

15.4.2 Getdate 函数

Getdate 函数返回当前数据库系统的日期和时间，其语法为：

```
Getdate()
```

Getdate()函数不使用参数，返回的结果为 datetime 型数据。

【例 15.26】使用 Getdate 函数获取当前系统的日期。

```
Select Cast(Getdate() AS Date)
```

执行结果如图 15.27 所示。

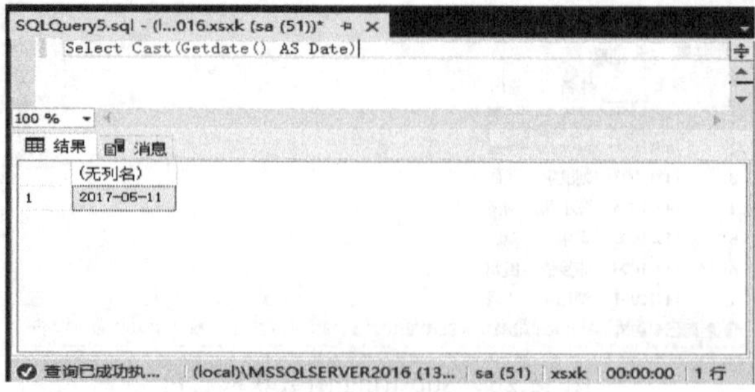

图 15.27 Getdate 函数

15.4.3　Day 函数

Day 函数返回指定日期的“日”，返回的结果为 int 型数据，其语法为：

```
Day(date)
```

其中，参数 date 是一个可以解析为 time、date、smalldatetime、datetime、datetime2 或 datetimeoffset 值的表达式。

【例 15.27】返回系统当前日期的“日”。

```
Select cast(getdate() as date),Day(Getdate())
```

执行结果如图 15.28 所示。

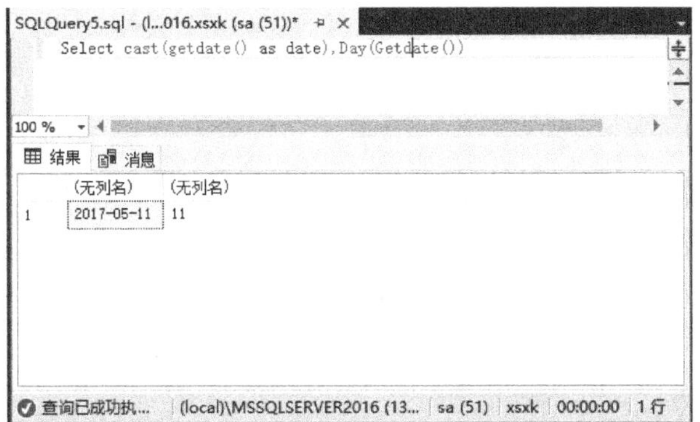

图 15.28　返回系统当前日期的“日”

【例 15.28】返回指定日期的“日”。

```
Select Day('2015-10-8')
```

执行结果如图 15.29 所示。

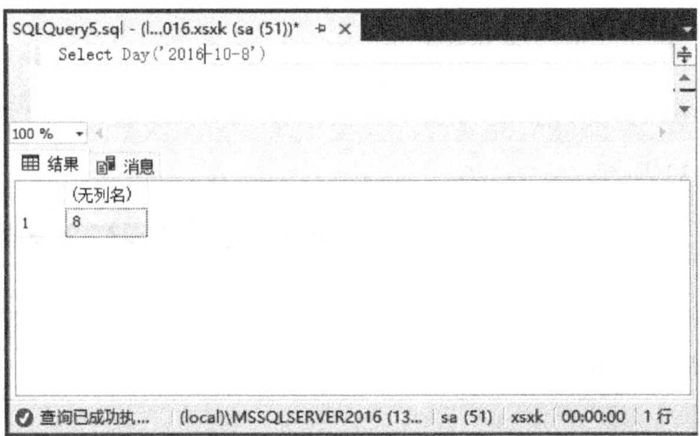

图 15.29　返回指定日期的“日”

15.4.4　Month 函数

Month 函数返回指定日期的月份，返回的结果为 int 型数据，其语法为：

```
Month(date)
```

其中参数 date 是一个可以解析为 time、date、smalldatetime、datetime、datetime2 或 datetimeoffset 值的表达式。

【例 15.29】返回系统当前日期的月份。

```
Select cast(getdate() as date),Month(Getdate())
```

执行结果如图 15.30 所示。

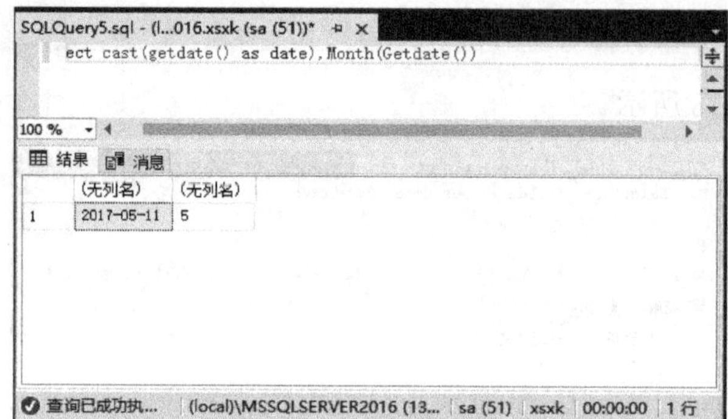

图 15.30　Month 函数

15.4.5　Year 函数

Year 函数返回指定日期的年份，返回的结果为 int 型数据，其语法为：

```
Year(date)
```

其中参数 date 是一个可以解析为 time、date、smalldatetime、datetime、datetime2 或 datetimeoffset 值的表达式。

【例 15.30】返回系统当前日期的年份。

```
Select Year(Getdate())
```

执行结果如图 15.31 所示。

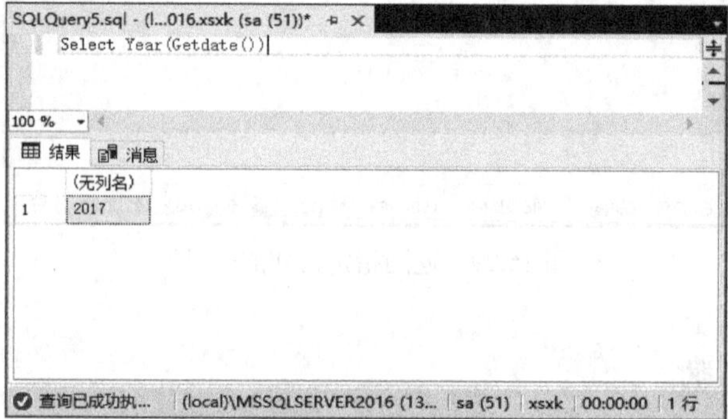

图 15.31　Year 函数

15.4.6 Datediff 函数

Datediff 函数返回两个指定日期的日期和时间边界数，返回结果为 int 类型数据，其语法为：

```
Datediff(datepart,startdate,enddate)
```

其中，参数 datepart 指定所跨边界类型；Startdate 和 Enddate 都是一个可以解析为 time、date、smalldatetime、datetime、datetime2 或 datetimeoffset 值的表达式，Startdate 表示计算的开始日期，Enddate 表示计算的终止日期。表 15.6 列出了所有有效的 datepart 参数。

表 15.6 Datepart 参数格式

datepart	缩写	datepart	缩写
year	yy, yyyy	hour	hh
quarter	qq, q	minute	mi, n
month	mm, m	second	ss, s
dayofyear	dy, y	millisecond	ms
day	dd, d	microsecond	mcs
week	wk, ww	nanosecond	ns

【例 15.31】使用 Datediff 函数计算两个日期之间的相差天数。

```
Select Datediff(day, '2005-12-31', '2006-01-02')
```

执行结果如图 15.32 所示。

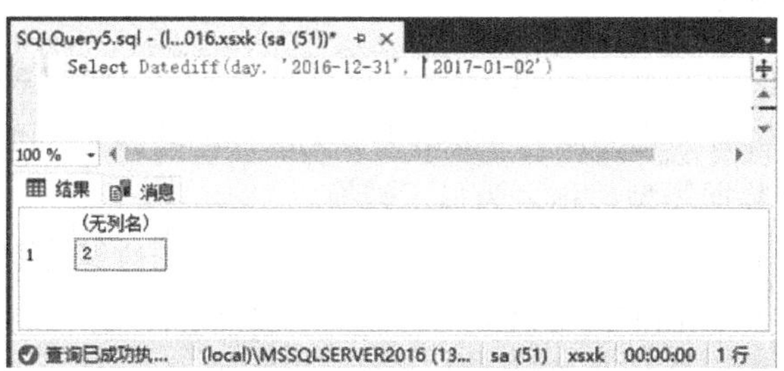

图 15.32 Datediff 函数

15.4.7 Dateadd 函数

Dateadd 函数返回给定日期加上时间间隔后新的 datetime，返回数据类型为 date 参数的数据类型，其语法为：

```
Dateadd(datepart,number,date)
```

参数 datepart 与 Datediff 中相同；参数 number 指定要相加的值；参数 date 是一个日期表达式，该表达式将与 number 相加。

【例 15.32】使用 Dateadd 函数计算系统当前日期 5 天后的日期。

```
Select Cast(Getdate() AS date) AS 今天日期,
```

```
Cast(Dateadd(day,5,Getdate()) AS date) AS '5天后日期'
```

执行结果如图 15.33 所示。

图 15.33　Dateadd 函数

15.5 转换函数

转换函数指的是 SQL 中进行数据类型转换的函数。在一般情况下，SQL Server 2016 会自动完成数据类型的转换，但当数据类型无法自动转换时，用户可以通过 SQL Server 2016 提供的转换函数来实现。

15.5.1 转换函数概述

SQL Server 2016 中，不同类型的数据进行运算时，优先级低的数据类型会自动转换为优先级高的数据类型，称之为隐式转换。当数据类型无法自动转换时，可以使用转换函数将一种数据类型转换为另一种数据类型，称之为显示转换。

例如，可以直接将字符数据类型或表达式与 DATATIME 数据类型或表达式比较，当表达式中用了 INTEGER、SMALLINT 或 TINYINT 时，SQL Server 也可将 INTEGER 数据类型或表达式转换为 SMALLINT 数据类型或表达式。如果不能确定 SQL Server 2016 是否能完成隐式转换或者使用了不能隐式转换的其他数据类型，就需要使用数据类型转换函数做显式转换。

SQL Server 2016 中的类型转换函数包括两个：Cast 和 Convert。二者的功能类似，但 Convert 函数的功能更强。

隐性转换对用户是不可见的，SQL Server 2016 自动将数据从优先级低的数据转换为优先级高的数据类型。

15.5.2 Cast 函数

Cast 函数将表达式由一种数据类型转换为另一种数据类型，其语法为：

```
Cast(expression AS data_type[(length)])
```

其中，expression 为任何有效的表达式；参数 data_type 为目标数据类型，这包括 xml、bigint 和 sql_variant，不能使用别名数据类型；参数 length 指定目标数据类型长度的可选整数，默认值为 30。

【例 15.33】将 XS 表中出生日期字段转换为字符型。

```
Select Cast(出生日期 AS char(10))
From XS
```

执行结果如图 15.34 所示。

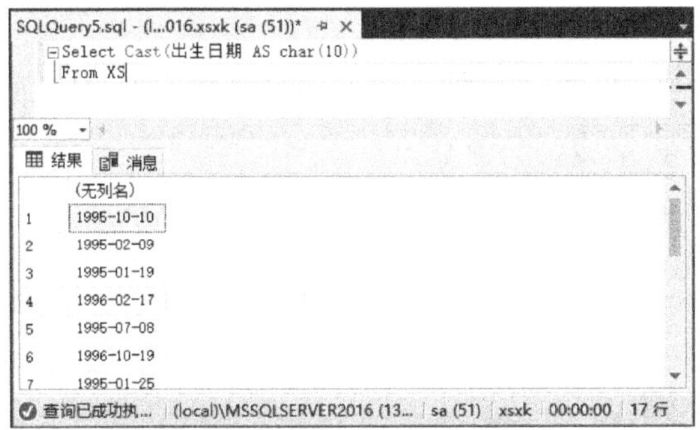

图 15.34　Cast 函数

15.5.3　Convert 函数

Convert 函数与 Cast 函数的功能类似，将表达式由一种数据类型转换为另一种数据类型，其语法为：

```
Convert(data_type[(length)],expression[,style])
```

其中，expression 为任何有效的表达式；参数 data_type 为目标数据类型，这包括 xml、bigint 和 sql_variant，不能使用别名数据类型；参数 length 指定目标数据类型长度的可选整数，默认值为 30；参数 style 指定 Convert 函数如何转换 expression 的整数表达式。

参数 Style 的主要日期样式如表 15.7 所示。

表 15.7　参数 Style 日期样式

不带世纪数位 yy	带世纪数位 yyyy	标准	输入/输出
–	0 或 100	默认	mon dd yyyy hh:miAM（或 PM）
1	101	美国	mm/dd/yyyy
2	102	ANSI	yyyy.mm.dd
10	110	美国	mm-dd-yy
12	112	ISO	yymmdd

参数 style 的 real 和 float 样式如表 15.8 所示。

表 15.8 Style参数的real和float样式

值	输出
0（默认值）	最多包含 6 位，根据需要使用科学记数法
1	始终为 8 位值，始终使用科学记数法
2	始终为 16 位值，始终使用科学记数法

【例 15.34】获取系统当前时间，并以 ANSI 格式输出。

```
Select Convert(char(10),getdate(),102)
```

执行结果如图 15.35 所示。

【例 15.35】将字符串“12.35”转换为数值型数据并加上 10。

```
Select Convert(float,'12.35')+10
```

执行结果如图 15.35 所示。

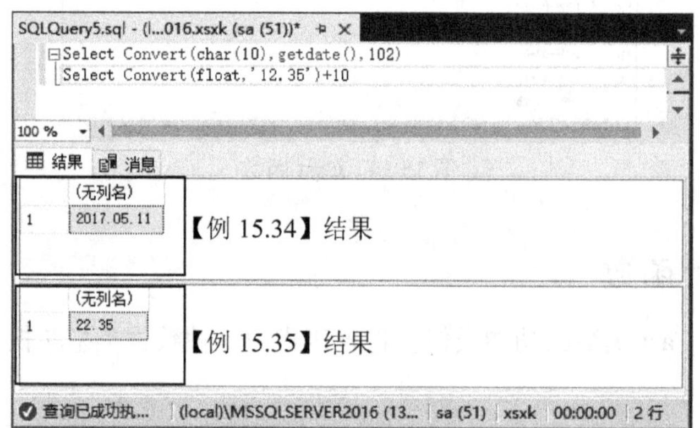

图 15.35 ANSI 格式输出日期 和 Convert 函数字符与数值转换

15.6 小结

本章对 SQL Server 2016 的内置系统函数进行了介绍，包含函数的功能、语法、使用过程中应该注意的地方，并通过具体的实例讲解了函数的实际用法。SQL Server 2016 的函数非常丰富，本章主要介绍了聚合函数、数学函数、字符串函数、日期和时间函数以及转换函数。此外，其他类型函数（包括游标函数、元数据函数、文本和图像函数等）并未涉及，请读者参考 SQL Server 2016 的相关手册。通过学习本章内容，读者能够掌握 SQL Server 2016 主要的内置系统函数，并能够在编程实践中灵活运用，可以极大地提高编码效率。

15.7 经典习题与面试题

1. 查询出 user 表中每个省的用户总数。
2. 查询 user 表中网龄最大、最小以及超过平均数的用户。
3. 计算出每个用户的入网年限。

第 16 章 事务

事务是 SQL Server 中非常重要的一个独立工作单元，事务如同约束、触发器一样，其主要用途是保证数据的完整性。如果事务执行成功，那么事务中相关的数据操作就能被完成，从而保证数据的完整性。如果事务操作失败，那么事务中的数据操作进行回滚，所有的数据修改操作被还原，并利用锁机制可以有效地对多个事务执行时的并发进行控制。本章将从事务的概念、事务的分类、事务的工作机制、事务的并发、锁和分布式事务处理等多个方面对 SQL Server 中的事务进行讲解。

本章重点内容：

- 了解事务的基本概念
- 了解隐式事务和显式事务的区别
- 掌握事务的使用方法
- 了解锁的机制
- 了解分布式事务处理机制

16.1 事务的概念

事务与存储过程有些类似，它们都是由一系列的逻辑语句组成的工作单元。事务有着非常明确的开始和结束点，使用 T-SQL 语句进行 SELECT、INSERT、UPDATE 和 DELETE 等数据操作都属于隐式事务的一部分。当系统把这些操作语句当成一个事务时，要么执行所有的语句，要么都不执行。

当事务执行时，事务中进行的所有操作都会被写入事务日志中，写入日志中的内容通常分为两种：一种是事务进行数据操作的记录，如对数据进行插入和修改；另一种则是对任务的操作记录，如对表中的某一列创建索引。当取消事务时，系统会根据日志中的记录进行反操作，保证系统的一致性。

事务是一系列 SQL 操作的逻辑工作单元，一个逻辑工作单元必须有 4 个属性，即原子性（Atomic）、一致性（Consistent）、隔离型（Isolated）、持久性（Durable），简称为 ACID。

- 原子性：对于事务必须是一个整体的工作单元，事务中对数据的操作要么全部执行，要么全都不执行。

- 一致性：事务完成时，所有的数据都必须保持一致状态。在相关的数据库中，所有的规则都必须由事务进行修改，以保证所有数据的完整性。当事务结束时，所有的内部数据结构都必须是正确的。
- 隔离性：如果多个事务对同一数据进行操作，那么当前事务的操作必须与其他事务进行隔离。事务在识别操作数据时，要么是第一个事务处理之前的状态，要么是第二个事务处理之后的状态，事务不会查看中间状态数据。
- 持久性：当事务提交成功后，事务对数据库中的数据操作会被永久保存下来。

例如，在向学生表中通过事务插入两条记录时，如果第一条插入成功而第二条插入失败，为了保证事务的原子性，必须将结果回滚到事务处理之前，但不能只保留成功的记录而忽略错误的记录，此时就必须用到事务。

```
@iErrorCount   int
set @iErrorCount = 0
begin tran Tran1
   insert into xs("学号","姓名") values('1511311','张三')
    set @iErrorCount=@iErrorCount+@@error
   insert into xs("学号", "姓名") values('1511311','李四')  //主键错误
    set @iErrorCount=@iErrorCount+@@error
if @iErrorCount=0
begin
    COMMIT TRAN Tran1  --执行事务
end
else
begin
    ROLLBACK TRAN Tran1  --回滚事务
end
```

在上例中向 xs 表中插入了两条记录，但是由于第二条记录和第一条记录的主键一样，因此肯定是会出现问题的。通过定义变量@iErrorCount 来记录出错的信息，当两条插入操作完成后，@iErrorCount=0 意味着操作是成功的，这时候通过 COMMIT 来提交事务，否则 ROLLBACK 对事务进行回滚。

16.2 显式事务与隐式事务

SQL Server 2016 提供两种不同的方法处理事务，它们可以基于单独到连接定义，每一个连接都可以使用它们需要的事务模式来实现其需求。这两种事务根据其定义方式不同进行分类：

- 显式事务
- 隐式事务

16.2.1 显式事务

SQL Server 2016 中可以定义显式事务，将用户自定义或者用户指定的事务称为显式事务。显式事务的第一个分隔符必须为 BEGIN TRANSACTION 或 BEGIN DISTRIBUTED TRANSACTION，而结束分隔符必须为 COMMIT TRANSACTION、COMMIT WORK、ROLLBACK TRANSACTION、ROLLBACK WORK、SAVE TRANSACTION 中的一种。下面介绍几种常用的事务语句和语法参数。

1. BEGIN TRANSACTION

BEGIN TRANSACTION 用来标记一个显式本地事务的起点。其语法格式如下：

```
BEGIN { TRAN | TRANSACTION }
[ { transaction_name | @tran_name_variable }
[ WITH MARK [ 'description' ] ]
]
[ ; ]
```

参数说明：

- transaction_name 分配给事务的名称，transaction_name 必须符合标识符规则，但标识符所包含的字符数不能大于 32 个。
- @tran_name_variable 含有有效事务的变量名称，必须用 char、varchar、nchar 或 nvarchar 数据类型声明变量。如果传递给该变量的字符多于 32 个，就仅使用前面的 32 个字符，其余的字符将被截断。
- WITH MARK['description'] 指定在日志中标记事务。description 是描述该标记的字符串。长于 128 个字符的 description 先截断为 128 个字符，然后才存储到 msdb.dbo.logmarkhistory 表中。

2. COMMIT TRANSACTION

COMMIT TRANSACTION 用来标记一个成功的显式或隐式事务的结束。其语法格式如下：

```
COMMIT [ { TRAN | TRANSACTION } [ transaction_name | @tran_name_variable ] ]
[ WITH ( DELAYED_DURABILITY = { OFF | ON } ) ]
[ ; ]
```

参数说明：

- transaction_name 指定由前面的 BEGIN TRANSACTION 分配的事务名称。transaction_name 必须符合标识符规则，但不能超过 32 个字符。transaction_name 通过向程序员指明 COMMIT TRANSACTION 与哪些 BEGIN TRANSACTION 相关联。

- @tran_name_variable 用户定义的、含有有效事务名称的变量的名称，必须用 char、varchar、nchar 或 nvarchar 数据类型声明变量。如果传递给该变量的字符数超过 32 个，就只使用 32 个字符，其余的字符将被截断。
- DELAYED_DURABILITY 请求将此事务与延迟持续性一起提交的选项。如果已用 DELAYED_DURABILITY=DISABLED 或 DELAYED_DURABILITY=FORCED 更改了数据库，就忽略该请求。

3. COMMIT WORK

COMMIT WORK 用于标志事务的结束。语法格式如下：

```
COMMIT [ WORK ]
[ ; ]
```

该语句的功能与 COMMIT TRANSACTION 相同，但 COMMIT TRANSACTION 接受用户定义的事务名称。

4. ROLLBACK TRANSACTION

将显式或隐式事务回滚到事务的起点或事务内的某个保存点，当事务执行时，发生错误可以使用 ROLLBACK TRANSACTION 语句撤销对数据库内数据的操作，使其恢复到之前的状态。语法格式如下：

```
ROLLBACK { TRAN | TRANSACTION }
[ transaction_name | @tran_name_variable
| savepoint_name | @savepoint_variable ]
[ ; ]
```

- transaction_name：指定事务的名称。
- @tran_name_variable：用户定义的、含有有效事务名称的变量的名称，必须用 char、varchar、nchar 或 nvarchar 数据类型声明变量。
- savepoint_name：是 SAVE TRANSACTION 语句中的 savepoint_name。savepoint_name 必须符合有关标识符的规则。当条件回滚只影响事务的一部分时，可使用 savepoint_name。
- @savepoint_variable：是用户定义的、包含有效保存点名称的变量的名称，必须用 char、varchar、nchar 或 nvarchar 数据类型声明变量。

在多个活动的结果集（MARS）会话中，通过 T-SQL BEGIN TRANSACTION 语句启动的显式事务将变成批范围的事务。如果批范围的事务在批处理完成时还没有提交或回滚，SQL Server 将自动回滚该事务。

16.2.2 隐式事务

在隐式事务模式中，SQL Server 在没有事务存在的情况下会开始一个事务，与自动模式不同的是在隐式事务中不会执行 COMMIT 或 ROLLBACK 语句。在 SQL Server 中，表 16.1 所示的语句在没有事务时隐式开始一个事务。

表 16.1 开启隐式事务的语句

ALTER TABLE	GRANT	FETCH	DELETE
CREATE	REVOKE	INSERT	SELECT
DROP	OPEN	UPDATE	TRUNCATE TABLE

在打开隐式事务开关时，执行下一条语句时会自行启动一个新的事务，并且每关闭一个事务，执行下一条语句时又会启动一个新事务，直到关闭了隐式事务的设置开关。

在执行 COMMIT 或 ROLLBACK 语句之前，事务一直保持有效。在第一个事务被提交或回滚之后，下次当连接执行这些语句中的任何语句时，SQL Server 都将自动启动一个新事务。SQL Server 将不断地生成一个隐式事务链，直到隐式事务模式关闭为止。例如，下列语句实现隐式事务的创建。

```
begin transaction
save transaction A
insert into demo values('BB','B term')
rollback TRANSACTION A
create table demo2(name varchar(10),age int)
insert into demo2(name,age) values('lis',1)
rollback transaction
```

在上述实例中，执行到 create table demo2 语句时，SQL Server 已经隐式创建一个事务，直到事务提交或回滚。

16.2.3 API 中控制隐式事务

在 SQL Server 中使用 ODBC 和 OLE DB 来设置隐式事务，可以使用 ODBC 提供的 SQLSetConnectAttr 函数来启动隐式事务模式，只需将 SQL_ATTR_AUTOCOMMIT 中 ValuePtr 的值设置为 SQL_AUTOCOMMIT_OFF 即可。

在调用 SQLSetConnectAttr 之前，连接将会一直保持为隐式模式，其中 Attribute 设置为 SQL_ATTR_AUTOCOMMIT，ValuePtr 设置为 SQL_AUTOCOMMIT_ON。

调用 SQLEndTran 函数提交或回滚每个事务，其中 CompletionType 设置为 SQL_COMMIT 或 SQL_ROLLBACK。

16.2.4 事务的 COMMIT 和 ROLLBACK

事务执行结束后会得到两种状态，即“事务提交成功”和“事务失败回滚”。在 SQL Server

中，使用 T-SQL 语句中的 COMMIT 和 ROLLBACK 来处理事务结束后的工作。

（1）COMMIT

在事务执行成功的时候使用 COMMIT 来提交事务，在使用 COMMIT 语句的情况下可以保证事务中的所有数据操作都有效，同时将释放事务执行时所使用到的资源，如使用事务的锁。

（2）ROLLBACK

在事务执行失败时使用 ROLLBACK 将对隐式事务和显示事务进行回滚，回滚到事务执行前的状态或事务所设定的某个保存点内。

16.3 使用事务

读者通过前面章节对事务的类型和概念进行了一定的了解后，就可以在具体实例中使用事务了，本节通过实例介绍在 SQL Server 2016 中如何使用事务来完成数据的操作，同时保障数据的完整性。

16.3.1 开始事务

在 SQL Server 中，通过语句 BEGIN TRANSACTION 来标记一个显式本地事务的起始点。因此，一个显式事务必须通过 BEGIN TRANSACTION 语句来开始。实际上，从连接上一个 SQL Server 2016 数据库服务器的那一刻开始，在此连接上执行的所有 T-SQL 语句都是事务的一部分，直到事务结束为止。可以使用之前介绍过的 BEGIN TRANSACTION 语句来开启一个事务。

【例 16.1】使用事务 update_xs 修改学号为 14311001 学生的总学分字段，将学生的总学分改为 22，输入语句如下：

```
SELECT * FROM xs WHERE 学号='14311001'
BEGIN TRANSACTION update_xs
UPDATE xs SET 总学分 = '22' WHERE 学号='14311001'
COMMIT TRANSACTION update_xs
SELECT * FROM xs WHERE 学号='14311001'
```

执行结果如图 16.1 所示。

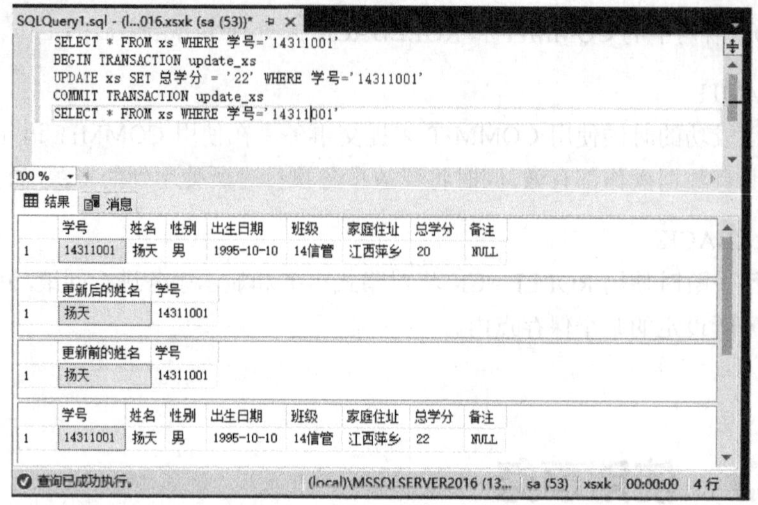

图 16.1　事务执行后的结果

在例 16.1 中使用 BEGIN TRANSACTION 语句定义了一个名为 update_xs 的事务，事务执行时对 xs 表中的数据进行更新，使用 COMMIT TRANSACTION 语句指定事务结束。

执行 BEGIN DISTRIBUTED TRANSACTION 语句的服务器是事务创建者，并且控制事务的完成。当连接发出后续 COMMIT TRANSACTION 或 ROLLBACK TRANSACTION 语句时，主控服务器请求 MS DTC 在所涉及的服务器间管理分布式事务的完成。

16.3.2　结束事务

当事务执行完成后一定要记得结束事务，可以释放事务在执行过程中使用的系统资源。可以使用 COMMIT 语句来结束事务。

【例 16.2】使用事务 delete_xs 删除 xs 表中学号为 14311001 的学生，输入语句如下：

```
BEGIN TRANSACTION delete_xs
DELETE FROM xs WHERE 学号='14311001'
COMMIT TRANSACTION delete _xs
GO
IF @@ERROR = 0
PRINT '记录删除成功'
GO
```

执行结果如图 16.2 所示。

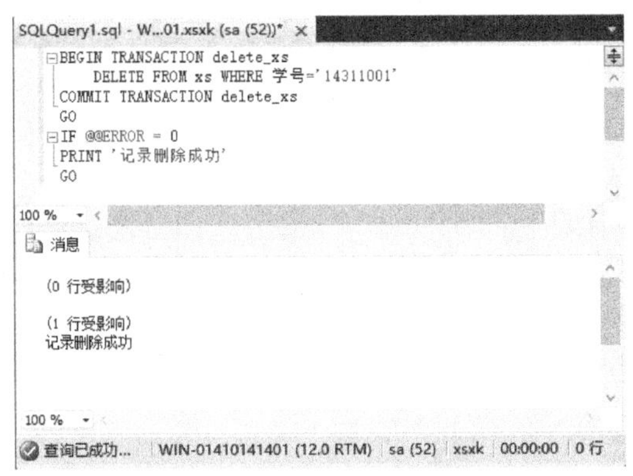

图 16.2 使用事务删除记录

上例中定义了一个 delete_xs 的事务，事务执行时执行 DELETE 语句来删除学生记录，最后使用 COMMIT 语句来结束 delete_xs 事务。其中使用了系统变量@@ERROR 来判断事务在执行过程中是否失败，成功返回 0，失败则会返回错误号。

16.3.3 回滚事务

在事务中可以使用 ROLLBACK TRANSACTION 语句将显式或隐式事务回滚到事务之前或事务内的某个保存点。

【例 16.3】使用事务 insert_xs 在 xs 表中插入一条记录，输入语句如下：

```
BEGIN TRANSACTION insert_xs
INSERT INTO XS
VALUES('14311006','张三','男','1999-11-11',null,null,null,null)
IF @@error = 0
  BEGIN

PRINT'插入记录失败'
 ROLLBACK
  END
ELSE
  BEGIN
    COMMIT TRANSACTION
  END
```

在上述实例中插入了一条记录，如果再次执行一次事务，因为表中学号字段为主键，所以重复插入相同的数据是不可以的，操作结果如图 16.3 所示。

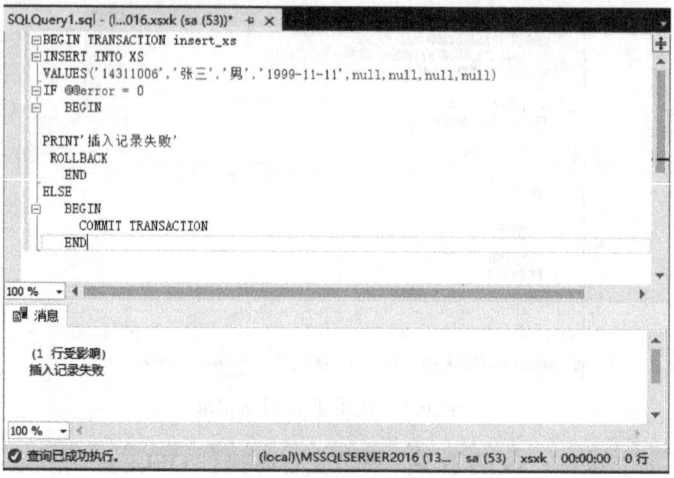

```
BEGIN TRANSACTION insert_xs
INSERT INTO XS
VALUES('14311006','张三','男','1999-11-11',null,null,null,null)
IF @@error = 0
  BEGIN

PRINT'插入记录失败'
 ROLLBACK
  END
ELSE
  BEGIN
    COMMIT TRANSACTION
  END
```

(1 行受影响)
插入记录失败

查询已成功执行。 (local)\MSSQLSERVER2016 (13... sa (53) xsxk 00:00:00 0 行

图 16.3 回滚事务

ROLLBACK TRANSACTION 语句不生成显式给用户的信息。如果在存储过程或触发器中需要警告，请使用 RAISERROR 或 PRINT 语句。RAISERROR 是用于指出错误的首选语句。

此外，ROLLBACK 对游标的影响由下面 3 个规则定义：

- 当参数 CURSOR_CLOSE_ON_COMMIT 设置为 ON 时，ROLLBACK 关闭但不释放所有打开的游标。
- 当 CURSOR_CLOSE_ON_COMMIT 设置为 OFF 时，ROLLBACK 不影响任何打开的同步 STATIC 或 INSENSITIVE 游标，也不影响已完全填充的异步 STATIC 游标。将关闭但不释放任何其他类型的打开的游标。对于导致终止批处理并生成内部回滚的错误，将释放在含有该错误语句的批处理内声明的所有游标。
- 无论游标的类型或 CURSOR_CLOSE_ON_COMMIT 如何设置，所有游标均将被释放，其中包括在该错误批处理所调用的存储过程内声明的游标。

在 SQL Server 2016 中，ROLLBACK TRANSACTION 权限默认授予任何有效用户。下列语句实现一个事务回滚到保存点 A。

```
begin transaction
save transaction A
insert into demo values('BB','B term')
rollback TRANSACTION A
```

16.3.4 事务的工作机制

事务是一个独立的工作单元，是由许多逻辑语句组成的。一旦事务开启，将顺序执行其中的语句，事务的工作流程可以分为以下 4 部分：

（1）当 T-SQL 语句中出现 BEGIN TRANSACTION 时，SQL Server 将会给事务分配一个事务 ID。

（2）当事务成功开启后，SQL Server 将会运行事务体内的语句，并将事务体执行过的语句写入事务日志中。

（3）通过内存加载事务日志中的语句并执行。

（4）当执行到 CMMIT 语句时事务结束，此事务执行过的日志内容也会写入数据库日志，以便事务需要回滚时保证数据的完整性。

事实上，在 SQL Server 2016 中的事务处理也将事务的操作写到事务日志中，并设立检查点机制，检查点用于检查事务是否完成，如果没有完成，就不写入事务日志，表示该事务没有执行成功。事务的工作机制如图 16.4 所示。

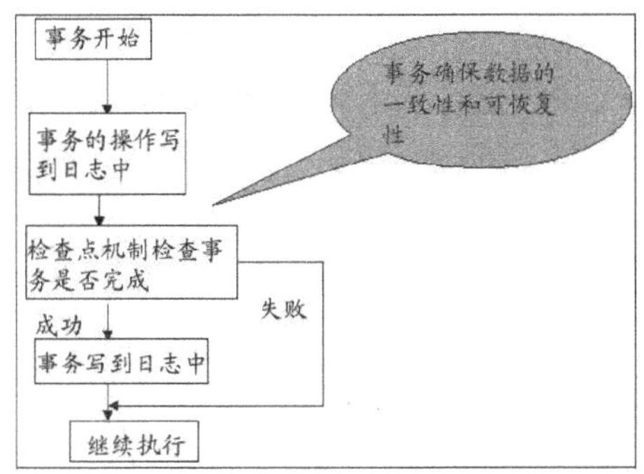

图 16.4　事务的工作机制

当事务的执行出现故障时，可以将其恢复，恢复中需要使用到检查点，用于保护数据的完整性。事务的恢复以及检查点保护系统的完整和可恢复，关系如图 16.5 所示。

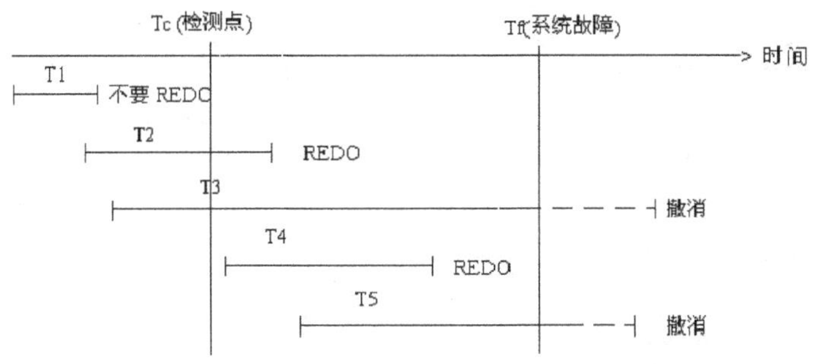

图 16.5　事务恢复

其中，图 16.5 中各个时刻代表的含义如下。

- T1：在检查点之前提交。
- T2：在检查点前开始执行，检查点之后故障点之前提交。
- T3：在检查点之前开始执行，在故障点时还未完成。
- T4：在检查点之后开始执行，在故障点之前提交。
- T5：在检查点之后开始执行，在故障点时还未完成。

T3 和 T5 在故障发生时还未完成，所以予以撤销；T2 和 T4 在检查点之后才提交，它们对数据库所做的修改在故障发生时可能还在缓冲区中，尚未写入数据库，所以要 REDO；T1 在检查点之前已提交，所以不必执行 REDO 操作。

16.3.5 自动提交事务

自动提交模式是 SQL Server 2016 数据库引擎的默认事务管理模式。每个 T-SQL 语句在完成时，都被提交或回滚。如果一个语句成功地完成，就提交该语句；如果遇到错误，就回滚该语句。

在 SQL Server 2016 中，只要用户没有显式事务或隐性事务覆盖自动提交模式，与数据库引擎实例的连接就以此默认模式操作。自动提交模式也是 ADO、OLE DB、ODBC 和 DB 库的默认模式。

【例 16.4】在数据库 xsxk 中创建一张新表 TestTable，并插入数据，输入语句如下：

```
USE xsxk;
GO
CREATE TABLE TestTable (Cola INT PRIMARY KEY, Colb CHAR(3));
GO
INSERT INTO TestTable VALUES (1, 'aaa');
INSERT INTO TestTable VALUES (2, 'bbb');
INSERT INTO TestTable VALUSE (1, 'ccc');
```

上述代码的执行结果显而易见，在 TestTable 表中插入了两条记录，第三条记录由于触发了主键约束是不能够成功插入的。在 SQL Server 中，使用的事务管理模式中每一个数据操作语句其实就是一项事务，这里其实只是将第三个出错的事务回滚。

自动提交模式是 SQL Server 的默认模式。每个 T-SQL 语句在完成时都被提交或回滚。如果一个语句成功地完成，就提交该语句；如果执行过程中遇到错误，就回滚该语句。

16.3.6 事务的并发问题

为了获得更好的运行性能，基本上所有的数据库系统都同时允许多个事务，这样就会产生并发问题，犹如售票窗口只剩下最后一张票但有许多人都在同时购买。当并发问题出现时要采取必要的隔离机制，避免并发的各种问题。这些问题可以归纳为以下 3 种：

（1）脏读

当一个事务读取到另一个事务未提交的更新数据时称为脏读，这是并发问题中最常见的一种。例如 A 和 B 两个事务并发执行，A 事务读取 B 事务没有提交的数据，这个时候如果 B 事务进行回滚，那么 A 事务得到的数据就不是数据库中的真实数据。

（2）不可重复读

当事务对同一行数据进行重复读取时，得到的数据不同时出现数据不一致的问题。不可重复读所产生的并发问题类似于脏读。例如当 A 和 B 两个事务并发执行时，A 要读取表中的一条记录，而 B 也恰好要修改表中的这一条记录，当 A 读取记录时 B 正好对这条记录进行了修改，那么 A 再次对记录进行读取的时候数据内容已发生了改变。

（3）幻读

一个事务读取到另一个事务已提交的新插入的数据。例如 A 和 B 事务并发执行，A 事务查询数据，B 事务插入或删除记录。当 A 查询一个结果集时事务 B 正好插入一条记录，这时 A 事务再次查询会出现以前没有或者删除掉的记录。

16.3.7 事务的隔离级别

在 SQL Server 中给出解决并发问题的方案是采取有效的隔离机制。隔离机制的实现就要使用到锁，锁会在之后的小节中介绍。SQL Server 2016 提供了 4 种事务隔离级别，可以让用户根据需求来选择。

（1）READ UNCOMMITTED 级别

该级别不会隔离数据，即事务正在使用的数据，其他事务也可以同时对该数据进行修改和删除。使用 READ UNCOMMITTED 级别运行的事务不会发出共享锁来防止其他事务读取或更改数据。

（2）READ COMMITTED 级别

使用该隔离级别可以设定不能读取其他事务正在修改但未提交的数据，这样就不会出现脏读的问题。其他事务可以在当前事务的各个语句之间更改数据，从而产生不可重复读取和幻读。使用 READ COMMITTED 隔离读取事务，事务中的数据仍可能被修改，但已被修改过的数据将一直被锁定，直到事务结束。READ COMMITTED 是 SQL Server 2016 中的默认事务隔离级别。

（3）REPEATABLE READ 级别

该级别的隔离可以指定语句不能读取已被其他事务修改但尚未提交的行，并且指定其他事务都不能修改当前事务正在读取的数据，直到当前事务结束。该事务中每一条语句读取到的每一个数据都设置共享锁。共享锁直到事务完成，这样可以防止其他事务修改当前事务读取的任何行。

（4）SERIALIZABLE 级别

这是 SQL Server 中隔离级别最高的，它将事务所需要使用到的全部数据都进行锁定，这个事务在使用时，别的事务完全不允许添加、删除和修改数据。SERIALIZABLE 等级的隔离事务的并发性最低，但是如果同一数据要被多个事务使用，就需要让事务进行排队等待。

可以使用 SET 语句更改事务的隔离级别，其语法格式如下：

```
SET TRANSACTION ISOLATION LEVEL
{ READ COMMITTED
| READ UNCOMMITTED
| REPEATABLE READ
| SERIALIZABLE
```

```
}
```

4 种隔离级别对并发问题的解决方案如表 16.2 所示。

表 16.2　事务的隔离级别

隔离级别	脏读	不可重复读	幻读
READ UNCOMMITTED	是	是	是
READ COMMITTED	否	是	是
REPEATABLE READ	否	否	是
SERIALIZABLE	否	否	否

随着隔离级别的提高，可以更有效地防止数据的不一致性。但是，这将降低事务的并发处理能力，会影响多用户访问。

16.4 锁

SQL Server 2016 支持让多个用户同时访问数据库，但是当用户同时访问数据库时，就会造成并发问题，锁的机制可以很好地解决这个问题，从而保证数据的完整性和一致性。SQL Server 自带锁机制，如果是简单的数据库访问规则，那么完全可以满足用户的需求。但是对于数据完全与数据完整性有特殊要求，就必须自动控制锁机制来解决。

16.4.1 SQL Server 锁机制

锁是处理 SQL Server 中并发问题的最有效手段，当多个事务访问同一数据时，可以很好地保证数据的完整性和一致性。例如，在多个事务同时访问或修改数据库中的同一数据时，可能导致之前提到的几种并发问题。

在很多数据库系统中（如 DB2、MySQL、Oracle 中）都有锁机制，其规则也大同小异。在 SQL Server 中采用系统来管理锁，SQL Server 中采用的是动态加锁的机制。例如，当用户向 SQL Server 发送命令时，会将满足条件的数据加上锁。

SQL Server 中有一套默认的锁机制，如果用户在使用数据库的过程中不设置任何锁，那么系统将自动对锁管理。

16.4.2 锁模式

在 SQL Server 中有不同的锁，在各种锁的类型中有些是可以相互兼容的，锁的类型决定了并发发生时数据资源的访问模式，在 SQL Server 中常用的锁有以下 5 种。

（1）更新锁：一般使用于可更新数据，可以防止并发访问中的脏读情况以及在数据更新时可能会出现的死锁情况，更新锁一般会在对数据进行查询更新时使用。如果事务修改资源，更新锁会转换为排他锁，否则会转换为共享锁。在 SQL Server 中，当一个事务访问资源时获得更新锁，其他事务能够对资源进行访问，但不允许排他式访问。

（2）排他锁：在事务对资源进行数据更改操作（如 INSERT、UPDATE、DELETE）时使用。排他锁可以保证同一数据不会被多个事务同时进行更改操作。

（3）共享锁：共享锁允许多个事务同时访问同一资源，但是不允许其他事务修改当前事务所使用的数据。例如多个事务同时 SELECT 同一记录时，每个事务都可以访问该资源，但不能够修改。

（4）键范围锁：可以防止幻读，通过保护行之间键的范围还可以防止对事务访问的记录集进行幻读插入或删除。

（5）架构锁：数据库引擎在表数据定义语言（DDL）操作（例如添加列或删除表）的过程中使用架构修改锁。保持该锁期间，架构锁将阻止对表进行并发访问。这意味着架构锁在释放前将阻止所有外围操作。

16.4.3 锁的粒度

Microsoft SQL Server 数据库引擎具有多粒度锁定，允许一个事务锁定不同类型的资源。为了尽量减少锁定的开销，数据库引擎自动将资源锁定在适合任务的级别。锁定在较小的粒度（例如行）可以提高并发度，但开销较高，因为如果锁定了许多行，就需要持有更多的锁。锁定在较大的粒度（例如表）会降低并发度，因为锁定整个表限制了其他事务对表中任意部分的访问。但其开销较低，因为需要维护的锁较少。

表 16.3 列出了数据库引擎可以锁定的资源。

表 16.3 锁的粒度

资源	说明
RID	用于锁定堆中的单个行的行标识符
KEY	索引中用于保护可序列化事务中的键范围的行锁
PAGE	数据库中的 8 KB 页，例如数据页或索引页
EXTENT	一组连续的八页，例如数据页或索引页
HoBT	堆或 B 树，用于保护没有聚集索引的表中的 B 树（索引）或堆数据页的锁
TABLE	包括所有数据和索引的整个表
FILE	数据库文件
APPLICATION	应用程序专用的资源
METADATA	元数据锁
ALLOCATION_UNIT	分配单元
DATABASE	整个数据库

数据库引擎通常必须获取多粒度级别上的锁才能完整地保护资源。这组多粒度级别上的锁称为锁层次结构。例如，为了完整地保护对索引的读取，数据库引擎实例可能必须获取行上的共享锁以及页和表上的意向共享锁。

16.4.4 查看锁

在 SQL Server 2016 中，可以通过查看 sys.dm_tran_locks 返回 SQL Server 2016 中有关当前活动的锁管理器资源的信息。向锁管理器发出的已授予锁或正等待授予锁的每个当前活动请求分别对应一行。结果集中的列大体分为两组：资源组和请求组。

查看结果，如图 16.6 所示。

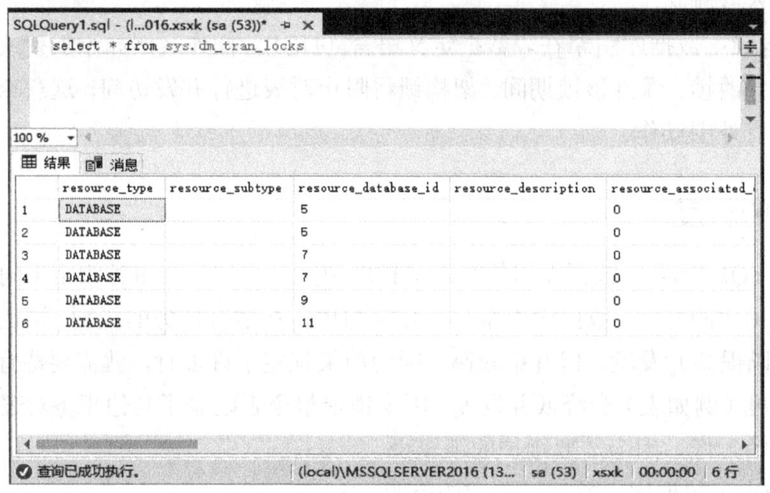

图 16.6　查看锁信息

16.4.5 死锁

在两个或多个任务中，如果每一个任务都锁定了其他任务想要锁定的资源，就会造成永久的阻塞，这种情况就是死锁。死锁示意图如图 16.7 所示。

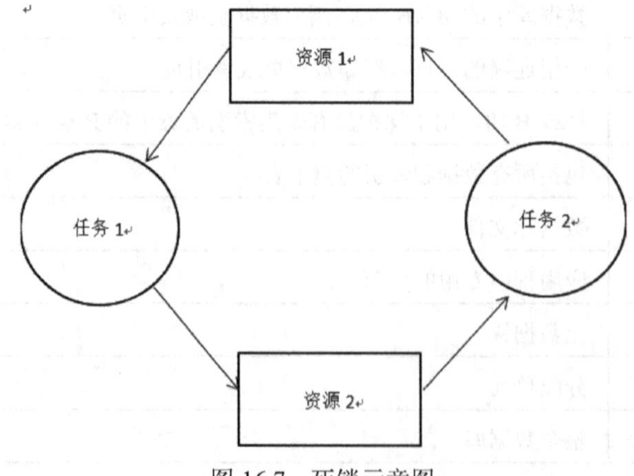

图 16.7　死锁示意图

形成死锁有以下 4 个必要条件。

- 互斥条件：资源不能被共享，只能被一个进程使用。
- 请求与保持条件：已获得资源的进程可以同时申请其他资源。
- 非剥夺条件：已分配的资源不可以从该进程中被剥夺。
- 循环等待条件：多个进程构成环路，并且每个进程都在等待相邻进程正在使用的资源。

在一个复杂的数据库系统中很难百分之百地避免死锁，但可以按照以下的访问策略减少死锁的发生。

（1）所有事务中以相同的次序使用资源，避免出现循环。

（2）减少事务持有资源的时间，避免事务中的用户交互。

（3）让事务保持在一个批处理中。

（4）由于锁的隔离级别越高共享锁的时间就越长，因此可以降低隔离级别来达到减少竞争的目的。

（5）使用绑定连接。

SQL Server 数据库引擎自动检测 SQL Server 中的死锁循环。数据库引擎选择一个会话作为死锁牺牲品，然后终止当前事务（出现错误）来打断死锁。

16.5 分布式事务处理

当一个事务要处理的数据来自多个不同的数据库引擎时，就需要用户采取分布式的事务处理模式。SQL Server 2016 支持分布式事务，本节将主要介绍在 SQL Server 中如何使用分布式的事务处理模式。

16.5.1 分布式事务简介

分布式事务跨越两个或多个称为资源管理器的服务器，称为事务管理器的服务器组件必须在资源管理器之间协调事务管理。若分布式事务由 Microsoft 分布式事务处理协调器（MS DTC）之类的事务管理器或其他支持 Open Group XA 分布式事务处理规范的事务管理器来协调，则在这样的分布式事务中，每个 SQL Server 数据库引擎实例都可以作为资源管理器来运行。

对于应用程序而言，管理分布式事务很像管理本地事务。当事务结束时，应用程序会请求提交或回滚事务。不同的是，分布式提交必须由事务管理器管理，以尽量避免出现因网络故障而导致事务由某些资源管理器成功提交，但由另一些资源管理器回滚的情况。

16.5.2 创建分布式事务

可以使用 BEGIN DISTRIBUTED TRANSACTION 语句来创建分布式任务，由 Microsoft 分布式事务处理协调器（MS DTC）管理 T-SQL 分布式事务的起点。其语法结构如下：

```
BEGIN DISTRIBUTED { TRAN | TRANSACTION }
[ transaction_name | @tran_name_variable ]
[ ; ]
```

【例 16.5】利用分布式事务对本地数据库和远程数据库中的数据进行删除，输入语句如下：

```
SET XACT_ABORT ON
BEGIN DISTRIBUTED TRANSACTION;
-- 删除本地数据库 xs 表中的信息
DELETE FROM xs WHERE 学号='14011001'
-- 删除远程数据库服务器中的数据
DELETE ServerA.xsxk.dbo,xs WHERE 学号='14011002'
COMMIT TRANSACTION;
GO
```

上述代码中使用了 SET XACT_ABORT 语句，为的是发生错误时能够回滚当前的 T-SQL 命令。

16.5.3 分布式处理协调器

分布式处理协调器（DTC）的主要用途在于将更新两个或多个事务保护资源，如数据库、消息队列、文件系统等。这些事务保护资源可能位于一台计算机上，也可能分布在多台联网的计算机上，如果事务性组件是通过 COM+配置的，就需要 DTC 系统服务。SQL Server 2016 安装可通过下列方法参与分布式事务：

（1）调用运行 SQL Server 的远程服务器上的存储过程。

（2）自动或显式地将本地事务提升为一个分布式事务并在该事务中登记远程服务器。

（3）执行分布式更新以更新多个 OLE DB 数据源上的数据。

如果这些 OLE DB 数据源支持 OLE DB 分布式事务接口，SQL Server 还可以将它们登记在分布式事务中。若要完全启用 MS DTC，则需要通过以下步骤来完成。

步骤 01 在控制面板中，打开【管理工具】，然后打开【计算机管理】。

步骤 02 在【计算机管理】的左窗格中展开【服务和应用程序】，再单击【服务】选项。

步骤 03 在【计算机管理】的右窗格中右击 Distributed Transaction Coordinator（分布式事务协调器），在弹出的快捷菜单中选择【属性】菜单项，弹出如图 16.8 所示的界面。

步骤 04 在“Distributed Transaction Coordinator（分布式事务协调器）的属性”界面中单击【常规】选项卡，再单击【停止】按钮停止该服务。

步骤 05 在“Distributed Transaction Coordinator（分布式事务协调器）的属性”界面中单击【登

录】选项卡，并将登录账户设置为网络服务，如图 16.9 所示。

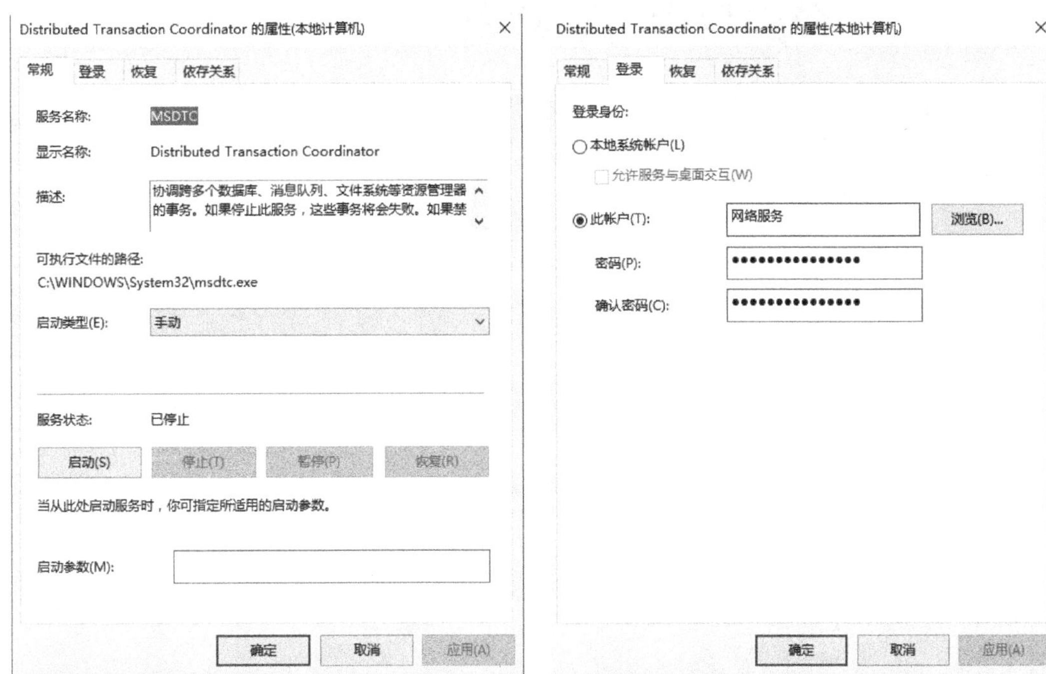

图 16.8　属性界面　　　　图 16.9　设置登录信息

步骤 06　完成设置，单击【应用】和【确定】按钮以关闭分布式事务协调器的窗口。同时关闭【计算机管理】和【管理工具】窗口。

上述步骤以 Microsoft Windows XP 操作系统为例进行介绍，其他操作系统的打开步骤类似，此处不再赘述。MS DTC 正确完成分布式事务，以确保所有服务器上的全部操作能够更为永久性的，或在发生错误时删除所有更新。

16.6 小结

事务是数据库的基本处理单位，它是为了保证数据的一致性和完整性，使得在事务中对数据的操作要么全做，要么全部取消。本章主要对事务和锁进行了讲解，介绍了事务的种类、事务的使用方法以及锁对于事务来说意味着什么。此外，本章重点讲解了事务的开始、提交、设置保存点和回滚等内容。事务的作用是保护数据完整性和数据一致性，在程序设计中往往会因为多事务而产生并发问题，使用锁能有效地对并发进行控制，希望读者能通过学习快速掌握事务的相关操作。

16.7 经典习题与面试题

1. 创建触发器，在删除数据时触发，并将当次删除记录回滚，即不删除数据。
2. 查看数据库中的锁。
3. 学习操作分布式事务。

第 17 章 数据库的性能优化

SQL Server 2016 是一款高性能的数据库管理系统，现在大多数的应用程序都与数据库系统密不可分。数据库的性能受到数据库设计、查询结构、并行处理、客户端和服务器端模式、程序设计等方面的影响。SQL Server 2016 提供大量的调整参数和技术来改进数据库的性能，为简单起见，本章不深入讨论专业调优，而是以初学者的角度来看如何提高 SQL Server 2016 的性能。本章将为读者介绍如何调优，并给出数据库系统更加高效的一些建议。

本章重点内容：

- 了解数据库性能优化的意义
- 掌握数据库设计中的规范化
- 理解通过查询优化数据库
- 了解并行对于数据库的影响
- 了解如何通过索引操作优化数据库

17.1 数据库设计

数据库设计是指对一个给定的应用环境构造最优的数据库模式、建立数据库及其他应用系统，使之能有效地存储数据，满足各种用户的需求。数据库设计过程中命名规范很重要，合理地设计命名规范能够省去开发人员很多时间去区别数据库实体。初学者最容易犯下的错误就是先动手再思考，对于数据库的设计应该抱着逻辑严谨、规划仔细、需求清晰的目的去设计。一个较大的数据库系统通常是牵一发而动全身，所以数据库的设计显得尤为重要。

17.1.1 规范化与非规范化

规范化（normalization）就是让数据库中无序的数据变得更加有条理，表中的数据都在合理的位置。规范化与之前章节中介绍的数据完整性是统一的，数据完整性规则保证了标识数据单位，以保护数据；规范化则用来确定用户能把合适的数据放在相应的位置。

在保证了数据完整性的前提下，要对数据的组织模式有一个概要的了解。例如，通过主键将不同的数据放入不同的数据表中。这些规则称之为范式（Normal Formula），使用范式规则可以对数据库进行结构化的设计。范式的规则有很多种，这里主要介绍 3 种常用的范式。

1. 第一范式

第一范式（1NF）的规则要求为：数据表中的字段只包含一种数据类型，每种数据只存放在一个地方。这也是数据库设计中常见的原子（atomic data）要求。

例如，在 xsxk 数据库中的 xs 表中的“地址信息”字段中包含学生的邮编信息、城市信息、省份信息、街道地址，按照第一范式的要求应该把这个字段分为至少 4 个字段：邮编信息、城市信息、省份信息和街道地址，如表 17.1 和表 17.2 所示。

表 17.1　不符合第一范式要求

地址信息
江西省南昌市上海路 24 号邮编 333000

表 17.2　第一范式要求

邮编信息	城市信息	省份信息	街道地址
333000	南昌市	江西省	上海路 24 号

和其他的范式规则相同，数据库设计使用第一范式规则需要做一定的判断，不仅要对数据的正式分布进行考虑，还要对业务情况进行考量。例如在一张学生表中，如果很少有重复人名、查找某个学生时用 Name 字段就可以了；如果需要按照姓氏查找，排序时就需要把 Name 字段拆分为 FirstName 和 LastName，通过业务逻辑来判断此字段是否为原子数据。

2. 第二范式

第二范式（2NF）的要求是保证表中包含一个唯一的实体数据。操作时可以检查是否能标识每个表的主键、所有非键字段是否只依赖于主键（而不是依赖表中的其他字段）。表 17.3 所示就不符合第二范式。

表 17.3　不符合第二范式要求

货物类型	货物 ID	货物名称	注意事项
玩具	1	儿童积木	保持干燥
玩具	2	儿童画册	保持干燥
瓷碗	3	普通饭碗	易碎品

在表 17.3 中存在两个主键，即货物类型和货物 ID，货物名称字段完全依赖于这两个主键。换句话说，货物的名称完全取决于这两个主键的值。但注意事项这一列仅依赖于一个主键货物类型。简单地说，第二范式要求每个非键属性完全依赖于主键。

可以将表改为表 17.4 所示的结构，符合第二范式的规则。

表 17.4 符合第二范式要求

货物类型	货物 ID	货物名称
玩具	1	儿童积木
玩具	2	儿童画册
瓷碗	3	普通饭碗

在该表中的主键依然是货物类型和货物 ID，非主键字段货物名称完全依赖于这两个主键，那么就可以说该表是符合数据库第二范式的。

3. 第三范式

第三范式（3NF）要求表中所有非关键字段相互独立，表中任意字段内容进行更改不会影响其他字段。表 17.5 所示就违反了第三范式规则。

表 17.5　不符合第三范式要求

学号	姓名	性别	成绩等级	奖学金
2015001	张三	男	优秀	1000
2015002	李四	男	良好	700
2015003	王五	男	优秀	1000

上述表设计中虽然符合第二范式的要求，但是成绩等级和奖学金存在传递依赖，可更改为表 17.6 所示的设计，符合第三范式要求。

表 17.6　符合第三范式要求

奖学金类型	成绩等级	奖学金
1	优秀	1000
2	良好	700

数据表的设计满足这 3 种范式的设计要求可以大大降低数据的冗余，达到优化数据库的效果。

在创建一个数据库的过程中，规范化是将其转化为一些表的过程，这种方法可以使从数据库得到的结果更加明确。

17.1.2　选择适当的数据类型

在数据库设计中，尤其在建表的时候，用户需要分别对每个字段确定对应的数据类型。由于 SQL Server 2016 中支持的数据类型非常多，选择正确的、合理的数据类型对后面的查找速度有直接的影响。无论存储哪种类型的数据，都可以使用以下几个简单的设计原则。

1. 选择可以存储数据的最小数据类型

在设计表的时候要给每个字段设置数据类型，在选择数据类型的时候应该遵循够用原则。例如，在存储用户年龄字段的时候对于数据类型可以有很多种选择，显然世界上没有谁的年龄能够超过 255 岁，所以此处可以使用 tinyint 作为年龄字段的数据类型，因为它的存储范围为 0~255，并且只占用一个字节的存储空间。如果采用 int 作为年龄字段的数据类型，从取值范围来说就远远超过了年龄的理论有效范围，且它占用了 4 个字节的存储空间。

2. 尽量使用简单的数据类型

简单的数据类型的操作通常需要更少的 CPU 周期。例如，能够使用整型的数据就不要定义成字符型，因为字符集和排序规则使得字符比整型更复杂。能够使用 SQL Server 2016 内建的数据类型就不要使用自定义类型来存储。此外，建议用户尽量使用整型来存储类似于 IP 地址的一串数字。

3. 尽量避免 NULL

在有 NULL 值的字段上设计索引、索引统计和值比较更加复杂。在对 NULL 值的列进行索引时，每个索引记录需要使用到额外的一个字节。如果设计的列将来要作为索引，那么应该尽可能避免 NULL 值的使用。

综上所述，在设计一个表的时候，首先确定每个列的合理的大类型，如数字、字符串、时间等。然后，选择具体的类型，这个时候就要用到上面的 3 条规则。例如 datetime 和 timestamp 列都可以存储相同类型的数据，即时间和日期，且都可以精确到秒。然而，timestamp 只是用了 datetime 一半的存储空间，并且会根据时区变化，具有特殊的自动更新能力。不过，timestamp 允许的时间范围要小得多，有时候它的特殊能力会成为障碍。

17.1.3 索引的选择

建立索引是以最小的消耗（包括各种资源的消耗，如内存、数据库 IO 资源等）得到所需数据的有效方法。对于每一个查询，SQL Server 优化器将确定是否有相关的索引可以用于数据访问。一个利用索引的访问与全表扫描相比，可以大大减少查询时间。索引可分为聚集索引与非聚集索引两种，前者对数据进行物理排序，速度快，但一个表只能建立一个；后者仅对数据进行逻辑排序，速度相对聚集索引慢，但一个表可以建立多个。

索引的建立虽然加快了查询，另一方面却降低了数据更新的速度，这是因为新数据不仅要增加到表中，也要增加到索引中。此外，索引还需要额外的磁盘空间和维护开销。因此，设计时应选择有效的索引，避免过多引用索引。通常只为对应用程序起关键作用的查询或者被很多用户频繁使用的查询创建索引。

17.2 查询优化

完成一个查询可能有不同的方法，虽然它们的目的和结果是一样的，但是其表述方式却不尽相同。有趣的是，最容易想到和最简洁的查询语句不一定具有最佳的性能；相反，复杂的查询结构也未必需要更多的开销。查询优化的目的是用最少的时间和代价得到所需的数据。本节介绍用户进行查询优化应注意的一些问题。

17.2.1 避免使用"*"

在具体应用中，查询语句 SELECT 是使用最为频繁的一类操作。虽然 SELECT 语句有许多参数，但目标列是必不可少的，许多用户为节省时间或为了方便，不考虑需要查询的数据表有多少列，在目标列处直接以通配符"*"代替。这类操作在查询数据量小的表或视图时对性能的影响非常小，但一旦数据量较大时，以通配符"*"代替所有目标列名将大大降低 SQL Server 2016 的查询性能。

此外，在 SELECT 语句中限制记录集获取到的记录行数同样能够缩短语句执行时间，提高查询效率。

17.2.2 避免负逻辑

任何负逻辑（如!=、<>或 not in）都将导致 SQL Server 2016 用表扫描来完成查询，当表较大时，这会严重影响性能。例如，将以下查询：

```
if not exist (seIect *fromtabIe where ……)
begin
/ statement here /
end
```

改为：

```
if exist (seIect *fromtabIe where ……)
begin
goto IabeI
end
/ statement here /
IabeI: exit
```

17.2.3 列操作

WHERE 子句中列旁边的任何操作都将导致 SQL Server 2016 用表扫描来完成查询。例如 SELECT * FROM empIoyee WHERE substring（name，l，l）="W"，如果改为 SELECT * FROM empIoyee WHERE name LIKE "W%"，优化器就会用一个建立在 name 上的索引来进行查询，从而提高速度。

此外，用户在日常查询中应尽量少用 HAVING 子句。HAVING 子句实现数据过滤准则，其功能与 WHERE 子句类似。然而，在数据库实际操作中，尤其是针对大数据量的表或视图进行 SELECT 操作时，应尽可能地避免使用 HAVING 子句。这是因为 HAVING 子句只会在检索出所有记录之后才对结果集进行过滤，这个处理需要排序、总计等操作，如果能通过 WHERE 子句限制记录的数目，就能减少这方面的开销。

事实上，含 HAVING 子句的 SELECT 语句是在过滤数据之前执行 COUNT 或者 SUM 统计操作，其操作针对目标表的所有记录；而含 WHERE 子句的 SELECT 语句是在过滤数据之后执行 COUNT 或者 SUM 统计操作，其操作针对过滤后的记录，操作对象必然更少，执行效率更高。因此，在能够用 WHERE 子句代替 HAVING 子句的情况下，用户尽量避免使用 HAVING 子句，而是用 WHERE 子句代替。

17.2.4 避免使用 DISTINCT

使用 DISTINCT 是为了保证在结果集中不出现重复值，但是 DISTINCT 关键字会产生一张工作表，并进行排序以删除重复记录，这会大大增加查询时间和 I/O 的次数。因此应尽量避免使用 DISTINCT。

例如，不使用 DISTINCT 关键字，用户也可以通过如下语句从 employee 表中找出重复的 id：

```
SELECT id
FROM employee
GROUPBY id
HAVINGCOUNT (id) >1;
```

在实际使用中，DISTINCT 关键字往往只用它来返回不重复记录的条数，而不是用它来返回不重复记录的所有值。

对于记录行超过 1 万的大数据表来说，使用 DISTINCT 关键字会明显延长 SELECT 语句的执行时间。这是因为 DISTINCT 用二重循环查询来实现消除重复记录，这就需要对数据表中的每行记录都进行比较，对于一个数据量非常大的表或视图来说，这样做无疑会直接影响数据库性能。

消除重复记录可以通过子查询、GROUP BY 等其他方式实现。对于大数据表来说，用户应尽量避免使用 DISTINCT 关键字。

17.2.5 存储过程

存储过程使分析和编译后的 SQL 程序可以包含巨大而复杂的查询或 SQL 操作，经过编译后存储在 SQL 数据库中，客户应用程序通过引用其名称进行调用。存储过程在第一次执行时建立优化的查询方案，SQL Server 将查询方案保存在高速缓存中，在接下来的运行中就可以直接从高速缓存执行。省去了优化和编译阶段，从而节省了执行所需的时间。最优的查询方案往往要根据实际的要求和具体情况通过比较进行选择。SQL Server 提供的 showplan 可以对不同的查询结构的性能进行比较，包括查询计划、索引选择、I/ O 次数、响应时间等。在开发过程中可以使用这一有力工具。

优化 T-SQL 查询根本的原则是减少索引表的次数、避免非常复杂的逻辑、合理设计查询子句。

17.3 考虑并行

数据库系统的并发控制也是影响性能的一个重要方面。为了避免多个用户同时操作可能导致的数据不一致，SQL Server 采用了封锁机制。SQL Server 中的锁可分为以下 3 种。

- 共享锁（Shared Lock）：由读取页的进程所使用。共享锁只在特定页的读取过程中有效。
- 修改锁（Update Lock）：用于将要修改数据的进程，当数据发生变化时，修改锁自动改为独占锁。
- 独占锁（Exclusive Lock）：用于当前正在修改数据的进程。独占锁作用于所有影响到的页上，直至事务结束。

锁也有不同的粒度，锁的粒度即锁的对象，可以是索引、表、数据页等。粒度大，封锁机制简单，开销小，并发度低；粒度小，封锁机制复杂，开销大，并发度高。封锁机制是由 SQL Server 自动完成的，它保证了数据的一致性，但是也不可避免地带来了死锁问题。当两个或多个进程各自对一些数据对象加锁，同时又要申请已被别的进程死锁的数据对象时，就可能发生死锁。死锁发生时，死锁的任何进程都无法进行，系统的性能受到严重影响，甚至造成数据丢失。最大限度地发挥并发性和性能，就应该尽可能地在进程间减少争用，同时降低死锁的可能性。以下是一些方法：

- 保证事务尽可能小，如避免加锁状态下的用户交互复杂计算、不相关任务，这样可以减少锁定保持的时间。
- 用存储过程控制易造成死锁的数据对象，因为存储过程执行得更快。
- 创建有用的索引，以加快事务的执行，减少封锁时间。
- 进行数据划分，避免“热点”。

SQL Server 2016 能自动使用与任务相对应的等级锁来锁定资源对象，以使锁的成本最小化。因此，用户只需要了解封锁机制的基本原理，使用中不涉及锁的操作。也可以说，SQL Server 的封锁机制对用户是透明的。

SQL Server 除了能够支持 ANSI SQL 标注的 4 种隔离级别外，还有两种使用行版本控制来读取数据的事务级别。行版本控制允许一个事务在数据排他锁锁定后读取数据的最后提交版本。由于不必等待到锁释放就可进行读操作，因此查询性能得以大大增强。这两种隔离级别如下。

- 已提交读快照：这是一种提交读级别的新实现。不像一般的提交读级别，SQL Server 会读取最后提交的版本并因此不必在进行读操作时等待直到锁被释放。这个级别可以代替提交读级别。
- 快照：这种隔离使用行版本来提供事务级别的读取一致性。这意味着在一个事务中，由于读一致性可以通过行版本控制实现，因此同样的数据总是可以像在可序列化级别上一样被读取而不必为防止来自其他事务的更改而被锁定。

无论定义什么隔离级别，对数据的更改总是通过排他锁来锁定并直到事务结束时才释放。很多情况下，定义正确的隔离级别并不是一个简单的决定。作为一种通用的规则，要选择在尽可能短的时间内锁住最少数据，但同时依然可以为事务提供它所需的安全程度的隔离级别。

在 SQL Server 2016 中，有两种方法可以设置隔离级别：设置 TIMEOUT 参数和使用 SET TRANSACTION 语句设置隔离级别。例如，下面语句实现被锁超时 5 秒将自动解锁。

```
Set Lock_TimeOut 5000
```

如果超时时间设置为 0，那么表示立即解锁，语句如下：

```
Set Lock_TimeOut 0
```

此外，SET TRANSACTION 语句用于设置 SQL Server 中的隔离级别，其语句格式为：

```
(SET TRANSACTION ISOLATION LEVEL
{ READ COMMITTED
| READ UNCOMMITTED
| REPEATABLE READ
| SERIALIZABLE})
```

- READ COMMITTED：指定在读取数据时控制共享锁以避免脏读，但数据可在事务结束前更改，从而产生不可重复读取或幻象数据。该选项是 SQL Server 的默认值。避免脏读，并使在缓冲区中的其他事务中不能对已有数据进行修改。
- READ UNCOMMITTED：执行脏读或 0 级隔离锁定，这表示不发出共享锁，也不接受排他锁。当设置该选项时，可以对数据执行未提交读或脏读，在事务结束前可以更改数据内的数值，行也可以出现在数据集中或从数据集消失。该选项的作用与在事务内所有语句中的所有表上设置 NOLOCK 相同。这是 4 个隔离级别中限制最小的级别。
- REPEATABLE READ：锁定查询中使用的所有数据以防止其他用户更新数据，但是其他用户可以将新的幻象行插入数据集，且幻象行包括在当前事务的后续读取中。因为并发低于默认隔离级别，所以只在必要时才使用该选项。
- SERIALIZABLE：在数据集上放置一个范围锁，以防止其他用户在事务完成之前更新数据集或将行插入数据集内。这是 4 个隔离级别中限制最大的级别。因为并发级别较低，所以只在必要时才使用该选项。该选项的作用与在事务内所有 SELECT 语句中的所有表上设置 HOLDLOCK 相同。

17.4 索引操作

当用户新建一个数据表或视图时，用户要对该表进行 SELECT 查询操作，需要对全表进行扫描，这对于数据量大的数据对象来说效率较为低下。此时，为该对象建立索引能够大大提高检索效率。

17.4.1　避免在索引列上进行运算

虽然建立索引后对表或视图的检索操作将不需要全表扫描了，但是如果在 SELECT 语句的 WHERE 子句中，索引列是函数的一部分，或者在索引列上进行了运算，Oracle 优化器将不使用索引而仍将使用全表扫描，此时索引将不起作用。

例如，下面语句对 STU 表进行检索时，对 WHERE 子句后的过滤条件进行修改，在 SAGE 列上进行算术运算。

```
SELECT SNO 学号 ,SNAME 姓名 ,SAGE 年龄 ,
SGENTLE 性别,SBIRTH 出生年月,SDEPT 所在班级
FROM STU
WHERE SAGE+1>22
```

上述 SELECT 语句中的 WHERE 子句对 SAGE 列进行了算术运算，即“WHERE SAGE+1>22”，对该语句进行跟踪发现其在执行时并未使用索引。

因此，读者在编写 SELECT 语句时，应尽量避免在索引列上对其进行运算，上述语句中可将 WHERE 子句改写为“WHERE SAGE>22-1”，再运行语句时其索引就会被引用。

17.4.2　避免在索引列上用 OR 运算符

如果在 SELECT 语句中需要对索引列进行 OR（逻辑或）操作，此时索引将不会被引用。也就是说，对索引列使用 OR 运算符将造成全表扫描。

例如，STU 表中 SNO 列和 SAGE 列都创建了索引，如果在该表中需要找出学号为“120001”或年龄大于 22 的所有学生，通常情况下其执行语句为：

```
SELECT SNO 学号 ,SNAME 姓名 ,SAGE 年龄 ,
       SGENTLE 性别,SBIRTH 出生年月,SDEPT 所在班级
FROM STU
WHERE SNO='120001' OR SAGE>22
```

由于 SNO 列和 SAGE 列都是索引列，读者查看这条语句的执行计划可以发现其索引并没有被引用，该语句执行时进行了全表扫描，此时用 UNION 替换 WHERE 子句中的 OR 将会起到较好的效果，改写语句如下：

```
SELECT SNO 学号 ,SNAME 姓名 ,SAGE 年龄 ,
          SGENTLE 性别,SBIRTH 出生年月,SDEPT 所在班级
FROM STU
WHERE SNO='120001'
UNION
SELECT SNO 学号 ,SNAME 姓名 ,SAGE 年龄 ,
          SGENTLE 性别,SBIRTH 出生年月,SDEPT 所在班级
FROM STU
WHERE SAGE>22
```

上述语句使用 UNION 关键字取代 OR 运算符实现了两个索引列的“逻辑或”操作。如上 SQL 语句中，UNION 连接了两条 SELECT 语句，第一条返回 STU 表中学号为“120001”的学生信息，第二条 SQL 语句返回 STU 表中年龄大于 22 的学生信息。

本实例中使用 UNION 代替 OR 操作符规则只针对多个索引列有效，如果有的列没有被索引，检索效率可能反而会因为没有选择 OR 而降低。

17.4.3 避免在索引列上用 IS NULL

在索引列上判断该列值是否为空也将引起索引失效。对于 SQL Server 2016 的索引来说，如果一个索引列的某个值为空，该值将不存在于索引列中。

下面语句使用 UPDATE 语句将 STU 表中的学号为“120008”的学生年龄改为空（即 NULL 值），再使用 SELECT 语句找出年龄为空的学生信息。

```
UPDATE STU SET SAGE=NULL WHERE SNO='120008'
SELECT SNO 学号 ,SNAME 姓名 ,SAGE 年龄 ,
          SGENTLE 性别,SBIRTH 出生年月,SDEPT 所在班级
FROM STU
WHERE SAGE IS NULL
```

上述语句在含有 NULL 值的索引列上使用 IS NULL 条件判断某个列值是否为空，由于本实例中 SAGE 为索引列，对 SELECT 语句进行解释可以发现，该列的索引 INDEX_SAGE 没有生效。

因此，读者应该避免在索引中使用任何可以为空的列，因为 Oracle 将无法使用该索引。对于单列索引，如果列包含空值，索引中将不存在此记录；对于复合索引，如果每个列都为空，索引中同样不存在此记录；如果至少有一个列不为空，记录就存在于索引中。因此，可以看出，WHERE 子句中对索引列进行空值比较将使 Oracle 停用该索引，这将导致 SELECT 语句的效率降低。

与使用 IS NULL 判断条件类似，读者也应避免在索引列上使用 IS NOT NULL 条件，其同样将导致索引失效。

17.5 小结

数据库优化是数据库管理员（DBA）所面临的重要问题之一，良好的调优操作能够大幅提高数据库的效率。本章主要从数据库设计、查询优化、考虑并行、索引优化几个方面介绍了如何优化数据库的性能。对于数据库性能的优化有很多可以思考的地方，主要的思考方向有两

个：一个是数据库本身设计上的合理性，另一个则是数据在读取过程中的效率，任何优化都是基于以上两点所进行的。本章仅以初学者的角度来看如何提高 SQL Server 2016 的性能，不涉及更专业的调优操作。

17.6 经典习题与面试题

1. 指出下列语句如何进行优化。

（1）select　* from user;

（2）select distinct user_id from user;

2. 结合第 13 章的内容，尝试对索引进行操作。

第 18 章 云计算、大数据与云数据库

在云计算和大数据时代，传统的关系型数据库不再是一枝独秀，各种 NoSQL 数据库也不断涌现。未来越来越多的 IT 基础架构将会部署在公有云、私有云或者混合云上，而数据库作为架构中最重要的部分，与云的结合将变得越来越重要。SQL Server 2016 支持云环境，打通了公有云和私有云的界限。本章介绍了 NoSQL 数据库的数据模型，分析了传统关系型数据库的不足，并对当前主要的云数据库进行了介绍，重点介绍了 SQL Server 2016 数据库的云功能。

本章重点内容：

- 了解云计算的概念、起源、技术、应用领域
- 掌握云数据库的概念、模型
- 了解几种常见的云计算数据库
- SQL Server 2016 数据库的云功能

18.1 云计算概述

云计算是当前信息领域的热点，是分布式计算、并行计算、效用计算、网络存储、虚拟化等传统计算机和网络技术发展融合的产物，也是一种按使用量付费的模式。本节从云计算的实质、起源和特点着手，为读者简要介绍云计算的相关概念。

18.1.1 什么是云计算

根据美国国家标准与技术研究院（NIST）的定义，云计算是一种按使用量付费的模式，这种模式提供可用的、便捷的、按需的网络访问，进入可配置的计算资源共享池（资源包括网络、服务器、存储、应用软件、服务），这些资源能够被快速提供，只需投入很少的管理工作或与服务供应商进行很少的交互。

具体来说，云计算的概念可以从狭义和广义两个角度来解释。其中，狭义云计算是指计算机基础设施的交付和使用模式，指通过网络以按需、易扩展的方式获得所需的资源（硬件、平台、软件），提供资源的网络被称为“云”。“云”中的资源在使用者看来是可以无限扩展的，并且可以随时获取，按需使用，随时扩展，按使用付费，如图 18.1 所示。

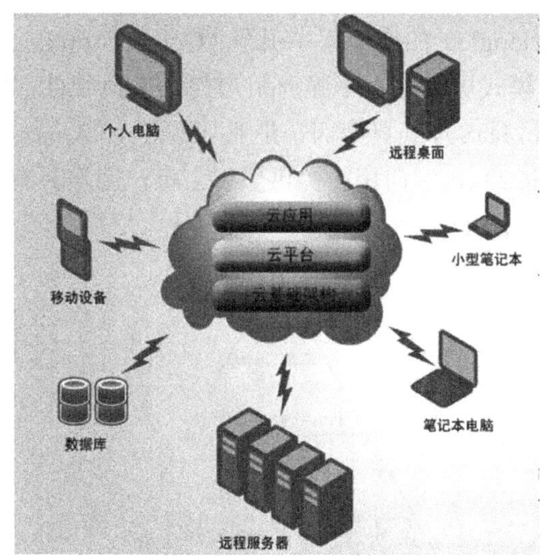

图 18.1　云计算概念

广义云计算是指服务的交付和使用模式，指通过网络以按需、易扩展的方式获得所需的服务。这种服务可以是计算机和软件、互联网相关的，也可以是其他的服务。云计算是并行计算（Parallel Computing）、分布式计算（Distributed Computing）和网格计算（Grid Computing）的发展，或者说是这些计算机科学概念的商业实现。云计算是虚拟化（Virtualization）、效用计算（Utility Computing）、IaaS（基础设施即服务）、PaaS（平台即服务）、SaaS（软件即服务）等概念混合演进并跃升的结果。

18.1.2　云计算的起源

著名的美国计算机科学家、图灵奖得主麦卡锡（John McCarthy）在半个世纪前就曾思考过云计算这个问题。1961 年，麦卡锡在麻省理工学院（MIT）的百年纪念活动中做了一次演讲。在那次演讲中，他提出了像使用其他资源一样使用计算资源的想法，这就是时下 IT 界的时髦术语“云计算”（Cloud Computing）的核心想法。

云计算中的这个“云”字虽然是后人所用的词汇，但却颇有历史渊源。早年的电信技术人员在画电话网络的示意图时，一涉及不必交代细节的部分就用一团“云”来搪塞。计算机网络的技术人员将这一偷懒的传统发扬光大，就成为云计算中的这个“云”字，它泛指互联网上的某些“云深不知处”的部分，是云计算中“计算”的实现场所。而云计算中的这个“计算”也是泛指，几乎涵盖了计算机所能提供的一切资源。

麦卡锡的这种想法在提出之初曾经风靡过一阵，但真正地实现却是在互联网日益普及的 20 世纪末。其中一家具有先驱意义的公司是甲骨文（Oracle）前执行官贝尼奥夫（Marc Benioff）创立的 Salesforce 公司。1999 年，这家公司开始将一种客户关系管理软件作为服务提供给用户，很多用户在使用这项服务后提出了购买软件的意向，公司却坚持只作为服务提供，这是云计算的一种典型模式，叫作“软件即服务”（Software as a Service，SaaS）。除此之外，云计算还有其他几种典型模式，如向用户提供开发平台的“平台即服务”（Platform as a Service，PaaS），其典型例子是谷歌公司（Google）的应用程序引擎（Google App Engine），它能让用户创建自己的网络程序。还有一种模式更彻底，干脆向用户提供虚拟硬件，叫作“基础设施即服务”（Infrastructure as a Service，IaaS），其典型例子是亚马逊公司（Amazon）的弹性计算云（Amazon Elastic Computer Cloud，EC2），它向用户提供虚拟主机，用户具有管理员权限，跟使用自己的机器一样。这几层结构如图 18.2 所示。

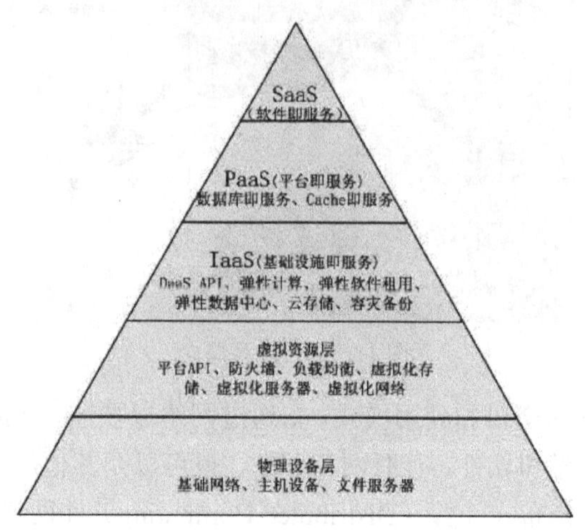

图 18.2　云计算层次结构

18.1.3　云计算的特点和优势

云计算作为一种技术，与其他一些依赖互联网的技术（如网格计算）有一定的相似之处，但不可混为一谈，这是因为云计算有其自身的特点和优势，主要表现在如下几个方面。

（1）超大规模性。“云”具有相当的规模，Google 云计算已经拥有 100 多万台服务器，Amazon、IBM、微软、Yahoo 等的“云”均拥有几十万台服务器，企业私有云一般拥有数百上千台服务器。“云”能赋予用户前所未有的计算能力。

（2）虚拟化。云计算支持用户在任意位置、使用各种终端获取应用服务。所请求的资源来自“云”，而不是固定的有形的实体。应用在“云”中某处运行，但实际上用户无须了解、也不用担心应用运行的具体位置。只需要一台笔记本或者一部手机，就可以通过网络服务来实现用户需要的一切，甚至包括超级计算这样的任务。

（3）高可靠性。“云”使用了数据多副本容错、计算节点同构可互换等措施来保障服务的高可靠性，使用云计算比使用本地计算机可靠。

（4）通用性。云计算不针对特定的应用，在“云”的支撑下可以构造出千变万化的应用，同一个“云”可以同时支撑不同的应用运行。

（5）高可扩展性。“云”的规模可以动态伸缩，满足应用和用户规模增长的需要。

（6）价格合适。由于“云”的特殊容错措施可以采用具有经济性的节点来构成“云”，“云”的自动化集中式管理使大量企业无须负担日益高昂的数据中心管理成本，“云”的通用性提高了资源的利用率，因此用户可以充分享受“云”的低成本优势，如图 18.3 所示。

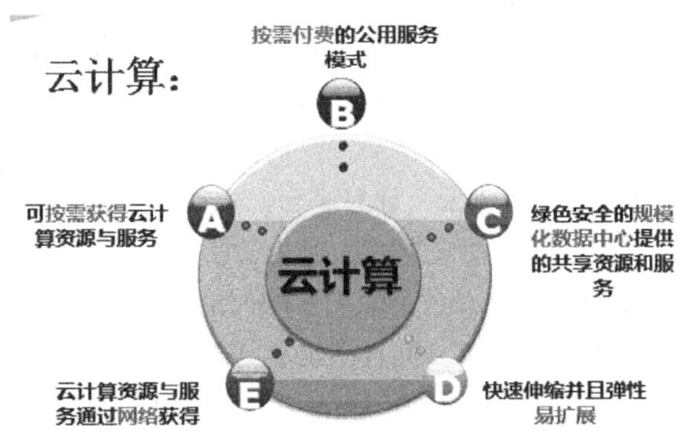

图 18.3 云计算特征

相对来说，网格计算的特点是计算性质单一，但运算量巨大，而云计算的特点恰好相反，是计算性质五花八门，但运算量不大，这是它们的本质区别，也是云计算能够面向大众成为服务的根本原因。

云计算如此流行，它到底有什么优点呢？举例来说明，假设用户将创建一家网络公司，按传统方法，用户需有一大笔启动资金，用于购买计算机和软件，并租用机房、雇专人来管理和维护计算机。当公司运作起来时，业务难免会时好时坏，为了在业务好的时候也能正常运转，公司人力和硬件都要有一定的超前配置。此外，无论硬件还是软件厂商都会频繁推出新版本，也需要不断更新，将产生高额的成本。

如果用云计算模式，情况就不一样了：计算机和软件都可以用云计算，业务好的时候多用一点，业务坏的时候少用一点，费用就跟结算煤气费一样按实际用量来算，无须任何超前配置。至于软硬件的升级换代、服务器的维护管理等，都由云计算服务商完成，从而降低运营成本。

18.1.4 云计算的现状

云计算是多种技术混合演进的结果，其成熟度较高，发展极为迅速。Amazon、Google、IBM、微软和 Yahoo 等大公司是云计算的先行者。云计算领域的众多成功公司还包括 Salesforce、Facebook、Youtube、Myspace 等。

其中，Amazon 使用弹性计算云（EC2）和简单存储服务（S3）为企业提供计算和存储服务。收费的服务项目包括存储服务器、带宽、CPU 资源以及月租费。月租费与电话月租费类似，存储服务器、带宽按容量收费，CPU 根据时长（小时）运算量收费。Amazon 把云计算做成一个大生意没有花太长的时间：不到两年时间，Amazon 上的注册开发人员达 44 万人，还有为数众多的企业级用户。有第三方统计机构提供的数据显示，Amazon 与云计算相关的业务收入已达 1 亿美元，云计算是 Amazon 增长最快的业务之一。

Google 是最大的云计算的使用者，Google 搜索引擎就建立在 200 多个地点、超过 100 万台服务器的支撑之上，这些设施的数量正在迅猛增长。Google 地球、地图、Gmail、Docs 等也同样使用了这些基础设施。采用 Google Docs 之类的应用，用户数据会保存在互联网上的某个位置，可以通过任何一个与互联网相连的系统十分便利地访问这些数据。目前，Google 已经允许第三方在 Google 的云计算中通过 Google App Engine 运行大型并行应用程序。Google 以发表学术论文的形式公开其云计算三大法宝：GFS、MapReduce 和 BigTable，并在美国、中国等高校开设如何进行云计算编程的课程。

IBM 在 2007 年 11 月推出了“蓝云”计算平台，为客户带来即买即用的云计算平台。它包括一系列的自动化、自我管理和自我修复的虚拟化云计算软件，使来自全球的应用可以访问分布式的大型服务器池，使得数据中心在类似于互联网的环境下运行计算。

微软紧跟云计算步伐，于 2008 年 10 月推出了 Windows Azure 操作系统。Azure 是继 Windows 取代 DOS 之后，微软的又一次颠覆性转型——通过在互联网架构上打造新云计算平台，让 Windows 真正由 PC 延伸到“蓝天”上。微软拥有全世界数以亿计的 Windows 用户桌面和浏览器，现在将它们连接到“蓝天”上。Azure 的底层是微软全球基础服务系统，由遍布全球的第 4 代数据中心构成。

在我国，云计算发展也非常迅猛。2008 年 5 月 10 日，IBM 在中国无锡太湖新城科教产业园建立的中国第一个云计算中心投入运营。2008 年 6 月 24 日，IBM 在北京 IBM 中国创新中心成立了第二家中国的云计算中心——IBM 大中华区云计算中心。近五年来，我国云计算基础架构市场规模持续增长，如图 18.4 所示。

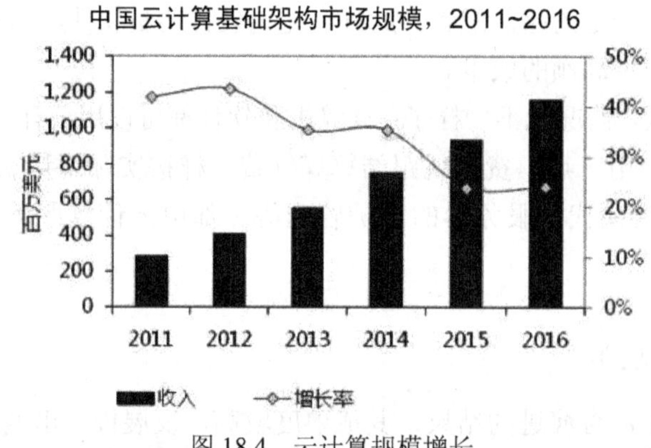

图 18.4　云计算规模增长

我国企业创造的“云安全”概念在国际云计算领域独树一帜。云安全通过网状的大量客户端对网络中软件行为进行异常监测，获取互联网中木马、恶意程序的最新信息，推送到服务端进行自动分析和处理，再把病毒和木马的解决方案分发到每一个客户端。云安全的策略构想是：使用者越多，每个使用者就越安全，因为如此庞大的用户群，足以覆盖互联网的每个角落，只要某个网站被挂马或某个新木马病毒出现，就会立刻被截获。云安全的发展像一阵风，瑞星、趋势、卡巴斯基、MCAFEE、SYMANTEC、江民科技、PANDA、金山、360 安全卫士、卡卡上网安全助手等都推出了云安全解决方案。

18.1.5　云计算的应用领域

云计算被视为科技业的下一次革命，它将带来工作方式和商业模式的根本性改变，其未来的主要应用领域将会在如下几个方面。

（1）软件即服务

这类云计算通过 Web 浏览器来向成千上万个用户提供某种单一的软件应用，用户不需要事先购买服务器设备或软件授权。对于厂商来说，与常规的软件服务模式相比，仅提供一项应用的成本也要低很多。

（2）实用计算

实用计算已经不是新颖的概念，但如今它正被赋予新的含义。Amazon 的 AWS、Sun 的存储云、IBM 的“蓝云”以及其他厂商所共同倡导的云计算正在为整个业界提供所需要的存储资源和虚拟化服务器等应用。

（3）云计算领域的 Web 服务

Web 服务厂商通过提供 API 让开发人员来开发互联网应用，而不是提供功能全面的应用软件。这种云计算的服务范围非常广泛，从分散的商业服务到 GoogleMaps、邮政服务等全套 API 服务。

（4）平台即服务

平台即服务是软件即服务的改进，这种形式的云计算将开发环境作为服务来提供给用户。用户可以在供应商的基础架构上创建自己的应用软件来运行，然后通过网络直接从供应商的服务器上传递给其他用户。

（5）管理服务供应（MSP）

管理服务是云计算最早应用的形式之一，主要面向 IT 管理人员。例如，用于电子邮件的病毒扫描服务，还有应用软件监控服务等。由 SecureWorks、IBM 和 Verizon 公司提供的管理安全服务就可归为此类，还包括目前被 Google 收购的 Postini 以云为基础的反垃圾邮件服务。

（6）服务商业平台

这种云计算服务融合了 SaaS 和 MSP，它实际上为用户提供了一种交互性服务平台。普遍用于日常的商业贸易领域。例如，某种消费管理系统可以让用户从一个网络平台上订购旅行或秘书类服务，而且服务的配送实现方式和价格也都是由用户事先设定好的。

（7）云计算集成

云计算服务的整合现在还只是初步阶段，但随着虚拟化和 SOA 在企业中的逐渐普及，灵活、可扩展的基础架构最终可以让每一家企业都成为“云”的节点，这将是长期趋势。

18.2 大数据概述

与云计算类似，大数据也是当前信息领域的研究热点之一。“大数据”一词由英文 Big Data 翻译而来，过去常说的“信息爆炸”“海量数据”等已经不足以描述这个新事物。“大数据”可以定义为：大小超出了传统数据库软件工具的抓取、存储、管理和分析能力的数据群。

这个定义有意地带有主观性，对于“究竟多大才算是大数据”，其标准是可以调整的，即不以超过多少太字节（TB，1000GB）为大数据的标准。假设随着时间的推移和技术的进步，大数据的“量”仍会增加。还应注意到，该定义可以因部门的不同而有所差异，这取决于什么类型的软件工具是通用的，以及某个特定行业的数据集通常的大小。因此，今天众多行业的大数据范围可以从几十太字节到数千太字节。

作为特指的大数据，其中的“大”是指大型数据集，一般在10TB规模左右。多用户把多个数据集放在一起，形成PB级的数据量。同时这些数据来自多种数据源，以实时、迭代的方式来实现。大数据通常与Hadoop、NoSQL、数据分析与挖掘、数据仓库、商业智能以及开源云计算架构等诸多热点话题联系在一起。

大数据可以被概括为3个V，即大量化（Volume）、多样化（Variety）和快速化（Velocity），这也是大数据的特点，反映了大数据所潜藏的价值（Value）。可以认为，这4个V就是大数据的基本特征，如图18.5所示。

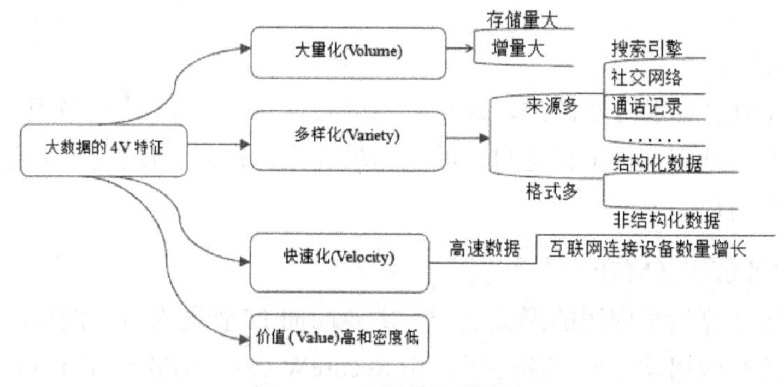

图18.5　云计算规模增长

“大数据”的首要特征是数据量大。基于计算机的数据储存和运算是以字节（byte）为单位的，1KB（Kilobyte）=1024B，又称千字节；更高级的数量单位分别是1MB（Megabyte，兆字节）、1GB（Gigabyte，吉字节）、1TB（Trillionbyte，太字节）、1PB（Petabyte，拍字节）、1EB（Exabyte，艾字节）、1ZB（Zettabyte，泽它字节）和1YB（Yottabyte，尧它字节），每个单位之间的运算关系是乘以1024。lEB数据就相当于美国国会图书馆中存储数据的4000多倍，而全球企业2010年在硬盘上存储了超过7EB的新数据，消费者在PC和笔记本电脑等设备上存储了超过6EB的新数据。数据容量增长的速度大大超过了硬件技术的发展速度，以至于引发了数据存储和处理的危机。

然而，大数据不只是大。海量数据引发的危机并不单纯是数据量的爆炸性增长，还牵涉到数据类型的改变，即多样化（Variety）。原来的数据都可以用二维表结构存储在数据库中，如常用的Excel软件所处理的数据，称为结构化数据。但是现在，更多互联网多媒体应用的出现，使诸如图片、声音和视频等非结构化数据占到了很大比重。有统计显示，全世界结构化数据增长率大概是32%，而非结构化数据增长率则是63%，用于产生智慧的大数据往往是这些非结构化数据。

“大数据”包含“海量数据”的含义，而且在内容上超越了海量数据，简而言之，“大数据”是海量数据+复杂类型的数据。简单来说，大数据由 3 项主要技术趋势汇聚组成，一是海量交易数据；二是海量交互数据；三是海量数据处理。

18.3 NoSQL 数据库

随着云时代的来临，云计算、大数据吸引了越来越多的关注。大数据的分析常常和云计算联系到一起，因为任何信息系统都需要对这些海量非结构化数据进行逻辑计算，并将海量数据存入数据库中。

18.3.1 传统关系型数据库及其问题

1970 年，Edgar Frank Codd 首次提出了数据库的关系模型，详细论述了范式理论和衡量关系系统的 12 条标准。这 12 条标准经过 IBM 的 Ray Boyce 和 Don Chamberlin 的总结和发展，里程碑式地提出了 SQL 语言。随后，关系型数据库的研究和应用都得到了迅猛的发展。

随着 Web 2.0 的发展，各种互联网应用层出不穷，尤其是面对超大规模和高并发的 SNS 类型的网站的时候，这些传统数据库在读写速度、支撑容量、运营管理成本等诸多方面暴露了许多难以克服的问题，主要表现如下。

（1）高并发读写速度慢

由于关系型数据库的系统逻辑非常复杂，当数据量达到一定规模时，易出现死锁等并发问题，导致其读写速度迅速下滑。例如，目前的 Web 2.0 网站都要求能够根据用户的个性化信息来实时生成动态页面，因此对数据库并发负载的要求非常高，往往达到每秒上万次读写请求。即使关系型数据库勉强能够应付上万次 SQL 查询，硬盘 I/O 往往也无法承担上万次 SQL 写数据的请求。

（2）支撑容量有限

类似于 Facebook、Twitter 这样的社交网站，用户数量巨大，每天能产生海量用户动态，每月能产生上亿条用户动态。关系型数据库在一张有数亿条记录的表中进行 SQL 查询时，效率极低，甚至无法忍受。

（3）扩展困难

当一个应用系统的用户量和访问量不断增加时，关系型数据无法通过简单添加更多的硬件和服务节点来扩展性能和负载能力。很多需要提供不间断服务的网站不得不停机维护进行数据迁移，以完成数据库系统的升级和扩展。

（4）建设和运维成本高

企业级数据库的 License 价格惊人，并且随着系统的规模而不断上升。同时系统的管理维护成本也无法满足云计算应用对数据库的要求。

与此同时，关系型数据库的很多特性在云计算应用中往往无用武之地。例如，数据库事务一致性、数据库的写实时性和读实时性、复杂的 SQL 查询特别是多表关联查询。因此，传统的关系型数据库已经无法独立满足云计算时代的各种应用。

18.3.2 NoSQL 数据库概述

云计算的应用场景对于数据库提出了新要求。在此背景之下，非关系型数据库应运而生，由于在设计上和传统的关系型数据库相比有了很大的不同，因此此类数据库被称为 NoSQL（Not only SQL）系列数据库。与关系型数据库相比，它们对数据高并发读写和海量数据的存储进行高度关注，在架构和数据模型方面做了简化，且在扩展和并发等方面做了增强。目前，主流的 NoSQL 数据库包括 BigTable、HBase、Cassandra、SimpleDB、CouchDB、MongoDB 以及 Redis 等，所占份额如图 18.6 所示。

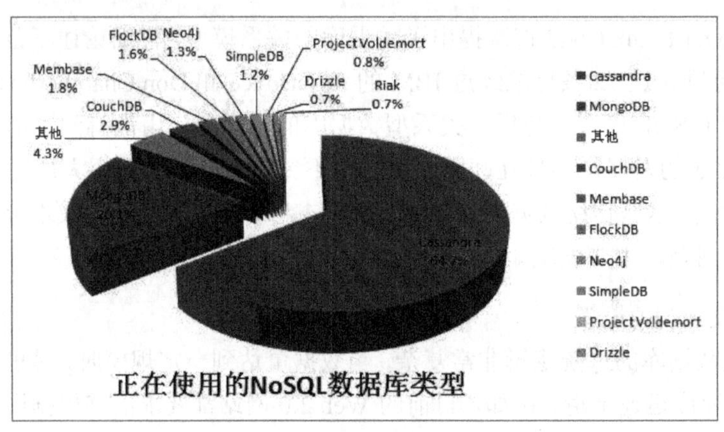

图 18.6　主要 NoSQL 数据库

随着云计算和大数据的迅速发展，NoSQL 数据库也进入了发展期。截至目前，已经有 120 多种 NoSQL 数据库了。虽然 NoSQL 数据库有许多，但其常用的数据模型只有 3 种，分别是列模型、关键字一值模型和文档模型，具体如下。

（1）列模型（Column-oriented）

列模型的主要特点是以“列（Column）”取代“行（Row）”来存储数据，即尽可能将同一列的数据存储在硬盘的同一个页（Page）中。虽然列模型也使用表作为数据存储的基本单元，但是它并不支持 Join 类操作。列模型十分适用于数据仓库类应用，这类应用虽然每次查询都需要处理大量数据，但是所涉及的列并不多。并且大多数列式数据库都支持将相似列放在一起存储，能够节省大量 I/O，提高列存储和查询效率。

（2）关键字-值模型（Key-value）

这种模型比较简单，类似于 HashTable，一个关键字（Key）对应一个值（Value）。关键字-值模型虽然不支持复杂的操作，但是能够提供非常快的查询速度、海量数据存储和高并发操作，适合通过主键对数据进行查询和修改等操作。

（3）文档模型（Document）

这种模型也是一个关键字（Key）对应一个值（Value），但是这个值主要以 Json 或 XML 等格式的文档进行存储，是有语义的，并且 Document 数据库还可以对 Value 创建 Secondary Index 以方便上层的应用，而这点是普通关键字－值模型数据库无法支持的。

SQL Server 等关系数据库应用广泛，能进行事务处理和 JOIN 等复杂处理。相对地，NoSQL 数据库只应用在特定领域，基本上不进行复杂的处理，但它恰恰弥补了之前所列举的关系型数据库的不足之处。当前主流的 NoSQL 数据库主要有 4 种，分别为 BigTable、Cassandra、Redis 和 MongoDB，它们在设计理念、数据模式、分布式等方面存在着较大的区别，如表 18.1 所示。

表 18.1 当前主流的NoSQL数据库

数据库 因素	BigTable	Cassandra	Redis	MongoDB
设计理念	海量存储和处理	简单和有效的扩展	高并发	全面
数据模型	Column-Family	Column-Family	Key-Value	Documentt
分布式	Single-Master	P2P	M/S 备份	Replica Sets
特色	支撑海量数据	采用 Dynamo 和 P2P	List/Set 的处理	全面
不足	不适应低延迟应用	Dynamo 机制受到质疑	分布式方面支持受限	在性能和扩展方面没有优势

18.3.3 NoSQL 数据库的优劣

NoSQL 数据库的优势包括：

- 扩展简单，典型例子是 Cassandra，其架构类似于经典的 P2P，能够通过简单添加新的节点来扩展集群。
- 读写快速，典型例子是 Redis，其逻辑简单，纯内存操作，单节点每秒可以处理超过 10 万次的读写操作。
- 成本低，大多数 NoSQL 数据库都是开源软件，没有昂贵的成本。

虽然 NoSQL 数据库有很多显著的优势，但是也存在很多不足，主要表现在：

- 不支持 SQL 这样的工业标准，这将会对用户产生一定的学习和应用迁移成本，同时无法与 SQL 数据组合应用，发挥 SQL 数据库已经非常成熟的优势。
- 支持的特性不够丰富，现有的 NoSQL 数据库所提供的功能十分有限，大多数都不支持事务和 BI、报表等附加功能。
- 产品还不够成熟，大多数 NoSQL 数据库产品还处于初创期，和已经非常完善成熟的关系型数据库不可同日而语。

NoSQL 越来越多地被认为是关系型数据库的可行替代品，特别是对于大数据应用程序。此外，无模式数据模型通常更适合现在捕捉和处理的数据种类和类型。

18.3.4 NoSQL 数据库的发展趋势

云数据库不是将数据库部署在云中，而是利用云计算的一些特性来提升数据库本身的服务质量，并给用户带来良好的体验和低廉的使用成本，可以预见，云数据库在将来是大有可为的。

云计算数据库主要有两类场景：需要低延迟和高并发的读写能力，数据量虽大，但不超过TB级别，大部分现在使用RDBMS的Web应用基本上都属于这一类，类似传统的OLTP（联机事务处理）；海量数据的存储和操作，如PB级别的，这方面的例子有传统的数据仓库、Google海量的Web页面和图片存储等，类似传统的OLAP（联机分析处理）。目前，业界还没有一款数据库能同时适应上述多种云计算场景的NoSQL数据库。考虑到PaaS平台的需求比较复杂，能够在后台进行定制化的数据库将是未来发展的趋势，因此轻量级的、兼顾高可扩展和高可靠性的架构设计将会受到欢迎。

18.4 几种主要的云数据库

云环境下的数据库可以被看作是云计算的一种应用：数据库即服务。通过界面或者接口，普通用户将能够使用以往只能为少数人所拥有的庞大的数据和处理能力，并获得自己所需的信息。当前，主要有以下几种云数据库。

1. 微软的 SQL Azure

微软对云计算态度十分积极，它通过将SQL Server数据库在云环境下进行扩展，推出了基于云计算的数据库平台——SQL Azure。微软按照云计算的基础概念将数据服务都放在云端，依靠强大的云端操作系统和平台硬件来处理数据请求。SQL Azure使企业能够在云上拥有企业级关系数据库管理系统的功能，而其费用仅为一个位于企业内部的SQL Server实例在硬件和许可证上投资的一小部分。图18.7所示为SQL Azure登录界面。

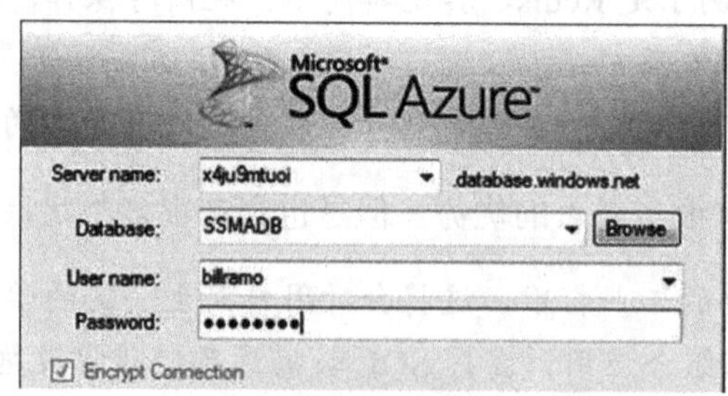

图 18.7 SQL Azure 登录界面

SQL Azure具有两方面的特点：一是在用户体验方面，能够将一些诸如备份等烦琐的日常操作自动化，极大减轻DBA的负担，并提供PowerPivot这样的BI功能来提高用户的工作效率；二是在成本方面，比传统的基于License的模式实惠很多，无须购买和维护相应的硬件，也减少了人力方面的投入。

2. Google Cloud SQL

2011 年，Google 推出了基于 MySQL 的云端数据库：Google Cloud SQL。此前，Google 的云计算平台 Apps Engine 只支持基于 Google File System 和 BigTable 数据库的数据存储，缺乏基于 SQL 的数据库服务，现有基于 SQL 的应用迁移到 AppEngine 上十分困难。

Google Cloud SQL 为用户提供了运行云计算的关系数据库服务，有助于简化传统数据库驱动应用程序的开发。Cloud SQL 具有以下好处：

（1）由 Google 来管理维护数据库。用户仅需依靠云数据库开展工作，而无须对数据库进行配置或者错误排查。

（2）高可信性和可用性。由于数据在 Google 多个数据中心中复制，机器故障和数据中心出错等都会自动调整，能够保证数据是永远可用的。

（3）支持 JDBC 和 DB-API。Google 使用的 MySQL 为用户所熟悉，因此多数应用程序不需要过多调试即可运行，数据格式对于大多数开发者和管理员来说也是非常熟悉的。

（4）拥有全面的用户界面，以对数据库进行管理。

（5）能够很方便地与 Google 的应用引擎进行集成。

3. 亚马逊的 SimpleDB

Amazon SimpleDB 是一个具有高可用性、可扩展性以及灵活性的非关系型数据存储，采用 Key-Value 模型，可以自动地管理多个物理上分布不同的数据备份，极大地减少数据库管理的负担。它能够对存储的数据自动进行索引且无须预定义数据模式，即使之后有新的数据添加也无须修改模式。根据 Amazon SimpleDB 的自身特性，它主要适用于 3 种应用：Logging、Online Games 以及 Metadata Indexing。Amazon SimpleDB 提供了简单 Web 服务接口以创建和存储多个数据集并对数据进行查询。

4. Twitter 和 Facebook 的 Cassandra

Cassandra 是一个混合型的非关系数据库，类似于 Google 的 BigTable。Cassandra 最初由 Facebook 开发，后转变成了开源项目。Cassandra 的主要特点就是它不是一个数据库，而是由一堆数据库节点共同构成的一个分布式网络服务，对 Cassandra 的写操作会被复制到其他节点上去，对 Cassandra 的读操作也会被路由到某个节点上面去读取。对于一个 Cassandra 集群来说，扩展性能是比较简单的事情，只管在集群里面添加节点就可以了。它是一个网络社交云计算方面理想的数据库。

5. Oracle 的 Exalogic Elastic Cloud

2010 年，Oracle 推出了云计算产品：Exalogic Elastic Cloud。Exalogic Elastic Cloud 不是一个纯粹的软件系统，而是一个集服务器、网络、存储、虚拟机、操作系统和中间件为一体的软硬件集成系统。它采用 64 位 X86 处理器、基于 InfiniBand 的 I/O 架构和固态存储系统，结合甲骨文 WebLogic Server 以及其他基于企业级 Java 的甲骨文中间件产品，并可选择甲骨文 Solaris 或甲骨文 Linux 操作系统软件。这些软件已经针对甲骨文 Exalogic Elastic Cloud 的 I/O

架构进行了调整，能够提供比标准应用服务器配置高 10 倍的性能，以满足苛刻的服务级别要求。与亚马逊 EC2 这样的公共云服务有所区别的是，Exalogic Elastic Cloud 运行在企业的防火墙之后，更关注私有云。

18.5 SQL Server 2016 的云功能

由 18.4 节了解到，Microsoft 推出了基于云计算的数据库平台——SQL Azure。最新发布的 SQL Server 2016 与微软的 Azure 云平台联系非常紧密，本节为读者介绍几个 SQL Server 2016 的云功能。

18.5.1 数据文件部署到 Azure 云环境

SQL Server 2016 支持用户将数据文件部署到 Microsoft Azure 操作系统，体现了 SQL Server 2016 对云的支持。将数据直接部署在 Azure Blob 存储中可以带来诸如性能、数据迁移、数据虚拟化、高可用和灾备等方面的好处，其优势体现在如下几方面。

- 可移植性：在 Azure 虚拟机环境下，将数据部署在 Azure Blob 中会更加容易移植，只需要简单将数据库分离，并附加到另一台 Azure 虚拟机中即可，无须移动数据库文件。
- 数据库虚拟化：在为用户提供服务的云环境中，将负载较高的虚拟机上的数据库平滑移动到其他虚拟机上，从而不会影响该虚拟机环境的正常运行。
- 高可用和灾备：由于现在数据库文件位于 Microsoft Azure 的 Blob 存储上，因此即使虚拟机崩溃，只需要将数据库文件附加到另一台备用机上即可。数据库可以在很短的时间内恢复并且数据本身不受虚拟机损坏的影响，从而保证了高 RTO 和 RPO。
- 可扩展性：无论在 Azure 虚拟机上还是在企业内部，存储的 IOPS 都受到具体环境的限制，而在 Azure Blob 存储上，IOPS 可以非常高。

SQL Server 2016 与 Azure Blob 存储的全新交互模式并不仅仅是在现有软件环境中的一个适配机制，而是直接集成于 SQL Server 存储引擎。将 SQL Server 2016 数据库文件部署在 Azure Blob 存储上的步骤如下。

步骤 01 在 Microsoft Azure 操作系统的存储中建立存储 SQL Server 数据库文件的容器，如图 18.8 所示。

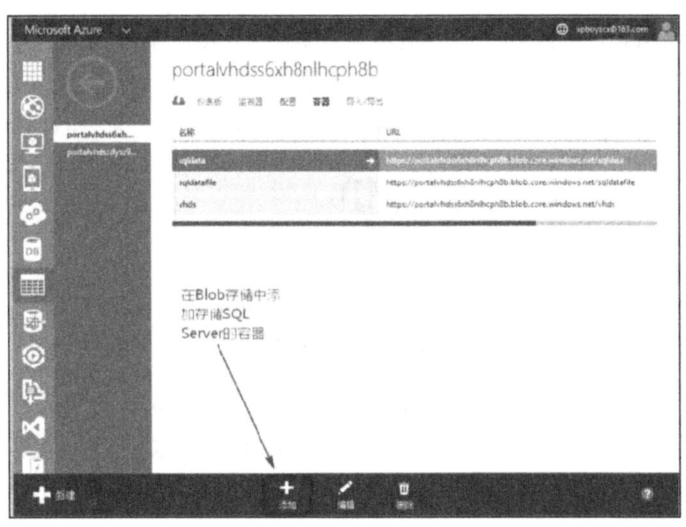

图 18.8　建立存储 SQL Server 数据库文件的容器

步骤 02　创建访问容器的策略以及共享访问签名，这是因为 SQL Server 2016 需要该策略和签名才能够与 Azure 存储上的数据文件进行交互。创建策略和签名可以使用编程的方式，也可以使用现有工具，但首先需找到访问存储的账户名称和密钥，如图 18.9 所示。

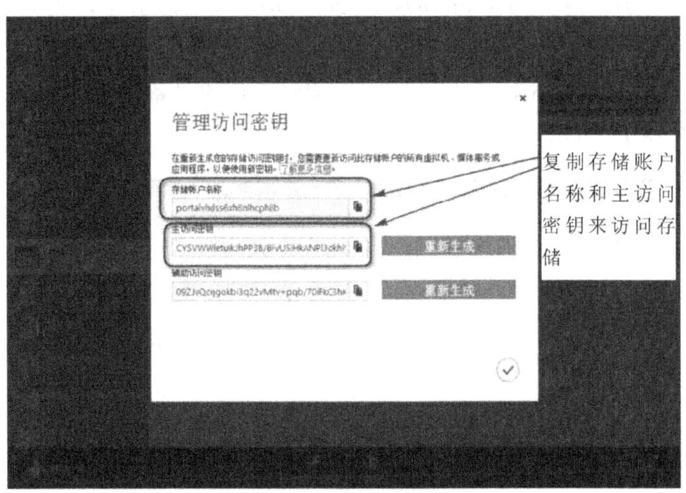

图 18.9　创建访问容器签名

步骤 03　签名生成成功后，可以通过下述代码在 Azure 虚拟机中的 SQL Server 上建立访问 Azure 存储容器的凭据：

```
  CREATE CREDENTIAL WITH IDENTITY='SHARED ACCESS SIGNATURE', SECRET=
'sr=c&si=NewPolicy&sig=%2FhFH82XmxmYSPgvc404WqbK6gIUFfrXmEkKxcmIogWA='
```

凭据建立完成后，在 SQL Server 2016 中就可以利用该凭据在 Blob 存储上创建数据库。例如，在本示例中创建 3 个数据文件和 1 个日志文件。

步骤 04 通过 SQL Server Management Studio 连接到 Azure 的存储环境，就能够看到刚刚创建的数据库文件，如图 18.10 所示。

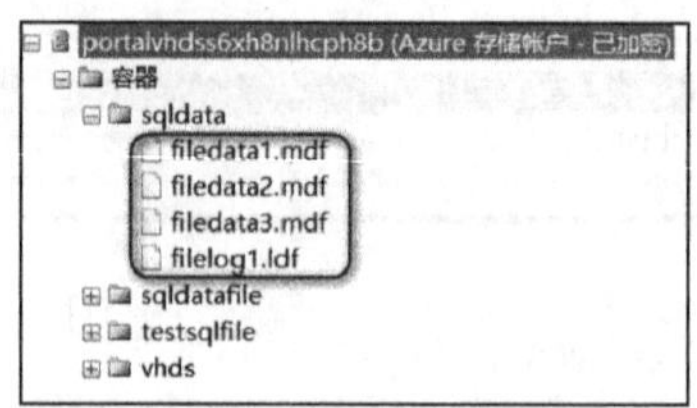

图 18.10　创建的数据库文件

由此可看出，SQL Server 2016 与 Microsoft Azure 有了更深度的集成，并通过存储引擎隐藏了不必要的细节，用户可以用创建一个普通数据库的方式来创建一个将文件存储在 Azure 上的数据库，从而带来性能、可用性、扩展性、灾备甚至数据虚拟化方面的好处。

18.5.2　备份到 Windows Azure 存储

事实上，从 SQL Server 2012 SP1 CU2 版本开始，Microsoft 就开始支持备份数据到云环境这一功能，不过只能通过 T-SQL、PowerShell 等工具实现。在 SQL Server 2016 中，SQL Server Management Studio 工具界面开始支持备份到 Windows Azure Blob 存储服务或从中还原。

把 SQL Server 2016 备份到 Windows Azure Blob 存储服务中，首先需要创建 Windows Azure 账户。SQL Server 2016 使用 Windows Azure 存储账户名称和访问密钥来进行身份验证以及对存储服务写入和读取 Blob，登录后通过 SSMS 工具的“备份”任务和维护计划都可使用这一新特性，如图 18.11 所示。

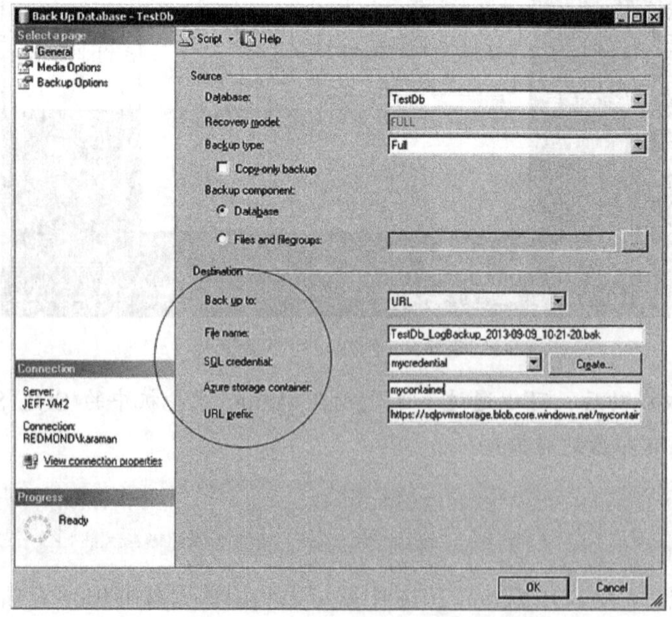

图 18.11　“备份”任务和维护计划

此外，SQL Server 2016 也支持用户通过 T-SQL 语言中的 BACKUP DATABASE 语句来备份到 Azure 存储。需要注意的是，无论是通过 SSMS 的备份向导还是 BACKUP DATABASE 语句实现备份，都需要受到如下限制。

- 支持的最大备份大小为 1TB。
- 不支持创建逻辑设备名称。
- 不支持追加到现有备份 Blob，只能使用 WITH FORMAT 选项覆盖到现有 Blob 的备份。
- 不支持在单个备份操作中备份到多个 Blob。
- 不支持使用 BACKUP 指定块大小。
- 不支持指定 MAXTRANSFERSIZE 参数。
- 不支持指定备份集选项 RETAINDAYS 和 EXPIREDATE。

SQL Server 2016 打通了公有云与组织内部的关系，无论是运行在企业内部还是运行在 Microsoft Azure 虚拟机上，SQL Server 2016 直接支持将数据文件和日志部署到 Microsoft Azure 公有云存储，从而打通了公有云和私有云的界限，实现了对云计算的全面支持。

18.6 小结

云计算、大数据是当前信息技术发展的热点，SQL Server 2016 也加入了对这两种技术的支持。本章简单介绍了云计算、大数据的发展现状，重点介绍了云计算的概念、起源、关键技术，并对云计算、大数据背景下 NoSQL 数据库的模型、优劣、发展趋势等进行了详细分析，最后简单介绍了几种云数据库，体现了云计算、大数据对于数据库在架构等方面的优势，并着重讲解了 SQL Server 2016 与 Microsoft Azure 云平台的交互。本章只简要介绍 SQL Server 2016 与云计算和大数据的关系，有兴趣的读者可通过相关专业资料详细了解。

第 19 章 企业ERP管理系统

本章将为读者带来一款以 Java 作为编程语言、SQL Server 2016 作为数据库的企业 ERP 管理系统的设计。ERP 是 Enterprise Resource Planning （企业资源计划）的简称。 ERP 是针对物资资源管理（物流）、人力资源管理（人流）、财务资源管理（财流）、信息资源管理（信息流）集成一体化的企业管理软件。希望读者通过这个项目可以很好地巩固 SQL Server 中的内容，了解数据库软件与编程语言的实际运用。

本章重点内容：

- 了解企业级项目的开发过程
- 了解系统设计的主要思想
- 了解数据库设计的主要方法

19.1 系统分析

在项目开发之前需要对所设计的项目做详细的系统分析，通过系统分析来了解此项目的功能需求、可行性需求等。系统分析也是软件开发的首要工作，所谓欲速则不达，要设计一个完善的项目，系统分析是必不可少的。

19.1.1 需求分析

ERP 系统主要是将企业或部门之间独立的信息化系统结合起来，例如学校的财务系统与人事管理系统之间可能是相互独立存在的，这样可能会造成信息不对称的结果。一个老师可能从副教授评为了教授，这个信息首先反应在了人事系统中，很有可能财务系统中老师的工资还是副教授级别的。为了能够很好地统一信息，ERP 系统已经在各个企业和单位流行起来。

本次设计的是一个企业 ERP 管理系统，此系统能够对公司的人事、销售、生产、产品信息等内容进行统一管理，项目的设计要符合以下几个条件：

（1）操作界面简单、人机交互性良好。

（2）由于涉及不同的部门，因此要求系统权限清晰。

（3）数据查询和管理方便。

（4）能够详尽地列出销售、生产、产品的各类信息。

（5）在具有权限的情况下，可以审核各类业务。

（6）业务流程自动控制，减少人工干预。

19.1.2　可行性分析

本项目采取 Java 语言作为程序设计的使用语言，Java 是一款开源的面向对象语言，也是现阶段非常主流的程序设计语言，Java 语言有着良好的可移植性，并且网络上有许多开源的项目和框架可以借鉴和使用，节约了开发的时间。

SQL Server 2016 作为本项目的数据支撑，数据库程序的核心内容必须要有足够的安全性、可靠性，SQL Server 2016 可以很好地满足这些需求。Java+SQL Server 的开发模式也是非常成熟的，JDBC 很好地支持了 SQL Server 中的事务、过程等机制。

根据上面的分析，首先从技术上本项目不会有太多的问题，因此项目中不会出现阻塞延期的现象。因此该项目可以开发。

19.2　系统设计

在确定了项目的需求之后，开发人员根据需求完成系统功能的设计，绘制系统的功能结构图。项目开发前还要指定详细的项目说明书，完成系统编码和命名的统一规范，可以更好地对系统进行更新和维护。本节主要介绍系统设计中的系统目标、系统功能结构、系统业务流程、系统编码规范几个方面。

19.2.1　系统目标

本系统是一款基于企业的 ERP 管理系统，系统的功能要符合企业的内部需求。对企业进行有效的信息管理，本系统要达到以下几个基本目标。

- 界面简单、操作快捷、信息传递方便。
- 系统功能权限分配合理。
- 严格控制业务流程，主动向用户提示业务信息。
- 具备专门的审核人员，审核各种单据后才能提交单据。
- 图形化的显示方式，更直观的数据分析。
- 能快速检索各类信息。
- 集成管理企业内部各部门之间的信息。
- 严格限定用户输入的各种信息，避免对数据库造成破坏。

19.2.2　系统功能结构

企业 ERP 管理系统主要是对企业内部的人事、销售、生产、产品等信息进行管理，该系统的功能模块如图 19.1 所示。

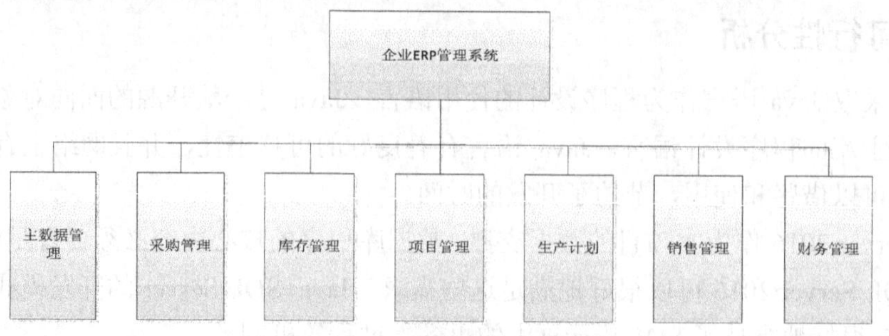

图 19.1 主功能模块结构图

主数据管理功能模块如图 19.2 所示。

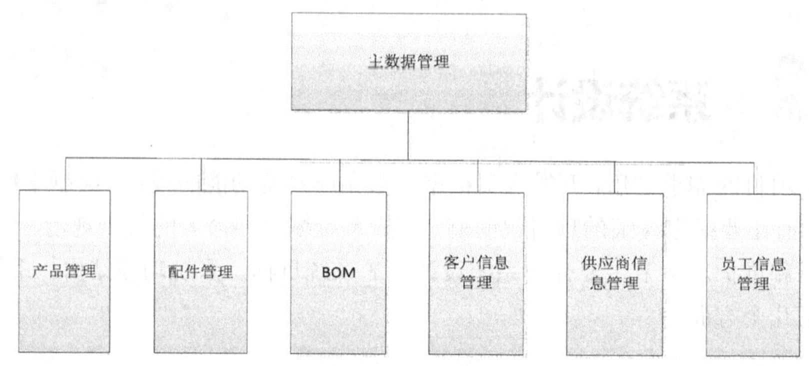

图 19.2 主数据管理功能模块

采购管理功能模块如图 19.3 所示。

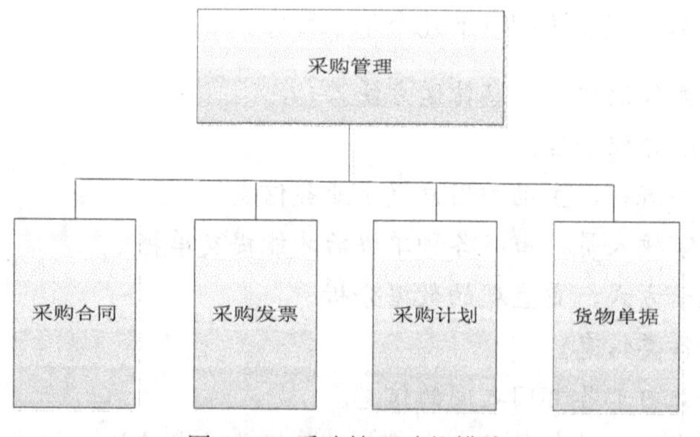

图 19.3 采购管理功能模块

系统功能图的主要目的是将企业 ERP 系统中所涉及的主要业务功能进行模块化的分类，根据功能模块图对系统的功能进行实现，使整个开发过程更为流畅。

19.2.3 系统业务流程

系统业务流程主要针对本系统的功能流程进行描述，企业 ERP 系统流程如图 19.4 所示。

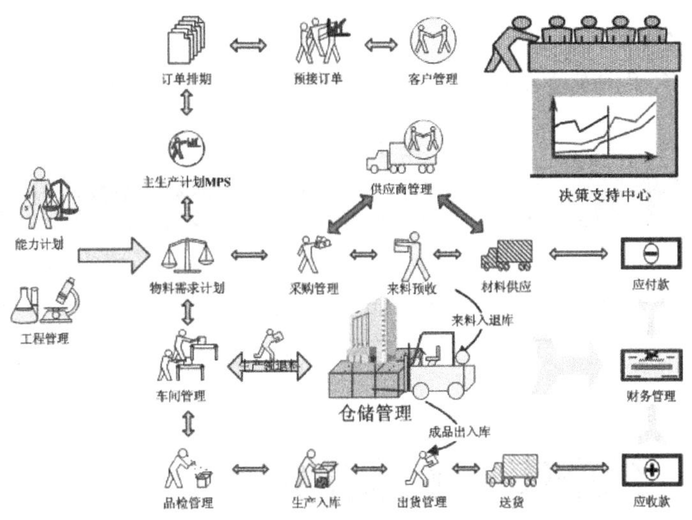

图 19.4　ERP 系统流程图

在图 19.5 中展示了企业 ERP 系统原材料管理、生产、库存管理、资产管理在整个系统中的工作流向。通过详细的系统流程图使得在系统开发过程中逻辑清晰，降低了整个程序非技术性错误的可能性，使得系统更加可靠。

19.2.4　命名规范

统一的编码规范可增加程序的可阅读性，让项目在后期的更新和维护上更加方便，本项目主要对数据库和业务编码两个方面进行了规范要求。

本项目的英文名为 ERP management system，数据库名采取英文单词和缩写的形式，如表 19.1 所示。

表 19.1　数据库名

数据库名称	描述
ERPMS	企业 ERP 管理系统数据库

（1）数据表命名规范

数据表的命名规范采取英文缩写的模式，如表 19.2 所示。

表 19.2　数据表名

数据表名	描述
BS	基础管理信息表
PU	采购管理信息表
SE	销售管理信息表
ST	仓库管理信息表
PR	生产管理信息表
CU	客户管理信息表

（2）字段命名规范

数据字段的命名采用英文单词首字母大写的方式，如表 19.3 所示。

表 19.3　字段名

字段名	描述
ProductsType	产品类型
ProductsName	产品名称
ProductsPrice	产品价格

19.3 数据库与数据表设计

在项目开发过程中，数据库的操作必不可少，数据库的设计根据功能结构的需求进行，数据库设计的合理性将直接影响程序开发过程中的合理性。

19.3.1　数据库分析

本项目采用 SQL Server 2016 作为数据库服务器，数据库名为 ERPMS，本项目开发中所包含的表如图 19.5 所示。

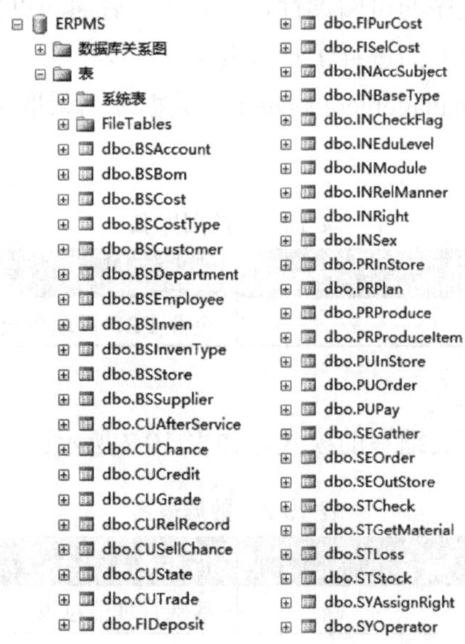

图 19.5　项目中的数据表

19.3.2　数据库概念设计

从项目功能的需求出发设计数据库并通过实体的方式展示数据库的结构是一种非常合理的设计手段，本节将对 ERP 企业管理系统中几个典型的实体进行介绍。

1. 客户信息实体

客户信息是 ERP 企业管理系统中非常重要的实体，它的属性包括客户名称、单位地址、联系电话、开户银行、所在区域等信息。客户信息 E-R 图如图 19.6 所示。

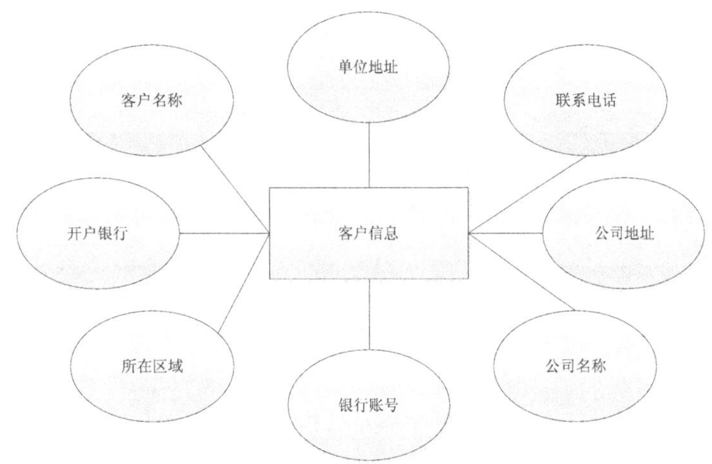

图 19.6 客户信息 E-R 实体图

2. 发货单信息实体

发货单实体包括客户名称、联系人、联系电话、发货地址、产品名称、货物型号、发货数量、货物单价、运费、货物总价等属性。E-R 图如图 19.7 所示。

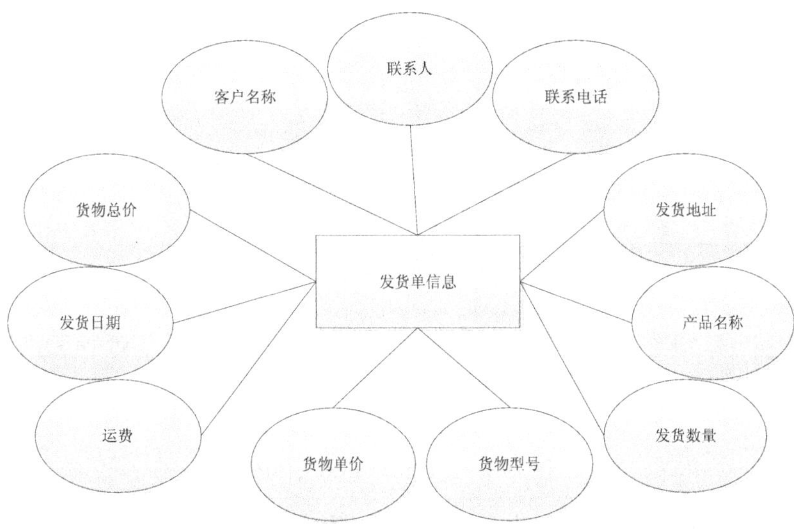

图 19.7 发货单 E-R 实体图

3. 产品信息实体

产品信息实体主要包括产品名称、产品规格、产品型号、操作系统、产品描述等属性。E-R 图如图 19.8 所示。

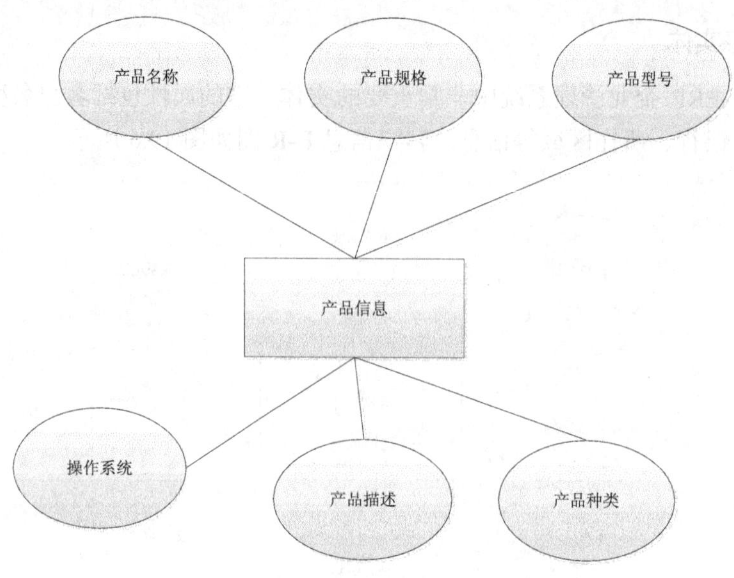

图 19.8 产品信息 E-R 实体图

4. 订单信息实体

订单信息实体主要包括客户名称、联系人、联系电话、发货地址、产品名称、产品型号、货物数量等属性。E-R 图如图 19.9 所示。

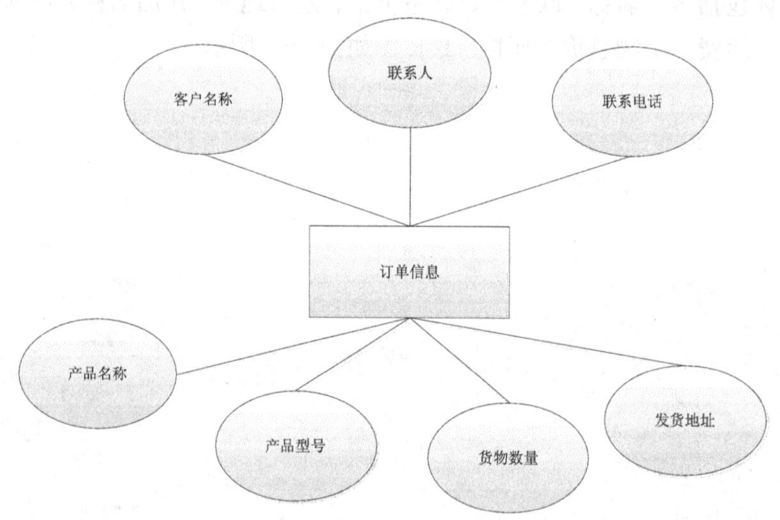

图 19.9 订单信息 E-R 实体图

在本节中介绍了企业 ERP 系统中常用的几个实体，在对实体进行设计的过程中并不是其属性越多越好。应该根据程序的需求对实体的属性进行规划，避免过多无用的属性增加数据库的复杂度。

19.3.3 数据库逻辑设计

根据 E-R 图的实体关系，在 SQL Server 2016 中创建系统需要使用的表，本项目涉及的表有 43 张，由于篇幅所限不能一一列出。下面列出一些重要表的结构。

（1）<BSEmployee>员工表

员工表用于存储企业员工的基本信息，具体设计如表 19.4 所示。

表 19.4　员工表

字段名	类型/大小	空否	主键	外键	默认值	中文说明
EmployeeCode	varchar(15)	No	Yes			员工编号
EmployeeName	varchar(15)	No				员工姓名
DepartmentCode	varchar(15)	No				部门编号
Age	int	Yes				年龄
Sex	char(1)	Yes				性别
EduLevel	char(1)	Yes				级别
Job	varchar(20)	Yes				工作种类
JoinDate	datetime	Yes				参加工作事件
TelephoneCode	varchar(20)	Yes	No	No	No	电话号码
Remark	text	Yes	No	No	No	保留字段

（2）< PRProduce >生产单信息表

生产单信息表主要保存生产计划的详细信息，具体设计如表 19.5 所示。

表 19.5　生产单信息表

字段名	类型	空否	主键	外键	默认值	中文说明
PRProduceCode	varchar(25)	No	Yes			生产编号
PRProduceDate	datetime	Yes				单据日期
OperatorCode	varchar(15)	No				操作代码
PRPlanCode	varchar(25)	No				生产计划编号
DepartmentCode	varchar(15)	No				部门编号
InvenCode	varchar(15)	No				产品编号
Quantity	int	Yes				生产数量
StartDate	datetime	Yes				开始日期
EndDate	datetime	Yes				结束日期
IsFlag	char(1)	No				是否过审标记
IsComplete	char(1)	Yes	No			是否完工标记

（3）< STGetMaterial>获取用料信息表

获取用料信息表主要保存制作商品的用料信息，如表 19.6 所示。

表 19.6　获取用料信息表

字段名	类型	空否	主键	外键	默认值	中文说明
STGetCode	varchar(20)	No	Yes			单据编号
STGetDate	datetime	No				单据日期
OperatorCode	varchar(15)	No				操作员代码
PRProduceCode	varchar(15)	No				生产单号
StoreCode	varchar(15)	No				仓库代码
InvenCode	varchar(15)	No				存款编码
UnitPrice	decimal(12, 2)	No				单价
Quantity	int	No				数量
BillType	char(1)	Yes				账单类型
EmployeeCode	varchar(10)	Yes				领料人编号
IsFlag	char(1)	Yes				审核标记

（4）< BSInven>存货信息表

存货信息表主要保存公司的存货信息，如表 19.7 所示。

表 19.7　存货信息表

字段名	类型	空否	主键	外键	默认值	中文说明
InvenCode	varchar(15)	No	Yes			存货编码
InvenName	varchar(15)	No				存货名称
InvenTypeCode	varchar(15)	No				存货类型代码
SpecsModel	varchar(15)	No				存货型号
MeaUnit	varchar(15)	Yes				计量单位
SelPrice	decimal(12, 2)	Yes				销售价格
PurPrice	decimal(12, 2)	Yes				进货价格
SmallStockNum	int	Yes				最小库存数
BigStockNum	int					最大库存数

（5）< CUAfterService>客户售后表

客户售后表主要保存客户的售后信息，如表 19.8 所示。

表 19.8 客户售后表

字段名	类型	空否	主键	外键	默认值	中文说明
AfterId	varchar(10)	No	Yes			售后编号
CustomerCode	datetime	No				客户编号
EmployeeCode	varchar(10)	No				售后员工编号
Linkman	varchar(10)	Yes				联系人
TelephoneCode	varchar(13)	No				客户电话
SerDays	int	No				售后日期
SerContent	text	Yes				售后内容
Resolvent	text	Yes				解决方案

根据之前的 E-R 图可以将实体转化为数据库中的表和字段存储在 SQL Server 2016 中，让程序进行访问和修改。

在设计表的过程中要严格遵循计划书的指导，不要根据个人的想法随意更改字段设置。

19.3.4 数据表逻辑关系

为了能让读者更加清晰地了解数据库表与表之间的关系，下面介绍存货档案和各表之间的关系，如图 19.10 所示。

图 19.10 数据库各表间的关系

表与表之间的关系牵扯到数据中的级联更新和级联删除操作，往往对于一个表的操作可以说是牵一发而动全身，在设计表的时候一定要考虑到一对一、一对多和多对多之间的关系。

19.4 小结

本章主要为读者介绍在 Java 语言环境下如何使用 SQL Server 2016 数据库设计一款 ERP 的项目，在系统开发的过程中首先需要对系统的功能需求进行详细的设计，规划功能模块，并用最合理的方式设计系统数据库，规范化地设计项目中的每一个角落。这样既能使设计更为方便，又增加了程序的可维护性和阅读性。

第 20 章 人事管理系统

人事管理系统以信息技术为基础，通过对企业人力资源信息的信息化管理，为企业的人力资源提供解决方案。本章拟讨论的人事管理系统仅包含数据库涉及的方面，即以 SQL Server 2016 提供数据支撑，开发出一套基本 C/S 模式的人事管理系统。该系统包括职员基本信息管理、基础数据管理以及用户管理等模块，将 SQL Server 2016 系统开发的全过程展现给读者。

说明：人事管理系统前台可以使用很多种前端开发语言操作，在本书中不做赘述。

20.1 系统分析

软件项目开始前需要进行项目的系统分析，包括需求分析与可行性分析，它往往决定着项目的成败。需求分析是项目开发人员经过充分细致的调查分析，准确理解用户的真正要求，并在此基础上建立需求模型的过程。可行性分析从开发者自身具备的各种条件进行客观、科学的分析。

20.1.1 需求分析

需求分析包括功能需求分析与非功能需求分析。通过人事管理工作的分析确定人事管理系统应具有的功能以及需要达到的目标。

1. 功能性需求

经分析，本系统应具备如下功能：

- 员工信息的输入。
- 员工信息的查询。
- 员工信息的操作，包括信息浏览、修改和删除等。
- 用户的管理。
- 密码的修改。
- 基础数据的备份。
- 基础数据的恢复。

根据对人事管理系统的分析，可以将系统功能进行分解，模块设计如图 20.1 所示。

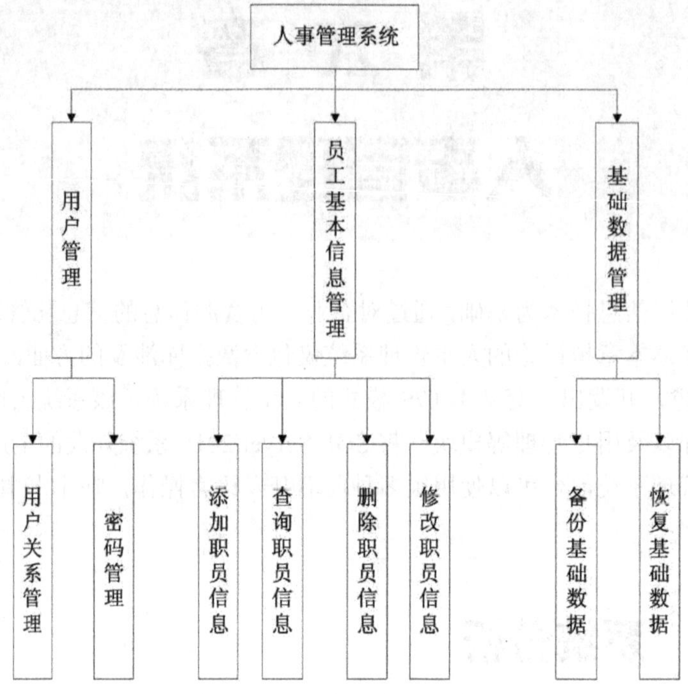

图 20.1　人事管理系统功能模块

- 用户管理模块

用户管理模块包含用户关系管理和密码管理。管理员可以根据权限添加、删除和冻结用户账号，修改密码；普通用户则只能修改个人账户的密码。

- 员工基本信息管理模块

该模块用于管理员工的基本信息，管理员可以进行员工的查询、添加、修改和删除。普通用户则只能查询自己的个人信息。

- 基础数据管理模块

该模块可以对系统中的各种基础数据（包括部门、职位等）进行备份和恢复，以维护数据的可靠性，保证系统出现故障时数据得到恢复。

2. 性能需求

性能需求分析是为了达到系统安全、高效及稳定运行所需满足的基本要求，不涉及系统功能，却极大地影响用户对系统的满意度。本系统主要包括可靠性需求。

可靠性：人事管理系统中存储着公司的核心数据，数据的丢失或泄露都会对公司产生极大的影响。为了保证系统的可靠性，对进入系统的用户进行严格的身份验证，确保数据的安全；另外，还设置了基础数据备份与恢复功能，保证系统出现不可预测的问题时能够及时恢复数据。

20.1.2　可行性分析

本系统是一个基于 C/S 结构的人事管理系统，采用 SQL Server 2016 数据库作为数据支撑的应用程序，现有的开发技术已非常成熟，且被广泛应用于各行各业，利用现有技术完全可以达到功能目标。考虑开发期限较为充裕，预计可以在规定的时间内完成开发。

20.2 数据库设计

数据库在一个信息管理系统中占有非常重要的地位，数据库结构设计的好坏将直接对应用系统的效率以及实现的效果产生影响。合理的数据库结构设计可以提高数据存储的效率，保证数据的完整性与一致性的实现。另外，合理的数据库结构有利于程序的实现，提高程序员的编码效率。

20.2.1　数据库需求分析

本系统采用 SQL Server 2016 作为后台数据库，数据库名为 RSGL，包括职员基本信息、部门信息和用户信息。职员基本信息保存公司所有职员的个人基本情况，部门信息保存公司每个部门的基本情况，用户信息保存能登录人事管理系统的用户名称、密码和权限。

- 职员基本信息：包括编号、姓名、性别、出生日期、部门编号、家庭住址、学历、专业、参加工作时间、进入公司时间、职称、身份证号、联系电话和备注。
- 部门信息：包括部门编号、名称、领导编号、人数和职责。
- 用户信息：包括用户名、密码和员工编号。

20.2.2　数据库概念设计

概念设计是数据库设计的关键，也是数据库逻辑设计的基础，概念设计的好坏将直接影响整个数据库的优劣和性能。目前，数据库概念设计的主要工具是实体-关系图，即 E-R 图。经过需求分析可知，本系统主要包括 3 个实体，即职员实体、部门实体和用户实体。

1. 职员实体

职员实体反映职员的个人基本情况，包括编号、姓名、性别、出生日期、部门编号、家庭住址、学历、专业、参加工作时间、进入公司时间、职称、身份证号、联系电话和备注属性。其实体图如图 20.2 所示。

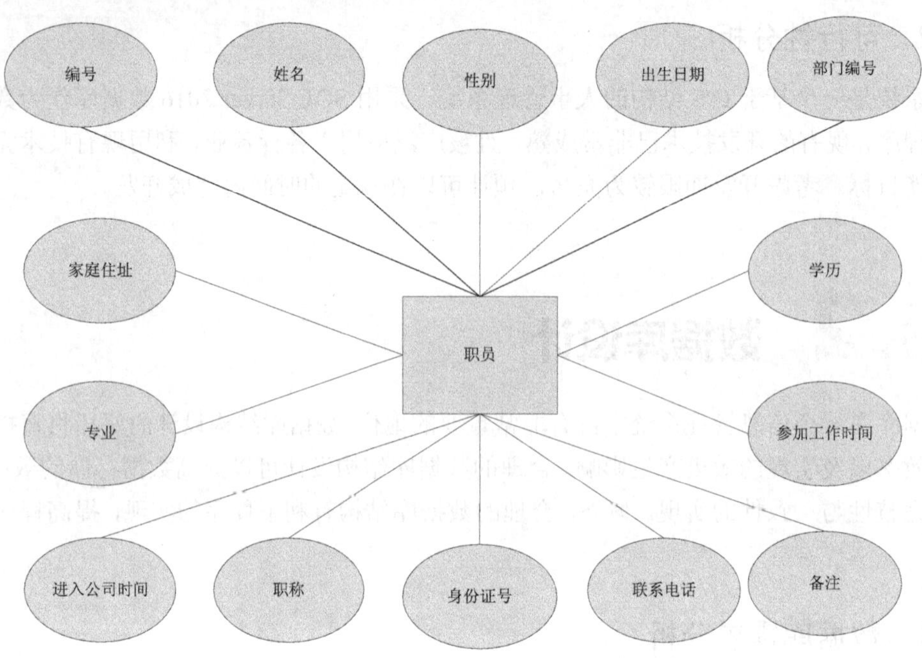

图 20.2　职员实体图

2. 部门实体

部门实体反映公司每个部门的基本情况，包括部门编号、部门名称、领导编号、人数和职责属性。其实体图如图 20.3 所示。

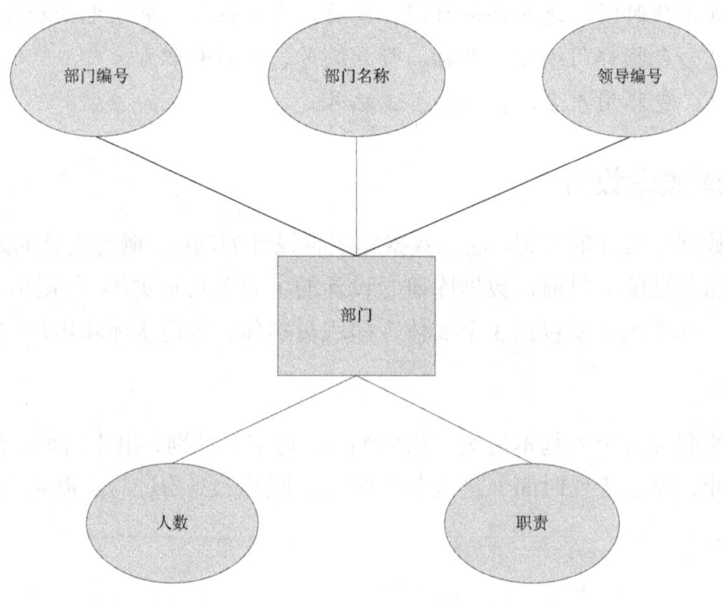

图 20.3　部门实体图

3. 用户实体

用户实体用于检验登录人是否为系统的合法用户，包括用户名、密码、员工编号属性。其实体图如图 20.4 所示。

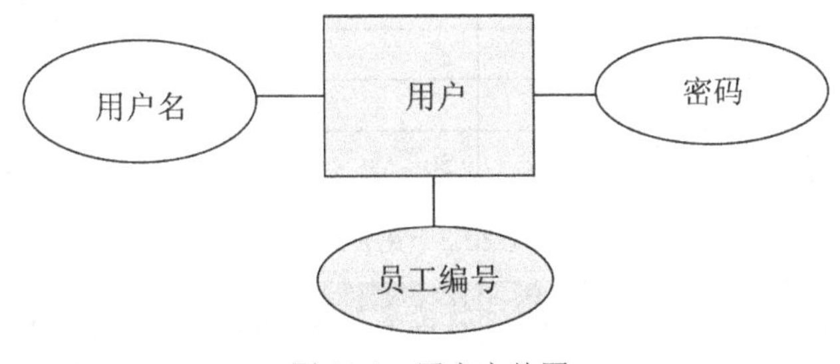

图 20.4　用户实体图

20.2.3　数据库逻辑设计

根据概念设计得到的实体图即可创建数据库的逻辑结构。本系统共包括 3 个表，即职员表、部门表和用户表，分别如表 20.1、表 20.2 和表 20.3 所示。

表 20.1　职员表

字段	数据类型	长度	说明
编号	char	4	主键，NOT NULL
姓名	char	8	NOT NULL
性别	char	2	NOT NULL
出生日期	date		NOT NULL
部门编号	char	2	外键，参照部门表的部门编号字段
家庭住址	varchar	50	
学历	char	10	NOT NULL
专业	char	20	NOT NULL
参加工作时间	date		NOT NULL
进入公司时间	date		NOT NULL
职称	char	10	
身份证号	char	18	
联系电话	char	12	
备注	varchar	100	

表 20.2 部门表

字段	数据类型	长度	说明
部门编号	char	2	主键，NOT NULL
部门名称	char	10	NOT NULL
领导编号	char	4	
人数	int		
职责	varchar	50	

表 20.3 用户表

字段	数据类型	长度	说明
用户名	char	16	主键，NOT NULL
密码	char	10	NOT NULL
员工编号	char	4	外键，参照职员表的编号字段

20.2.4 数据表逻辑关系

人事管理系统中主要涉及 3 个表：职员表 staff、部门表 department 和用户表 userlist。userlist 表中的员工编号是相对于 staff 表的编号的外键；staff 表中的部门编号是相对于 department 表中部门编号的外键。因此，3 个表之间的逻辑关系如图 20.5 所示。

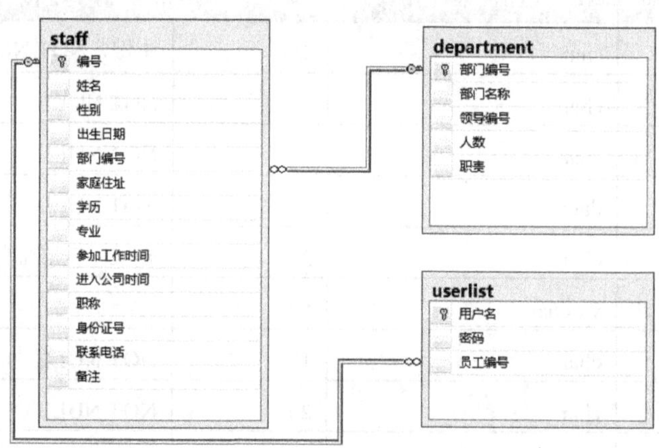

图 20.5 表间关系图

20.2.5 创建数据库

1. 创建数据库

数据库名为 RSGL，保存在“D:\RSGL\RSGL.mdf”中，文件大小为 50MB，文件增量为 10MB；日志文件保存在“D: \RSGL\RSGL_Log.ldf”中，文件大小为 20MB，增量为 5MB。

```
Create Database RSGL
ON
```

```
(name='RSGL',
 Filename='d:\RSGL\RSGL.mdf',
 size=50,
 filegrowth=10)
Log on
(name='RSGL_log',
filename='d:\RSGL\RSGL_log.ldf',
Size=20,
Filegrowth=5)
```

2. 创建数据表

此处需要在 RSGL 数据库中创建 3 个数据表，分别为职员表 staff、部门表 department 和用户表 userlist。

```
/*定义职员表 staff*/
Create Table staff
(编号 char(4) primary key not null,
姓名 char(8) not null,
 性别 char(2) not null check(性别='男' or 性别='女'),
 出生日期 date not null,
 部门编号 char(2),
 家庭住址 varchar(50),
 学历 char(10)not null check(学历 IN ('研究生','本科','专科')),
 专业 char(20)not null,
 参加工作时间 date not null,
 进入公司时间 date not null check(进入公司时间>=参加工作时间),
 职称 char(10),
 身份证号 char(18),
 联系电话 char(12),
 备注 varchar(100))

/*定义部门表 department*/
Create Table department
(部门编号 char(2) primary key not null,
 部门名称 char(10) not null,
 领导编号 char(4),
人数 int,
 职责 varchar(50))

/*定义用户表 userlist*/
Create Table userlist
(用户名 char(16) primary key not null,
密码 char(10) not null
员工编号 char(4) not null )
```

```
/*将 staff 表中的部门编号字段设为相对于 department 表的外键*/
alter table staff
add constraint department_foreign_key foreign key(部门编号) references
department(部门编号)
/*将 userlist 表中的员工编号字段设为相对于 staff 表的外键
alter tale userlist
add constraint department_foreign_key foreign key(员工编号) references staff(编
号)
/*利用触发器建立数据参照完整性约束*/
create trigger staff_insert  /*增加职工时的 insert 触发器*/
on staff for insert
as
  update department set 人数=人数+1 where 部门编号=(select 部门编号 from inserted)

create trigger staff_delete /*职工离职时的 delete 触发器*/
on staff for delete
as
  update department set 人数=人数-1 where 部门编号=(select 部门编号 from deleted)

create trigger staff_update /*职工调整工作部门时的 update 触发器*/
on staff for update
as
  if update(部门编号)
     begin
       update department set 人数=人数-1 where 部门编号=(select 部门编号 from
deleted)
       update department set 人数=人数+1 where 部门编号=(select 部门编号 from
inserted)
     end
```

上述代码首先定义了 3 个基本表，并确定了各个表中字段名、数据类型、长度和属性，通过 ALTER TABLE 语句确定 3 个表之间的关联，最后通过 3 个触发器保证了 staff 表和 department 表的参照完整性。至此，数据库的基本结构就已经创建完成了。

20.3 小结

本章介绍了一个简单但完整的人事管理系统的全过程，主要包括数据库方面的需求分析、系统设计、数据库的概念设计及逻辑设计、数据库及数据表的创建。通过本例可以了解系统开发的整体框架，熟悉创建数据库的主要工作，掌握 SQL Server 2016 的灵活使用，达到学以致用、解决实际问题的目的。